uni—texte

# Lehrbücher

G. M. Barrow, Physikalische Chemie I, II
H. Dallmann / K.-H. Elster, Einführung in die höhere Mathematik
M. J. S. Dewar, Einführung in die moderne Chemie
D. Geist, Physik der Halbleiter I
J. G. Holbrook, Laplace-Transformationen
S. G. Krein / V. N. Uschakowa, Vorstufe zur höheren Mathematik
H. Lau / W. Hardt, Energieverteilung
R. Ludwig, Methoden der Fehler- und Ausgleichsrechnung
E. Meyer / E.-G. Neumann, Physikalische und technische Akustik
E. Meyer / R. Pottel, Physikalische Grundlagen der Hochfrequenztechnik
L. Prandtl / K. Oswatitsch / K. Wieghardt, Führer durch die Strömungslehre
W. Rieder, Plasma und Lichtbogen
F. G. Taegen, Elektrische Maschinen I
W. Tutschke, Grundlagen der Funktionentheorie
H.-G. Unger, Elektromagnetische Wellen I, II
H.-G. Unger, Quantenelektronik
H.-G. Unger, Theorie der Leitungen
H.-G. Unger / W. Schultz, Elektronische Bauelemente und Netzwerke I, II
W. Wuest, Strömungsmeßtechnik

## In Vorbereitung

Barrow, Physikalische Chemie III
Bontsch-Brujewitsch / Swaigin / Karpenko / Mironow, Aufgabensammlung zur Halbleiterphysik
Czech, Übungsaufgaben aus der Experimentalphysik
Efimow, Höhere Geometrie I, II
French, Spezielle Relativitätstheorie
Geist, Physik der Halbleiter II
Hàla / Boublik, Einführung in die statistische Thermodynamik
Meyer / Guicking, Schwingungslehre
Meyer / Zimmermann, Elektronische Meßtechnik
Sachsse, Einführung in die Kybernetik
Seidler, Optimierung informationsübertragender Systeme I, II
Taegen, Elektrische Maschinen II

# Skripten

Jordan / Weis, Asynchronmaschinen
Schultz, Einführung in die Quantenmechanik
Schultz, Dielektrische und magnetische Eigenschaften der Werkstoffe

James G. Holbrook

# Laplace-Transformationen

Lehrbuch für
Elektrotechniker und Physiker
ab 5. Semester

Mit 229 Bildern

Friedr. Vieweg + Sohn · Braunschweig

Titel der Originalausgabe:
Laplace Transforms for Electronic Engineers

Deutsche Übersetzung: F. Cap und Mitarbeiter, Innsbruck

ISBN 978-3-663-00747-0 ISBN 978-3-663-02660-0 (eBook)
DOI 10.1007/978-3-663-02660-0
1970

Softcover reprint of the hardcover 1st edition 1970
Umschlaggestaltung: Peter Kohlhase, Lübeck

Bestell-Nr.:
gebunden 3514
Paperback 3535

## VORWORT ZUR ERSTEN AUFLAGE

Dieses Buch wurde hauptsächlich für den in der Praxis tätigen Elektronikingenieur geschrieben. Es wird für alle jene von großem Interesse und Nutzen sein, die einen Teil ihrer Freizeit dem Selbststudium und der Fortbildung widmen. Der Stoff umfaßt eine lange Reihe von modernen Gedanken, Begriffen, Methoden und Schlüssen. Er ist jedoch in einer Weise angeordnet und dargestellt, die es dem gewissenhaften Elektroingenieur gestattet, schrittweise und folgerichtig bis zu einem vollständigen und praktisch verwertbarem Wissen über die Laplace-Transformation vorzudringen.

Die Theorie der Laplace-Transformation ist schwer durch eine kurze, klare und bündige Definition zu beschreiben. Ihr Zweck ist vielfältig. Eine gute vorläufige Definition für den Elektronikingenieur dürfte vielleicht die sein:

> Die Theorie der Laplace-Transformation ist eine Gesamtheit von logischen und analytischen Überlegungen, die eine Analyse und Synthese von elektronischen Stromkreisen, Schaltungen, Filtern, Oszillatoren, Servosystemen, usw. erlauben, und zwar mit viel weniger Aufwand, mit weit höherer Genauigkeit und mit einem weit tieferen Verständnis als die meisten Ingenieure mit Hilfe älterer Methoden zu entwickeln imstande sind.

Wir werden zu Beginn voraussetzen, daß der Elektronikingenieur, der dieses Buch studieren will, die übliche Einführungsvorlesung über Differential- und Integralrechnung besucht hat, ebenso den üblichen Grundkurs über Stromkreisanalyse.

Auf vielen Hochschulen und Universitäten besteht die Absicht, eine Vorlesung über die Theorie der Laplace-Transformation in den Studienplan für Anfänger aufzunehmen. Vor- und Nachteile einer solchen Vorlesung werden diskutiert. Es ist wahr, daß ein gutes Grundwissen über die Theorie der Laplace-Transformation weit mehr Einsicht in die interessanten und nützlichen Teilgebiete der höheren Stromkreis- und Netzwerkanalyse vermittelt als die übliche einführende Darstellung mit dem $j$-Operator allein. Jedoch muß man auch bedenken, daß die übliche Hochschulvorlesung über die klassische komplexe Wechselstromrechnung zu einer Zeit geboten wird, in welcher der Student noch seine Studien aus der Differential- und Integralrechnung beendet. Das ist sicherlich lange bevor dieser bereits die Vorteile einer Ausbildung in der höheren Analysis genießt, wie vielleicht einer Vorlesung über Vektoranalysis oder über Funktionentheorie. Es könnte sein, daß eine Vorlesung über die Laplace-Transformation zu dieser Zeit den Studenten an einer günstigen Entwicklung hindert. Wenn er nämlich zuerst eine Vorlesung über die klassische Stromkreisanalyse besucht, die dem Anfängerniveau angepaßt ist, und sich erst dann dem tieferreichenden Studium der Laplace-Transformation widmet, so erhält er inzwischen auch Gelegenheit, seine Kenntnisse aus der Differential- und Integralrechnung zu festigen, und erreicht ein gewisses Maß an praktischer Erfahrung in ihrer Anwendung. Der Autor möchte sich hier nicht für eine der beiden Seiten aussprechen. Er ist der Meinung, daß sich mit der Zeit herausstellen wird, in welchem Ausbildungsstadium die Theorie der Laplace-Transformation geboten werden sollte, um maximale Wirkung zu erzielen.

Im Gegensatz zur "stationären" Lösung, die man mit Hilfe der klassischen Netzwerkanalyse unter Benutzung des $j$-Operators erhält, gestattet die Theorie der Laplace-Transformation eine vollständige Analyse von Problemen in elektronischen Schaltungen. Der Leser möge sich in Erinnerung rufen, daß die Ausdrücke "induktive Reaktanz" und "kapazitive Reaktanz" nur dann einen Sinn haben, wenn wir von einer strikt sinusförmigen Erregung sprechen. Sie bleiben sinnlos, wenn wir es mit einer der vielen anderen heute benützten Schwingungsformen zu tun haben. Daraus ist ersichtlich, wie notwendig es ist, zumindest eine gewisse Spanne Zeit dem Studium allgemeiner Methoden und Denkwege zu widmen. Die Laplace-Transformation ist eine allgemeine Methode. Sie gestattet, Netzwerke zu analysieren, in denen beliebige Schwingungsformen auftreten.

Würde man die Darstellung mit der Ableitung des Laplace-Integrals beginnen, so müßte man eine gute Kenntnis der Funktionentheorie voraussetzen. Das würde jedoch das Buch einer großen Anzahl von Fachingenieuren unzugänglich machen, die nach Empfang ihres ersten Diploms in die Elektronikindustrie eingetreten sind, die aber keine Gelegenheit gehabt haben, sich durch den Besuch einer Vorlesung über Funktionentheorie eine entsprechende Grundlage zu schaffen. Der Verfasser hat es daher vorgezogen, das Buch mit einem kurzen Überblick über die Funktionentheorie zu beginnen, soweit sie bei der Laplace-Transformation Anwendung findet. Wenn der Leser Kapitel I beendet hat, so wird er über Begriffe wie Pole, Nullstellen, Residuen von Funktionen und Integration in der komplexen Ebene mitreden können. Die eigentliche Theorie der Laplace-Transformation beginnt in Kapitel II und beansprucht den Rest des Buches.

In der gesamten Darstellung wurde auf einen klaren und gelösten Stil großer Wert gelegt. Die Darstellung ist streng und vollständig, jedoch wurde durchwegs die abstrakte Terminologie der reinen Mathematik vermieden, die so oft ein Selbststudium verhindert. Symbole und Definitionen werden bei ihrer Einführung mit einfachen Worten erklärt. Manchmal sind die Beweise von Sätzen, wenn sie nicht unmittelbar zur Diskussion gehören, unterdrückt worden. Das eigentliche Ziel des Lehrbuches ist, den in der Praxis tätigen Elektronikingenieur in die Lage zu versetzen, seine Kenntnisse von Stromkreisen und Schaltungen zu entwickeln und auszudehnen, und zwar durch das sorgfältige Studium der modernen Methode der Laplace-Transformation und ihrer Anwendungen.

Der Verfasser fühlt sich allen zahlreichen Freunden und Kollegen zu Dank verpflichtet, die in irgendeiner Weise zur Entstehung dieses Lehrbuches beigetragen haben. Das spezielle persönliche Interesse des Verfassers wurde durch den Besuch einer Vorlesung von Dr. Charles R. Hausenbauer geweckt, die dieser während eines Semesters an der Universität von Arizona gehalten hat. Seine Darstellung der Theorie der Laplace-Transformation war einfach einzigartig. Die Mitschrift seiner Vorlesung diente als Basis für den Großteil von Kapitel II.

Viele der in diesem Lehrbuch dargelegten Begriffe sind während des letzten Jahrhunderts schrittweise entwickelt worden, und es ist zweifelhaft ob ihr wirklicher Urheber in allen Fällen bekannt ist. Der Autor muß daher ganz allgemein allen seinen Dank aussprechen, deren Originalarbeiten er übernommen hat. Er muß natürlich auch die volle Verantwortung für solche Fehler in der Darstellung übernehmen, wie sie überall einmal vorkommen können.

Dank gebührt auch Dorothy Deuel, die einen Großteil des Manuskriptes getippt hat, ebenso den zahlreichen Ingenieuren, die zu verschiedenen Zeiten bei der Bearbeitung der Ausgabe und bei der Überprüfung der Gleichungen geholfen haben. Sollte das Buch dem Leser ein paar Wochen anregender Gedanken vermitteln, so wird sich der Autor für reichlich belohnt halten. Die besten Wünsche mögen alle auf ihrer Reise in die neue Welt des $s$-Bereiches begleiten.

*Santa Maria, Kalifornien* James G. HOLBROOK

## VORWORT ZUR ZWEITEN AUFLAGE

Die Theorie der Laplace-Transformation ist zum Grundbestandteil des Studiums der Elektronik geworden. Sie beeinflußt beinahe alle Teile der Analyse und Synthese von Schaltungen. Die Laplace-Transformation ist nicht nur wertvoll für die Theorie. Darüber hinaus ist sie nämlich unmittelbar bei vielen alltäglichen technischen Problemen anwendbar, die bei der Konstruktion von Oszillatoren, Verstärkern, Filtern und anderen elektronischen Netzwerken auftreten.

Dieses Buch verfolgt zwei Ziele. Erstens soll es die theoretischen Grundlagen der Laplace-Transformation vermitteln. Das umfaßt sowohl die einführenden Abschnitte aus der Funktionentheorie als auch die Behandlung der verschiedenen Sätze über die Laplace-Transformation. Das zweite Ziel ist, eine breite Einführung in die praktische Anwendung der Theorie zu bieten. In fast allen Fällen werden als Anwendungsbeispiele Probleme aus der Elektronik gewählt. So handelt es sich bei einer großen Anzahl von Anwendungen um Verstärker, Oszillatoren und um passive wie aktive Wellenfilter.

Was die Anwendungen in der Technik betrifft, so wurde versucht, solche Fälle zu wählen, die nicht schon in der populären Literatur in aller Breite diskutiert worden sind. Es ist zu hoffen, daß jeder Leser zumindest ein oder zwei Anwendungsmöglichkeiten findet, die für ihn vollkommen neu und anregend sind. Beispiele dafür dürften etwa die Verwendung des Pascalschen Dreieckes zur Bestimmung der Übertragungsfunktion von iterierten Schaltungen sein, oder die Behandlung breitbandiger Einzelbandoszillatoren, sowie die Ladungsverstärker.

Obwohl das Buch nicht als Ersatz für eine formale Vorlesung über Netzwerkanalyse und -synthese gedacht ist, vermittelt es doch dem Leser die wesentlichen Grundlagen für das Studium der gebräuchlicheren Klassen von Filternetzwerken. Man darf erwarten, daß der Leser lernen wird, das Konzept der Filter bei seiner Ingenieurtätigkeit in der Praxis unmittelbar und nutzbringend anzuwenden.

Der Aufbau des Buches ist derselbe wie bei der ersten Auflage. Einiges Material wurde neu dargestellt, einiges wurde hinzugefügt und so manche Abschnitte erfuhren eine Erweiterung, um eine vollständigere und mehr in die Einzelheiten gehende Behandlung zu bieten. Wie bei der ersten Auflage wurde angenommen, daß der Leser die Grundvorlesungen über Differential- und Integralrechnung bereits besucht hat.

Der Verfasser möchte allen jenen Lesern danken, die sich die Zeit genommen haben, Teile des Buches zu kommentieren und auf Fehler hinzuweisen, und die dadurch zur Vorbereitung dieser zweiten Auflage beigetragen haben. Der Verfasser hat versucht, die Fehler dadurch auf ein Minimum zu reduzieren, daß er das Manuskript durch zahlreiche Leute sorgfältig prüfen ließ. Er ist sich jedoch bewußt, daß der eine oder andere Fehler unvermeidlich ist. Man darf jedoch hoffen, daß sich diese auf unwesentliche Druckfehler beschränken, die der Leser, wenn er die Einzelheiten verfolgt, sofort bemerkt.

Der Autor möchte besonders Dr. Robert Codrington für die wertvolle Hilfe seinen Dank aussprechen, ebenso James Jacobsen, John Larson, William Simons und anderen Wissenschaftlern und Ingenieuren des Varian-Personals. Miss Margaret Little hat die meisten Arbeiten einer Sekretärin übernommen und die Fotoreproduktionen geliefert. Besonderer Dank gilt auch Dr. Kazuo Miyawaki, Professor für Maschinenbau an der Universität Osaka, der die erste Ausgabe in die japanische Sprache übersetzt hat. Miss Michiko Ichibare gebührt Dank für ihre Hilfe bei der Vorbereitung des Manuskriptes für die japanische Ausgabe.

James G. HOLBROOK

*Palo Alto, Kalifornien*

INHALTSVERZEICHNIS

KAPITEL I

# FUNKTIONEN EINER KOMPLEXEN VARIABLEN

## 1.1. EINLEITUNG

Eine einführende Vorlesung über Funktionentheorie dauert meist ein Semester und führt den Hörer durch die wichtigsten Werke eines ziemlich umfangreichen, nur diesem Thema gewidmeten Schrifttums. Wir müssen uns daher im ersten Kapitel darauf beschränken, nur jene Elemente der Theorie komplexer Variablen darzustellen, die für die logische Entwicklung der Laplace-Transformation, mit der sich der Rest des Buches beschäftigt, notwendig sind.

Von Kapitel II an wird unsere Reise vorwiegend in der komplexen Welt des $s$-Bereiches vor sich gehen. Der Hauptteil der Arbeit wird in diesem neuen und interessanten Bereich durchgeführt werden. Wir werden nur dann in unsere reelle Welt des vertrauten Zeit- oder $t$-Bereiches heimkehren, wenn es gilt, Ergebnisse in eine für die Anwendung passende Form zu bringen. Glücklicherweise ist es so, daß der Leser, je länger er in der Welt der $s$-Ebene verweilt, immer mehr und mehr die neue Ausdrucksweise annimmt und später sogar in der neuen Sprache der $s$-Welt zu denken beginnt. Sobald er dann wirklich in der neuen Sprache denkt, ist es natürlich nicht mehr notwendig, in die Originalsprache zurück zu übersetzen. Es ist das eigentliche Ziel dieses Buches, den Leser zu befähigen, sich im $s$-Bereich über seine Stromkreise und Schaltungen ein Bild zu machen.

Dem Leser wird aufs wärmste empfohlen, beim Studium des folgenden Stoffes nicht zu hastig vorzugehen. Ein vernünftiges Maß für ein Selbststudium wäre dadurch gegeben, daß man sich selbst pro Tag einen der mit Nummern versehenen Abschnitte vornimmt. Ein schnelleres Selbststudium würde den Leser sehr wahrscheinlich nur dazu verleiten, feinere Überlegungen zu überlesen und neue Begriffe in ihrer Darstellung zu übersehen. Mit diesem gutgemeinten Rat zur Vorsicht wollen wir nun beginnen.

## 1.2. KOMPLEXE ZAHLEN

Algebra ist natürlich schon seit Jahrhunderten studiert worden. Die früheren Mathematiker, denen Quadratwurzeln aus negativen Zahlen begegne-

**ten, bezeichneten diese nur als imaginäre Größen, weil bis dahin noch niemand solchen Zahlen einen Sinn gegeben hatte. Erst 1797 zeigte der norwegische Feldmesser Caspar Wessel in einem Vortrag vor der Königlichen Akademie von Dänemark, daß man $\sqrt{-1}$ als Einheitsvektor betrachten kann. Da nämlich**

$$(\sqrt{-1})^2 = -1 \tag{1.1}$$

**und da man $-1$ als Einheitsvektor auffassen kann, der um 180° aus seiner Normallage in Abb. 1.1(a) herausgedreht wurde, kann man $\sqrt{-1}$ als Einheitsvektor, der nur halb so weit aus seiner Normallage herausgedreht und dann wie in Abb. 1.2 ersichtlich, festgehalten wurde, auffassen.**

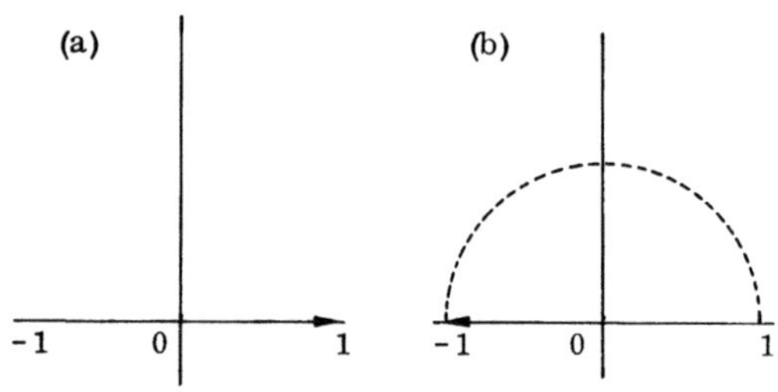


Abb. 1.1

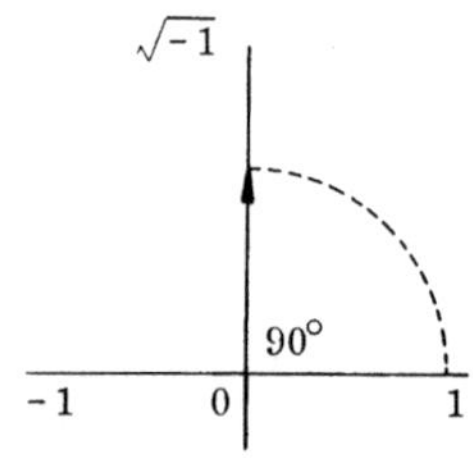


Abb. 1.2

**Nun war ja der Begriff der negativen Zahlen seit langem schon akzeptiert worden, zumal sich diese relativ leicht als Größen deuten ließen, die auf einer Geraden rechts oder links von einem beliebigen Bezugspunkt aufzutragen sind, s. Abb. 1.3. Mit der neuen Auffassung von Wessel konnte man nun annehmen, daß jede positive Zahl in Abb. 1.3 als Vektor von 0 bis zu der betreffenden Zahl betrachtet werden darf und daß dieser Vektor einmal halb herumgedreht wird, wenn man ihn mit $(\sqrt{-1})^2$ multipliziert, während die Multiplikation mit $\sqrt{-1}$ nur eine Vierteldrehung bewirkt. Die positive Zahl 3 in Abb. 1.4(a) kann demnach durch Multiplikation mit $\sqrt{-1}$ um 90° gedreht werden, wie in Abb. 1.4(b) gezeigt wird. Diese spezielle Drehwirkung legt es nahe, $\sqrt{-1}$ als Operator zu bezeichnen, der durch das Symbol $j$ dargestellt werden soll.**

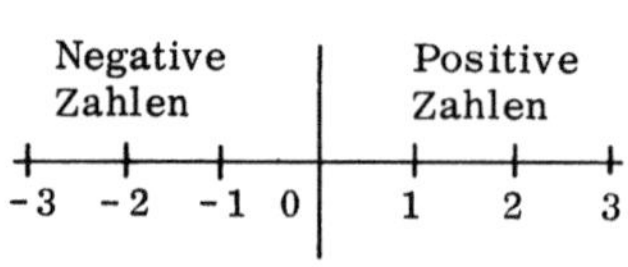


Abb. 1.3

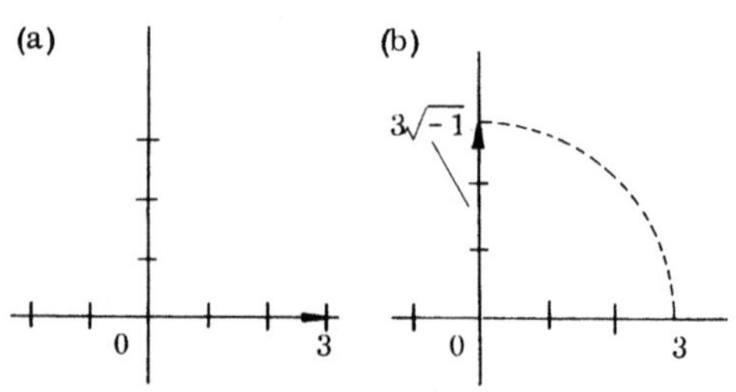


Abb. 1.4

Das Symbol $j$ gestattet, eine Achse rechtwinklig zur horizontalen Achse der Abb. 1.3 festzulegen, wodurch eine zweidimensionale Fläche erzeugt wird. Diese Fläche wird komplexe Ebene genannt. Nebenbei bemerkt ist

$$\left.\begin{aligned} j^2 &= -1 \\ j^3 &= -j \\ j^4 &= 1 \\ j^5 &= j, \text{ etc.} \end{aligned}\right\} \qquad (1.2)$$

Die komplexe Ebene darf man sich als Karte vorstellen, in der jede Zahl (jeder Punkt) durch Angabe seiner Entfernungen $x$ und $y$, gemessen vom Nullpunkt in horizontaler und vertikaler Richtung, festgelegt werden kann.

Die komplexe Zahl $p = 4 + j3$ ist in der komplexen Ebene als Summe der beiden Komponenten 4 und $j3$ in Abb. 1.5(a) und als einziger Vektor $(4 + j3)$ in Abb. 1.5(b) dargestellt. Die komplexe Zahl $p$ ist in beiden Fällen natürlich dieselbe Größe oder derselbe Punkt.

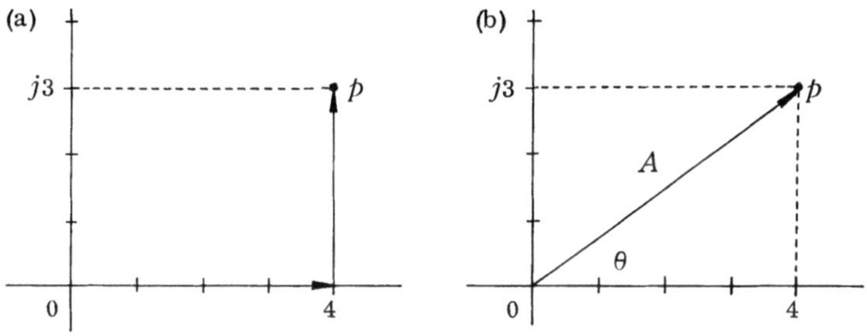


Abb. 1.5

Es gibt zwei Arten, die Lage einer komplexen Zahl $p$ in der komplexen Ebene festzulegen. Bei der ersten gibt man die Lage durch ihre $xy$-Komponenten an und nennt dies die algebraische Form

$$p = 4 + j3$$

oder allgemein

$$p = x + jy \; . \qquad (1.3)$$

Die zweite Art der Festlegung einer komplexen Zahl enthält die Angabe ihres Betrages $A$ und ihrer Richtung bzw. ihres Winkels $\theta$. In Abb. 1.5(b) haben wir zum Beispiel

$$A = \sqrt{(4^2 + 3^2)} = 5$$

$$\theta = \tan^{-1} \tfrac{3}{4} = 36.9°$$

so daß

$$p = 5\underline{/36.9°}$$

oder allgemein

$$p = A\underline{/\theta} \qquad (1.4)$$

was als "$p$ hat den Betrag $A$ bei einem Winkel von $\theta$ Grad" gelesen wird. Man nennt diese Darstellung die Polarform.

Beide Formen der Darstellung, durch rechtwinklige Koordinaten wie durch Polarkoordinaten, sind gleich nützlich, doch mag es sein, daß in einem gegebenen Fall die eine oder die andere Form vorteilhafter ist. Es ist leicht, von einer Form zur anderen überzugehen. Denn aus Abb. 1.5(b) und Gleichung (1.3) ersehen wir, daß

$$x = A \cos\theta \tag{1.5}$$

und

$$y = A \sin\theta \tag{1.6}$$

Gleichung (1.3) kann daher in der Form

$$p = A(\cos\theta + j\sin\theta) \tag{1.7}$$

geschrieben werden. Der Faktor ($\cos\theta + \sin\theta$) läßt sich unter Benutzung der Eulerschen Formeln

$$\cos\theta + j\sin\theta = \epsilon^{j\theta} \tag{1.8}$$

vereinfachen. Man beweist diese Identität, indem man die unendliche Reihe für $\sin\theta$ mit $j$ multipliziert und zu der für $\cos\theta$ addiert. Man erhält so die unendliche Reihe für $\epsilon^{j\theta}$. Mit Hilfe der Eulerschen Formeln kann somit Gleichung (1.7) wie folgt geschrieben werden

$$p = A\epsilon^{j\theta}\,. \tag{1.9}$$

Der Ausdruck (1.9) heißt Exponentialform. Sie ist zum Potenzieren oder zum Wurzelziehen besonders geeignet, da man die üblichen Regeln für Exponenten und Logarithmen anwenden darf. Somit können wir eine komplexe Zahl auf vier verschiedene Arten darstellen

$$p = x + jy \tag{1.10}$$

$$p = A\underline{/\theta} \tag{1.11}$$

$$p = A(\cos\theta + j\sin\theta) \tag{1.12}$$

$$p = A\epsilon^{j\theta}\,. \tag{1.13}$$

Die Form (1.11) wird - außer zur Beschreibung - wenig benutzt, während man die Form (1.12) hauptsächlich dazu verwendet, um die algebraische Form (1.10) in die Exponentialform (1.13) überzuführen. Wir werden in diesem Buch fast ausschließlich die algebraische Form oder die Exponentialform benutzen.

## 1.3. DIE KOMPLEXE EBENE

In Abschn. 1.2 wurde die komplexe Zahl $4 + j3$ als Punkt dargestellt, der vier Einheiten rechts vom Nullpunkt und drei Einheiten oberhalb davon liegt. Daher kann jede komplexe Zahl, deren Real- und Imaginärteil gegeben ist, als Punkt in der $xy$-Ebene festgelegt werden. In der Mathematik ist es üblich, die Variablen mit $x$ und $y$ und die resultierende komplexe Zahl mit $z$ zu bezeichnen. Gemäß Definition gilt daher

$$z = x + jy \; . \tag{1.14}$$

Jede komplexe Zahl $z$ besteht somit aus einem Realteil $x$ und einem Imaginärteil $y$ und entspricht einem wohlbestimmten Punkt in der komplexen Ebene. Diese spezielle, zur Darstellung der $z$-Werte benutzte Ebene heißt daher $z$-Ebene. Sie eignet sich zur Aufzeichnung einer Vielfalt von Relationen zwischen den Variablen $x$ und $y$. Die Werte einer beliebigen Funktion von $x$ werden üblicherweise in der $y$-Richtung aufgetragen. Man nennt daher $y$ eine Funktion von $x$. Die Aussagen

$$y = x^2 - 2$$

oder

$$y = \sin x$$

sind also dieselben wie

$$f(x) = x^2 - 2$$

oder

$$f(x) = \sin x \; .$$

Man liest dies: "Die Funktion $f$ von $x$ ist gleich Sinus $x$", usw.. Solche Funktionen lassen sich, wie in Abb. 1.6 gezeigt wird, leicht graphisch darstellen.

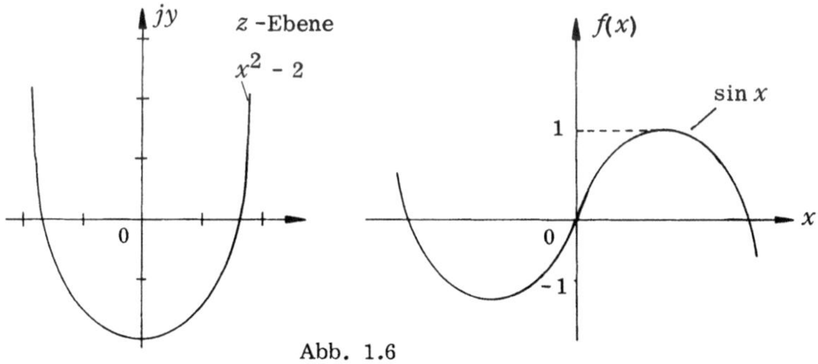


Abb. 1.6

Man beachte, daß jede Linie in der $z$-Ebene in Wirklichkeit eine Kette von aufeinanderfolgenden Punkten ist und daß jeder Punkt bestimmte Werte für $x$ und $y$ besitzt. Wenn daher die Funktion $f(x)$ bekannt ist, kann das Funktionsbild in der $z$-Ebene dargestellt werden.

Jeder von uns ist mit der Merkatorprojektion vertraut, die zur Herstellung von Landkarten benutzt wird, und bei der das Gradnetz aus vertikalen und horizontalen Linien besteht, welche die $x$-Werte der geographischen Länge und die $y$-Werte der geographischen Breite darstellen. Dieses Gradnetz ist unserer $z$-Ebene äußerst ähnlich. Kurven in der $z$-Ebene könnten etwa Küstenlinien auf der Merkatorkarte sein.

Meist mag die Merkatorkarte unseren Anforderungen genügen. Aber angenommen, wir benötigten genaue Informationen über die Nordküste von Grönland. In diesem Falle wäre dann eine Polarprojektion wahrscheinlich besser.

Wir bemerken sofort, daß Küstenlinien in den beiden Projektionen ganz und gar nicht immer ähnlich sind. Mehr noch, an manchen Stellen sind bekannte Gebiete so auffallend verschieden, daß man sich schwer vorstellen kann, daß es dieselben sind. Wir wurden jedoch bereits früher belehrt, daß es sich nicht um einen wirklichen Unterschied in der Landform handelt, sondern nur um einen Unterschied in der Art der Projektion.

Da wir gesehen haben, daß es wünschenswert ist, mehr als einen Typ von "geographischen Ebenen" zu besitzen, wollen wir für den Augenblick auch annehmen, daß wir mehrere mathematische Ebenen zusätzlich zur $z$-Ebene benötigen könnten. Eine derartige zusätzliche Ebene werden wir $s$-Ebene nennen.

Diese neue $s$-Ebene wird genauso wie die $z$-Ebene mit vertikalen und horizontalen Geraden gezeichnet werden, aber die Ortskoordinaten der Punkte werden hier durch $\sigma$ (Sigma) Einheiten rechts vom Bezugspunkt Null und $\omega$ (Omega) Einheiten oberhalb davon angegeben werden.

Hier wird der reine Mathematiker einwenden, daß es üblich ist, diese zweite Ebene als $w$-Ebene mit Real- und Imaginärteil $u$ und $v$ einzuführen. Der Verfasser meint jedoch, daß es gewöhnlich zwar gut ist, die Tradition zu wahren, zwei Umstände ihn aber veranlaßten, hier den Ausdruck $s$-Ebene zu bevorzugen.

Erstens wird der Leser, der mit der Theorie der komplexen Variablen gut vertraut ist, in diesem Kapitel wenig von Wert für sich finden. Er wird daher sofort mit Kapitel II begonnen haben.

Zweitens sind für den Leser, dem die Einzelheiten der Theorie der komplexen Variablen noch nicht bekannt sind, beide Namen gleich gut. Der Verfasser zieht es vor, mit dem Ausdruck $s$-Ebene zu beginnen, weil in der gesamten Literatur über die Laplace-Transformation diese Benennung üblich ist und weil es äußerst verwirrend wirken würde, wenn man sich im ersten Kapitel mit gewissen Symbolen vertraut gemacht hat und sich dann am Beginn des zweiten Kapitels plötzlich umstellen muß.

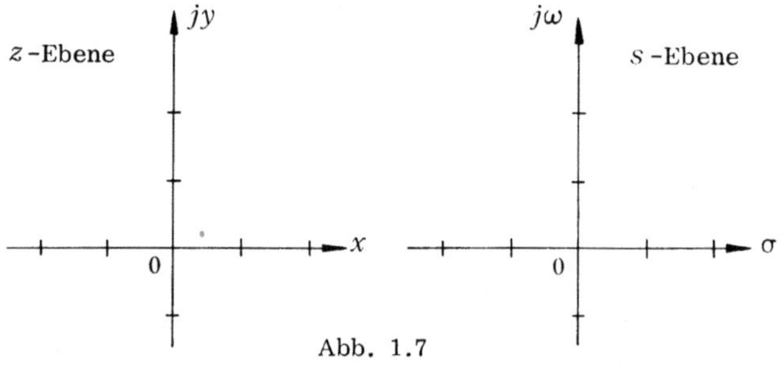

Abb. 1.7

Wir wollen vorerst den Variablen $\sigma$ und $\omega$ keine spezielle Bedeutung zuordnen. Man fasse sie einfach als die Koordinaten der verschiedenen komplexen Zahlen $s$ auf, die in der $s$-Ebene aufzutragen sind. Nach Definition gilt dann

$$s = \sigma + j\omega \ . \tag{1.15}$$

Somit haben wir nun zwei Ebenen zur Verfügung, die $z$-Ebene und die $s$-Ebene. Funktionen von $x$ wie zum Beispiel

$$f(x) = x^3 - 2x + 3$$

stellen wir wie in Abb. 1.6 in der $z$-Ebene graphisch dar, während wir Funktionen von $s$ nur in der $s$-Ebene auftragen werden. Wie im Falle der beiden Kartenprojektionen wird eine in der $z$-Ebene dargestellte Funktion meist keine Ähnlichkeit mit der entsprechenden Funktion in der $s$-Ebene haben.

## 1.4. RELATIONEN ZWISCHEN DEN $z$- UND $s$-EBENEN

Angenommen, wir stellen fest, $s$ sei eine Funktion von $z$, das heißt

$$s = f(z) \ . \tag{1.16}$$

Das ist eine sehr allgemeine Feststellung und sagt wenig mehr aus, als daß bestimmte komplexe Punkte in der $s$-Ebene bestimmten komplexen Punkten in der $z$-Ebene entsprechen. Um mehr als das auszusagen, müssen wir eine spezielle Funktion $f(z)$ wählen, etwa die Funktion

$$s = z^2 \ . \tag{1.17}$$

Den Definitionen (1.14) und (1.15) entsprechend, haben wir daher

$$\sigma + j\omega = (x + jy)^2 \tag{1.18}$$

oder

$$\sigma + j\omega = x^2 + 2jxy - y^2 \tag{1.19}$$

und wenn wir reelle und imaginäre Terme zusammenfassen, gilt

$$\sigma + j\omega = x^2 - y^2 + j2xy \ . \tag{1.20}$$

Vergleichen wir Real- und Imaginärteile, so erhalten wir

$$\sigma = x^2 - y^2 \tag{1.21}$$

und

$$\omega = 2xy \ . \tag{1.22}$$

Das ist nun eine spezifische Aussage, die eine Beziehung zwischen der Funktion von $s$ und der Funktion von $z$ herstellt. Als Anwendungsbeispiel nehmen wir als "Küstenlinie" das Quadrat in Abb. 1.8, das von den Geraden $x = 1$, $x = 2$, $y = 1$, $y = 2$ berandet wird, und bilden es auf die $s$-Ebene ab.

Die Transformation kann punktweise durchgeführt werden. Wir wählen zuerst die Eckpunkte $a$, $b$, $c$ und $d$.

Die vier Ecken der Fläche in der $s$-Ebene liegen nun in den Punkten $a'$, $b'$, $c'$ und $d'$ wie in Abb. 1.10. Bilden wir nun die zwischen den Eckpunkten *a* und *b*, oder zwischen *b* und *c* usw. liegenden Randpunkte ab, so bemerken wir, daß die Seiten in der *s*-Ebene eine leichte Krümmung erhalten, wie Abb. 1.10 zeigt. Nehmen wir in der *z*-Ebene einen beliebigen Punkt innerhalb des Quadrates, so wird dieser in einen Punkt innerhalb des Randes der Bildfigur in der *s*-Ebene abgebildet. Wir dürfen daher sagen, daß alle inneren Punkte, also das gesamte Innere des Quadrates, ganz in das Innere der neuen Figur in der *s*-Ebene abgebildet wird. Wie im Falle der Kartenprojektionen ist auch hier wenig Ähnlichkeit zwischen den zwei Figuren.

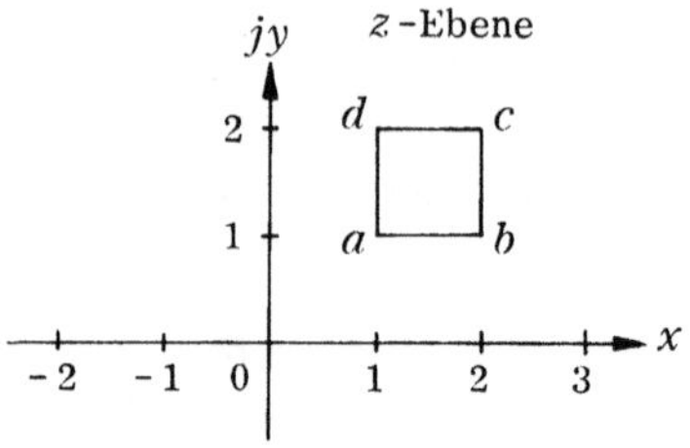


Abb. 1.8

| Punkt | $z$ | | $\sigma = x^2 - y^2$ | $\omega = 2xy$ | $s$ |
|---|---|---|---|---|---|
| | $x$ | $y$ | | | $\sigma + j\omega$ |
| *a* | 1 | 1 | 0 | 2 | $0+j2$ |
| *b* | 2 | 1 | 3 | 4 | $3+j4$ |
| *c* | 2 | 2 | 0 | 8 | $0+j8$ |
| *d* | 1 | 2 | -3 | 4 | $-3+j4$ |

Abb. 1.9

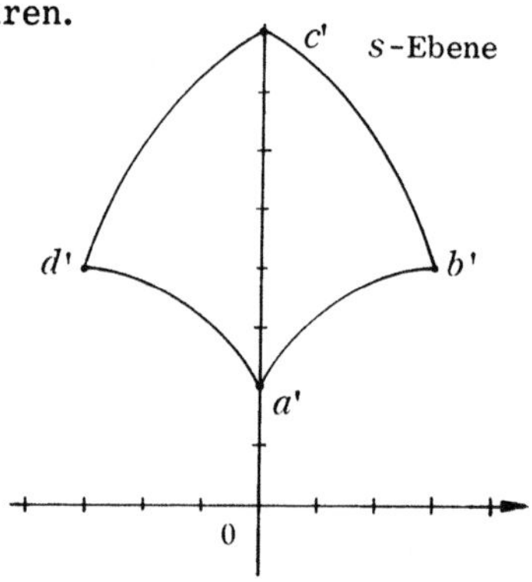


Abb. 1.10

Wir wollen in Abschn. 1.5 einige weitere Transformationen untersuchen, und dann ein praktisches Problem behandeln, um den Wert solcher Transformationen zu zeigen.

## 1.5. WEITERE TRANSFORMATIONEN ZWISCHEN *z*- UND *s*-EBENEN

Der Grund für die zuküftige Verwendung von Transformationen zwischen komplexen Ebenen liegt in der extremen Vereinfachung, die man dadurch bei der Lösung von Problemen erzielen kann. Erfreulicherweise entsprechen Transformationen vom Typ, wie wir sie ab Kapitel II benützen werden. einem geradlinigen und einheitlichen Verfahren. Um jedoch das Gefühl für Operationen in der komplexen Ebene zu wecken, ist es wünschenswert, an dieser Stelle einige der gebräuchlichsten Transformationen zu untersuchen.

(a) Wir wollen nun eine sehr interessante und wichtige Transformation zwischen der *z*- und der *s*-Ebene betrachten:

$$z = \epsilon^{s} \tag{1.23}$$

Wir sehen, daß man jeden Punkt der $s$-Ebene mit Hilfe von (1.23) in die $z$-Ebene abbilden kann. Man merke sich als wichtige Tatsache vor, daß jede Linie in der $s$-Ebene ja nur eine Ansammlung von Punkten darstellt. Daher kann man sie mit Hilfe von (1.23) in die $z$-Ebene übertragen.

Um diese Übertragung in die $z$-Ebene auszuführen, ist es natürlich notwendig, in (1.23) nach den Komponenten $x$ und $y$ der komplexen Zahl $z$ aufzulösen. Wir ersetzen im ersten Schritt $z$ und $s$ durch ihre Komponenten:

$$x + jy = \epsilon^{(\sigma + j\omega)} . \tag{1.24}$$

Beachtet man, daß die Zahl $\sigma + j\omega$ den üblichen Regeln für Exponenten gehorcht, so läßt sich dieser Ausdruck auch so schreiben

$$x + jy = \epsilon^{\sigma}\epsilon^{j\omega} . \tag{1.25}$$

Die Werte $x$ und $y$ auf der linken Seite sind die üblichen Koordinaten von Punkten in der $z$-Ebene. $\epsilon^{\sigma}$ auf der rechten Seite ist eine reelle Zahl. $\epsilon^{j\omega}$ entspricht einem Winkel. Ein Vergleich mit (1.11), (1.12) und (1.13) zeigt, daß wir den $\epsilon^{j\omega}$-Term auch so schreiben können

$$x + jy = \epsilon^{\sigma}\underline{/\omega} \tag{1.26}$$

oder

$$x + jy = \epsilon^{\sigma}(\cos \omega + j \sin \omega). \tag{1.27}$$

$\epsilon^{\sigma}$ stellt hier den Betrag eines Vektors vom Nullpunkt bis zu dem betreffenden Punkt der $z$-Ebene dar und $\omega$ ist der Winkel, den dieser Vektor mit der $x$-Achse einschließt. Da die Realteile auf beiden Seiten einander gleich sein müssen, erhalten wir aus (1.27)

$$x = \epsilon^{\sigma} \cos \omega \tag{1.28}$$

und

$$y = \epsilon^{\sigma} \sin \omega . \tag{1.29}$$

Haben wir daher irgendeinen Punkt, oder Mengen von Punkten in der $s$-Ebene gegeben, so können wir die $\sigma$- und $\omega$-Werte dieser Punkte in (1.28) und (1.29) einsetzen und erhalten so die Werte von $x$ und $y$ zur Festlegung des Punktes in der $z$-Ebene.

Aufgabe. Gegeben sei die Strecke $\sigma = 0$ für $\omega = 0$ bis $\omega = 2\pi$ in der $s$-Ebene. Man zeichne das Bild dieser Strecke in der $z$-Ebene.

Anleitung. Man benütze (1.28) und (1.29), wähle für $\omega$ etwa $\omega = 0°$, $\omega = 30°$, $\omega = 60°$, usw., also Werte, für die man sin $\omega$ und cos $\omega$ leicht aus einer Tafel entnehmen oder durch Beobachtung finden kann. Man zeichne die $xy$-Punkte sorgfältig und ziehe eine glatte Kurve durch diese Punkte.

Antwort. Die Strecke in der $s$-Ebene wird in der $z$-Ebene zu einem Kreis vom Radius 1.

Das Ergebnis dieser Aufgabe werden wir in Abschn. 1.6 bei der Bearbeitung eines praktischen elektronischen Problems verwenden. Hier wollen wir noch eine weitere Transformation untersuchen.

(b) Gegeben sei die Funktion

$$z = \ln s \tag{1.30}$$

Somit entspricht jeder Punkt der $z$-Ebene dem Wert des natürlichen Logarithmus einer komplexen Variablen $s$. Wie immer müssen wir zuerst die Gleichung nach $x$ und $y$ auflösen, bevor wir einen gegebenen Punkt oder eine gegebene Kurve übertragen können.

$$x + jy = \ln(\sigma + j\omega) \; . \tag{1.31}$$

Da der Logarithmus einer Zahl definiert ist als diejenige Hochzahl, für welche die gegebene Zahl der betreffenden Potenz von $\epsilon$ gleich ist, haben wir daher

$$\epsilon^{x+jy} = \sigma + j\omega \tag{1.32}$$

oder

$$\epsilon^{x}\epsilon^{jy} = \sigma + j\omega \tag{1.33}$$

oder

$$\epsilon^{x}\underline{/y} = \sqrt{(\sigma^2 + \omega^2)}\underline{/\tan^{-1}\frac{\omega}{\sigma}} \tag{1.34}$$

und da die Beträge der Zahlen rechts und links übereinstimmen müssen, gilt

$$\epsilon^{x} = \sqrt{(\sigma^2 + \omega^2)} \tag{1.35}$$

woraus

$$x = \ln\sqrt{(\sigma^2 + \omega^2)} \tag{1.36}$$

folgt. Auch die Phasenwinkel müssen auf beiden Seiten gleich sein. Damit erhalten wir

$$y = \tan^{-1}\frac{\omega}{\sigma} \; . \tag{1.37}$$

Mit Hilfe der beiden letzten Gleichungen können wir somit jede Gleichung oder Kurve in der $s$-Ebene in die entsprechende Kurve in der $z$-Ebene überführen.

**Aufgabe.** Man zeige, daß der Kreis vom Radius 2.718 in der $s$-Ebene auf die Strecke der Länge 6.28 an der Stelle $x = 1$ abgebildet wird (siehe Abb. 1.11).

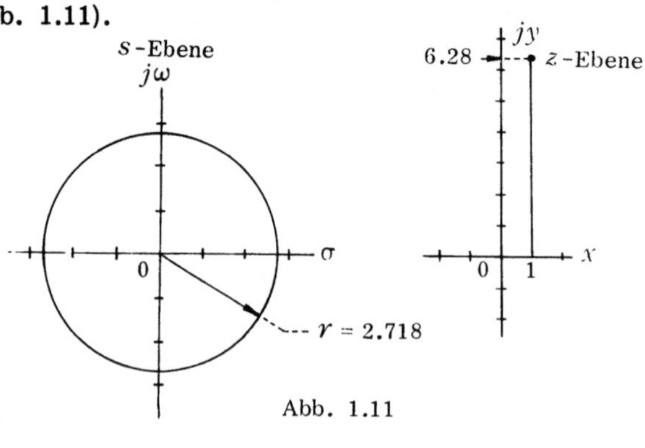


Abb. 1.11

(c) Transformation eines Gebietes. Bisher sprachen wir immer nur von der Abbildung von Punkten und wir bemerkten, daß man Linien als Reihen von nebeneinander liegenden Punkten auffassen kann. Der Gedanke ist naheliegend, daß auch ein Gebiet innerhalb einer geschlossenen ebenen Kurve nur eine Menge von Punkten ist und es daher möglich sein muß, Gebiete der einen Ebene auf die entsprechenden Gebiete der anderen Ebene abzubilden. Wir werden uns später eingehender mit Gebieten befassen. Vorerst beachte

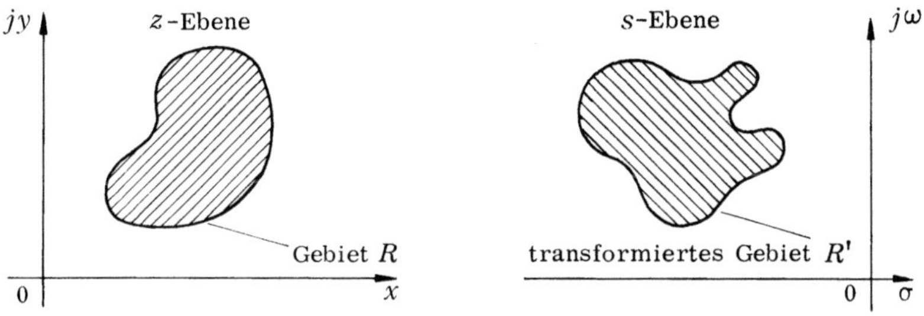


Abb. 1.12

man nur, daß Abb. 1.12 die Transformation eines Gebietes darstellt, und zwar in ähnlicher Weise, wie wir bisher Transformationen von Punkten und Kurven dargestellt haben.

## 1.6. VEREINFACHUNG VON PROBLEMEN DURCH TRANSFORMATION IN DIE KOMPLEXE $s$-EBENE

In diesem Abschnitt werden wir sehen, wie vorteilhaft es für die Lösung eines Problems sein kann, wenn man von der ursprünglichen Ebene durch Transformation in eine neue Ebene übergeht. Das Verfahren zeigt man am besten an Hand eines Beispiels.

Aufgabe. Man berechne die Kapazität eines 1 m langen Teilstückes eines Koaxialkabels, dessen innerer Leiter den Radius $a$ und dessen äußerer Leiter den Radius $b$, gemessen in Metern, besitzt. $b$ ist größer als $a$.

In Abb. 1.13 ist der Kabelquerschnitt vorerst in der $z$-Ebene dargestellt. Die Lage der Punkte auf dem inneren Kreis gibt man am besten durch die Polarform von $z$ an

$$z_a = a\,\epsilon^{j\theta}\ . \tag{1.38}$$

Man sieht, daß $z$ den inneren Kreis beschreibt, wenn $\theta$ die Werte von 0 bis $2\pi$ durchläuft. Für den äußeren Kreis ist

$$z_b = b\,\epsilon^{j\theta} \tag{1.39}$$

wobei $\theta$ wieder von 0 bis $2\pi$ variiert.

Wir wollen nun diese beiden Kreise mit Hilfe der Transformation

$$z = \epsilon^{s} \tag{1.40}$$

in die $s$-Ebene abbilden. Für den inneren Kreis erhält man

$$a\epsilon^{j\theta} = \epsilon^{\sigma}\epsilon^{j\omega} \tag{1.41}$$

woraus sich

$$\epsilon^{\sigma} = a \tag{1.42}$$

oder

$$\sigma_1 = \ln a \tag{1.43}$$

und

$$\omega = \theta \tag{1.44}$$

ergibt.

Übertragen wir zuerst den inneren Kreis. Aus (1.43) folgt, daß wir eine gerade senkrechte Linie an der Stelle $\sigma_1 = \ln a$ erhalten, die von $\omega = 0$ bis $\omega = 2\pi$ reicht. Der innere Kreis in der $z$-Ebene wird also in das linke Geradenstück der Abb. 1.14 übergeführt.

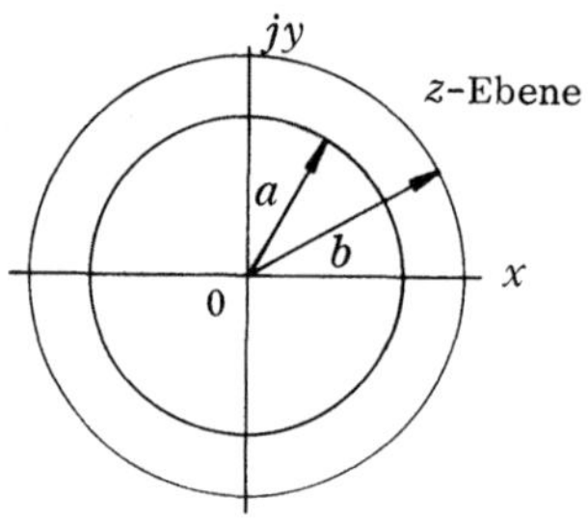


Abb. 1.13

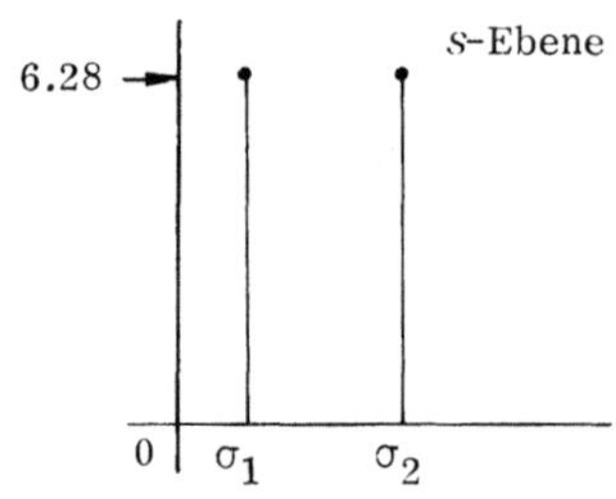


Abb. 1.14

Als nächstes wollen wir diesen Vorgang wiederholen und jetzt auch den äußeren Kreis in die $s$-Ebene abbilden. Für die $z$-Werte, die dem äußeren Kreis entsprechen, gilt

$$b\epsilon^{j\theta} = \epsilon^{\sigma}\epsilon^{j\omega} \tag{1.45}$$

und wir sehen, daß

$$b = \epsilon^{\sigma} \tag{1.46}$$

oder

$$\sigma_2 = \ln b \tag{1.47}$$

und wieder

$$\omega = \theta\ . \tag{1.48}$$

Der äußere Kreis erscheint somit in der $s$-Ebene als Geradenstück $\sigma_2 = \ln b$, das wieder von $\omega = 0$ bis $\omega = 2\pi$ reicht.

In der Richtung der Achse haben wir nichts geändert. Wir haben somit das Koaxialkabel in der Gestalt zweier völlig gleicher flacher Platten, 1 m lang, 2 m breit, und mit einem Abstand von ($\ln b - \ln a$) m.

Hätten wir uns auch um den radialen Fluß zwischen den Leitern $a$ und $b$ in der $z$-Ebene gekümmert, so hätten wir festgestellt, daß der entsprechende Fluß in der $s$-Ebene vollkommen gleichförmig verläuft und daß an den Enden keine Streuung auftritt. Wir dürfen somit die einfache Formel für die Kapazität eines Plattenkondensators verwenden

$$C = \frac{\epsilon A}{d} \tag{1.49}$$

wobei $C$ = Kapazität (F)

$\epsilon$ = Dielektrizitätskonstante (F/m)

$A$ = Fläche der Platten ($m^2$)

$d$ = Plattenabstand (m) .

Unsere beiden Platten in der $s$-Ebene haben somit eine Kapazität

$$C = \frac{\epsilon\, 6.28}{\ln b - \ln a} \tag{1.50}$$

was sich zu

$$C = \frac{2\pi\epsilon}{\ln\left(\frac{b}{a}\right)} \tag{1.51}$$

vereinfachen läßt.

(1.51) ist der allgemeine Ausdruck für die Kapazität einer koaxialen Leitung mit den Radien $a$ und $b$. Es ist die exakte Lösung. Diejenigen Leser, die diese Formel mit Hilfe anderer Methoden berechnet haben, werden sicherlich darin übereinstimmen, daß die einfache Transformation in die $s$-Ebene einen äußerst einfachen Lösungsweg bietet.

Wir bemerken noch kurz, daß hier kein Grund dafür besteht, zurück in die $z$-Ebene zu transformieren. Das Problem ist in beiden Ebene identisch. In Zukunft werden wir in manchen Fällen eine Lösung in die ursprüngliche Ebene zurück transformieren müssen, in anderen Fällen wird das für die Anwendung nicht notwendig sein.

## 1.7. FUNKTIONEN IN DER KOMPLEXEN EBENE

Wenn die Gleichung einer Kurve in der $z$-Ebene gegeben ist, so ist, wie wir bereits festgestellt haben, $y$ längs dieser Kurve eine Funktion von $x$ und wir schreiben wie üblich $f(x)$ dafür. $x$ ist eine reelle Variable. $y$ oder $f(x)$ nennen wir daher eine Funktion einer reellen Variablen. Verschiedene Funktionen von $x$, die in derselben Untersuchung vorkommen, bezeichnet man dann etwa mit $f(x)$, $g(x)$, $h(x)$, usw.. Die Graphen der Funktionen von $x$ können wir im Zweidimensionalen zeichnen.

Nun ist auch möglich, an Stelle einer Funktion einer einzigen reellen Variablen $x$, eine Funktion der komplexen Variablen $z$ oder $s$ zu definieren.

Zum Beispiel könnten wir die folgende Funktion* von $s$ gegeben haben

$$F(s) = \frac{1}{s}\,. \tag{1.52}$$

Man sieht, daß das nicht nur eine Kurve über der reellen Achse ist, wie im Falle von $f(x)$, sondern daß diese Funktion für jeden Punkt in der $s$-Ebene einen Wert besitzt.

Man kann sich den Betrag der Funktion $F(s)$ als Fläche über der $z$-Ebene vorstellen. Für unsere Behandlung der Laplace-Transformation wird diese Vorstellung meist ausreichen. Wo es nötig sein wird, auch den Phasenwinkel zu berücksichtigen, wird es an entsprechender Stelle geschehen.

Wir wollen uns noch ein genaueres Bild von der Funktion $F(s)$ in (1.52) machen. Dazu bilden wir vorerst den absoluten Betrag

$$F(x) = \frac{1}{\sigma + j\omega} \tag{1.53}$$

oder

$$|F(s)| = \frac{1}{\sqrt{(\sigma^2 + \omega^2)}}\,. \tag{1.54}$$

Um $F(s)$ zu zeichnen, wählen wir am besten eine Gerade $\sigma_1$ = const. und berechnen die Werte von $F(s)$ längs dieser Geraden in Abhängigkeit von $\omega$. Diesen Vorgang wiederholen wir längs einer anderen Geraden $\sigma_2$ = const. usw., bis wir schließlich die gesamte Fläche erzeugt haben. Zur Funktion $F(s)$ in (1.52) ist noch zu bemerken, daß ihr Wert nur in einem einzigen Punkt unendlich wird, nämlich in $s = 0$.

Einen Teil der Fläche kann man, wie in Abb. 1.15 angedeutet ist, dreidimensional skizzieren. Man sieht, daß die Fläche an der Stelle $s = 0$ eine unendlich hohe Spitze hat und sowohl in der $\sigma$- als auch in der $\omega$-Richtung rasch abfällt.

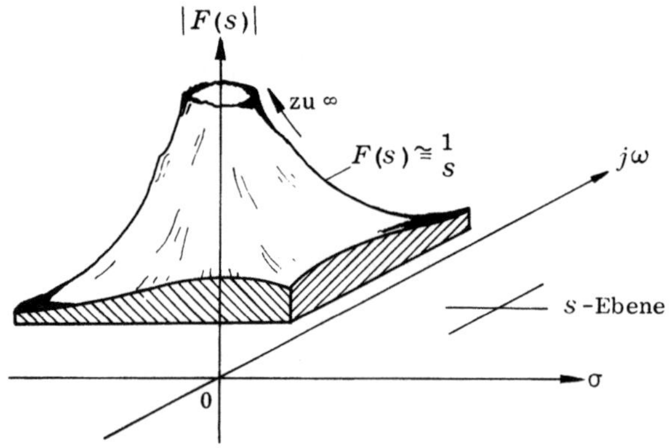


Abb. 1.15

* Von nun an werden Funktionen von $s$ mit $F$ oder anderen Großbuchstaben bezeichnet, während für Funktionen von $z$, Funktionen der Zeit $t$, usw. Kleinbuchstaben benützt werden.

## 1.8. POLE KOMPLEXER FUNKTIONEN

Aus Abb. 1.15 des letzten Abschnittes ersah man, daß die einfache Funktion

$$F(s) = \frac{1}{s} \tag{1.55}$$

einer steilen Bergspitze gleicht, die bis ins Unendliche reicht. Diese Spitze ist für die weiteren Überlegungen von so großer Bedeutung, daß man ihr einen eigenen Namen gegeben hat. Man nennt sie "Pol". Wir sagen $F(s)$ besitze Pole für gewisse Werte von $s$, wenn dort der Betrag von $F(s)$ unendlich wird.

B e i s p i e l 1. Die Pole der Funktion

$$F(s) = \frac{1}{s(s+2)} \tag{1.56}$$

liegen bei

$$s = 0 \tag{1.57}$$

$$s = -2\,, \tag{1.58}$$

da in beiden Punkten die Fläche bis ins Unendliche ansteigt.

B e i s p i e l 2. Die Funktion

$$F(s) = \frac{1}{s(s+2)(s-2j+2)} \tag{1.59}$$

hat Pole in

$$s = 0$$

$$s = -2$$

$$s = -2 + 2j\,,$$

da in jedem der drei Punkte $F(s)$ unendlich wird. Es ist üblich, die Lage der Pole in der $s$-Ebene durch kleine Kreuze anzumerken. Die Pole von (1.59) lassen sich somit wie in Abb. 1.16 veranschaulichen.

Wir wollen hier eine interessante Tatsache nur andeuten und bemerken, daß wir komplizierte elektronische Schaltungen durch Gruppen von Polen in der $s$-Ebene ausdrücken und im $s$-Bereich analysieren werden. Für die Anwendung wird das Ergebnis dann in die Zeitebene rücktransformiert.

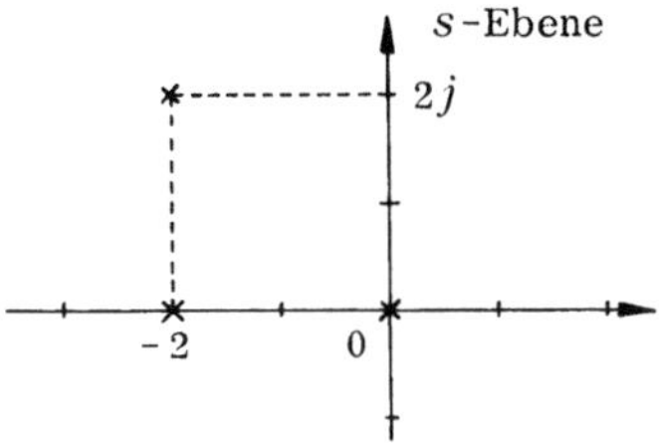


Abb. 1.16

**Aufgaben.** Man suche die Stellen der Pole der folgenden Funktionen von $s$ auf und kreuze ihre Lage in der $s$-Ebene an.

(a) $F(s) = \dfrac{1}{s(s-1)(s-4)}$

(b) $F(s) = \dfrac{1}{s(s^2-1)}$

(c) $F(s) = \dfrac{1}{(s-1)(s^2+1)}$.

**Antwort.** (a) $s = 0$, $s = 1$, $s = 4$; (b) $s = 0$, $s = 1$, $s = -1$; (c) $s = 1$, $s = j$, $s = -j$.

Die Polstellen findet man, indem man die einzelnen Faktoren im Nenner null setzt und nach $s$ auflöst. Mit jedem erzeugenden Faktor ist ein Pol verknüpft. In Aufgabe (a) wird der Pol im Nullpunkt durch den Faktor $s$ erzeugt, der Pol in $s = 1$ durch den Faktor $(s - 1)$, usw.

Wir wollen nun kurz einiges über Nullstellen sagen und dann über Pole und Nullstellen im allgemeinen in größerem Umfang diskutieren.

## 1.9. NULLSTELLEN KOMPLEXER FUNKTIONEN

Eine komplexe Zahl $s$ heißt Nullstelle einer komplexen Funktion, wenn der Funktionswert an der Stelle $s$ null ist. Also hat die Funktion

$$F(s) = \frac{(s-2)(s+1)}{(s-4)} \tag{1.60}$$

Nullstellen bei $s = 2$ und $s = -1$. Bei $s = 2$ verschwindet im Zähler der erste Faktor, für $s = -1$ wird der zweite Faktor null. Somit verschwindet auch $F(s)$, und zwar sowohl Real- als auch Imaginärteil.

Die Nullstellen einer Funktion findet man also, indem man die Faktoren im Zähler null setzt und nach $s$ auflöst. Man markiert die Nullstellen in der $s$-Ebene durch kleine Kreise. Gleichung (1.60) hat demnach ihre Nullstellen dort, wo sie in Abb. 1.17 eingetragen sind.

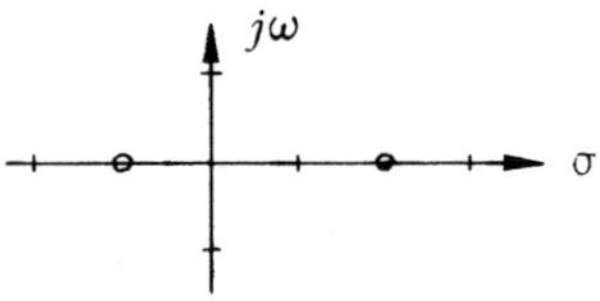

Abb. 1.17

**Aufgaben.** Man suche die Nullstellen der folgenden Funktionen auf und trage sie in die $s$-Ebene ein. Man benütze dazu kleine Kreise wie in Abb. 1.17.

(a) $F(s) = \dfrac{s}{s+1}$

(b) $F(s) = \dfrac{s-13}{s}$

(c) $F(s) = \dfrac{(s-1)(s+j)}{s^2+2}$

(d) $F(s) = s + \dfrac{1}{s}$

(e) $F(s) = \dfrac{(s^2+1)s}{(s^2-1)}$

(f) $F(s) = \dfrac{(s-3-j4)}{(s+j)^2}$

Antwort. (a) $s = 0$; (b) $s = 13$; (c) $s = 1$, $s = -j$; (d) $s = j$, $s = -j$; (e) $s = 0$, $s = j$, $s = -j$; (f) $s = 3 + j4$.

Es werden oft Funktionen als Quotienten zweier Polynome auftreten wie etwa im folgenden Beispiel:

$$F(s) = \frac{s^3 + as^2 + bs + c}{s^2 + ds + e} . \tag{1.61}$$

In solchen Fällen ist es notwendig, den Zähler null zu setzen und die resultierende Gleichung höheren Grades zu lösen. Die Wurzeln der in diesem Falle kubischen Gleichung benützen wir dann, um die gegebene Funktion $F(s)$ als Produkt von Faktoren zu schreiben. Wenn also die Wurzeln $a_1$, $a_2$ und $a_3$ sind, so drückt man die Funktion aus durch

$$F(s) = \frac{(s - a_1)(s - a_2)(s - a_3)}{s^2 + ds + e} . \tag{1.62}$$

## 1.10. DAS POL-NULLSTELLEN-DIAGRAMM

Eine gegebene Funktion von $s$ läßt sich immer als Pol-Nullstellen-Diagramm zeichnen. So ein Diagramm ist weiter nichts als eine Zeichnung, bestehend aus kleinen Kreuzchen und Kreisen in der $s$-Ebene, wodurch die Lage der Pole und Nullstellen fixiert wird. Die Funktion

$$F(s) = \frac{(s + 3)}{(s^2 + 4)} \tag{1.63}$$

hat eine Nullstelle in $s = -3$ und Pole in $s = j2$ und $s = -j2$. Das Pol-Nullstellen-Diagramm hat somit die Gestalt der Abb. 1.18.

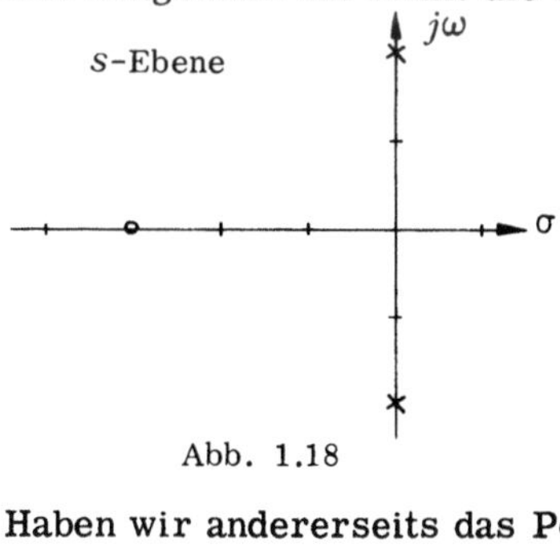


Abb. 1.18

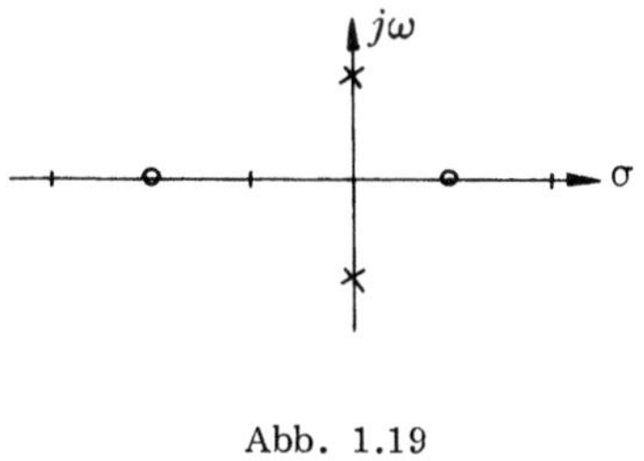


Abb. 1.19

Haben wir andererseits das Pol-Nullstellen-Diagramm gegeben, so können wir leicht die entsprechende Funktion finden. Nehmen wir zum Beispiel Abb. 1.19 als gegeben an und berücksichtigen wir zuerst die Nullstellen. Die Nullstelle in $s = 1$ erzeugt den Faktor $(s - 1)$, die Nullstelle in $s = -2$ den Faktor $(s + 2)$. Beide Faktoren gehören in den Zähler. In den Nenner kommen die Faktoren $(s - j)$ und $(s + j)$, erzeugt durch die Pole in $s = j$ und $s = -j$. Alle Faktoren zusammen ergeben

$$F(s) = \frac{(s - 1)(s + 2)}{(s - j)(s + j)} \tag{1.64}$$

was man auch so schreiben kann

$$F(s) = \frac{s^2 + s - 2}{s^2 + 1} \,. \tag{1.65}$$

Pol-Nullstellen-Diagramme sind besonders wichtig in der Analyse der $R$-$L$-$C$ Schaltungen. Wir werden sie im übrigen Teil des Buches immer wieder benutzen.

**Aufgabe.** Man gebe die Funktion an, die dem Pol-Nullstellen-Diagramm in Abb. 1.20 entspricht.

**Antwort.**

$$F(s) = \frac{s^2 - 1}{s^2 + 2s + 2} \,.$$

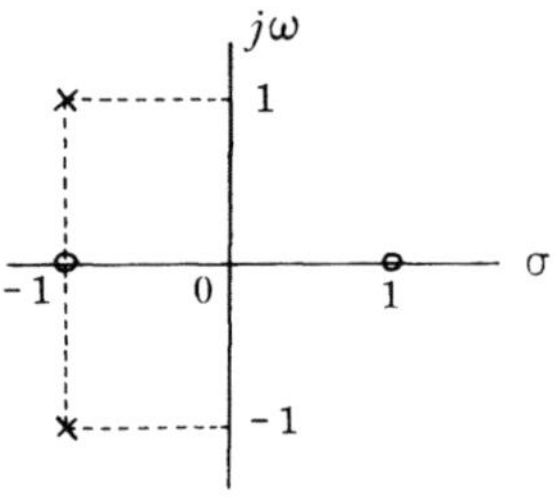


Abb. 1.20

## 1.11. INTEGRATION LÄNGS EINER KURVE IN DER $s$-EBENE

Ziel dieses und anderer Abschnitte von Kapitel I ist es, jenen Teil der Theorie komplexer Variabler darzustellen, der als Vorbereitung zum Studium der Laplace-Transformation nötig ist. Es wäre äußerst wünschenswert, wenn jeder Leser vor Beginn des Studiums der Laplace-Transformation einen Lehrgang über Funktionentheorie abgeschlossen hätte, aber das ist weder möglich noch notwendig. Wenn der Leser noch ein oder zwei Definitionen und Begriffe mehr beherrschen lernt, wird er genügend Grundlagen besitzen und darf zuversichtlich mit Kapitel II beginnen. Ein solcher Begriff ist die Integration einer Funktion $F(s)$ in der komplexen $s$-Ebene.

Der Leser erinnert sich sicher daran, daß am Anfang seines Studiums der Differential- und Integralrechnung Integrationen stets nur längs der reellen $x$-Achse durchgeführt wurden, meist zwischen fest gegebenen oberen und unteren Grenzen. Es ist nicht schwer, dieses Verfahren zu verallgemeinern.

Als erstes wollen wir nochmals das Verfahren prüfen, das zur Angabe des reellen Integrals für die Fläche unter einer Kurve dient (siehe Abb. 1.21). Wir erinnern daran, daß ein Flächenelement gegeben ist durch Länge mal Breite

$$\Delta A = y \Delta x \,. \tag{1.66}$$

Ein spezifisches Flächenelement ist somit

$$\Delta A_n = y_n \Delta x_n \,. \tag{1.67}$$

Bei $\Delta x$ dürfen wir den Index weglassen, da alle $\Delta x_n$ gleich groß sind. $y$ ist bekannt in jedem der Punkte $y_1$, $y_2$, usw., denn $y$ ist ja eine Funktion $f(x)$, und diese Funktion ist bekannt. Summieren wir die einzelnen Flächenelemente, so erhalten wir als Gesamtfläche

$$A = y_1\Delta x + y_2\Delta x + y_3\Delta x + \ldots\ y_n\Delta x \tag{1.68}$$

oder da $y = f(x)$

$$A = f(x_1)\Delta x + f(x_2)\Delta x + f(x_3)\Delta x + \ldots\ f(x_n)\Delta x\ .$$

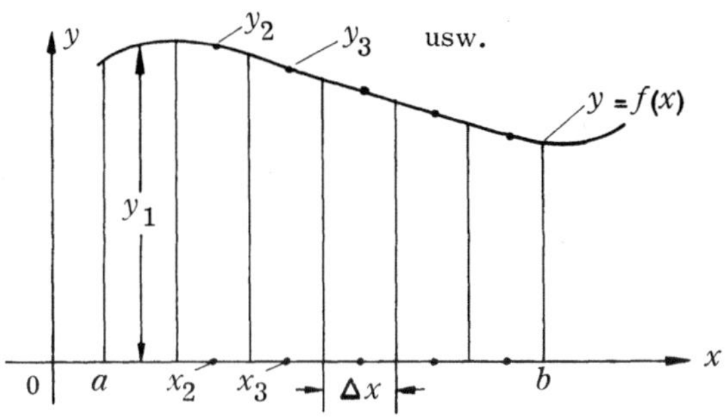


Abb. 1.21

Diese Reihe geht über in das Grundintegral

$$A = \int_a^b f(x)\,dx \tag{1.69}$$

das die Summe der Flächenelemente von $x = a$ bis $x = b$ exakt angibt, wenn $\Delta x$ gegen 0 geht.

Man beachte, daß wir in der obigen Ableitung nur den Abschnitt der $x$-Achse zwischen $a$ und $b$ in $n$ gleiche Intervalle von der Länge $\Delta x$ unterteilt haben. Dann nahmen wir den Wert von $f(x)$ in der Mitte des betreffenden Teilintervalls und bildeten das Produkt $f(x)\Delta x$. Es war keineswegs wesentlich, daß das Produkt als Fläche zu deuten war. Üblicherweise denken wir auch nicht an eine Fläche, wenn wir Integrale aus oft verwendeten Produkten wie Kraft mal Weg, Spannung mal Strom, usw., bilden. Betrachten wir daher Abb. 1.22. Sie stellt die $s$-Ebene dar, wo der Weg, über den wir zu integrieren wünschen, als Kurve von $s = a$ bis $s = b$ eingezeichnet ist. Die Grenzen $a$ und $b$ sind natürlich komplexe Zahlen. Man beachte, daß dieser Weg seinen Verlauf durch die $s$-Ebene nimmt und daher alle Punkte $s$ auf ihm komplex sind. Der Weg erfordert somit zu seiner Darstellung eine Ebene (zwei Dimensionen) und nicht nur die $x$-Achse.

Natürlich müssen wir die Funktion $F(s)$ durch eine Formel gegeben haben, damit wir die Funktionswerte $F(s_1)$, $F(s_2)$ usw. im Zentrum der kleinen Wegsegmente $\Delta s$ berechnen können. Das Integral hat dann genau dieselbe Form wie (1.68) und (1.69) oder

$$\int_a^b F(s)\,ds = F(s_1)\Delta s + F(s_2)\Delta s + F(s_3)\Delta s + \ldots\ F(s_n)\Delta s \tag{1.70}$$

wenn $\Delta s$ gegen 0 geht und zugleich $n$ beliebig groß wird.

Man beachte unbedingt den wesentlichen Unterscheid zwischen Abb. 1.21 und Abb. 1.22. In Abb. 1.22 benötigt man eine dritte Dimension (senkrecht

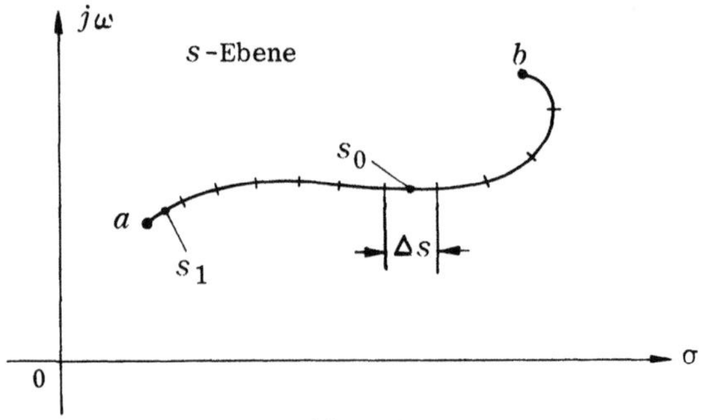


Abb. 1.22

zur Zeichenebene), um die Werte von $F(s)$ darzustellen, da die beiden Dimensionen der $s$-Ebene bereits zur Darstellung des Integrationsweges benützt werden. In Abb. 1.21 sind dagegen nur zwei Dimensionen erforderlich, um sowohl den Integrationsweg als auch die Werte von $f(x)$ darzustellen.

Man beachte ferner, daß $F(s)$ in Wirklichkeit eine Fläche ist, die sich ober- und unterhalb der $s$-Ebene hinzieht. Denkt man sich die $s$-Ebene als Meeresspiegel, dann ließe sich $F(s)$ am ehesten mit der Erdoberfläche vergleichen, die teilweise oberhalb, teilweise unterhalb des Meeresspiegels verläuft.

Den Betrag von $F(s)$ kann man ja üblicherweise dreidimensional als Fläche zeichnen, wie in Abb. 1.15 gezeigt ist. Aber für uns wird das meist nicht nötig sein.

Wir werden uns besonders für die Fälle interessieren, in denen der Integrationsweg eine geschlossene Schleife ist, also von einem festen Punkt ausgeht, eine gewisse Fläche umschreibt und wieder zum Ausgangspunkt zurückkehrt. Wir wollen daher die Integration von einem Punkt $a$ bis zu einem Punkt $b$ wie in Abb. 1.22 nicht weiter diskutieren. Wir führten sie ein, um uns die Bedeutung des Integrals wieder anschaulich zu machen. Nebenbei bemerkt, ist der Wert des Integrals wie im reellen Fall nur eine Funktion der Endpunkte $a$ und $b$.

Die letzte Behauptung erfordert für ihre Gültigkeit allerdings eine Einschränkung bezüglich der betrachteten Funktion. Diese muß nämlich analytisch sein. Wir werden hier vermeiden, zwischen analytischen oder nichtanalytischen Funktionen zu unterscheiden, indem wir von vornherein die Feststellung machen, daß normalerweise alle Funktionen, mit denen wir bei unserer Beschäftigung mit der Elektronik zu tun haben, analytisch sind. Der besonders wißbegierige Student mag mehr über analytische oder nichtanalytische Funktionen lesen und vor allem mit Hilfe der Cauchy-Riemannschen Kriterien unterscheiden lernen, ob eine Funktion die Bedingungen für die Analytizität erfüllt oder nicht. Dieses Thema wird in jedem Lehrbuch über Funktionentheorie behandelt.

## 1.12. INTEGRATION UM EINE POLSTELLE

In diesem Abschnitt wollen wir ein Verfahren für die Integration um eine Polstelle in der komplexen Ebene ableiten. Dieses Thema ist von besonderer Bedeutung. Angenommen, wir benötigen die Funktion

$$F(s) = \frac{1}{s - a}.$$

Dieser Faktor, $n$ mal genommen, und mit verschiedenen komplexen Konstanten $a$, kann zur Darstellung des Nenners irgendeiner Funktion $F(s)$ dienen. Das heißt, die Pole der Funktion $F(s)$ werden durch solche Faktoren erzeugt. Daher sollte man wissen, wie man über $F(s)$ längs eines Weges integriert, der einen Pol in $s = a$ umschließt. Abb. 1.23 zeigt einen dieser typischen Integrationswege. $a$ ist dabei ein beliebiger Punkt der Ebene.

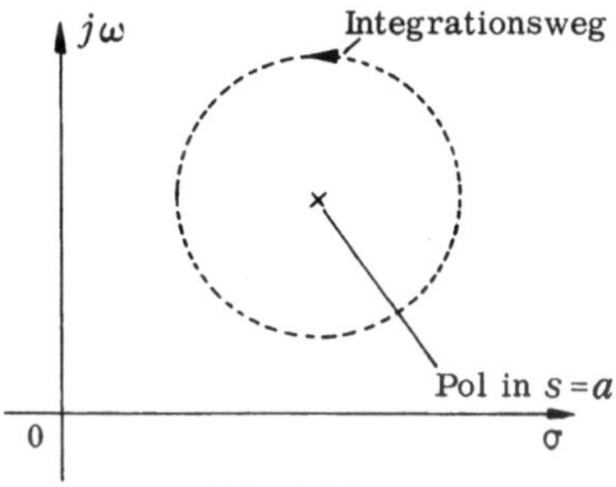

Abb. 1.23

Wählen wir nun einen allgemeinen Punkt auf dem kreisförmigen Integrationsweg in Abb. 1.23 und bilden wir die Ortsvektoren vom Nullpunkt bis zu dem allgemeinen Punkt $s$ und ebenso zur Polstelle $a$. Diese Vektoren bezeichnen wir ebenfalls mit $s$ und $a$. Der Radiusvektor von der Polstelle $a$ bis $s$ ist dann $s - a$. Zugleich mit $s$ und $a$ ist dieser Vektor in Abb. 1.24 eingezeichnet. Unser spezifisches Problem ist jetzt, das Integral über die Funktion $F(s)$ längs des punktierten kreisförmigen Weges zu finden, wobei der

$$\oint F(s)\, ds = \oint \frac{ds}{s - a} \tag{1.71}$$

kleine Kreis auf dem Integralzeichen anzeigt, daß es sich um eine Integration längs einer geschlossenen Kurve handelt, die bei einem festen Punkt beginnt, den Weg einmal durchläuft und beim selben Punkt wieder endet. Ersetzen wir den Vektor $s - a$ aus Abb. 1.24 durch den Betrag $A$ und

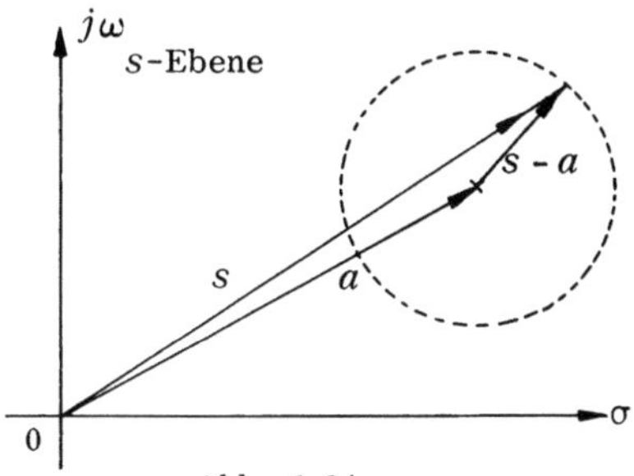

Abb. 1.24

den Winkel $\theta$

$$s - a = A\,\epsilon^{j\theta} \tag{1.72}$$

und differenzieren wir

$$ds = jA\,\epsilon^{j\theta} d\theta \tag{1.73}$$

und setzen wir diese Ausdrücke für $s - a$ und $ds$ in (1.71) ein

$$\oint \frac{ds}{s - a} = \int \frac{jA\,e^{j\theta} d\theta}{A\,e^{j\theta}} \tag{1.74}$$

so erhalten wir nach Vereinfachung

$$\oint \frac{ds}{s - a} = j \int_0^{2\pi} d\theta \;. \tag{1.75}$$

Beim Einsetzen haben wir hierbei berücksichtigt, daß der Vektor $s - a$ oder $A$ während der Integration einmal eine volle Drehung ausführt. Wir führen das weiter

$$\oint \frac{ds}{s - a} = j[\theta]_0^{2\pi} \tag{1.76}$$

und setzen noch die Grenzen ein. Das gibt

$$\oint \frac{ds}{s - a} = 2\pi j \;. \tag{1.77}$$

Der Radiusvektor $A$ konnte dabei irgendeinen Wert haben, der zu einem beliebigen um die Polstelle gezogenen Kreis paßt. Das wirkliche Ausmaß des Kreises ist somit für die Integration nicht bedeutend. Wir dürfen daher behaupten, daß (1.77) ein allgemeines Ergebnis liefert, das für beliebig große oder kleine Kreise gültig ist.

Auf einen Punkt wollen wir noch aufmerksam machen, obwohl er trivial erscheinen mag. Wäre die ursprüngliche Funktion mit einer Konstanten multipliziert gewesen, hätten wir diese Konstante durch die gesamte Ableitung mitführen können, und das Ergebnis wäre das $K$-fache von $2\pi j$ gewesen. Diesen Umstand verfolgen wir später weiter, wenn wir die Integration um eine mehrfache Polstelle einer Funktion von $s$ behandeln.

## 1.13. INTEGRATION LÄNGS EINES WEGES, DER KEINE POLSTELLE EINSCHLIESST

Wir sahen im vorhergehenden Abschnitt, daß verschiedene Integrationswege um eine Polstelle den gleichen Integralwert ergeben. Wir führen hier ohne Beweis an, daß die Form des Integrationsweges keinerlei Bedeutung besitzt. Eine Integration längs eines beliebigen Weges (regel- oder unregelmäßig geformt), der die Polstelle einschließt, führt immer zum gleichen Wert $2\pi j$. Die Frage ist nun, welchen Wert das Integral annimmt, wenn der Integrationsweg keine Polstelle einschließt.

Angenommen, wir zeichnen nochmals Abb. 1.24, nehmen aber diesmal die Polstelle außerhalb des Integrationsweges (siehe Abb. 1.25). Mit der gleichen Funktion $F(s)$ betrachten wir

$$\oint F(s)\, ds = \oint \frac{ds}{s - a} \;. \tag{1.78}$$

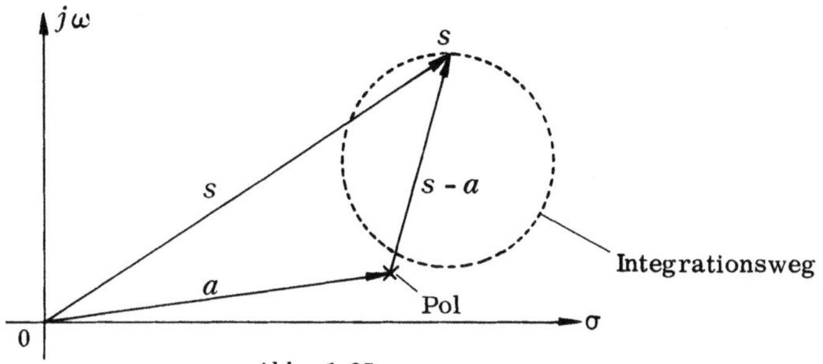


Abb. 1.25

Behalten wir den kreisförmigen Integrationsweg bei, so wird der Betrag des Vektors $s - a$ variieren. Wir schreiben ihn daher als Funktion von $\theta$

$$s - a = f(\theta)\,\epsilon^{j\theta} \tag{1.79}$$

und differenzieren

$$ds = jf(\theta)\,\epsilon^{j\theta} d\theta + \epsilon^{j\theta} df(\theta) \,. \tag{1.80}$$

(1.78) wird dann zu

$$\oint \frac{ds}{s - a} = \int \frac{jf(\theta)\,\epsilon^{j\theta} d\theta}{f(\theta)\,\epsilon^{j\theta}} + \int \frac{\epsilon^{j\theta} df(\theta)}{f(\theta)\,\epsilon^{j\theta}} \,. \tag{1.81}$$

Wir bemerken, daß der Winkel $\theta$ bei beliebigem festen Wert beginnt, einmal zu- und wieder abnimmt, während $s$ den Weg einmal durchläuft, und am Ende wieder den vorgegebenen Anfangswert annimmt. Als obere und untere Grenze dürfen wir daher den gleichen nicht spezifizierten Winkel nehmen. Schreiben wir dafür $\psi$ und vereinfachen (1.81), so gibt das

$$\oint \frac{ds}{s - a} = j \int_{\psi}^{\psi} d\theta + \int_{\psi}^{\psi} \frac{df(\theta)}{f(\theta)} = [\ln f(\theta)]_{\psi}^{\psi} \tag{1.82}$$

oder

$$\oint \frac{ds}{s - a} = \ln\left[\frac{f(\psi)}{f(\psi)}\right] = \ln\,(1) \tag{1.83}$$

und schließlich

$$\oint \frac{ds}{s - a} = 0 \,. \tag{1.84}$$

Gleichung (1.84) ist ein allgemeines Ergebnis. Sie sagt aus, daß das Integral über eine beliebige Funktion $F(s)$ null ist, wenn der Integrationsweg geschlossen ist und keine Polstellen umfaßt.

Wie im letzten Abschnitt kann auch hier ein konstanter Faktor in $F(s)$ vor das Integral herausgezogen, durch die gesamte Ableitung mitgeführt und schließlich weggelassen werden, da er ja nur mit dem Integralwert Null multipliziert wird.

Angenommen, es sei zum Beispiel die Funktion

$$F(s) = \frac{6}{s - a} \tag{1.85}$$

gegeben und längs eines geschlossenen Weges zu integrieren, der wie in Abschn. 1.12 eine Polstelle umfaßt, oder wie in diesem Abschnitt keine umfaßt. Man könnte sich hier verleiten lassen, durch 6 zu kürzen

$$F(s) = \frac{1}{s/6 - a/6} \tag{1.86}$$

hätte aber dann festzustellen, daß es nicht möglich ist, den Nenner als Vektor von $a$ bis $s$ zu schreiben, wie er in Abb. 1.24 und Abb. 1.25 gezeigt ist. Die von uns gemachten Substitutionen wären also nicht gültig. Man muß daher die Konstante vor Ausführung der Substitutionen entfernen und muß den Faktor, der den Pol erzeugt, in genau derselben Form erhalten wie in dem hier ausgearbeiteten Verfahren.

## 1.14. RESIDUEN

Der vorliegende Abschnitt über Residuen von Funktionen dient dazu, einige anscheinend beziehungslose Themen, mit denen wir uns in den vorhergehenden Abschnitten befaßt haben, untereinander zu verknüpfen. Residuen von Funktionen von $s$ sind äußerst wichtig für unser späteres Studium der Laplace-Transformationen. Es ist daher angebracht, sich ein klares Bild über den Begriff des Residuums und seine Anwendungen zu machen.

Wir haben im Vorhergehenden gesagt, daß man sich eine Funktion $F(s)$ als Fläche vorstellen kann, für welche die $s$-Ebene einem Bezugsniveau, dem Meeresspiegel, entspricht, während die Höhe von der $s$-Ebene (Meeresspiegel) bis zu dieser Fläche dem Betrag von $F(s)$ gleichkommt. Die spezielle Funktion

$$F(s) = \frac{1}{s - a} \tag{1.87}$$

hat einen Pol an der Stelle $s = a$, den man sich als hohe Bergspitze vorstellen darf. In der Umgebung dieser Polstelle steigt die Fläche unbegrenzt an.

Wir wollen uns, um den Begriff der Residuen zu entwickeln, für den Augenblick darauf beschränken, daß die Polstellen auf der $\sigma$-Achse der $s$-Ebene liegen. Wir können dann in einem zweidimensionalen Schaubild sowohl einen Schnitt durch die $s$-Ebene längs der $\sigma$-Achse als auch den Betrag von $F(s)$ darstellen. Es ist nicht schwer, den Begriff dann auf drei Dimensionen zu erweitern, so daß die Polstellen in beliebigen Punkten der $s$-Ebene sein dürfen. Zeichnen wir (1.87) für $a = 4$, so erhalten wir Abb. 1.26.

Man beachte, daß Abb. 1.26 nur den Betrag darstellt und daher die gesamte Fläche oberhalb der $\sigma$-Achse verläuft. Wir werden numerische Werte mit Hilfe der Gleichung berechnen. Es ist daher nicht notwendig, die senkrechte Achse mit einer Skala zu versehen.

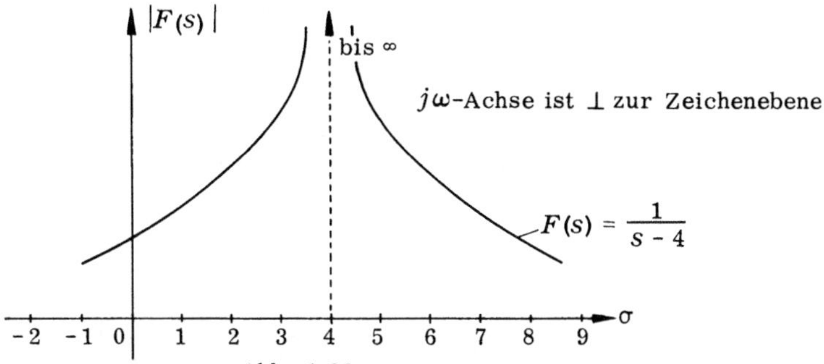


Abb. 1.26

Betrachten wir nun die etwas kompliziertere Funktion von $s$

$$F(s) = \frac{1}{(s-4)(s-7)} \tag{1.88}$$

die sich aus zwei Faktoren zusammensetzt, wobei reelle Polstellen benutzt wurden. Offensichtlich kann diese Funktion als Produkt von zwei Flächen gedeutet und in ein wenig anderer Form so geschrieben werden

$$F(s) = \frac{1}{(s-4)} \times \frac{1}{(s-7)}\,, \tag{1.89}$$

wobei der erste Faktor dieselbe Fläche wie in Abb. 1.26 erzeugt. Der zweite Faktor erzeugt die gleiche Fläche, nur wird diese über der Polstelle $s = 7$ unendlich und nicht über $s = 4$. Die Schnitte durch beide Flächen sind in Abb. 1.27 zu sehen.

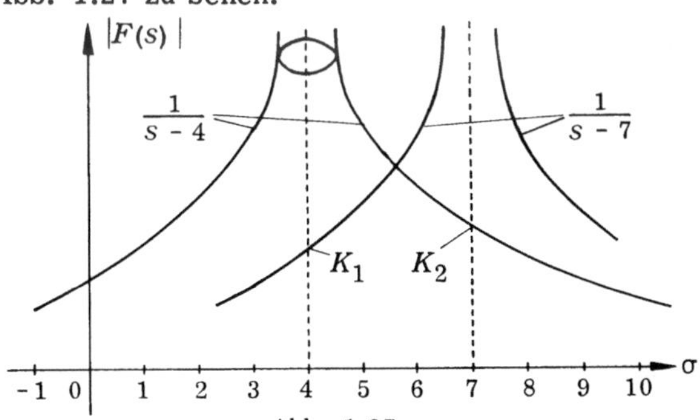


Abb. 1.27

Natürlich ist die einhüllende Funktion $F(s)$ punktweise in der $s$-Ebene das Produkt dieser zwei Flächen, wie in Abb. 1.28 ersichtlich ist. Es hat jedoch Vorteile, wie wir jetzt sehen werden, wenn man die einhüllende $F(s)$ als Produkt der beiden Flächen im Ganzen wie in Abb. 1.27 betrachtet und nicht als einzige Fläche.

Wir wollen den Berg ersteigen, der zum Faktor $1/(s - 4)$ gehört und der sich über der Polstelle $s = 4$ erhebt. Wenn wir weit genug hinauf geklettert sind, werden wir imstande sein, die Spitze zu umfassen und einen kleinen

Kreis einzuzeichnen, wie es in Abb. 1.27 ebenfalls getan wurde. Halten wir den Kreis sehr klein, so wird innerhalb des entsprechenden kreisförmigen Gebietes in der $s$-Ebene die zweite Fläche annähernd konstant bleiben. Tatsächlich wird der Wert der zweiten Fläche $1/(s - 7)$ gleich der Konstanten $K_1$, wenn wir den Radius des Kreises gegen Null gehen lassen. Innerhalb des kleinen Kreises in Abb. 1.27 dürfen wir also die einhüllende Fläche auffassen als Produkt der beiden Flächen oder Faktoren

$$F(s) = K_1 \times \frac{1}{(s - 4)} . \tag{1.90}$$

Wir haben vorher gesehen, daß ein Integral um eine Polstelle unabhängig vom Integrationsweg ist, solange dieser die Polstelle einschließt. Wir

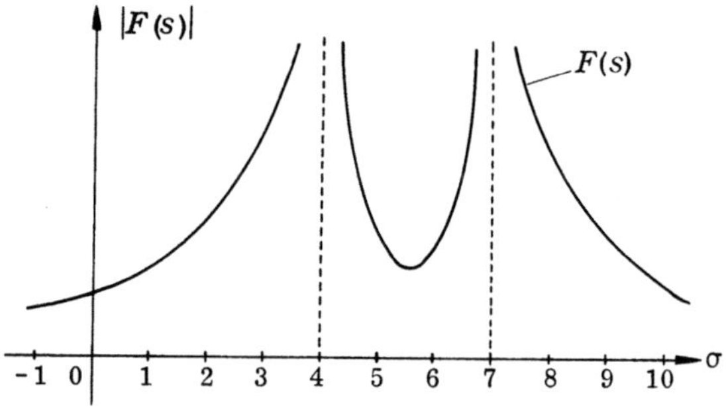


Abb. 1.28

dürfen daher bei der Integration um die Polstelle $s = 4$ den Radius des Integrationsweges beliebig klein machen, so daß (1.90) gilt. Dann haben wir

$$\oint F(s)\, ds = \oint \frac{ds}{(s - 4)(s - 7)} = \oint \frac{K_1\, ds}{(s - 4)} . \tag{1.91}$$

Da $K_1$ eine Konstante ist, darf sie vor das Integral gestellt werden

$$\oint F(s)\, ds = K_1 \oint \frac{ds}{s - 4} . \tag{1.92}$$

In Abschn. 1.12 fanden wir, daß das Integral um eine derartige Polstelle gleich $2\pi j$ ist. Daher haben wir

$$\oint F(s)\, ds = K_1 2\pi j . \tag{1.93}$$

$K_1$ läßt sich natürlich aus Abb. 1.27 und dem Wert der Fläche $1/(s - 7)$ in der Polstelle $s = 4$ berechnen. Wir finden

$$K_1 = \left.\frac{1}{s - 7}\right|_{s=4} = -\frac{1}{3} . \tag{1.94}$$

Somit haben wir

$$\oint F(s)\, ds = -\frac{2\pi j}{3} . \tag{1.95}$$

Das Verfahren ist genau dasselbe, wenn wir um die Polstelle $s = 7$ zu integrieren wünschen, außer daß wir innerhalb eines kleinen Kreises um die zweite Bergspitze die Fläche $1/(s - 4)$ durch die Konstante $K_2$ zu ersetzen haben. Der Wert des Integrals um die Polstelle in $s = 7$ ist also

$$\oint F(s)\, ds = K_2 \cdot 2\pi j\ . \tag{1.96}$$

Wir sehen somit, daß es möglich ist, $F(s)$ innerhalb eines kleinen Kreises um jede der Polstellen zu vereinfachen. Nun kann man ja $F(s)$ stets als Produkt von Faktoren schreiben, und nur einer dieser Faktoren trägt etwas zu einem der einzelnen Pole bei. Wir dürfen daher sagen, daß man innerhalb einer genügend kleinen Umgebung irgendeiner Polstelle die gegebene Funktion $F(s)$ zu

$$F(s) = K \times \frac{1}{(s - a)} \tag{1.97}$$

vereinfachen kann. $K$ ist dabei das Produkt $K_1 K_2 K_3 \ldots$ der Werte aller Flächen, die den Termen von $F(s)$ entsprechen, außer der Fläche $1/(s - a)$ die den betrachteten Pol in $a$ erzeugt.

D e f i n i t i o n. Als Residuum einer Funktion in der Polstelle $s = a$ bezeichnet man die Konstante $K$, deren Produkt mit dem Faktor $1/(s - a)$ eine einfache Substitution für die kompliziertere Funktion $F(s)$ liefert, die in einem Kreis von infinitesimalen Durchmesser um die Polstelle $s = a$ gültig ist. Nach dieser Definition ist also die Konstante $K_1$ in Abb. 1.27 das Residuum der Funktion $F(s)$ in der Polstelle $s = 4$. Ebenso ist für dieselbe Funktion (1.88) $K_2$ das Residuum in der Polstelle $s = 7$.

Mit Hilfe des Residuenbegriffes läßt sich daher innerhalb eines kleinen Kreises, der den Integrationsweg um eine Polstelle bildet, eine komplizierte Funktion von $s$ ersetzen durch ihr Residuum, multipliziert mit dem Faktor, der den betreffenden Pol erzeugt. Auf diese Weise ist es möglich, das Integral um eine Polstelle für äußerst komplizierte Funktionen anzugeben. An Hand des früher benutzten Beispieles

$$F(s) = \frac{6}{s - a} \tag{1.98}$$

stellen wir fest, daß 6 das Residuum der Funktion $F(s)$ in der Polstelle $s = a$ ist. Die Zahl 6 kann man somit als konstante Fläche 6 Einheiten über dem "Meeresspiegel", den die $s$-Ebene bildet, betrachten.

Im folgenden kurzen Abschn. 1.15 werden wir finden, daß der Wert eines Integrals, das um zwei oder mehrere Polstellen genommen wird, gleich ist der Summe der Integrale um die einzelnen Polstellen. Wenn diese Behauptung bewiesen ist, sollte es uns mit Hilfe der bisher eingeführten Begriffe möglich sein, irgendeine beliebige Funktion $F(s)$ um eine beliebige Anzahl von Polstellen in der $s$-Ebene zu integrieren. Im Augenblick aber wollen wir die Behauptung glauben und in diesem Abschnitt noch zeigen, wie man das Residuum in einer gegebenen Polstelle findet. In der gegebenen Funktion

$$F(s) = \frac{1}{(s - a)(s - b)(s - c)} \tag{1.99}$$

erzeugt jeder der drei Faktoren einen Pol. Wenden wir uns als erstes der Polstelle in $s = a$ zu

$$F(s) = \frac{1}{(s - b)(s - c)} \times \frac{1}{(s - a)} \; . \tag{1.100}$$

Wir dürfen $1/(s - a)$ wie üblich als Fläche auffassen, die in $s = a$ gegen unendlich strebt. Die restlichen Terme betrachten wir innerhalb eines kleinen kreisförmigen Integrationsweges als Konstante. Im ersten Faktor rechts dürfen wir daher $s = a$ setzen und erhalten

$$F(s) = \frac{1}{(a - b)(a - c)} \times \frac{1}{(s - a)} \tag{1.101}$$

oder

$$F(s) = K_a \times \frac{1}{(s - a)} \tag{1.102}$$

wobei $K_a$ das Residuum von $F(s)$ in der Polstelle $s = a$ ist. Für das Residuum in $s = b$ können wir schreiben

$$F(s) = \frac{1}{(s - a)(s - c)} \times \frac{1}{(s - b)} \; . \tag{1.103}$$

Berechnen wir

$$\left. \frac{1}{(s - a)(s - c)} \right|_{s = b} \tag{1.104}$$

so erhalten wir das Residuum

$$\frac{1}{(b - a)(b - c)} = K_b \; . \tag{1.105}$$

Anders ausgedrückt heißt das, wir finden das Residuum einer Funktion, indem wir den Faktor, der den Pol erzeugt, weglassen und den Wert der übrigen Faktoren an der Polstelle berechnen. Zum Beispiel sei

$$F(s) = \frac{3}{(s - 1)(s + 2)} \; . \tag{1.106}$$

Zur Berechnung des Residuums in $s = -2$ lassen wir diesen Faktor weg und berechnen den Rest für $s = -2$

$$K_{-2} = \left. \frac{3}{s - 1} \right|_{s = -2} = \frac{3}{-2 - 1} = -1 \; . \tag{1.107}$$

Wir sagen zu diesem Verfahren auch "Beseitigen einer Polstelle".

Aufgaben.

(1) Man zeige, daß die Summe der Residuen in den Polstellen von (1.88) null ist.

(2) (a) Man berechne das Residuum der Funktion

$$F(s) = \frac{s^2}{(s - 3)(s + 6)}$$

in $s = -6$.

Antwort. $K_{-6} = -4$.

(b) Man zeige, daß für diese Funktion die Summe der Residuen nicht verschwindet.

(3) Man zeige, daß die Residuensumme der Funktion

$$F(s) = \frac{s}{s^2 + 1}$$

eins ist.

(4) Man zeige, daß die Residuensumme der Funktion

$$F(s) = \frac{s^2}{s^2 + 1}$$

null ist.

## 1.15. INTEGRATION UM ZWEI ODER MEHR POLSTELLEN IN DER $s$-EBENE

Wir wollen nochmals die Gleichung

$$F(s) = \frac{1}{(s - 4)(s - 7)} \tag{1.108}$$

betrachten, die wir schon in Abschn. 1.14 und in Abb. 1.27 untersucht haben. Die Polstellen sind $s = 4$ und $s = 7$ und sind im üblichen Pol-Nullstellen-Diagramm in Abb. 1.29 eingetragen. Angenommen, wir wählen als Integrationsweg um die Polstelle $s = 4$ einen Kreis und beginnen ihn in $a$. In der Praxis würden wir einen viel kleineren Kreis wählen, aber wir wollen ja hier nur das Verfahren veranschaulichen. Es sei daran erinnert, daß das Integral längs dieses speziell gewählten Weges die Summe der Produkte $F(s)\Delta s$ ist (siehe Abb. 1.22).

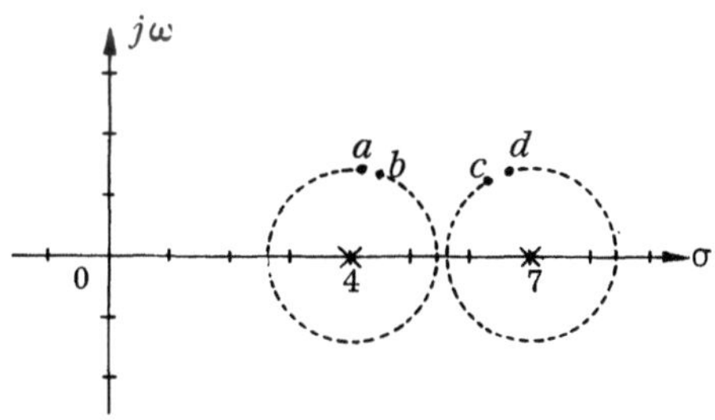


Abb. 1.29

Summieren wir alle diese Größen von $a$ längs des Integrationsweges um die Polstelle herum bis $b$, wobei $b$ zwar nahe bei $a$ liegen möge, aber doch von $a$ verschieden sei. Das Integral von $a$ bis $b$ wird sich dann kaum wesentlich von dem Integral unterscheiden, das über den gesamten Kreis genommen wird. Wir machen ja nur den Fehler, daß wir den letzten Term $F(s)\Delta s$ vernachlässigen, wobei $\Delta s$ das Wegstück von $b$ bis $a$ berücksichtigt. Wenn $\Delta s$ in irgendeiner Weise gegen 0 geht, so schreiben wir in unserem Falle für das Integral um die Polstelle $s = 4$

$$\oint F(s)\, ds = \int_a^b F(s)\, ds \tag{1.109}$$

und mit derselben Begründung bei $s = 7$

$$\oint F(s)\, ds = \int_c^d F(s)\, ds \,. \tag{1.110}$$

Da es nicht selbstverständlich ist, weisen wir darauf hin, daß $F(s)$ in den Punkten $a$ und $b$ mit für praktische Zwecke ausreichender Genauigkeit übereinstimmt, wenn $a$ und $b$ nahe genug beisammen liegen.

Fügen wir nun die beiden Wege von $d$ nach $a$ und von $b$ nach $c$ hinzu wie in Abb. 1.30. Wir ziehen die beiden Wege eng nebeneinander, ohne daß sie sich in Wirklichkeit berühren. Unterteilen wir wieder den gesamten Weg wie in der Abbildung ersichtlich in die Wegelemente $\Delta s$, so wird der Wert von $F(s)$ im Mittelpunkt $e$ eines solchen Elements auf beiden Linien im wesentlichen gleich sein. Das heißt, für die beiden Segmente gilt

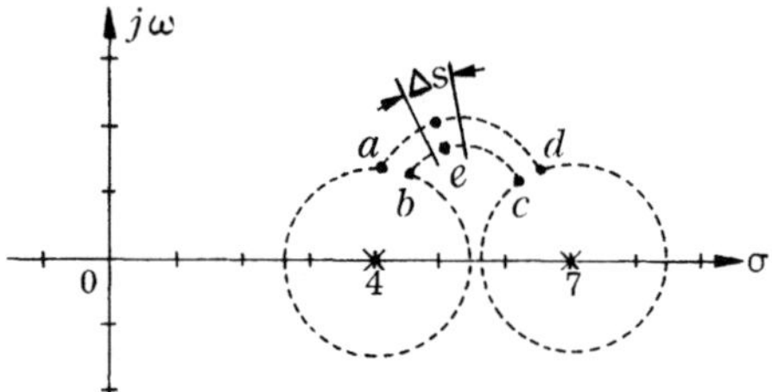

Abb. 1.30

$$F(s)_e \Delta s \text{ von } d \text{ nach } a = F(s)_e \Delta s \text{ von } c \text{ nach } b \,. \tag{1.111}$$

Diese Situation ist bei jedem der Elemente $\Delta s$ dieselbe. Summieren wir daher über den gesamten Weg von $d$ nach $a$ und von $c$ nach $b$

$$\sum_d^a F(s)\,\Delta s = \sum_c^b F(s)\,\Delta s \,. \tag{1.112}$$

Das ergibt für $s \to 0$

$$\int_d^a F(s)\, ds = \int_c^b F(s)\, ds \,. \tag{1.113}$$

Man beachte, daß bei Vertauschung der Integrationsgrenzen beim rechten Integral sich auch das Vorzeichen ändert

$$\int_d^a F(s)\, ds = -\int_b^c F(s)\, ds \,. \tag{1.114}$$

Wir sind nun in der Lage, über den vollständigen, beide Polstellen umschließenden Weg zu integrieren. Das gesamte Integral schreiben wir als Summe von vier Teilintegralen, indem wir bei $a$ beginnen und wieder zum selben Punkt zurückkehren.

$$\oint F(s)\, ds = \int_a^b F(s)\, ds + \int_b^c F(s)\, ds + \int_c^d F(s)\, ds + \int_d^a F(s)\, ds \,. \tag{1.115}$$

Der letzte Term auf der rechten Seite darf durch den äquivalenten Ausdruck in (1.114) ersetzt werden

$$\oint F(s)\, ds = \int_a^b F(s)\, ds + \int_b^c F(s)\, ds + \int_c^d F(s)\, ds - \int_b^c F(s)\, ds \,. \tag{1.116}$$

Der zweite und der letzte Term ergeben zusammen 0. Damit bleibt

$$\oint F(s)\,ds = \int_a^b F(s)\,ds + \int_c^d F(s)\,ds \,. \tag{1.117}$$

Wir wollen nun die schmalen Lücken zwischen $b$ und $a$ und zwischen $d$ und $c$ schließen (siehe Abb. 1.30). (1.117) wird dann zu

$$\underbrace{\oint F(s)\,ds}_{\text{Integral um beide Polstellen}} = \underbrace{\oint F(s)\,ds}_{\text{Integral um die eine Polstelle}} + \underbrace{\oint F(s)\,ds}_{\text{Integral um die zweite Polstelle}} \tag{1.118}$$

Das Integral über eine Funktion von $s$, genommen über einen geschlossenen Weg, der alle Pole einschließt, ist gleich der Summe der Integrale um jede einzelne Polstelle. Ist das Residuum in den einzelnen Polstellen $K_n$, so ist das Integral um alle Polstellen gleich $2\pi j$ mal der Summe der Residuen.

$$\oint F(s)\,ds = 2\pi j\,[K_1 + K_2 + \ldots] \,. \tag{1.119}$$

Wir werden später dieses Ergebnis mit gutem Erfolg auf die Berechnung der inversen Laplace-Transformierten anwenden.

Aufgaben. Man integriere die folgenden Funktionen über einen Weg, der alle Polstellen einschließt:

(a) $\oint \frac{s^2\,ds}{(s-3)(s+6)}$ (c) $\oint \frac{s^2\,ds}{s^2+1}$

(b) $\oint \frac{s\,ds}{s^2+1}$ (d) $\oint \frac{(4js-2)ds}{s^2+1}$

Antwort. (a) $-j6\pi$; (b) $j2\pi$; (c) 0; (d) -25.13.

## 1.16. ZUSAMMENFASSUNG VON KAPITEL I

Wenn auch der Leser ohne Zweifel darauf bedacht ist, zu interessanteren und praktischeren Dingen vorzudringen, wollen wir uns doch noch kurz damit aufhalten, die wichtigsten Punkte dieses Kapitels zusammenzufassen.

(a) Wir führten komplexe Zahlen ein und erläuterten sie in verschiedenen für die analytische Behandlung brauchbaren Formen. Wir definierten den $j$-Operator und wiesen darauf hin, daß es vorteilhaft sein kann, komplexe Zahlen als Vektoren aufzufassen.

(b) Wir führten komplexe Ebenen ein und zeigten, daß man in der einen Ebene dargestellte Kurven mit Hilfe der Transformationsgleichungen (1.17) und (1.23) in die andere Ebene abbilden oder übertragen kann. In der Funktionentheorie nennt man das komforme Abbildung. Sie ist äußerst gut geeignet, um Funktionen zu vereinfachen, oder genauer gesagt, um schwer überschaubare Funktionen zu symmetrisieren.

(c) Wir führten Funktionen in der komplexen Ebene ein. Wir legten nahe, den Betrag von $F(s)$ als Fläche über der $s$-Ebene aufzufassen, ähnlich der unregelmäßigen Oberfläche der Erde. Die $s$-Ebene verglichen wir mit dem Meeresspiegel.

(d) Wir sprachen von den Polen komplexer Funktionen und hielten ihre Lage in der $s$-Ebene in einer Zeichnung fest. Pole sind besonders wichtig und dem Leser möge es zur Gewohnheit werden, sich eine grobe Skizze von der $s$-Ebene und den Polen der Funktionen, mit denen er arbeitet, anzufertigen. Dieser Begriff sollte schließlich, da er im gesamten Stoff über Laplace-Transformierte gebraucht wird, im Unterbewußtsein vorhanden sein. Am Ende des Buches sollte jeder Leser imstande sein, das Verhalten mehr oder weniger komplizierter elektrischer Schaltkreise aus der Betrachtung des Pol-Nullstellen-Diagramms abzuleiten. Nullstellen, wenn sie im Zähler einer Funktion von $s$ auftreten, betreffen uns weniger, obwohl sie auch wichtig sind. Nullstellen des Nenners sind natürlich Polstellen der gesamten Funktion.

(e) In Abschn. 1.11 diskutierten wir Wege zur Bildung von Linienintegralen oder Integralen längs Kurven in der $s$-Ebene. Wir zeigten, daß man eine weitere Dimension benötigt, um dieses Verfahren anschaulich zu machen. Dachte man sich $F(s)$ senkrecht zur Zeichenebene aufgetragen, so konnte man den Integrationsweg in einer ebenen Ansicht der komplexen Ebene darstellen.

Wir erwähnten auch, daß der Wert des Linienintegrals nur eine Funktion der Endpunkte ist und daß die Wahl des Integrationsweges zwischen diesen beiden Punkten gewöhnlich nicht von Bedeutung ist.

(f) Den Begriff des Linienintegrals erweiterten wir zu dem eines Integrals rund um eine Polstelle. Wenn $F(s)$ ein einfacher Faktor ist, so ergibt sich für dieses Integral der Wert $2\pi j$. Es zeigte sich auch, daß die spezielle Gestalt des Integrationsweges um die Polstelle ohne Einfluß ist. In Abschn. 1.13 fanden wir, daß das Integral längs eines geschlossenen Weges null ist, wenn der Integrationsweg keine Polstellen einschließt.

(g) In Abschn. 1.14 führten wir die bisherigen Gedanken weiter aus und erfaßten auch den Begriff des Residuums. Wir zeigten, daß man komplizierte Funktionen von $s$ als Produkt von Flächen darstellen kann. Innerhalb eines genügend kleinen Kreises um die Polstelle darf man die Funktion ersetzen durch das Produkt des Residuums mit dem einen Faktor, der den Pol erzeugt.

(h) Schließlich zeigten wir in Abschn. 1.15, daß das Integral über die Funktion $F(s)$ um alle ihre Polstellen in der Ebene gleich der Summe der Integrale um die einzelnen Polstellen ist. Das bot uns einen einfachen Weg, die Integrale über alle diese Kreise zu berechnen, und zwar ist das Integral von $F(s)$ um alle Polstellen gleich dem $2\pi j$-fachen der Summe der Residuen in diesen Punkten.

KAPITEL II

# FOURIER-REIHEN UND FOURIER-INTEGRAL

## 2.1. FOURIER-REIHEN

Jeder Elektroniker hat sicher bereits so manches Werk über Fourier-Reihen studiert. Jeder, der auf dem Gebiet der Elektrotechnik oder der Funktechnik arbeitet, hat eine gewisse Vorstellung von der qualitativen Beziehung zwischen der Grundfrequenz und den Oberschwingungen, welche die komplizierten Schwingungsformen erzeugen. Da jedoch der Schwierigkeitsgrad unserer Darstellung in diesem und den folgenden Kapiteln immer weiter zunimmt, wird es gut sein, wenn wir mit den Grundlagen beginnen. Wir sind dadurch auch sicher, daß wir alle die gleichen Symbole und die gleiche Terminologie benutzen.

Angenommen, wir haben eine Funktion $p(x)$ gegeben, die in regelmäßigen Abständen immer wieder die gleichen Werte annimmt. Eine derartige Funktion heißt periodisch. Die Periode definiert man durch ein Intervall,

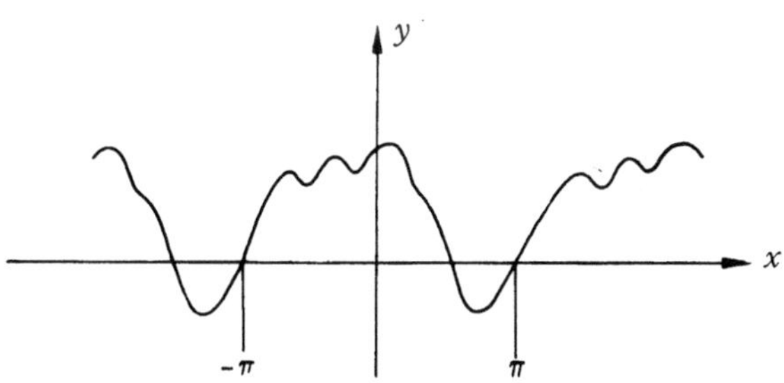


Abb. 2.1

in Abb. 2.1 zum Beispiel durch das Intervall zwischen $-\pi$ und $\pi$.

Man kann zeigen, daß die komplizierte Schwingungsform in Abb. 2.1 durch die Überlagerung einer Grundschwingung mit den verschiedenen Oberschwingungen aufgebaut wird, wobei die Grundschwingung die Periode $2\pi$ hat. Es ist daher

$$p(x) = a_0 + a_1 \cos x + a_2 \cos 2x + a_3 \cos 3x + \ldots + b_1 \sin x + b_2 \sin 2x + b_3 \sin 3x + \ldots \qquad (2.1)$$

Dabei ist nur $a_0$ ein konstanter Term. Man findet leicht, daß er durch den Mittelwert von $p(x)$ über das betrachtete Intervall gegeben ist.

$$a_0 = \frac{1}{2\pi} \int_{-\pi}^{\pi} p(x)\, dx \; . \qquad \blacktriangleleft \qquad (2.2)$$

Zur leichteren Schreibweise bringen wir (2.1) in die folgende Form

$$p(x) = \sum_{n=0}^{\infty} (a_n \cos nx + b_n \sin nx) \; . \qquad (2.3)$$

Der Term $a_0$ ist hier für $n = 0$ enthalten, da $\sin(0) = 0$ und $\cos(0) = 1$ ist. Wir wollen (2.3) mit $\cos n'x$ multiplizieren.

$$p(x) \cos n'x = \cos n'x \sum_{n=0}^{\infty} a_n \cos nx + \cos n'x \sum_{n=0}^{\infty} b_n \sin nx \; . \qquad (2.4)$$

Nun integrieren wir über diesen Ausdruck von $-\pi$ bis $\pi$

$$\int_{-\pi}^{\pi} p(x) \cos n'x\, dx = \int_{-\pi}^{\pi} \cos n'x \sum_{n=0}^{\infty} a_n \cos nx\, dx +$$

$$+ \int_{-\pi}^{\pi} \cos n'x \sum_{n=0}^{\infty} b_n \sin nx\, dx \; . \qquad (2.5)$$

Dieses Ergebnis erscheint uns sehr unübersichtlich, es ist aber in Wirklichkeit gar nicht so schwer zu handhaben, wie wir gleich sehen werden. Betrachten wir das erste Integral auf der rechten Seite. Zu seiner Berechnung hat man unendlich viele Integrale der Form

$$a_n \int_{-\pi}^{\pi} \cos n'x \cos nx\, dx \qquad (2.6)$$

zu summieren.

Glücklicherweise sind aber diese Integrale 0, wenn $n$ ungleich $n'$ ist. Im Falle $n = n'$ erhält man den Wert $\pi$. Daher gilt

$$a_n \int_{-\pi}^{\pi} \cos n'x \cos nx\, dx = \begin{Bmatrix} \pi a_n & \text{wenn } n = n' \\ 0 & \text{wenn } n \neq n' \end{Bmatrix} \; . \qquad (2.7)$$

Auch der zweite Term rechts besteht aus unendlich vielen Integralen der Form

$$b_n \int_{-\pi}^{\pi} \cos n'x \sin nx\, dx \; . \qquad (2.8)$$

Mit Hilfe der aus der Trigonometrie bekannten Identität

$$\cos n'x \sin nx = \tfrac{1}{2} [\sin(nx + n'x) + \sin(nx - n'x)] \qquad (2.9)$$

zeigt man leicht durch Integration und Einsetzen der Grenzen, daß (2.8) in allen Fällen 0 ist, gleichgültig ob $n = n'$ oder nicht.

Es sei nun $n'$ gleich dem allgemeinen Index $n$. Ersetzen wir die unübersichtliche rechte Seite von (2.5) durch den einfachen Ausdruck $\pi a_n$ aus (2.7), so erhalten wir

$$\int_{-\pi}^{\pi} p(x) \cos nx \, dx = \pi a_n \tag{2.10}$$

woraus wir schließlich für $a_n$ finden

$$a_n = \frac{1}{\pi} \int_{-\pi}^{\pi} p(x) \cos nx \, dx \; . \qquad \blacktriangleleft \tag{2.11}$$

Auf dieselbe Weise finden wir die $b_n$, indem wir (2.3) mit $\sin n'x$ multiplizieren und von $-\pi$ bis $\pi$ integrieren. Das Ergebnis ist schließlich

$$b_n = \frac{1}{\pi} \int_{-\pi}^{\pi} p(x) \sin nx \, dx \; . \qquad \blacktriangleleft \tag{2.12}$$

Wir haben die Formeln (2.2), (2.11) und (2.12) durch kleine Dreiecke markiert, um sie in Zukunft leichter zu finden.

Wenn $p(x)$ bekannt ist, findet man die Koeffizienten, bzw. die Amplituden der harmonischen Schwingungen einfach durch Einsetzen von $p(x)$ in die Formel für den gewünschten Ausdruck.

In unseren elektronischen Arbeiten ist die unabhängige Variable oft die Zeit $t$. Wir definieren daher eine Grundfrequenz $\omega_1$ durch

$$\omega_1 = 2\pi f = \frac{2\pi}{T} \; . \tag{2.13}$$

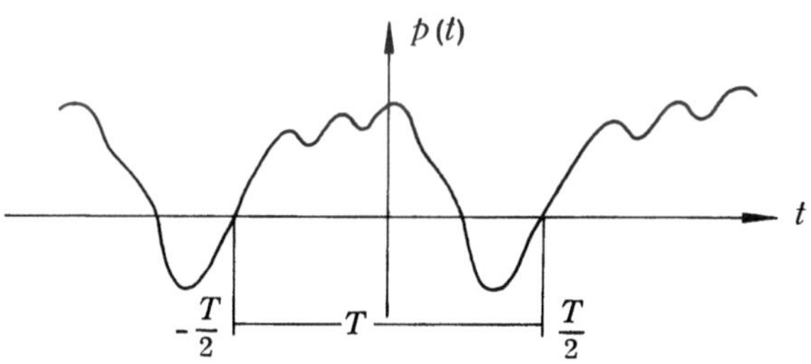


Abb. 2.2

$T$ ist hier die Periode von $-\pi$ bis $\pi$, wie in Abb. 2.2 ersichtlich ist. Die Frequenz einer harmonischen Komponente ist daher allgemein

$$\omega = n\omega_1 = \frac{n 2\pi}{T} \; . \tag{2.14}$$

Wir wollen jetzt die Fourier-Reihe (2.3) in Abhängigkeit von der Frequenz $\omega_1$ und der Zeit $t$ schreiben, und nicht mehr in Abhängigkeit vom Winkel $x$. Somit haben wir

$$p(t) = \sum_{n=0}^{\infty} (a_n \cos n\omega_1 t + b_n \sin n\omega_1 t) \; . \tag{2.15}$$

Die entsprechenden Formeln in $x$ und $t$ sind in Tabelle 2.1 zur leichteren Bezugnahme zusammengefaßt.

Tabelle 2.1

| Variable $x$ | Variable $t$ |
|---|---|
| $p(x) = \sum_{n=0}^{\infty} (a_n \cos nx + b_n \sin nx)$ | $p(t) = \sum_{n=0}^{\infty} (a_n \cos n\omega_1 t + b_n \sin n\omega_1 t)$ |
| wobei | wobei |
| $a_0 = \frac{1}{2\pi}\int_{-\pi}^{\pi} p(x)\, dx$ | $a_0 = \frac{1}{T}\int_{-\frac{T}{2}}^{\frac{T}{2}} p(t)\, dt$ |
| $a_n = \frac{1}{\pi}\int_{-\pi}^{\pi} p(x) \cos nx\, dx$ | $a_n = \frac{2}{T}\int_{-\frac{T}{2}}^{\frac{T}{2}} p(t) \cos n\omega_1 t\, dt$ |
| $b_n = \frac{1}{\pi}\int_{-\pi}^{\pi} p(x) \sin nx\, dx$ | $b_n = \frac{2}{T}\int_{-\frac{T}{2}}^{\frac{T}{2}} p(t) \sin n\omega_1 t\, dt$ |

## 2.2. DIE KOMPLEXE FORM DER FOURIER-REIHEN

Der Zweck dieses Abschnittes ist es, eine Fourier-Reihe, wie sie in (2.15) dargestellt ist, in die komplexe Form überzuführen. Es ist dies eine der zahlreichen Stufen in der schrittweisen Entwicklung der Laplace-Transformation. Wie wir später in einigen Beispielen sehen werden, enthält jedoch das Verfahren auch sonstige Anwendungsmöglichkeiten in beträchtlichem Ausmaß.

Wir beginnen, indem wir (2.15) mit der folgenden Bezeichnungsweise schreiben:

$$p(t) = \sum_{n=0}^{\infty} z_n \tag{2.16}$$

wobei

$$z_n = a_n \cos n\omega_1 t + b_n \sin n\omega_1 t\,. \tag{2.17}$$

Auf Grund der Eulerschen Formeln (siehe Abschn. 1.2) setzen wir für die Sinus- und Kosinusfunktion die Exponentialform

$$\cos\theta = \frac{\epsilon^{j\theta} + \epsilon^{-j\theta}}{2}\,; \qquad \sin\theta = \frac{\epsilon^{j\theta} - \epsilon^{-j\theta}}{2j}\,. \tag{2.18}$$

Wir dürfen so die Terme in sin und cos von (2.17) auch in der Form

$$z_n = a_n \left(\frac{\epsilon^{jn\omega_1 t}}{2} + \frac{\epsilon^{-jn\omega_1 t}}{2}\right) + b_n \left(-j\,\frac{\epsilon^{jn\omega_1 t}}{2} + j\,\frac{\epsilon^{-jn\omega_1 t}}{2}\right) \tag{2.19}$$

schreiben. Eine einfache Umformung liefert

$$z_n = \tfrac{1}{2}\left[(a_n - jb_n)\,\epsilon^{jn\omega_1 t} + (a_n + jb_n)\,\epsilon^{-jn\omega_1 t}\right]. \tag{2.20}$$

Man beachte, daß die Koeffizienten zueinander konjugiert komplex sind. Wir ersetzen sie durch ihre wirklichen Werte gemäß Tabelle 2.1 und erhalten

$$a_n + jb_n = \frac{2}{T}\int_{-\frac{T}{2}}^{\frac{T}{2}} p(t)\cos n\omega_1 t\,dt + j\,\frac{2}{T}\int_{-\frac{T}{2}}^{\frac{T}{2}} p(t)\sin n\omega_1 t\,dt \tag{2.21}$$

und nach Vereinfachung

$$a_n + jb_n = \frac{2}{T}\int_{-\frac{T}{2}}^{\frac{T}{2}} p(t)[\cos n\omega_1 t + j\sin n\omega_1 t]\,dt\,. \tag{2.22}$$

Benützt man nochmals die Eulerschen Formeln, um den Klammerausdruck weiter zu vereinfachen, so ergibt das

$$a_n + jb_n = \frac{2}{T}\int_{-\frac{T}{2}}^{\frac{T}{2}} p(t)\,\epsilon^{jn\omega_1 t}\,dt\,. \tag{2.23}$$

Wenn wir sowohl das Plus- als auch das Minuszeichen verwenden und die konjugiert komplexen Terme in einer Gleichung zusammenfassen, erhalten wir

$$a_n \pm jb_n = \frac{2}{T}\int_{-\frac{T}{2}}^{\frac{T}{2}} p(t)\,\epsilon^{\pm jn\omega_1 t}\,dt\,. \tag{2.24}$$

Wir sind nun in der Lage, unter Verwendung beider Werte aus (2.24) die Größen $z_n$ aus (2.20) zu berechnen

$$z_n = \frac{1}{T}\left[\int_{-\frac{T}{2}}^{\frac{T}{2}} p(t)\,\epsilon^{-jn\omega_1 t}\,dt\;\epsilon^{jn\omega_1 t} + \int_{-\frac{T}{2}}^{\frac{T}{2}} p(t)\,\epsilon^{jn\omega_1 t}\,dt\;\epsilon^{-jn\omega_1 t}\right]. \tag{2.25}$$

Man beachte, daß der Exponentialfaktor nach jedem der beiden Differentiale $dt$ nicht mehr zum Integral gehört.

Gleichung (2.25) setzen wir nun in die Ausgangsgleichung (2.16) dieses Abschnittes ein. Damit erhalten wir für unsere gesuchte Reihe

$$p(t) = \frac{1}{T} \sum_{n=0}^{\infty} \begin{bmatrix} \text{Summe der Integral-} \\ \text{terme in (2.25)} \end{bmatrix} . \tag{2.26}$$

Man beachte, daß man das rechte Integral in (2.25) weglassen darf, wenn man in (2.26) die Summe auch über alle negativen ganzen Zahlen bildet. Das rechte Integral geht aus dem linken durch Vertauschen von $n$ mit $-n$ hervor. Nehmen wir daher als untere Grenze $-\infty$, so geht (2.26) über in

$$p(t) = \frac{1}{T} \sum_{n=-\infty}^{\infty} \int_{-\frac{T}{2}}^{\frac{T}{2}} p(t)\epsilon^{-jn\omega_1 t}\, dt\, \epsilon^{jn\omega_1 t} . \tag{2.27}$$

Auch hier gehört der Exponentialfaktor nach $dt$ nicht mehr zum Integral. Wir definieren nun einen neuen Ausdruck $P(\omega)$ durch

$$P(\omega) = \int_{-\frac{T}{2}}^{\frac{T}{2}} p(t)\epsilon^{-jn\omega_1 t}\, dt . \tag{2.28}$$

(Das ist eine Definition und keine Folgerung. Sie dient nur zur Vereinfachung der mathematischen Ausdrucksweise und ist berechtigt, wenn sie sich als nützlich erweist.) Die Gleichung (2.27) wird damit zu

$$p(t) = \frac{1}{T} \sum_{n=-\infty}^{\infty} P(\omega)\epsilon^{jn\omega_1 t} . \tag{2.29}$$

Als letzte Einzelheit führen wir in diesem Abschnitt an, daß man mit $\omega_1$ als Kreisfrequenz der Grundschwingung die Frequenzen aller Oberschwingungen in einfacher Weise durch

$$\omega = n\omega_1 \tag{2.30}$$

oder durch

$$\omega = \frac{n2\pi}{T} \tag{2.31}$$

ausdrücken kann. Daraus erhält man

$$\frac{T}{2} = \frac{n\pi}{\omega} \tag{2.32}$$

und

$$n = \frac{\omega T}{2\pi} . \tag{2.33}$$

Mit diesen neuen Größen schreiben wir nun (2.29) so

$$p(t) = \frac{1}{2\pi} \sum_{\omega=-\infty}^{\infty} P(\omega)\, \epsilon^{j\omega t} \frac{\omega}{n} \qquad \blacktriangleleft \qquad (2.34)$$

und erhalten für (2.28)

$$P(\omega) = \int_{-\frac{T}{2}}^{\frac{T}{2}} p(t)\, \epsilon^{-j\omega t}\, dt. \qquad \blacktriangleleft \qquad (2.35)$$

Gleichung (2.35) heißt die direkte Fourier-Transformierte einer Funktion $p(t)$ der Zeit $t$. (2.34) nennt man die inverse Transformierte.

Wir haben die Symbole $p(t)$ und $P(\omega)$ verwendet, um anzudeuten, daß es sich hier um periodische Funktionen handelt. Wir können das auch dazu benützen, um die jetzigen Überlegungen von späteren Untersuchungen über a-periodische Funktionen zu unterscheiden. Für solche Funktionen werden wir die Symbole $f(t)$ und $F(\omega)$ gebrauchen.

Die Ergebnisse dieses Abschnittes, die man sich besonders gut einprägen soll, sind die Gleichungen (2.34) und (2.35). Bevor wir diesen Abschnitt schließen, dürfte es wünschenswert sein, ein Beispiel in Form eines durchgearbeiteten, für die Anwendung typischen Problems anzufügen.

Aufgabe 1. (Abschn. 2.2). Gegeben seien die in Abb. 2.3 veranschaulichten Rechtecksimpulse. Man suche (a) das Frequenzspektrum $P(\omega)$; (b) die Funktion $p(t)$.

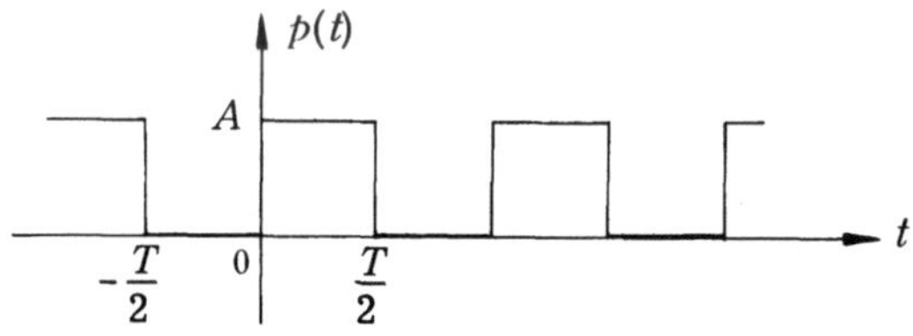


Abb. 2.3

(a) Das Frequenzspektrum findet man durch direkte Anwendung von (2.35). Also ist

$$P(\omega) = \int_{-\frac{T}{2}}^{\frac{T}{2}} p(t)\, \epsilon^{-j\omega t}\, dt = \int_{-\frac{T}{2}}^{0} (0)\, \epsilon^{-j\omega t}\, dt + A \int_{0}^{\frac{T}{2}} \epsilon^{-j\omega t}\, dt \qquad (2.36)$$

$$P(\omega) = \left[\frac{-A\, \epsilon^{-j\omega t}}{j\omega}\right]_0^{\frac{T}{2}} = \frac{jA}{\omega}\left(\epsilon^{-\frac{j\omega T}{2}} - 1\right). \qquad (2.37)$$

Benützen wir die trivialen Beziehungen (2.30) und (2.33), so können wir auch schreiben

$$P(\omega) = \frac{jAT}{2\pi n}\,(\epsilon^{-jn\pi} - 1)\,. \tag{2.38}$$

Wir beginnen nun die scheinbar endlose Arbeit, dieses Ergebnis für alle Werte von $n$ von $-\infty$ bis $\infty$ zu berechnen. Für $n = 0$ entwickeln wir vorerst die Exponentialfunktion in eine Reihe und brechen nach den ersten beiden Gliedern ab.

$$P(\omega) = \frac{jAT}{2\pi n}\,(1 - jn\pi + \ldots - 1) \tag{2.39}$$

Da sich die Einser wegheben und man durch $n$ kürzen kann, haben wir

$$P(\omega)\big|_{\omega=0} = \frac{AT}{2}\,. \tag{2.40}$$

Zum selben Ergebnis wären wir auch gekommen, wenn wir (2.38) mit Hilfe der Regel von de l'Hospital berechnet hätten. Was die anderen Werte von $n$ zwischen $-\infty$ und $\infty$ betrifft, so sparen wir uns einige Jahre Zeit, wenn wir beachten, daß

$$(\epsilon^{-j\pi n} - 1) = \begin{cases} 0 \text{ wenn } n \text{ gerade} \\ -2 \text{ wenn } n \text{ ungerade} \end{cases} \tag{2.41}$$

(bezüglich der Schreibweise siehe Abschn. 1.2).

Wir wollen in (2.38) nur mehr die ungeraden Werte von $n$ berücksichtigen und uns die folgende Tabelle 2.2 anlegen.

Tabelle 2.2

| $n$ | $P(\omega)$ |
|---|---|
| 0 | $\frac{AT}{2}$ |
| $\pm 1$ | $\mp\frac{jAT}{\pi}$ |
| $\pm 3$ | $\mp\frac{jAT}{3\pi}$ |
| $\pm 5$ | $\mp\frac{jAT}{5\pi}$ |

Das Spektrum $P(\omega)$ haben wir in Abb. 2.4 unter Benutzung der Tabelle 2.2 gezeichnet. Abb. 2.4 heißt das Frequenzspektrum $P(\omega)$.

Man sieht, daß das Spektrum diskontinuierlich ist, also Werte nur in gewissen diskreten Punkten 0, $\omega_1$, $3\omega_1$, usw. besitzt. Später werden wir finden, daß gewisse andere Funktionen ein kontinuierliches Spektrum erzeugen.

(b) Die Zeitfunktion $p(t)$ finden wir nun, indem wir die Koeffizienten des Frequenzspektrums in (2.29) wieder einsetzen.

$$p(t) = F^{-1}(\omega) = \frac{1}{T} \sum_{n=-\infty}^{\infty} P(\omega) \epsilon^{jn\omega_1 t} . \tag{2.42}$$

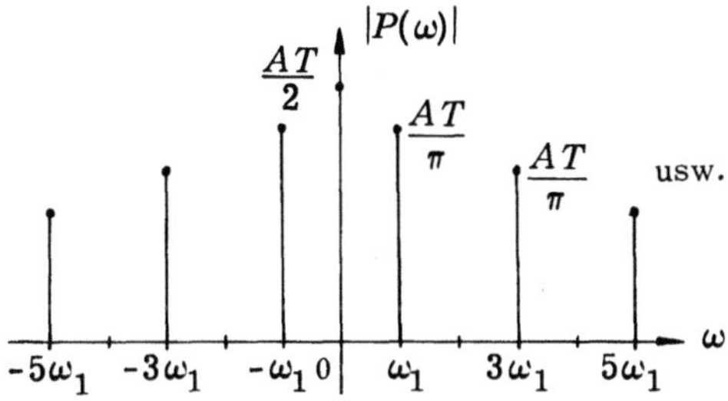


Abb. 2.4

Setzen wir für $P(\omega)$ die Werte (sowohl für plus als auch für minus) von Tabelle 2.2 ein, so geht (2.42) über in

$$p(t) = \frac{1}{T}\Bigg[\underbrace{\frac{AT}{2}}_{n=0} - \underbrace{\frac{jAT\epsilon^{j\omega_1 t}}{\pi}}_{n=1} + \underbrace{\frac{jAT\epsilon^{-j\omega_1 t}}{\pi}}_{n=-1} - \underbrace{\frac{jAT\epsilon^{j3\omega_1 t}}{3\pi}}_{n=3} + \underbrace{\frac{jAT\epsilon^{-j3\omega_1 t}}{3\pi}}_{n=-3,\ \text{etc.}} + \ldots\Bigg] . \tag{2.43}$$

Den Faktor $T$ kann man streichen. Die einzelnen Brüche, außer den ersten, erweitern wir mit 2. Das Ergebnis kann man auf etwas andere Weise zusammenfassen

$$P(t) = \frac{A}{2} + \frac{2A}{\pi}\left(\frac{\epsilon^{j\omega_1 t} - \epsilon^{-j\omega_1 t}}{2j}\right) + \frac{2A}{3\pi}\left(\frac{\epsilon^{j3\omega_1 t} - \epsilon^{-j3\omega_1 t}}{2j}\right) + \ldots \tag{2.44}$$

und mit Hilfe der Eulerschen Formeln auf die Form

$$p(t) = \frac{A}{2} + \frac{2A}{\pi} \sin \omega_1 t + \frac{2A}{3\pi} \sin 3\omega_1 t + \ldots \tag{2.45}$$

bringen. Damit ist die Aufgabe gelöst.

Der ursprüngliche Rechtecksimpuls in Abb. 2.3 besteht daher aus einem Gleichstromterm, einer Grundschwingung und aus der dritten und allen weiteren ungeraden Oberschwingungen, wobei deren Amplituden durch die Koeffizienten in (2.45) gegeben sind.

Man beachte, daß in der Lösung der obigen Aufgabe nur Sinusterme auftreten. Oft ist es vorteilhaft, die Originalfunktion so darzustellen, daß sie bezüglich der Achse $t = 0$ vollkommen symmetrisch wird. In diesem Falle treten dann nur die Kosinusterme auf.

Wenn es sich nur darum handelt, die Amplituden der verschiedenen Oberschwingungen zu finden, die eine gegebene Schwingungsform erzeugen, dann können wir natürlich die Größen $a_n$ und $b_n$ direkt aus den entsprechenden Formeln berechnen. Die Definition von $P(\omega)$ und der Begriff des Frequenzspektrums werden sich jedoch im Folgenden als äußerst günstig erweisen. Aus diesem Grunde haben wir sie eingeführt.

Man führe die folgende Aufgabe in den eben gezeigten Schritten durch.

Aufgabe 2(a). Man gebe das Frequenzspektrum von $p(x)$ aus Abb. 2.5 an. (b) Man bestimme $p(x)$ mit Hilfe von $P(\omega)$ aus (a).

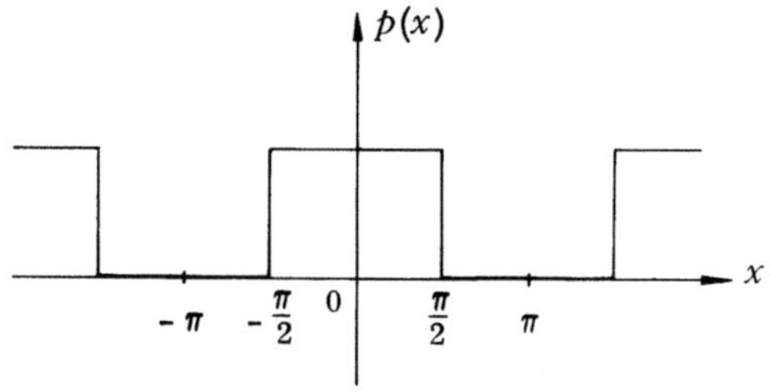


Abb. 2.5

## 2.3. DAS FOURIER-INTEGRAL

Im Vorhergehenden haben wir nur periodische Schwingungen betrachtet. Es wäre nun interessant zu erfahren, ob wir auch aperiodische Schwingungen in unsere bisherigen Überlegungen einbeziehen können.

Wir wissen, daß periodische Schwingungen, die nicht sinusförmig sind, ein reelles diskretes Frequenzspektrum haben. Das heißt, aus der Periode der Schwingung schließen wir auf die Grundfrequenz. Die Frequenzen der Oberschwingungen folgen in gleichbleibenden Abständen. Sie sind durch die ganzzahligen Vielfachen $n\omega_1$ der Grundfrequenz $\omega_1$ gegeben.

Befassen wir uns nun mit Abb. 2.6. Dort ist $\omega_1$ die Länge des ersten Teilstückes. Da $\omega_1$ der Abstand zwischen den Frequenzen der aufeinander

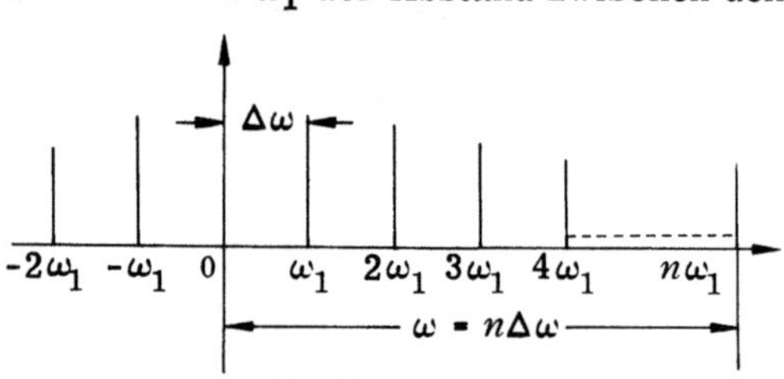


Abb. 2.6.

folgenden Oberschwingungen ist, wollen wir dafür auch $\Delta\omega$ schreiben. Wenn $\omega_1$ sehr klein ist, ist auch $\Delta\omega$ sehr klein und wir dürfen eine beliebige Frequenz definieren durch

$$\omega = n\Delta\omega \,. \tag{2.46}$$

Da $\omega_1$ umgekehrt proportional der Periode $T$ ist, sehen wir, daß es auch möglich ist, dieses Ergebnis zu erreichen, wenn man $T$ gegen $\infty$ streben läßt. Eine aperiodische Schwingung können wir daher als Schwingung mit unendlich langer Periode auffassen. Betrachten wir aber das Problem noch von einem anderen Standpunkt. Wir haben vorerst

$$T = \frac{1}{f} = \frac{2\pi}{\omega_1} = \frac{2\pi}{\Delta\omega} \tag{2.47}$$

oder

$$\frac{T}{2} = \frac{\pi}{\Delta\omega} \, . \tag{2.48}$$

Wir schreiben nochmals den Ausdruck (2.35) aus dem letzten Abschnitt an, benützen aber diesmal den obigen Wert für die Integrationsgrenzen $T/2$. Wir erhalten damit

$$F(\omega) = \int_{\frac{\pi}{\Delta\omega}}^{\frac{\pi}{\Delta\omega}} f(t)\,\epsilon^{-j\omega t}\,dt \, . \tag{2.49}$$

(Man beachte, daß wir bei der Behandlung aperiodischer Schwingungen die Symbole $F$ und $f$ verwenden und nicht $P$ und $p$.) Ebenso fanden wir in (2.34) die Beziehung

$$f(t) = \frac{1}{2\pi} \sum_{\omega=-\infty}^{\infty} F(\omega)\,\epsilon^{j\omega t}\,\frac{\omega}{n} \, . \tag{2.50}$$

Wir setzen (2.49) in (2.50) und erhalten

$$f(t) = \frac{1}{2\pi} \sum_{\omega=-\infty}^{\infty} \left[ \int_{-\frac{\pi}{\Delta\omega}}^{\frac{\pi}{\Delta\omega}} f(t)\,\epsilon^{-j\omega t}\,dt \right] \epsilon^{j\omega t}\,\Delta\omega \, . \tag{2.51}$$

Mit $\Delta\omega \to 0$ folgt aus (2.48) $T \to \infty$ und damit

$$\lim_{\Delta\omega \to 0} f(t) = \frac{1}{2\pi} \int_{-\infty}^{\infty} \left[ \int_{-\infty}^{\infty} f(t)\,\epsilon^{-j\omega t}\,dt \right] \epsilon^{j\omega t}\,d\omega \, . \tag{2.52}$$

Für den Klammerausdruck setzen wir sinngemäß

$$F(\omega) = \int_{-\infty}^{\infty} f(t)\,\epsilon^{-j\omega t}\,dt \, . \qquad ◄ \tag{2.53}$$

Damit wird (2.52) zu

$$f(t) = \frac{1}{2\pi} \int_{-\infty}^{\infty} F(\omega)\,\epsilon^{jt\omega}\,d\omega \, . \qquad ◄ \tag{2.54}$$

Der Ausdruck (2.53) heißt das direkte Fourier-Integral. (2.54) nennen wir das inverse Fourier-Integral. Die Gleichung (2.53) wird sich in Zukunft als äußerst brauchbar erweisen. Wir erläutern sie deshalb durch das folgende Beispiel.

B e i s p i e l. Fourier-Analyse eines einfachen Rechteckimpulses. Betrachten wir den in Abb. 2.7 dargestellten symmetrischen Impuls, dessen Dauer $T$ sec und dessen Amplitude $A$ sei. Um das Frequenzspektrum dieses Impulses zu finden, benützen wir (2.53) und spalten das Integral in die drei folgengenden Anteile auf:

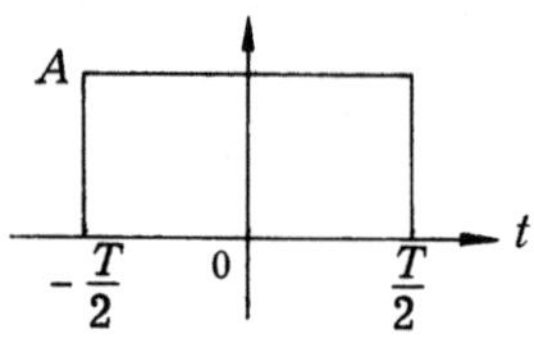


Abb. 2.7

$$F(\omega) = \int_{-\infty}^{-\frac{T}{2}} 0 \cdot \epsilon^{-j\omega t}\, dt + A \int_{-\frac{T}{2}}^{\frac{T}{2}} \epsilon^{-j\omega t}\, dt + \int_{\frac{T}{2}}^{\infty} 0 \cdot \epsilon^{-j\omega t}\, dt\,. \tag{2.55}$$

Der erste und der letzte Term sind null. Daher ist

$$F(\omega) = \frac{-A}{j\omega} \left[ \epsilon^{-j\omega t} \right]_{-\frac{T}{2}}^{\frac{T}{2}} \tag{2.56}$$

oder

$$F(\omega) = \frac{-A}{j\omega} \left[ \epsilon^{-\frac{j\omega T}{2}} - \epsilon^{\frac{j\omega T}{2}} \right]. \tag{2.57}$$

Fassen wir das etwas anders zusammen

$$F(\omega) = \frac{2A}{\omega} \left( \frac{\epsilon^{\frac{j\omega T}{2}} - \epsilon^{-\frac{j\omega T}{2}}}{2j} \right) \tag{2.58}$$

so erhalten wir schließlich

$$F(\omega) = \frac{2A}{\omega} \sin \frac{\omega T}{2}\,. \tag{2.59}$$

Wir tragen hier am besten sowohl den Zähler als auch den Nenner unabhängig voneinander auf und erhalten dann die gesuchte Kurve, indem wir die eine Kurve in geeigneten Punkten durch die andere dividieren (Abb. 2.8). Die punktierte Linie zeigt die resultierende Funktion, deren Betrag in Abb. 2.9 für positive Frequenzen nochmals aufgetragen wurde. Man vergleiche

Abb. 2.9 mit Abb. 2.4, wo wir den gleichen Rechtecksimpuls analysiert haben. Nur ist dieser dort immer wieder aufgetreten, und zwar in gleichbleibenden Abständen.

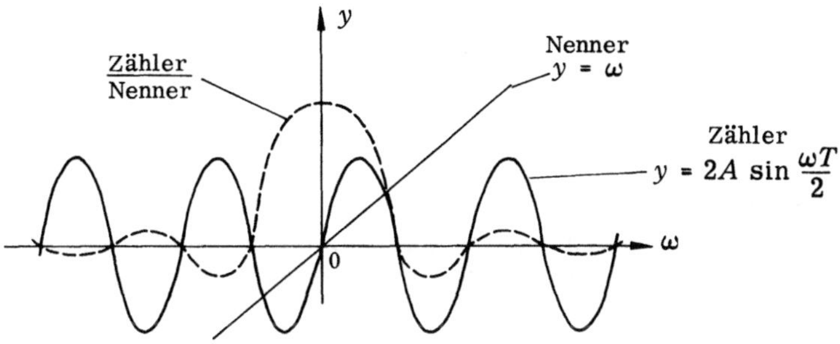


Abb. 2.8

Im Falle periodischer Schwingungen hatten wir nur die Frequenzen, die in einem ganzzahligen Verhältnis zur Grundfrequenz stehen und daher diskreten Punkten im Spektrum entsprechen. Hätten wir den Empfänger auf eine Frequenz abgestimmt, die nicht zu diesen diskreten Frequenzen gehört, so hätten wir nichts empfangen.

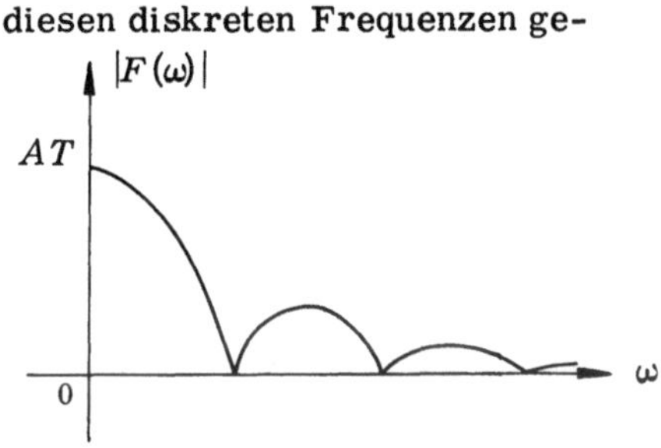


Abb. 2.9

Im Falle von einzelnen aperiodischen Impulsen gilt jedoch gerade das Gegenteil. Hier treten alle Frequenzen auf außer gewissen Frequenzen an diskreten Stellen im Spektrum. Wenn der Impuls auftritt, wird unser Probeempfänger immer eine Ausgangsleistung anzeigen, es sei denn, wir hätten zufällig auf eine der aus Abb. 2.9 ersichtlichen Stellen abgestimmt, in denen die Funktion null ist. Die Ausgangsspannung wird während der Zeit erzeugt, in der die ansteigende Flanke des Impulses auftritt, und klingt dann der Güte $Q$ des Empfänger-Resonanzkreises entsprechend ab. Wenn die Rückflanke des Impulses auftritt, wird in Abhängigkeit von der jeweiligen Phase des Empfängerkreises Energie an diesen abgegeben, bzw. von diesem absorbiert. Wir verfolgen diese Umstände jedoch erst später, wenn wir die Anwendung der Laplace-Transformation in der Analyse des Stoßspektrums besprechen.

## 2.4. DIE SPRUNGFUNKTION

Eine der brauchbarsten Funktionen in der angewandten Elektronik ist zugleich auch eine der einfachsten. Man nennt diese Funktion die *Sprungfunktion* (oder Einheitssprung). Sie ist dargestellt in Abb. 2.10. Die Sprungfunktion ist also eine Kurve, die für alle Punkte links vom Ursprung den

Wert 0 und für alle Punkte rechts davon den Wert 1 hat. Wir wollen die Sprungfunktion mit $U(t)$ bezeichnen.

Eine der brauchbarsten Eigenschaften der Sprungfunktion ist die, daß man aus einer beliebigen Funktion durch Multiplikation mit $U(t)$ links vom Ursprung 0 erhält. Diese Tatsache ist in Abb. 2.11 für das Produkt einer Sinusschwingung mit der Sprungfunktion illustriert.

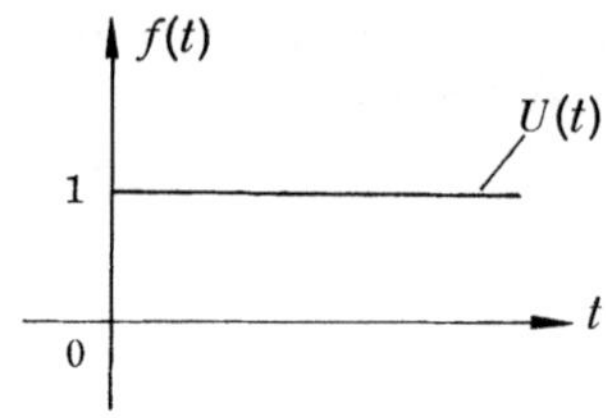


Abb. 2.10

Die verschobene Sprungfunktion, in Abb. 2.12 dargestellt, wird ebenfalls sehr oft benützt. Hier tritt die Unstetigkeit bei $t = a$ auf und nicht bei $t = 0$.

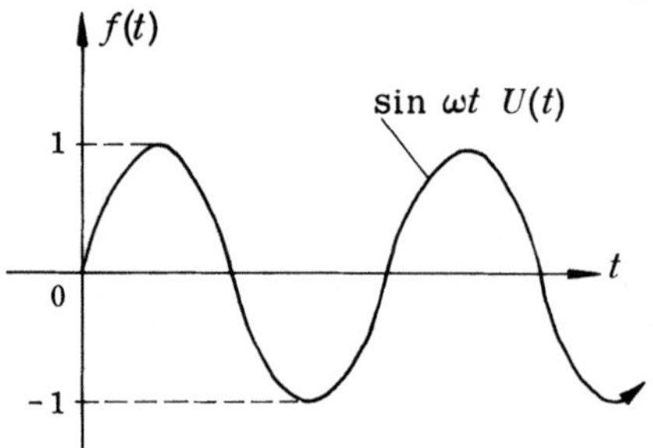


Abb. 2.11

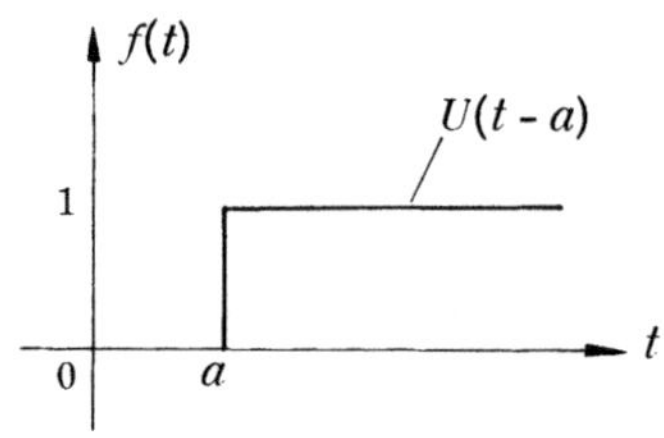


Abb. 2.12

Die verschobene Sprungfunktion bezeichnen wir mit $U(t - a)$, wobei der Zeitpunkt $a$ rechts vom Ursprung liegt.

Zur Einführung in die Anwendung der Sprungfunktion weisen wir auf das typische Beispiel des rechteckigen Spannungsimpulses hin, dessen Dauer $a$ sec sei und dessen Höhe $A$ Volt betrage. In Abb. 2.13 ist dieser Impuls dargestellt. Er wird vollständig beschrieben durch

$$f(t) = A \cdot U(t) - A \cdot U(t - a) \; . \tag{2.60}$$

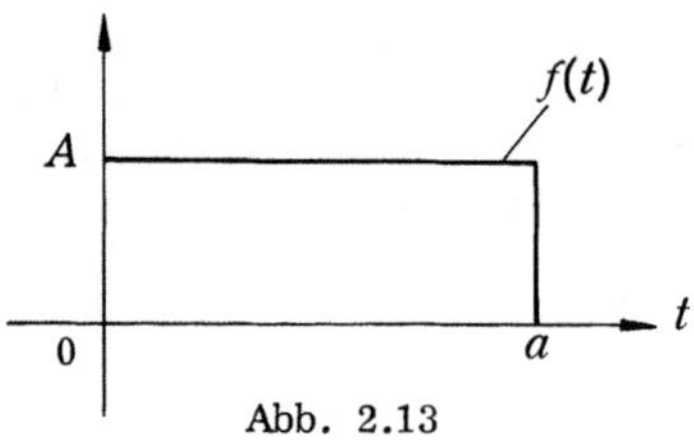


Abb. 2.13

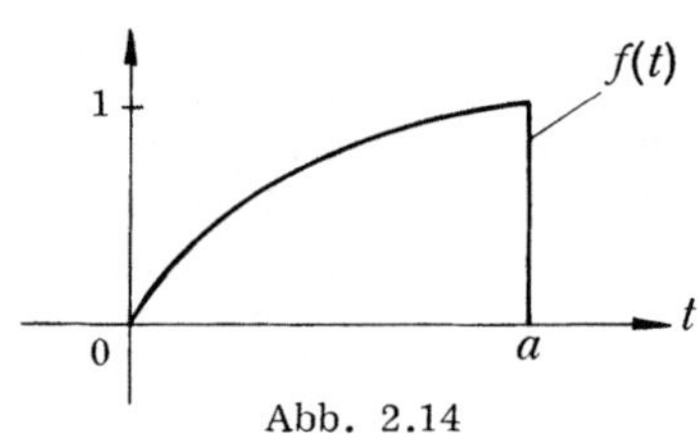


Abb. 2.14

Für ein weiteres Beispiel nehmen wir an, daß eine volle Sinusschwingung die Periode $4a$ sec benötigt. Wir können einen Rechtecksimpuls von der Höhe 1 und einer Länge von $a$ sec benützen, um das erste Viertel der Sinusschwingung gesondert darzustellen. Abb. 2.14 gibt das Ergebnis wieder. Es ist bestimmt durch den Ausdruck

$$f(t) = \sin\left(\frac{\pi t}{2a}\right) \cdot [U(t) - U(t - a)] \; . \tag{2.61}$$

Bei weiterer Untersuchung würde sich herausstellen, daß man jede beliebige Funktion in eine Kombination von Sprungfunktionen zerlegen kann, ähnlich der Zerlegung einer komplizierten periodischen Schwingung in ihre Sinuskomponenten. Wir werden später auf diese Tatsache zurückkommen. Der nächste Schritt auf dem Weg zu unserem eigentlichen Thema ist der Versuch, die Fourier-Transformierte des Einheitssprunges $U(t)$ anzugeben.

## 2.5. DIE FOURIER-TRANSFORMATION DER SPRUNGFUNKTION

Eine der Bedingungen, denen eine Funktion normalerweise genügen muß, damit sie durch das Fourier-Integral transformierbar ist, liegt in der Existenz des folgenden Integrals

$$\int_{-\infty}^{\infty} |f(t)|\, dt \leq \infty . \tag{2.62}$$

Das schließt von vorneherein alle periodischen Funktionen aus, wie z. B. die Sinusschwingungen, die Rechtecksschwingungen usw. Wollen wir also die Funktion $U(t)$ transformieren, so müssen wir vorher untersuchen, ob sie die Bedingung (2.62) erfüllt

$$\int_{-\infty}^{\infty} U(t)\cdot dt = \int_{-\infty}^{0} 0\cdot dt + \int_{0}^{\infty} 1\cdot dt = [t]_0^{\infty} = \infty . \tag{2.63}$$

Somit ist es im allgemeinen nicht möglich, die Fourier-Transformation der Sprungfunktion zu bilden. Angenommen jedoch, wir multiplizieren $U(t)$ mit einem Dämpfungsfaktor und erhalten dadurch die Kurve aus Abb. 2.15, wobei $c$ eine beliebige positive Konstante ist. Wir können dann die Fourier-Transformierte dieser neuen Funktion bilden und erhalten

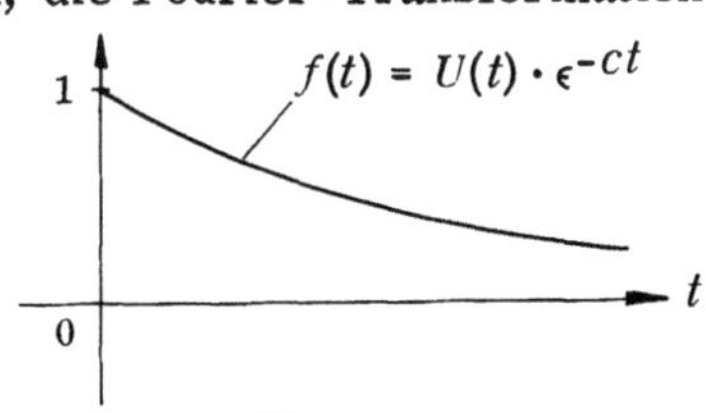

Abb. 2.15

$$F(\omega) = \int_{-\infty}^{\infty} f(t)\,\epsilon^{-j\omega t}\, dt \tag{2.64}$$

oder

$$F(\omega) = \int_{-\infty}^{0} 0\cdot \epsilon^{-j\omega t}\, dt + \int_{0}^{\infty} \epsilon^{-ct}\epsilon^{-j\omega t}\, dt \tag{2.65}$$

$$F(\omega) = \int_{0}^{\infty} \epsilon^{-(c+j\omega)t}\, dt = -\frac{1}{c+j\omega}\left[\epsilon^{-(c+j\omega)t}\right]_0^{\infty} . \tag{2.66}$$

Es gilt daher

$$F(\omega) = \frac{1}{c + j\omega}$$

oder

$$|F(\omega)| = \frac{1}{\sqrt{(c^2 + \omega^2)}} . \tag{2.67}$$

Betrachten wir nochmals Abb. 2.15. Wenn $c \to 0$, dann geht $f(t)$ über in unsere Sprungfunktion $U(t)$. Die Fourier-Transformierte von $U(t)$ ist daher

$$|F(\omega)| = \frac{1}{\omega} . \tag{2.68}$$

## 2.6. KONVERGENZFAKTOREN

Wir sahen in Abschn. 2.5, daß man die Fourier-Transformierte einer Stufenfunktion (Sprungfunktion) berechnen kann, indem man sich eines Kunstgriffes bedient, durch den man die geforderte Konvergenz erreicht. Angenommen, wir betrachten nur Funktionen, die nur für $t \geq 0$ von 0 verschieden sind. Wenn eine solche Funktion $f_1(t)$ die Forderung

$$\int_0^\infty f_1(t)\, dt < \infty \tag{2.69}$$

nicht erfüllt, so führen wir sie durch Multiplikation mit einem Konvergenzfaktor in die neue Funktion $f(t)$

$$f(t) = f_1(t)\,\epsilon^{-ct} \tag{2.70}$$

über, die der Bedingung (2.69) genügt. Der Wert von $c$, ab dem das Integral konvergiert, heißt die Abszisse absoluter Konvergenz und wird mit $\sigma_a$ bezeichnet.

B e i s p i e l. Gegeben sei die divergente Funktion

$$\left.\begin{aligned} f_1(t) &= 2\epsilon^{3t} \quad \text{für} \quad t > 0 \\ f_1(t) &= 0 \qquad\qquad t < 0 \end{aligned}\right\} \tag{2.71}$$

deren Verlauf in Abb. 2.16 ersichtlich ist. Um daraus eine konvergente Funktion zu machen, müssen wir $f_1(t)$ mit einem passenden Konvergenzfaktor multiplizieren

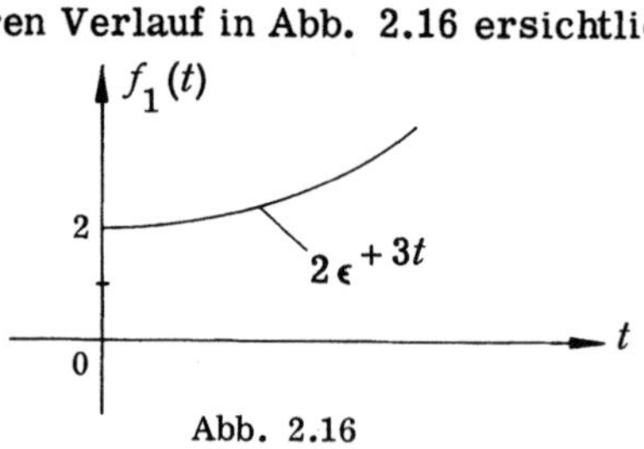

Abb. 2.16

$$f(t) = f_1(t)\,\epsilon^{-ct} \tag{2.72}$$

$$= 2\,\epsilon^{3t} \cdot \epsilon^{-ct} . \tag{2.73}$$

Man sieht leicht ein, daß für jeden Wert von $c$ größer als 3 die resultierende Funktion konvergent ist. Im besonderen ist (2.73) konvergent für

$$c > \sigma_a ; \quad \sigma_a = 3 . \tag{2.74}$$

Für Funktionen wie (2.72), die nur rechts vom Ursprung von Null verschieden sind, dürfen wir für die Fourier-Transformierte schreiben

$$F_1(\omega, c) = \int_0^\infty [f_1(t)\epsilon^{-ct}]\epsilon^{-j\omega t}\, dt\,. \tag{2.75}$$

Ziehen wir den Konvergenzfaktor vor die Klammer heraus und lassen wir den Index weg. Das Ergebnis ist eine Funktion der beiden Variablen $\omega$ und $c$. Wir erhalten

$$F(\omega, c) = \int_0^\infty f(t)\,\epsilon^{-ct}\epsilon^{-j\omega t}\, dt\,. \tag{2.76}$$

In allen für unsere Arbeit interessanten Fällen werden wir die Funktion stets durch Multiplikation mit der Sprungfunktion $U(t)$ links vom Ursprung null setzen. Man läßt dadurch wie oben das Integral über die negative Halbachse weg und spricht dann von einer *einseitigen Fourier-Transformation.*

## 2.7. DIE KOMPLEXE FOURIER-TRANSFORMATION

An dieser Stelle wird der Leser bereits ungeduldig geworden sein und sich fragen, auf welchem Wege wir uns eigentlich befinden. Glücklicherweise sind wir aber gerade dabei, zur endgültigen Form zu kommen - zur Laplace-Transformation. Noch in diesem Kapitel werden wir die wirkliche Formulierung der Laplace-Transformation angeben. Der übrige Teil des Buches ist dann den praktischen Sätzen und den Anwendungen in der Technik gewidmet.

Wir fahren fort, indem wir die Exponenten in (2.76) wie folgt zusammenfassen, und erhalten dadurch eine spezifische Funktion von $(c + j\omega)$

$$F(c + j\omega) = \int_0^\infty f(t)\,\epsilon^{-(c + j\omega)t}\, dt\,. \quad ◄ \tag{2.77}$$

Als einzige Bedingung haben wir hier $c > \sigma_a$ zu fordern. Die Gleichung (2.77) heißt die direkte einseitige Fourier-Transformierte. Wir schreiben (2.77) in der folgenden Form

$$F(c + j\omega) = \int_0^\infty [f(t)\,\epsilon^{-ct}]\epsilon^{-j\omega t}\, dt\,. \tag{2.78}$$

Verwenden wir (2.54), so finden wir für die inverse Transformation

$$[f(t)\,\epsilon^{-ct}] = \frac{1}{2\pi}\int_{\omega=-\infty}^{\infty} F(c + j\omega)\,\epsilon^{jt\omega}\, d\omega\,. \tag{2.79}$$

Multiplizieren wir beide Seiten mit $\epsilon^{ct}$ so haben wir

$$f(t) = \frac{1}{2\pi}\int_{\omega=-\infty}^{\infty} F(c + j\omega)\,\epsilon^{(c + j\omega)t}\, d\omega\,. \tag{2.80}$$

Auf der rechten Seite steht nun $\epsilon^{ct}$ unter dem Integral und ist mit dem bereits vorhandenen Faktor verknüpft. Das ist gestattet, da die Integration über $\omega$ erfolgt.

Wir wollen jetzt die Integrationsvariable abändern, und zwar von

$$\omega \text{ auf } (c + j\omega) \tag{2.81}$$

wobei

$$d(c + j\omega) = j\, d\omega \tag{2.82}$$

gelten muß. Mit der neuen Variablen erhalten wir für

$$f(t) = \frac{1}{2\pi j} \int_{c - j\omega}^{c + j\omega} F(c + j\omega)\, \epsilon^{(c + j\omega)t}\, d(c + j\omega) \tag{2.83}$$

wieder nur unter der Einschränkung $c > \sigma_a$ und $t > 0$.

Man beachte, daß die Integration in (2.83), wie aus Abb. 2.17 hervorgeht, in der komplexen Ebene ausgeführt wird. Man beachte auch, daß $c$ eine reelle Zahl ist und daher auf der reellen Achse liegt.

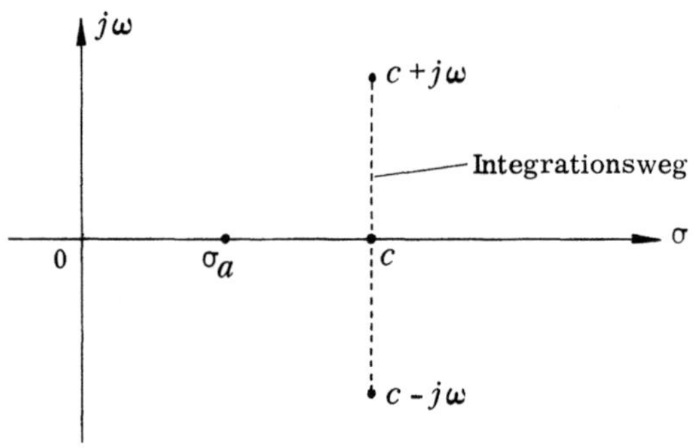


Abb. 2.17

## 2.8. DIE LAPLACE-TRANSFORMIERTE

Bis jetzt haben wir $c$ wie eine Konstante behandelt. Wir bemerkten jedoch, daß es nötig ist, verschiedene Werte von $c$ heranzuziehen, damit die gesamte Funktion konvergent wird. Somit darf man $c$ in Wirklichkeit als Parameter auffassen, vergleichbar etwa mit einer Größe wie die Induktivität $L$ eines $L$-$C$-Resonanzkreises. Solange wir nur unser bevorzugtes Radioprogramm hören, betrachten wir die Induktivität als Konstante. Wenn wir jedoch einen Programmwechsel wünschen, so variieren wir die Induktivität, während wir zu einer anderen Sendestation übergehen. Dort bleibt sie dann wieder eine für die neue Station charakteristische Konstante. Eine derartige Größe nennen wir eine parametrische Variable.

Lassen wir nun $c$ in eine neue Variable $\sigma$ übergehen, so können wir die komplexe Zahl $s$ durch

$$s = \sigma + j\omega \tag{2.84}$$

definieren.

Mit dieser neuen Variablen wird (2.77) zu

$$F(s) = \int_0^\infty f(t)\,\epsilon^{-st}\,dt\,. \qquad \blacktriangleleft \qquad (2.85)$$

Wir nennen das die direkte Laplace-Transformierte. Hier ist die Einschränkung bezüglich $c$ auf die Größe $\sigma$ übergegangen. Mit der neuen komplexen Variablen $s$ dürfen wir (2.83) jetzt auch so schreiben

$$f(t) = \frac{1}{2\pi j}\int_{c-j\omega}^{c+j\omega} F(s)\,\epsilon^{ts}\,ds\,. \qquad (2.86)$$

Wir wollen die Integrationsgrenzen vorerst in dieser Form beibehalten. Sie stellen bestimmte Punkte der $s$-Ebene dar. Die physikalische Interpretation ist die folgende: Man multipliziere die Größen $F(s)\,\epsilon^{ts}$ in den einzelnen Punkten des Integrationsweges mit $ds$ und summiere von $\omega = -\infty$ bis $\omega = \infty$. Die einzige Einschränkung bezüglich des Weges (der Geraden $\sigma = c$) ist die, daß sämtliche Pole von $F(s)\,\epsilon^{ts}$ links davon liegen müssen.

In tiefer führenden Arbeiten über dieses Thema wird gezeigt, daß eine derartige Integration äquivalent ist mit einer Integration längs eines geschlossenen Weges, der alle Polstellen einschließt. Wir führen diese Tatsache hier nur an, ohne den Beweis zu geben. Wir schreiben die Definitionsgleichung für die inverse Laplace-Transformierte deshalb in der Form

$$f(t) = \frac{1}{2\pi j}\oint F(s)\,\epsilon^{ts}\,ds\,. \qquad \blacktriangleleft \qquad (2.87)$$

Der kleine Kreis am Integral soll auf einen geschlossenen Integrationsweg um sämtliche Pole hindeuten, wie er in Kapitel I ausführlich diskutiert wurde. Wir werden vorschreiben, daß $F(s)$ in der gesamten $s$-Ebene definiert sein muß. Eine derartige Vorschrift muß für den Augenblick als Rechtfertigung für den in der Elektronik tätigen Leser genügen.

KAPITEL III

# DIE LAPLACE-TRANSFORMATION

## 3.1. EINLEITUNG

In Kapitel II haben wir die Fourier-Transformation entwickelt und schrittweise bis zum Laplace-Integral verallgemeinert. Diese Entwicklung war notwendig, um die Herkunft der Laplace-Transformierten zu erkennen und ihre Bedeutung richtig einzuschätzen. Eine Reihe von Arbeiten unterlassen eine eingehende Darstellung der Materie, mit der wir uns gerade beschäftigt haben, und beginnen mit der Definition des Laplace-Integrals selbst. Jedoch wird der Studierende ein weit besseres Gefühl und eine weit bessere Einschätzung des Stoffes erlangen, wenn er aufmerksam der Materie in den vorhergehenden Kapiteln gefolgt ist.

In diesem Kapitel beginnen wir endlich, direkt mit den Laplace-Transformierten zu arbeiten. Unsere erste Aufgabe wird es sein, eine Tafel der elementaren Laplace-Transformierten anzufertigen. Das wird dadurch geschehen, daß wir verschiedene allgemein bekannte Funktionen der Zeit $t$ auswählen und diese mit Hilfe des Laplace-Integrals in Funktionen von $s$ überführen. Um uns in Zukunft darauf beziehen zu können, sei das direkte und das inverse Laplace-Integral als Wiederholung an den Beginn dieses Kapitels gestellt. Die direkte Laplace-Transformierte lautet:

$$F(s) = \int_0^\infty f(t)\,\epsilon^{-st}\,dt \tag{3.1}$$

und die inverse Transformierte ist:

$$f(t) = \frac{1}{2\pi j} \oint F(s)\,\epsilon^{ts}\,ds\ . \tag{3.2}$$

Der Leser wird sich von seinen früheren mathematischen Studien her erinnern, daß es möglich ist, die Multiplikation unter Benutzung des Logarithmus zu vereinfachen. Man führt dazu jede Zahl in den entsprechenden Logarithmus über und ersetzt die Multiplikation sodann durch den einfacheren Prozeß der Addition von Logarithmen. Um diese Methode anwenden zu können, benötigt man Logarithmentafeln, die im allgemeinen zur Verfügung stehen.

Integraltafeln, Tafeln trigonometrischer Funktionen und andere Tafeln sind gebräuchlich, ebenso Tafeln der Laplace-Transformierten. Jedoch soll daran erinnert werden, daß beim Studium der Differentialrechnung beträchtliche Lernarbeit im Umgang mit den elementaren Formen erforderlich war, ehe man die Tafeln mit Nutzen anwenden konnte. In gleicher Weise wird es notwendig sein, eine hinreichend große Anzahl von Paaren von Laplace-Transformierten abzuleiten, um ein Gefühl für den Stoff zu erhalten. Nahezu in derselben Weise, wie der Logarithmus die Multiplikation vereinfacht, so vereinfacht, wie sich zeigen wird, die Laplace-Transformation viele Typen von höheren mathematischen Operationen.

Zum Beispiel wird es möglich sein, unter Benutzung der Laplace-Transformation die Prozesse der Differentiation und Integration in einfache algebraische Operationen überzuführen. Zur weiteren Illustration diene die Tatsache, daß die Lösung von komplizierten Differentialgleichungen oft mit überraschender Einfachheit möglich ist.

An dieser Stelle werden wir das Laplacesche Grundintegral benützen, um einige wichtige Transformationspaare herzuleiten. Jedes dieser Paare wird numeriert und in Tabelle 3.1 eingetragen werden, die uns als Tafel elementarer Transformationen für die folgende Arbeit dienen wird.

## 3.2. TRANSFORMATION VON KONSTANTEN

Die einfachste Funktion der Zeit ist wohl eine Konstante. Zum Beispiel kann man die Spannung einer Batterie für die Dauer ihrer Nutzbarkeit als Konstante betrachten. Da das definierende Laplace-Integral 0 als untere Grenze hat, werden wir es in unserer gesamten Darstellung nur mit den Werten der Funktion nach der Zeit $t = 0$ zu tun haben. Irgendeine Funktion der Zeit, die ab dem Zeitpunkt $t = 0$ den konstanten Wert $A$ annimmt, kann als das $A$-fache des Einheitssprunges $U(t)$ geschrieben werden. Bezüglich $U(t)$ siehe Abschn. 2.4. Wir beginnen damit, die Laplace-Transformierte von

$$f(t) = A \cdot U(t) \tag{3.3}$$

aufzusuchen. Wir finden die Transformierte $F(s)$, indem wir diesen Wert in (3.1) einsetzen. Das gibt

$$F(s) = \int_0^\infty A \cdot U(t)\,\epsilon^{-st}\,dt\,. \tag{3.4}$$

$A$ kann als Konstante wie üblich vor das Integralzeichen herausgezogen werden. $U(t)$ hat innerhalb der Integrationsgrenzen den Wert eins (siehe Abb. 2.10). (3.4) wird daher zu

$$F(s) = A\int_0^\infty \epsilon^{-st}\,dt \tag{3.5}$$

und

$$F(s) = \frac{A}{-s}\,[\epsilon^{-st}]_0^\infty\,. \tag{3.6}$$

Nach Einsetzen der Integrationsgrenzen erhält man

$$F(s) = \frac{A}{s} \,. \tag{3.7}$$

Das ist die Laplace-Transformierte der Konstanten $A$. Wenn $A$ gleich eins ist, gibt uns (3.7) die Transformierte der Eins, bzw. des Einheitssprunges $U(t)$.

Die Bildung der Laplace-Transformierten ist eine Operation, die wir durch das Symbol $\mathcal{L}$ kennzeichnen. Wird dieses Symbol vor eine Größe gesetzt, so ist dadurch ihre Laplace-Transformierte gekennzeichnet. Das Symbol ist ein Operator, genauso wie die Symbole der Differentiation und der Integration Operatoren sind. Zum Beispiel

$$\mathcal{L}\,[f(t)] = F(s) = \int_0^\infty f(t)\,\epsilon^{-st}\,dt \,. \tag{3.8}$$

Auf Grund der Ergebnisse dieses Abschnittes können wir also schreiben:

$$\mathcal{L}\,[A] = \frac{A}{s} \tag{3.9}$$

oder

$$\mathcal{L}\,[U(t)] = \frac{1}{s} \,. \tag{3.10}$$

Diese Symbolik liest man: "Die Laplace-Transformierte von $U$ von $t$ ist eins durch $s$". Die Ausdrücke sind unter Nr. 1 und Nr. 2 in Tabelle 3.1 der "Transformationspaare" eingetragen.

## 3.3. DIE LAPLACE-TRANSFORMIERTE DER EXPONENTIALFUNKTION

Wachsendem Schwierigkeitsgrad entsprechend kommt als nächstes die Funktion

$$f(t) = \epsilon^{-at} \tag{3.11}$$

worunter wir die abnehmende Exponentialfunktion verstehen. Wir setzen sie in das Laplace-Integral ein und führen sie auf folgende Weise in eine Funktion von $s$ über:

$$F(s) = \int_0^\infty \epsilon^{-at}\,\epsilon^{-st}\,dt \,. \tag{3.12}$$

Bei der Ausführung der Integration zieht man zunächst die Exponenten zusammen

$$F(s) = \int_0^\infty \epsilon^{-(s+a)t}\,dt \tag{3.13}$$

$$F(s) = -\frac{1}{(s+a)}\,\left[\epsilon^{-(s+a)t}\right]_0^\infty \tag{3.14}$$

und nach Einsetzen der Grenzen erhält man

$$F(s) = \frac{1}{s + a} . \tag{3.15}$$

Unter Benutzung der Symbolik können wir auch so schreiben:

$$\mathscr{L}\,[\epsilon^{-at}] = \frac{1}{s + a} . \tag{3.16}$$

Diesen Ausdruck führen wir unter Nr. 3 in Tabelle 3.1 an.

Es ist leicht einzusehen, daß wir in (3.11) $a$ durch $-a$ ersetzen dürfen. Wir haben dann lediglich auch im Resultat (3.15) das Vorzeichen zu ändern. Wir erhalten daher auch die zweite Form

$$\mathscr{L}\,[\epsilon^{at}] = \frac{1}{s - a} \tag{3.17}$$

die wir unter Nr. 4 in Tabelle 3.1 anführen.

## 3.4. DIE LAPLACE-TRANSFORMIERTE DER EXPONENTIALFUNKTION VON IMAGINÄREM ARGUMENT

Wir setzen die Aufstellung unserer Transformationstabelle fort. Gegeben sei die Funktion

$$f(t) = \epsilon^{j\omega t} . \tag{3.18}$$

Wir könnten natürlich diese Funktion in das Laplace-Integral einsetzen und die Funktion $F(s)$ direkt berechnen. Aber wir wollen hier doch aus bereits vollbrachter Arbeit Nutzen ziehen. Wir können uns in (3.18) die Größe $j\omega$ durch die Konstante $a$ der gerade abgeleiteten Form Nr. 4 ersetzt denken. Unter Verwendung von Nr. 4 können wir also die Transformierte von (3.18) sofort angeben:

$$\mathscr{L}\,[\epsilon^{j\omega t}] = \frac{1}{s - j\omega} . \tag{3.19}$$

Vertauschen wir die Vorzeichen, so erhalten wir weiters

$$\mathscr{L}\,[\epsilon^{-j\omega t}] = \frac{1}{s + j\omega} . \tag{3.20}$$

Beide Formen sind als Nr. 5 und Nr. 6 in Tabelle 3.1 aufgezählt.

## 3.5. DIE LAPLACE-TRANSFORMIERTEN DER TRIGONOMETRISCHEN AUSDRÜCKE

Bei der Behandlung von Schaltungen und Stromkreisen wird es später oft nötig sein, die Laplace-Transformierten der Sinus- und Kosinusfunktion zu kennen. Beginnen wir mit der Funktion

$$f(t) = \cos \omega t \tag{3.21}$$

und schreiben wir sie als Summe der beiden konjugiert komplexen Größen

$$\cos \omega t = \tfrac{1}{2}\, \epsilon^{j\omega t} + \tfrac{1}{2}\, \epsilon^{-j\omega t} . \tag{3.22}$$

Der Koeffizient $\frac{1}{2}$ wird als Konstante von der Transformation nicht berührt. Die Transformierten der beiden Exponentialterme haben wir bereits abgeleitet (Nr. 5 und Nr. 6). Wir erhalten daher als Funktionen von $s$

$$\mathcal{L}\,[\cos \omega t] = \tfrac{1}{2} \cdot \frac{1}{(s - j\omega)} + \tfrac{1}{2} \cdot \frac{1}{(s + j\omega)} . \tag{3.23}$$

Bringen wir das auf den kleinsten gemeinsamen Nenner

$$F(s) = \frac{(s + j\omega) + (s - j\omega)}{2(s - j\omega)(s + j\omega)} \tag{3.24}$$

und vereinfachen wir den Ausdruck, so ergibt sich

$$F(s) = \frac{s}{s^2 + \omega^2} . \tag{3.25}$$

Das Ergebnis führen wir unter Nr. 7 in Tabelle 3.1 an.

Dasselbe Verfahren liefert uns auch die Transformierte von sin $\omega t$.

$$\sin \omega t = \frac{j\epsilon^{-j\omega t}}{2} - \frac{j\epsilon^{j\omega t}}{2} . \tag{3.26}$$

Die Konstante $j/2$ hat wieder keinen Einfluß auf die Transformation, und aus Nr. 5 und Nr. 6 finden wir für die Transformierte von (3.26)

$$\mathcal{L}\,[\sin \omega t] = \frac{j}{2} \cdot \frac{1}{(s + j\omega)} - \frac{j}{2} \cdot \frac{1}{(s - j\omega)} . \tag{3.27}$$

Als gemeinsamen Nenner erhalten wir

$$F(s) = \frac{j(s - j\omega) - j(s + j\omega)}{2(s + j\omega)(s - j\omega)} \tag{3.28}$$

und den resultierenden Ausdruck vereinfacht man zu

$$F(s) = \frac{\omega}{s^2 + \omega^2} . \tag{3.29}$$

Das entsprechende Paar ist unter Nr. 8 in Tabelle 3.1 eingetragen.

An dieser Stelle erscheint es uns angebracht, zu erwähnen, daß die Laplace-Transformierte einer Summe von Ausdrücken gleich der Summe der Laplace-Transformationen aller einzelnen Ausdrücke ist, oder anders gesagt

$$\mathcal{L}\,[f_1(t) + f_2(t)] = \mathcal{L}[f_1(t)] + \mathcal{L}[f_2(t)] . \tag{3.30}$$

Diese Feststellung ist einleuchtend, wenn man bedenkt, daß die Laplace-Transformation durch ein Integral definiert ist und daß das Integral über eine Summe von Termen gleich der Summe der Integrale über die einzelnen Terme ist.

## 3.6. DIE LAPLACE-TRANSFORMIERTEN DER HYPERBELFUNKTIONEN

Es wird sicher günstig sein, wenn wir auch die Hyperbelfunktionen in unsere Tafel der elementaren Transformationen aufnehmen. Diese Funktionen spielen in manchen Zweigen der Elektronik eine wichtige Rolle. Den Hyperbelkosinus schreiben wir in der folgenden Form:

$$\cosh \omega t = \frac{\epsilon^{\omega t}}{2} + \frac{\epsilon^{-\omega t}}{2} . \tag{3.31}$$

Unter Benutzung der korrespondierenden Paare Nr. 3 und Nr. 4 dürfen wir schreiben

$$\mathscr{L}[\cosh \omega t] = \tfrac{1}{2} \cdot \frac{1}{(s-\omega)} + \tfrac{1}{2} \cdot \frac{1}{(s+\omega)} . \tag{3.32}$$

Das gibt nach einer Vereinfachung

$$\mathscr{L}[\cosh \omega t] = \frac{s}{s^2 - \omega^2} . \tag{3.33}$$

Den Hyperbelsinus können wir darstellen durch

$$\sinh \omega t = \frac{\epsilon^{\omega t}}{2} - \frac{\epsilon^{-\omega t}}{2} \tag{3.34}$$

und mit Hilfe derselben korrespondierenden Paare finden wir

$$\mathscr{L}[\sinh \omega t] = \tfrac{1}{2} \cdot \frac{1}{(s-\omega)} - \tfrac{1}{2} \cdot \frac{1}{(s+\omega)} \tag{3.35}$$

oder einfach

$$\mathscr{L}[\sinh \omega t] = \frac{\omega}{s^2 - \omega^2} . \tag{3.36}$$

Diese Formen führen wir unter Nr. 9 und Nr. 10 in Tabelle 3.1 an.

## 3.7. DIE LAPLACE-TRANSFORMIERTE DER EXPONENTIALFUNKTION VON KOMPLEXEM ARGUMENT

Es sei die Zeitfunktion

$$f(t) = \epsilon^{(\alpha + j\omega)t} \tag{3.37}$$

gegeben. Dem komplexen Koeffizienten von $t$ entspricht in Nr. 4 die Konstante $a$. Wir dürfen für $F(s)$ daher schreiben

$$F(s) = \frac{1}{s - \alpha - j\omega} . \tag{3.38}$$

Ähnlich gilt bei

$$f(t) = \epsilon^{(\alpha - j\omega)t} \tag{3.39}$$

mit Rücksicht auf die Form Nr. 4

$$F(s) = \frac{1}{s - \alpha + j\omega}\,. \tag{3.40}$$

Diese beiden Formen tragen wir unter Nr. 11 und Nr. 12 in Tabelle 3.1 ein.

Durch ähnliche Überlegungen findet man die Transformierten der Exponentialfunktion, deren Argument eine beliebige Kombination negativer oder positiver reeller und komplexer Zahlen ist.

## 3.8. DIE TRANSFORMIERTEN VON KOMPLIZIERTEN FUNKTIONEN

Eine Schwingungsform, die bei elektronischen Geräten oft auftritt, ist die exponentiell abklingende Sinusschwingung, die durch den Ausdruck

$$f(t) = \epsilon^{-\alpha t} \sin \omega t \tag{3.41}$$

beschrieben wird. Der Faktor, welcher der Sinusschwingung entspricht, läßt sich auch durch Exponentialfunktionen ausdrücken. Die gesamte Funktion kann man somit in der folgenden Form angeben

$$f(t) = \frac{\epsilon^{-\alpha t}\epsilon^{j\omega t}}{2j} - \frac{\epsilon^{-\alpha t}\epsilon^{-j\omega t}}{2j}\,. \tag{3.42}$$

Zieht man die Exponenten zusammen, so entsteht

$$f(t) = \frac{1}{2j}\left[\epsilon^{-(\alpha - j\omega)t} - \epsilon^{-(\alpha + j\omega)t}\right]. \tag{3.43}$$

Die Größe $(\alpha - j\omega)$ im ersten Term entspricht der Konstanten $a$ in Nr. 3 von Tabelle 3.1. Für den zweiten Term verwenden wir nochmals dieses Transformationspaar und lassen $a$ diesmal der Größe $(\alpha + j\omega)$ entsprechen. Das gibt

$$F(s) = \frac{1}{2j}\left[\frac{1}{(s + \alpha - j\omega)} - \frac{1}{(s + \alpha + j\omega)}\right]. \tag{3.44}$$

Schreiben wir diesen Ausdruck mit einem gemeinsamen Nenner und vereinfachen ihn, so haben wir schließlich

$$F(s) = \frac{\omega}{(s + \alpha)^2 + \omega^2}\,. \tag{3.45}$$

Diese Form wird unter Nr. 13 in Tabelle 3.1 angeführt.

Tabelle 3.1

| Nr. | $f(t)$ | $F(s)$ |
|---|---|---|
| 1 | $U(t)$ | $\frac{1}{s}$ |
| 2 | $A \cdot U(t)$ | $\frac{A}{s}$ |
| 3 | $\epsilon^{-at}$ | $\frac{1}{s+a}$ |
| 4 | $\epsilon^{at}$ | $\frac{1}{s-a}$ |
| 5 | $\epsilon^{j\omega t}$ | $\frac{1}{s-j\omega}$ |
| 6 | $\epsilon^{-j\omega t}$ | $\frac{1}{s+j\omega}$ |
| 7 | $\cos \omega t$ | $\frac{s}{s^2+\omega^2}$ |
| 8 | $\sin \omega t$ | $\frac{\omega}{s^2+\omega^2}$ |
| 9 | $\cosh \omega t$ | $\frac{s}{s^2-\omega^2}$ |
| 10 | $\sinh \omega t$ | $\frac{\omega}{s^2-\omega^2}$ |
| 11 | $\epsilon^{(\alpha+j\omega)t}$ | $\frac{1}{s-\alpha-j\omega}$ |
| 12 | $\epsilon^{(\alpha-j\omega)t}$ | $\frac{1}{s-\alpha+j\omega}$ |
| 13 | $\epsilon^{-\alpha t} \sin \omega t$ | $\frac{\omega}{(s+\alpha)^2+\omega^2}$ |
| 14 | $\epsilon^{-\alpha t} \cos \omega t$ | $\frac{s+\alpha}{(s+\alpha)^2+\omega^2}$ |

| Nr. | $f(t)$ | $F(s)$ |
|---|---|---|
| 15 | $t$ | $\frac{1}{s^2}$ |
| 16 | $\frac{d\,f(t)}{dt}$ | $sF(s) - f(0)$ |
| 17 | $\int f(t)\,dt$ | $\frac{1}{s}[F(s) + f^{-1}(0)]$ |

Aufgaben.

(1) Man finde auf irgendeine Art die Laplace-Transformierte von

$$f(t) = \epsilon^{-\alpha t} \cos \omega t \;.$$

Man prüfe das Ergebnis durch Vergleich mit Nr. 14 in Tabelle 3.1.

(2) Man berechne mit Hilfe des Laplace-Integral's die Transformierte von

$$f(t) = t$$

und überprüfe das Ergebnis durch Vergleich mit Nr. 15 in Tabelle 3.1.

## 3.9. EIN WEITERES ANWENDUNGSBEISPIEL MIT EINER SINUSSCHWINGUNG

Bevor wir die Untersuchung der Transformationen einfacher Funktionen abschließen, befassen wir uns zuletzt noch mit der Funktion

$$f(t) = \sin(\omega t + \Phi) \;. \tag{3.46}$$

Die rechte Seite schreiben wir auf Grund einer bekannten trigonometrischen Beziehung um und erhalten

$$f(t) = \sin \omega t \cos \Phi + \cos \omega t \sin \Phi \;. \tag{3.47}$$

Man beachte, daß $\sin \Phi$ und $\cos \Phi$ Konstante sind, die wir mit $a$ und $b$ bezeichnen wollen. Somit haben wir

$$f(t) = b \sin \omega t + a \cos \omega t \;. \tag{3.48}$$

Aus Nr. 7 und Nr. 8 folgt dafür die Transformierte

$$F(s) = \frac{b\omega}{s^2 + \omega^2} + \frac{as}{s^2 + \omega^2} \tag{3.49}$$

oder wenn wir zusammenfassen

$$F(s) = \frac{as + b\omega}{s^2 + \omega^2} \tag{3.50}$$

wobei

$$\tan \Phi = \frac{a}{b} \,. \tag{3.51}$$

Wie das Ergebnis zeigt, erfordert (3.51), daß $b = 0$ gilt, wenn $\Phi$ zum Beispiel 90° wird. (3.50) wird dann zu

$$F(s) = \frac{as}{s^2 + \omega^2} \,. \tag{3.52}$$

Das Paar Nr. 7 zeigt, daß das die Transformierte einer Kosinuswelle ist. Diese Behauptung erweist sich auch als richtig, wenn wir (3.46) betrachten, da eine um 90° in der Phase verschobene Sinuswelle eben eine Kosinuswelle ist. Eine andere Tatsache, auf die wir hier hinweisen wollen, ist die, daß die Pole dieser Funktion von $s$ nicht vom Phasenwinkel $\phi$ der ursprünglichen Funktion abhängen. Die Pole treten nämlich auf in

$$s = j\omega$$

und (3.53)

$$s = -j\omega$$

Die Lage der Pole in der $s$-Ebene ist demnach fest und daher unabhängig vom Phasenwinkel auf der Zeitachse. Diese Eigenschaft wird später von großer Bedeutung sein.

## 3.10. DIE LAPLACE-TRANSFORMIERTE DER ABLEITUNG EINER FUNKTION

Vom ersten Unterricht über Stromkreisanalyse wird man in Erinnerung haben, daß man zur Beschreibung der Spannungen, die längs kapazitiv oder induktiv wirkenden Schaltelementen auftreten, die Ableitung einer Funktion oder das Integral über eine Funktion benötigt. Ableitung und Integral braucht man auch bei den entsprechenden Ausdrücken für die Stromstärke. Wenn die Theorie der Laplace-Transformation für unsere zukünftigen Anwendungen in der Elektronik wertvoll sein soll, so werden wir auch die Transformierten der Ableitungen einer Funktion oder die Transformierte eines Integrals bestimmen müssen.

Dem Leser wird empfohlen, diese beiden letzten Abschnitte sorgfältig zu studieren, da er hier mit einigen wichtigen Grundgedanken vertraut gemacht wird. Wir werden sehen, daß die angeführten Operationen in der $s$-Ebene weit einfacher auszuführen sind als auf der Zeitachse. Wir wollen die drei folgenden Voraussetzungen machen:

(a) $f(t) = 0$ für $t < 0$

(b) $f(t)$ ist transformierbar, d.h. $\mathscr{L}\,[f(t)] = F(s)$

(c) $d\,f(t)/dt\big|_{t=0} < \infty$ .

Wir wollen zu Beginn die elementare Integralbeziehung

$$\int u\,dv = uv - \int v\,du \tag{3.54}$$

betrachten. Angenommen, es ist

$$u = f(t) \qquad \text{(a)} \tag{3.55}$$

so gilt

$$du = \frac{d\,f(t)}{dt}\,dt\,. \qquad \text{(b)} \tag{3.56}$$

Außerdem setzen wir für $dv$

$$dv = \epsilon^{-st}\,dt \qquad \text{(c)} \tag{3.57}$$

dann ist

$$v = \frac{-\,\epsilon^{-st}}{s}\,. \qquad \text{(d)} \tag{3.58}$$

Für die Laplace-Transformierte der Ableitung $f'(t)$ haben wir gemäß Definition

$$\mathcal{L}\,[f'(t)] = F(s) = \int_0^\infty \left[\frac{d\,f(t)}{dt}\right] \epsilon^{-st}\,dt\,. \tag{3.59}$$

Wir schreiben nun

$$F(s) = \int_0^\infty u\,dv = uv\Big|_0^\infty - \int_0^\infty v\,du \tag{3.60}$$

und ersetzen $u$ und $dv$ durch die äquivalenten Ausdrücke in (a), (b), (c) und (d)

$$F(s) = \frac{-f(t)\,\epsilon^{-st}}{s}\Bigg|_0^\infty - \int_0^\infty - \frac{\epsilon^{-st}}{s}\,\frac{d\,f(t)}{dt}\,dt\,. \tag{3.61}$$

Wenn wir im ersten Teil auf der rechten Seite die Grenzen einsetzen und den zweiten Teil umordnen, erhalten wir

$$F(s) = \frac{f(0)}{s} + \frac{1}{s}\int_0^\infty \left[\frac{d\,f(t)}{dt}\right] \epsilon^{-st}\,dt \tag{3.62}$$

wobei wir den Faktor $s$ vor das Integralzeichen hinausgestellt haben. Das ist gestattet, da in diesem Falle $t$ die Integrationsvariable ist. Wir haben somit

$$sF(s) - f(0) = \int_0^\infty \left[\frac{d\,f(t)}{dt}\right] \epsilon^{-st}\,dt\,. \tag{3.63}$$

Es ist leicht zu sehen, daß die rechte Seite die Laplace-Transformierte der Ableitung darstellt. Also gilt

$$\mathcal{L}\left[\frac{d\,f(t)}{dt}\right] = sF(s) - f(0) \tag{3.64}$$

und dieses Paar ist unter Nr. 16 in Tabelle 3.1 angeführt.

Der zweite Term rechts ist nur der Wert von $f(t)$ zum Zeitpunkt $t = 0$. Wir sehen also: Wenn wir die Laplace-Transformierte einer Funktion der Zeit bereits wissen, so können wir daraus die Transformierte der Ableitung finden, indem wir mit $s$ multiplizieren und den Anfangswert von $f(t)$ abziehen. Wir werden diese Formel später mit großem Nutzen anwenden.

Die Transformationsgleichung zeigt auch, wie eine auf der Zeitachse komplizierte Operation (Differentiation) in eine wesentlich einfachere Operation in der $s$-Ebene (Multiplikation und Subtraktion) übergeht.

B e i s p i e l 1. Gegeben sei die Funktion

$$f(t) = \epsilon^{-at} . \tag{3.65}$$

Man gebe die Laplace-Transformierte von $f(t)$ an.

Wir könnten natürlich zuerst differenzieren und dann das Ergebnis in das Laplace-Integral einsetzen und die Integration ausführen. Wir wollen jedoch lieber Nr. 3 aus Tabelle 3.1 benutzen

$$F(s) = \frac{1}{s+a} \tag{3.66}$$

und im $s$-Bereich die Operation ausführen, die der Differentiation auf der $t$-Achse entspricht, was viel leichter durchführbar ist. Wir multiplizieren daher $F(s)$ mit $s$ und subtrahieren den Wert von (3.65) für $t = 0$. Das liefert

$$\mathcal{L}\left[\frac{d\,\epsilon^{-at}}{dt}\right] = \frac{s}{s+a} - 1 . \tag{3.67}$$

A u f g a b e n.

(1) Man differenziere (3.65) und bestimme dann die Transformierte durch die frühere Methode. Man überprüfe (3.67) durch Vergleich der Ergebnisse.

(2) Man gebe die Laplace-Transformierte der Ableitung von

$$f(t) = \sin \omega t \tag{3.68}$$

an, und zwar durch Ausführung der entsprechenden Operation im $s$-Bereich.

## 3.11. DIE LAPLACE-TRANSFORMATION EINER STAMMFUNKTION

Im letzten Abschnitt dieses Kapitels werden wir die Laplace-Transformierte der Stammfunktion einer Funktion der Zeit $t$ herleiten. Wir werden sehen, daß auch die Integration wie viele andere Operationen, in der $s$-Ebene beträchtlich vereinfacht wird. Wir beginnen mit der allgemeinen Form der Transformation

$$F(s) = \int_0^\infty f(t)\,\epsilon^{-st}\,dt \tag{3.69}$$

die wir, um allgemein zu bleiben, partiell integrieren

$$F(s) = \int_0^\infty u\,dv = uv\Big|_0^\infty - \int_0^\infty v\,du\,. \tag{3.70}$$

Diesmal setzen wir jedoch

$$u = \epsilon^{-st} \qquad \text{(a)} \tag{3.71}$$

woraus folgt

$$du = -s\,\epsilon^{-st}\,dt\,. \qquad \text{(b)} \tag{3.72}$$

Außerdem führen wir

$$dv = f(t)\,dt \qquad \text{(c)} \tag{3.73}$$

ein und erhalten durch Integration

$$v = \int f(t)\,dt = \int_0^t f(t)\,dt + \left[\int f(t)\,dt\right]_{t=0} \tag{3.74}$$

wobei der letzte Ausdruck rechts den Wert der Stammfunktion von $f(t)$ für $t = 0$ darstellt. Das könnte zum Beispiel die Anfangsladung eines Kondensators sein. In Anlehnung an die übliche Terminologie kennzeichnen wir diese Integration durch einen negativen Exponenten und schreiben jetzt für (3.74)

$$v = \int_0^t f(t)\,dt + f^{-1}(0)\,. \qquad \text{(d)} \tag{3.75}$$

Man beachte unbedingt, daß $f^{-1}(0)$ der Wert der Stammfunktion in $t = 0$ ist. Das ist nicht dieselbe Größe wie $f(0)$, die wir im letzten Abschnitt bei der Transformierten der Ableitung einer Funktion gefunden haben.

Setzen wir nun aus (a), (b), (c) und (d) ein, so erhalten wir

$$F(s) = \left\{\epsilon^{-st}\left[\int_0^t f(t)\,dt + f^{-1}(0)\right]\right\}_0^\infty - \int_0^\infty \left[\int_0^t f(t)\,dt + f^{-1}(0)\right](-s\,\epsilon^{-st}\,dt)\,. \tag{3.76}$$

Nach Einsetzen der Grenzen im ersten Integralausdruck haben wir

$$F(s) = -f^{-1}(0) + s\int_0^\infty \left[\int_0^t f(t)\,dt + f^{-1}(0)\right]\epsilon^{-st}\,dt \tag{3.77}$$

wobei wir außerdem den Faktor $-s$ im zweiten Term vor das Integralzeichen gebracht haben. Das ist gestattet, da $s$ nicht die Integrationsvariable ist. Der letzte Term in (3.77) kann nun als Summe zweier Integrale geschrieben werden

$$F(s) = -f^{-1}(0) + s\int_0^\infty \left[\int_0^t f(t)\,dt\right]\epsilon^{-st}\,dt + s\int_0^\infty f^{-1}(0)\,\epsilon^{-st}\,dt\,. \tag{3.78}$$

Man sieht, daß der letzte Integralausdruck die Laplace-Transformierte der Konstanten $f^{-1}(0)$ ergibt, die das $1/s$-fache von $f^{-1}(0)$ ist. Durch Multiplikation mit $s$ im Zähler bleibt schließlich nur die Konstante selbst, die zusammen mit ihrem negativen Wert im ersten Ausdruck null ergibt. Dividieren wir noch durch $s$, so haben wir

$$\frac{F(s)}{s} = \int_0^\infty \left[\int_0^t f(t)\, dt\right] \epsilon^{-st}\, dt\,. \tag{3.79}$$

Nach Definition ist der rechte Ausdruck die Laplace-Transformierte des Integrals über $f(t)$. Wir dürfen daher schreiben

$$\mathcal{L}\left[\int_0^t f(t)\, dt\right] = \frac{F(s)}{s}\,. \tag{3.80}$$

Wir bemerken, daß das Integral in (3.80) Grenzen besitzt. Es ist daher ein bestimmtes Integral. Wenn wir die Grenzen weglassen, tritt eine Integrationskonstante auf, sobald wir über $f(t)$ integrieren. Die Laplace-Transformierte dieser Konstanten können wir auf beiden Seiten der Gleichung (3.80) addieren. Wir bemerken noch, daß der Wert der Konstanten gleich dem Wert der Stammfunktion in $t = 0$ ist, daher gilt

$$\mathcal{L}\left[\int f(t)\, dt\right] = \frac{F(s)}{s} + \frac{f^{-1}(0)}{s}\,. \tag{3.81}$$

Ist als Anfangsbedingung der Wert 0 gegeben, ist also in $t = 0$ die Stammfunktion 0, so verschwindet der zweite Term rechts. Gleichung (3.81) wurde als letztes Paar in Tabelle 3.1 aufgenommen.

B e i s p i e l. Gegeben ist ein Kondensator mit einer Anfangsspannung $a$, vgl. in Abb. 3.1. Zum Zeitpunkt $t = 0$ wird der Kondensator an eine Spannungsquelle $e(t)$ angeschlossen. Den Zustand zum Zeitpunkt $t$ beschreiben wir durch die Gleichung

$$e(t) = \frac{1}{C}\int_0^t i\, dt + a$$

die Term für Term in den Ausdruck

$$E(s) = \frac{I(s)}{Cs} + \frac{a}{s}$$

transformiert wird.

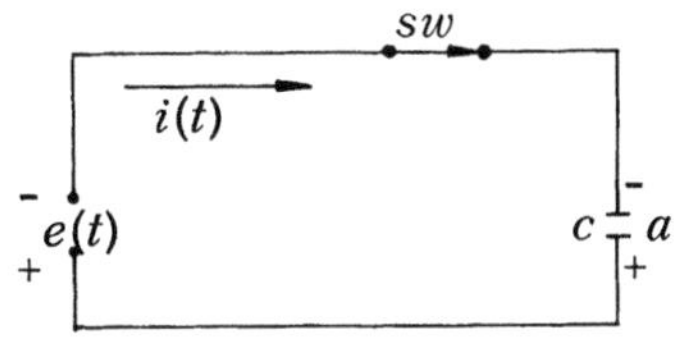

Abb. 3.1

B e m e r k u n g. In dieser Darstellung werden wir den Ausdruck Strom als Synonym für Elektronenfluß gebrauchen, obwohl dies von der älteren Terminologie abweicht. Der Autor hält jedoch den Gegenstand für so wichtig, daß weder Überlieferung noch Vorurteile daran hindern dürfen, die bestmögliche Darstellung zu bieten. Der Strom, oder der Elektronenfluß, soll in unserer Darstellung vom negativen Pol einer Batterie ausgehen. In einer Röhre soll er die Richtung von Kathode zur Anode haben, in einem *N*-*P*-*N*-Transistor die Richtung vom Emitter zum Kollektor.

KAPITEL IV

# DIE INVERSE LAPLACE-TRANSFORMATION

## 4.1. EINLEITUNG

Im letzten Kapitel haben wir die Laplace-Transformierten einer Reihe von allgemein bekannten und oft benützten Funktionen entwickelt. Wir haben gefunden, daß sich aus der Transformierten der Exponentialfunktion alle anderen mühelos ableiten lassen. Wir werden später eine Reihe von Theoremen herleiten, die in praktischen Fällen nützlich sind, jetzt aber wollen wir einige Zeit für die Beantwortung der Frage aufwenden, wie man die inverse Transformierte der Funktionen findet, die in unseren Problemen auftreten.

Üblicherweise hat man es mit Problemen zu tun, bei denen, allgemein gesprochen, eine Erregerfunktion auf irgendein Netzwerk wirkt. Das Netzwerk, einmal angeregt, entwickelt eine Reaktion. Diese Reaktion tritt oft in Form einer Ausgangsspannung auf. Symbolisch können wir diesen Sachverhalt wie in Abb. 4.1 darstellen.

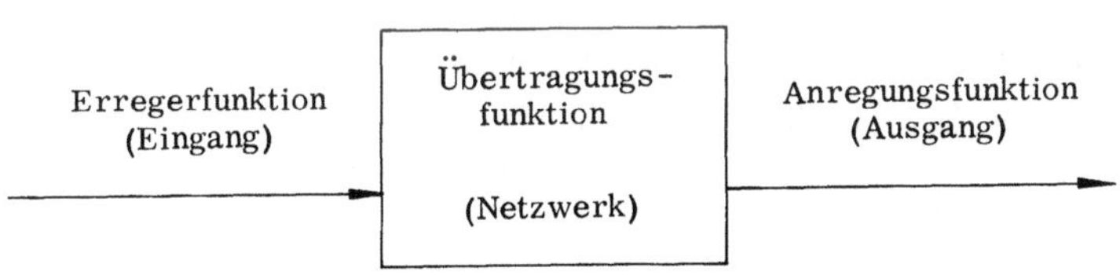


Abb. 4.1

In Zukunft werden wir immer die Übertragungsfunktion durch das Verhältnis von Ausgangsgröße zur Eingangsgröße definieren. Wenn es sich bei diesen Größen um die Spannung handelt, werden wir die Übertragungsfunktion mit $Z_t$ bezeichnen und die Beziehung durch

$$Z_t = \frac{e_0}{e_{IN}} \tag{4.1}$$

darstellen. Ist die Übertragungsfunktion für ein bestimmtes Netzwerk bekannt, so ist die Ausgangsspannung für eine gegebene Erregung einfach

$$e_0 = Z_t e_{IN} \cdot \tag{4.2}$$

Die Schwierigkeit, die in der Praxis bei Verwendung komplizierter Schaltungen auftritt, ist die, daß der Ausdruck für $e_0$ im allgemeinen Kombinationen von Ableitungen, Integralen, trigonometrischen Termen usw., enthält. Mit Hilfe unserer Theorie der Laplace-Transformation können wir alle diese Größen auf eine algebraische Form bringen, wobei die Ausgangsspannung dann als Funktion von $s$ erscheint. Unser Problem ist nun die Rücktransformation der Ausgangsspannung als Funktion von $s$ in eine Funktion der Zeit.

Beispiel 1. Als Beispiel für die Anwendung der Theorie der Laplace-Transformation betrachten wir den in Abb. 4.2 skizzierten Fall. Zur Zeit $t = 0$ wird der Schalter geschlossen. Man soll den resultierenden Strom als Funktion der Zeit angeben. Auf Grund des Kirchhoffschen Gesetzes können

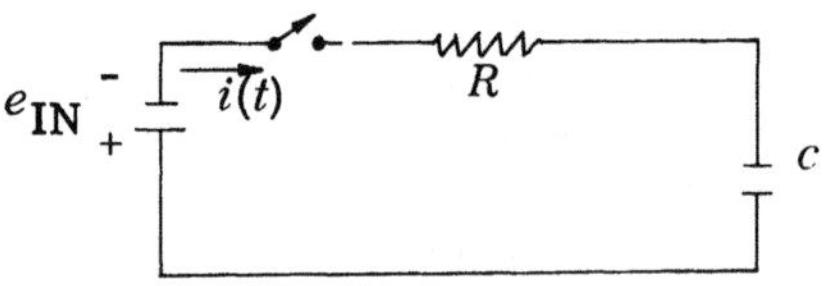


Abb. 4.2

wir den gesamten Spannungsabfall der angelegten Spannung gleichsetzen. Das ergibt

$$e_{IN}(t) = Ri(t) + \frac{1}{C}\int i(t)\, dt \tag{4.3}$$

wobei wir noch besonders gekennzeichnet haben, daß die Spannung und der Strom Funktionen der Zeit sind. Bevor der Schalter geschlossen wird, soll keine Ladung am Kondensator vorhanden sein.

Den Ausdruck (4.3) dürfen wir Term für Term auf die folgende Weise transformieren. Da die Spannungsquelle eine Batterie sein soll, so ist $e_{IN}(t)$ eine Konstante. Gemäß Paar Nr. 2 aus Tabelle 3.1 ist ihre Transformierte

$$e_{IN}(t) \rightarrow \frac{e_{IN}}{s} \tag{4.4}$$

wobei der Pfeil als "geht über in" zu lesen ist. Beim zweiten Term deuten wir den Übergang nur durch Verwendung eines Großbuchstaben an.

$$Ri(t) \rightarrow RI(s)\ . \tag{4.5}$$

Beim letzten Ausdruck beziehen wir uns auf Nr. 17 und dürfen daher schreiben

$$\frac{1}{C}\int i\, d(t) \rightarrow \frac{I(s)}{Cs}\ . \tag{4.6}$$

Die gesamte Gleichung lautet nun in Abhängigkeit von $s$

$$\frac{e_{IN}}{s} = RI(s) + \frac{I(s)}{Cs}\ . \tag{4.7}$$

Unser Problem ist die Bestimmung von $i(t)$. Wir berechnen dazu vorerst den Strom als Funktion von $s$ aus Gleichung (4.7)

$$\frac{e_{IN}}{s} = I(s)\left(R + \frac{1}{Cs}\right) \tag{4.8}$$

$$I(s) = \frac{e_{IN}}{s(R + 1/Cs)} \tag{4.9}$$

$$I(s) = \frac{e_{IN}}{Rs + 1/C}\,. \tag{4.10}$$

Dividieren wir noch Zähler und Nenner durch $R$, so haben wir

$$I(s) = \frac{e_{IN}}{R} \cdot \frac{1}{(s + 1/RC)}\,. \tag{4.11}$$

Der Zweck dieser Division ist, daß wir den Anteil, der die Variable $s$ enthält, in vertrauter Form erhalten. Die Größe, die hier als Faktor neben $e_{IN}/R$ auftritt, finden wir in Nr. 3 der Tabelle 3.1. Also ist die gesuchte Rücktransformation

$$\frac{1}{(s + 1/RC)} \to \epsilon^{-\frac{t}{RC}} \tag{4.12}$$

wobei $\alpha$ der Größe $1/RC$ entspricht. Gleichung (4.11) läßt sich also in die folgende Funktion der Zeit $t$ rückübersetzen

$$i(t) = \frac{e_{IN}}{R}\,\epsilon^{-\frac{t}{RC}}\,. \tag{4.13}$$

Der Leser wird aus der elementaren Stromkreisanalyse in Erinnerung haben, daß das Ergebnis richtig ist.

In diesem Beispiel war die Funktion von $s$, die wir in eine Funktion der Zeit rücktransformieren mußten, äußerst einfach. Die Transformierte haben wir durch Vergleich mit einer Tabelle gefunden. Derartige elementare Formeln behält man meist bald im Gedächtnis. Beim Großteil der schwierigeren Probleme wird jedoch die resultierende Funktion von $s$ wesentlich komplizierter sein. Wir werden uns daher in diesem Kapitel nur mit der Rücktransformation der Funktionen von $s$ in Funktionen der Zeit $t$ beschäftigen.

B e i s p i e l 2. Nach dem Studium des obigen Beispiels betrachten wir Abb. 4.3. Das Problem ist hier dasselbe wie im vorhergehenden Beispiel, nur tritt hier eine gewisse Spannung $v$ am Kondensator auf, ehe der Schalter geschlossen wird. Das Kirchhoffsche Gesetz liefert hier dieselbe Aussage, nämlich

$$e_{IN}(t) = Ri(t) + \frac{1}{C}\int i(t)\,dt \tag{4.14}$$

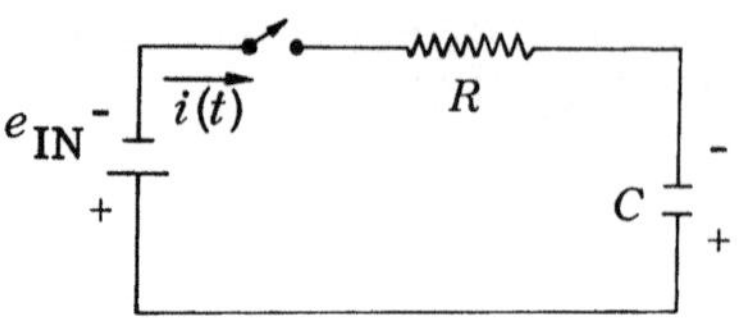


Abb. 4.3

jedoch haben wir hier bei der Transformation des Integralterms zu beachten, daß der Anfangswert der Stammfunktion nicht 0 ist. Wir haben somit die volle Form der Transformation, wie sie durch Nr. 17 in Tabelle 3.1 gegeben ist, zu benützen.

$$\frac{e_{IN}}{s} = RI(s) + \frac{1}{Cs}\left[I(s) + i^{-1}(0)\right] \tag{4.15}$$

$$\frac{e_{IN}}{s} = RI(s) + \frac{I(s)}{Cs} + \frac{i^{-1}(0)}{Cs}\,. \tag{4.16}$$

$i^{-1}(0)$ ist dabei die Ladung, die vor dem Zeitpunkt $t = 0$ am Kondensator vorhanden war. Diese Ladung, gebrochen durch die Kapazität $C$, gibt die Anfangsspannung $v$. (4.16) geht dabei über in

$$\frac{e_{IN}}{s} = RI(s) + \frac{I(s)}{Cs} + \frac{v}{s}\,. \tag{4.17}$$

Den letzten Term bringen wir auf die linke Seite und fassen zusammen

$$\frac{e_{IN} - v}{s} = I(s)\left(R + \frac{1}{Cs}\right). \tag{4.18}$$

Um $i(t)$ zu bestimmen, lösen wir vorerst nach $I(s)$ auf und erhalten

$$I(s) = \frac{(e_{IN} - v)}{s(R + 1/Cs)}\,. \tag{4.19}$$

Wie früher bringen wir das auf die Form

$$I(s) = \frac{(e_{IN} - v)}{R} \cdot \frac{1}{(s + 1/RC)}\,. \tag{4.20}$$

Nun sind wir so weit, daß wir die inverse Transformierte bilden können, die hier dieselbe ist wie zuvor. Nur der konstante Faktor $e_{IN}$ ist in $(e_{IN} - v)$ übergegangen.

$$i(t) = \frac{(e_{IN} - v)}{R}\,\epsilon^{-\frac{t}{RC}}\,. \tag{4.21}$$

Wenn wir im Stoff weiter fortgeschritten sind, werden wir bemerken, daß die Methode der Laplace-Transformation das Anfangswertproblem automatisch behandelt, während bei den klassischen Methoden zur Lösung von Differentialgleichungen diesbezüglich Schwierigkeiten auftreten.

Aufgabe. Man löse Beispiel 1 einmal durch Integration und einmal unter Verwendung der Laplace-Transformation. Man vergleiche die Arbeitszeiten, die man jeweils benötigt.

## 4.2. FUNKTIONEN VON $s$ BEI ELEKTRONISCHEN SCHALTUNGEN

Lineare Schaltungen bestehen aus den verschiedensten Kombinationen von $R$, $L$ und $C$. Die grundlegenden Beziehungen zwischen Spannung und Strom in jedem dieser Elemente sind:
Für einen ohmschen Widerstand

$$e = Ri \tag{4.22}$$

für eine Induktivität

$$e = L\frac{di}{dt} \tag{4.23}$$

und für eine Kapazität

$$e = \frac{1}{C}\int i\,dt\,. \tag{4.24}$$

Wir wollen die Theorie der Laplace-Transformation benützen und alle diese Größen in Funktionen von $s$ überführen

$$E(s) = RI(s) \tag{4.25}$$

$$E(s) = sLI(s) \tag{4.26}$$

und

$$E(s) = \frac{I(s)}{sC}\,. \tag{4.27}$$

Die Impedanz ist sowohl in der Darstellung durch die Zeit als auch im $s$-Bereich der Quotient aus Spannung und Strom, und daher gilt:
Für einen ohmschen Widerstand

$$Z(s) = R \tag{4.28}$$

für eine Induktivität

$$Z(s) = sL \tag{4.29}$$

und für eine Kapazität

$$Z(s) = \frac{1}{sC}\,. \tag{4.30}$$

Man beachte die Ähnlichkeit zwischen der Impedanz als Funktion von $s$ und der Impedanz in der Theorie der Wechselstromkreise, wo $s$ durch $j\omega$ ersetzt ist.

Wir haben $s$ als komplexe Variable definiert

$$s = \sigma + j\omega \tag{4.31}$$

und sehen daher, daß ein Vertauschen von $s$ mit $j\omega$, wodurch man zur klassischen Theorie der Wechselstromkreise übergeht, eine strenge Einschränkung der Allgemeinheit unserer Lösungen bedeuten würde.

Jede Gleichung eines Netzwerkes kann ebenso leicht in Abhängigkeit von $s$ geschrieben werden. Wir können jede Impedanz durch eine Funktion von $s$ kennzeichnen, ebenso wie den Strom oder die Spannung.

Beispiel. Unter Benutzung der konventionellen Bezeichnungsweise für den fiktiven Strom lautet die Gleichung für die Stromschleifen in Abb. 4.4

$$\left(R + \frac{2}{sC}\right) I_1(s) - \frac{I_2(s)}{sC} = E_{\mathrm{IN}}(s) \tag{4.32}$$

$$-\frac{I_1(s)}{sC} + \left(R + \frac{1}{sC}\right) I_2(s) = 0\,. \tag{4.33}$$

Lösen wir mit Hilfe der Determinanten nach $I_2(s)$ auf

$$I_2(s) = \frac{\dfrac{E_{\mathrm{IN}}(s)}{sC}}{\begin{vmatrix} \left(R + \dfrac{2}{sC}\right) & -\dfrac{1}{sC} \\ -\dfrac{1}{sC} & \left(R + \dfrac{1}{sC}\right) \end{vmatrix}} \tag{4.34}$$

und berechnen wir die Determinante, so erhalten wir nach Vereinfachung

$$I_2(s) = \frac{E_{\mathrm{IN}}(s)Cs}{s^2R^2C^2 + 3sRC + 1}\,. \tag{4.35}$$

Die Ausgangsspannung ist

$$E_0(s) = RI_2(s)\,. \tag{4.36}$$

Aus (4.35) und (4.36) ergibt sich daher

$$E_0(s) = \frac{E_{\mathrm{IN}}(s)RCs}{s^2R^2C^2 + 3sRC + 1}\,. \tag{4.37}$$

Auf Grund der Definition in Abschn. 4.1 ist die Übertragungsfunktion der Quotient aus Ausgangs- und Eingangsspannung

$$Z_t(s) = \frac{RCs}{R^2C^2s^2 + 3RCs + 1}\,. \tag{4.38}$$

Der Index $t$ bei $Z$ wird meist nicht geschrieben, wenn es klar ist, daß es sich um eine Übertragungsfunktion handelt. Die Übertragungsfunktion der Schaltung in Abb. 4.4, die durch (4.38) gegeben ist, können wir in ihre Faktoren zerlegen, wenn wir die Wurzeln von

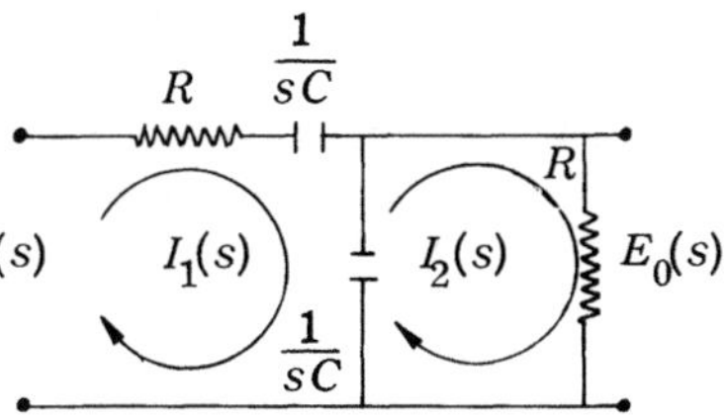


Abb. 4.4

$$R^2C^2s^2 + 3RCs + 1 = 0 \quad (4.39)$$

wissen. Diese Wurzeln sind

$$s = \frac{-3 + \sqrt{5}}{RC} \quad (4.40)$$

und

$$s = \frac{-3 - \sqrt{5}}{RC} . \quad (4.41)$$

Berücksichtigen wir das, so erhält (4.38) die Form

$$Z_t(s) = \frac{RCs}{(s + 0.38/RC)(s + 2.62/RC)} . \quad (4.42)$$

Wir werden sehen, daß man jede Übertragungsfunktion durch den Quotienten zweier Polynome ausdrücken und daher auch als Produkt von ähnlichen Faktoren wie in (4.42) schreiben kann. In manchen Fällen wird man kubische Gleichungen und sogar Gleichungen höherer Ordnung lösen müssen, doch läßt sich das leicht durchführen, wenn nötig, auch auf graphischem Wege.

Erinnern wir uns an die Theorie der komplexen Variablen in Kapitel I. Wir sehen, daß (4.42) eine Nullstelle und zwei Pole hat. Diese sind in Abb. 4.5 eingezeichnet. Sieht man von dem konstanten Faktor ab, so beschreibt das Pol-Nullstellen-Diagramm die Übertragungsfunktion vollkommen. Offensichtlich besitzen zwei identische Netzwerke dasselbe Pol-Nullstellen-Diagramm, während zwei identische Pol-Nullstellen-Diagramme verschiedene Netzwerke darstellen können. Diese letzte Behauptung werden wir später beweisen.

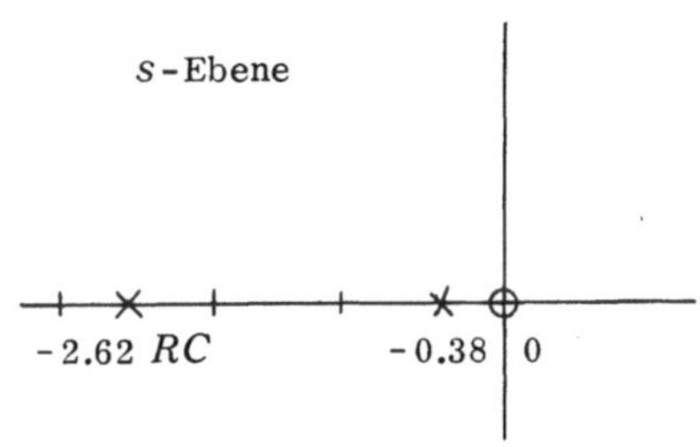


Abb. 4.5

Wenn die Übertragungsfunktion $Z(s)$ bekannt ist, so kann die Reaktion auf irgendeine gegebene Erregung in der folgenden Form geschrieben werden

$$E_0(s) = Z(s) E_{IN}(s) . \quad (4.43)$$

Dabei kann $E_{IN}$ irgendein Signal sein, z. B. Gleichstrom, oder eine Sinuswelle, oder ein Impuls usw. Dieses Signal kann man wie üblich als Funktion von $s$ schreiben. Man beachte, daß das Pol-Nullstellen-Diagramm dieses Produktes dieselben Pole und Nullstellen an den gleichen Stellen wie die Übertragungsfunktion besitzt und daß außerdem zusätzliche Pole oder Nullstellen von $E_{IN}(s)$ auftreten.

Es dürfte jetzt bereits offensichtlich sein, daß wir oft die inversen Laplace-Transformierten von Ausdrücken der Form (4.42) und (4.43) benötigen werden. Es ist daher sicher gut, wenn wir uns etwas mit der Bildung der inversen Transformierten von abstrakten Funktionen beschäftigen, um uns mit dieser Technik vertraut zu machen.

Sobald wir gelernt haben, solche Ausdrücke mühelos zu berechnen, werden wir viele interessante Tatsachen über Schaltungen wie in Abb. 4.4 oder andere Schaltungen, die noch viel komplizierter sind, zu besprechen haben.

## 4.3. FUNKTIONEN VON $s$ MIT EINFACHEN POLEN

In vielen Fällen kann man die Lösung eines Problems im $s$-Bereich durch einen Ausdruck darstellen, der das Produkt aus mehreren zu Polen oder Nullstellen gehörenden Faktoren ist. Tatsächlich ist das in der Regel so, nicht nur in Ausnahmefällen. Die Polstellen sollen in den beliebigen Punkten $a$ und $b$ auftreten. Eine allgemeine Funktion von $s$, die zwei Pole besitzt, ist dann

$$F(s) = \frac{1}{(s+a)(s+b)} \, . \tag{4.44}$$

Gleichung (4.42) hat neben dem konstanten Faktor eine Nullstelle von $s$ im Zähler. Wir werden solche Fälle gleich untersuchen. Wir wollen jedoch mit Gleichung (4.44) beginnen, die nur aus zwei Faktoren besteht. Die grundlegende Definition für die inverse Laplace-Transformierte ist

$$f(t) = \frac{1}{2\pi j} \oint F(s)\,\epsilon^{ts}\, ds \, . \tag{4.45}$$

Wir setzen (4.44), also die Funktion, die wir zu transformieren wünschen, in die Definitionsgleichung ein:

$$f(t) = \frac{1}{2\pi j} \oint \frac{\epsilon^{ts}\, ds}{(s+a)(s+b)} \, . \tag{4.46}$$

Wir erinnern uns (siehe Abschn. 1.15), daß das Integral bezüglich $s$ über eine Funktion von $s$ durch die $2\pi j$-fache Summe der Residuen dieser Funktion in den verschiedenen Polen gegeben ist. Von jetzt ab werden wir stillschweigend voraussetzen, daß die Integration stets um alle Pole auszuführen ist. Man beachte, daß $\epsilon^{ts}$ in (4.46) ein Teil des Integranden ist. Wir wollen diesen Integranden mit $G(s)$ bezeichnen zum Unterschied von der Funktion $F(s)$. Somit haben wir

$$f(t) = \frac{1}{2\pi j} \oint G(s)\, ds \tag{4.47}$$

wobei wir

$$G(s) = F(s)\,\epsilon^{ts} \tag{4.48}$$

gesetzt haben. Zur Berechnung des Integrals müssen wir also die Residuen in den beiden Polstellen herleiten.

Wir erinnern uns, daß man innerhalb eines sehr kleinen Kreises um die Polstelle die Funktion in exakter Weise ersetzen darf durch das Produkt aus dem Residuum mit dem einen Faktor, der den Pol erzeugt. Ist zum Beispiel $K_a$ das Residuum in $s = -a$, dann gilt

$$G(s) = K_a \cdot \frac{1}{(s + a)} \tag{4.49}$$

oder wenn wir nach $K_a$ auflösen

$$K_a = (s + a)G(s) \; . \tag{4.50}$$

Man beachte, daß $G(s)$ den Faktor $(s + a)$ im Nenner enthält und man daher durch diesen Ausdruck kürzen kann. Dieser Umstand führt zur Ausdrucksweise "Beseitigen einer Polstelle". Wir dürfen daher den Wert des Residuums durch den Wert von (4.50) in $s = -a$ angeben.

$$K_a = (s + a)G(s)\,|_{s=-a} \; . \tag{4.51}$$

Da

$$G(s) = \frac{\epsilon^{ts}}{(s + a)(s + b)} \tag{4.52}$$

$$K_a = \left.\frac{\epsilon^{ts}}{(s + b)}\right|_{s=-a} \tag{4.53}$$

erhalten wir schließlich

$$K_a = \frac{\epsilon^{-at}}{b - a} \; . \tag{4.54}$$

In (4.53) erkennen wir die Beseitigung der Polstelle in $s = -a$.

Das Residuum $K_b$ in der Polstelle $s = -b$ finden wir ebenso, indem wir diesen Pol beseitigen und den Rest der Funktion in $s = -b$ berechnen. Wir erhalten somit

$$K_b = \left.\frac{\epsilon^{ts}}{(s + a)}\right|_{s=-b} \tag{4.55}$$

oder

$$K_b = \frac{\epsilon^{-bt}}{a - b} \; . \tag{4.56}$$

Das gesamte Integral über $G(s)$ hat daher den Wert

$$\oint G(s)\, ds = 2\pi j\,[K_a + K_b] \; . \tag{4.57}$$

Da in der Definitionsgleichung für die inverse Laplace-Transformierte der konstante Faktor $1/2\pi j$ auftritt und da sich dieser Faktor somit wegkürzt, gilt

$$f(t) = K_a + K_b \; . \tag{4.58}$$

Setzen wir die wirklichen Werte von $K_a$ und $K_b$ ein, so haben wir

$$f(t) = \frac{\epsilon^{-bt} - \epsilon^{-at}}{a - b} \; . \tag{4.59}$$

Da der Inhalt dieses Abschnittes etwas schwieriger sein dürfte, werden wir ihn an Hand einiger Beispiele erläutern.

Beispiel 1. Gegeben ist

$$F(s) = \frac{1}{s+2} . \tag{4.60}$$

Man gebe $f(t)$ an.

Lösung. Der einzige Pol tritt in $s = -2$ auf. Wir haben somit nur ein Residuum. $G(s)$ lautet

$$G(s) = \frac{\epsilon^{ts}}{s+2} . \tag{4.61}$$

Wir beseitigen den Faktor, der den Pol erzeugt und berechnen den Rest

$$K = \epsilon^{ts}\big|_{s=-2} . \tag{4.62}$$

Somit erhalten wir schließlich

$$f(t) = \epsilon^{-2t} . \tag{4.63}$$

Beispiel 2. Gegeben ist

$$F(s) = \frac{s}{s+4} . \tag{4.64}$$

Man gebe $f(t)$ an.

Lösung. $G(s)$ lautet in diesem Falle

$$G(s) = \frac{s\,\epsilon^{ts}}{s+4} . \tag{4.65}$$

Wieder tritt nur ein Pol und daher auch nur ein Residuum auf. Beseitigen wir den Pol und berechnen

$$K = s\,\epsilon^{ts}\big|_{s=-4} . \tag{4.66}$$

Also erhalten wir

$$K = -4\,\epsilon^{-4t} \tag{4.67}$$

und das ist die gesuchte Zeitfunktion.

Beispiel 3. Gegeben ist

$$F(s) = \frac{s+6}{s-3} . \tag{4.68}$$

Man gebe $f(t)$ an.

Lösung. In diesem Falle haben wir

$$G(s) = \frac{(s+6)\,\epsilon^{ts}}{(s-3)} . \tag{4.69}$$

Wir berechnen das Residuum in der einzigen Polstelle, indem wir den Faktor, der den Pol erzeugt, weglassen und im Rest für $s = -3$ setzen

$$K = (s+6)\,\epsilon^{ts}\big|_{s=3} . \tag{4.70}$$

Nach Ausführung der Rechnung erhalten wir für $f(t)$

$$f(t) = (3 + 6)\epsilon^{3t} = 9\epsilon^{3t} \, . \tag{4.71}$$

Zusammenfassung der Ergebnisse dieses Abschnittes: Bei Verwendung der Definition der inversen Laplace-Transformierten ist folgendes zu beachten:

(a) Man multipliziere $F(s)$ mit $\epsilon^{ts}$ und bezeichne das Produkt mit $G(s)$.

(b) Man bilde das Integral um sämtliche Polstellen von $G(s)$, indem man die Summe aller Residuen von $G(s)$ bildet.

(c) Das Integral ist das $2\pi j$-fache der Residuensumme.

(d) Der Faktor $1/2\pi j$ in der Definitionsgleichung verschwindet auf Grund des Faktors $2\pi j$ beim Integral.

(e) Die Funktion $f(t)$ ist daher die Summe der Residuen von $G(s)$.

Der Autor möchte gerne an dieser Stelle erwähnen, daß er sich hier vollkommen von den Methoden abgewandt hat, die in den meisten Arbeiten zur Berechnung der inversen Laplace-Transformation benützt werden. Üblicherweise geht man so vor, daß man Funktionen mit mehreren Polen durch eine Summe von Partialbrüchen darstellt. Jeder Summand ist dann ein einfacher Quotient und seine inverse Transformierte ist aus der Tabelle ablesbar. Viele Autoren erwähnen das inverse Laplace-Integral gar nicht.

Der Autor ist jedoch der Meinung, daß der Arbeitsaufwand bei beiden Methoden nahezu gleich groß ist und daß der Leser keine Schwierigkeiten hat, sich das Verfahren zu merken, wenn er sich einmal an den Umgang mit dem inversen Integral gewöhnt hat. Kapitel I bietet eine allgemeine Diskussion über Kurvenintegrale, bzw. über Integrale längs Kreislinien.

Die letzte Anmerkung des Autors in diesem Zusammenhang ist die, daß es wünschenswert ist, wenn jeder Leser Übung im Umgang mit gewissen transzendenten Funktionen gewinnt, und nicht nur im Umgang mit algebraischen Funktionen. Derartige transzendente Funktionen treten oft dann auf, wenn man als Eingangsspannung keine Gleichspannung und auch keine Sinusschwingung verwendet. Diese transzendenten Funktionen lassen sich nicht in Partialbrüche zerlegen. Somit ist das inverse Laplace-Integral sowohl für solche Typen von Funktionen als auch für einfache algebraische Ausdrücke geeignet.

## 4.4. FUNKTIONEN VON $s$ MIT EINFACHEN POLEN UND EINFACHEN NULLSTELLEN

Um unser Verständnis für das im letzten Abschnitt beschriebene Verfahren zu vertiefen, wollen wir eine allgemeine algebraische Funktion von $s$ untersuchen. Allgemeine Funktionen werden in der Analyse von Netzwerken auftreten. Wir werden sie jedoch auch in der Synthese benützen, wenn es gilt, die Eigenschaften der Netzwerke zu spezifizieren. In jedem Fall haben wir es mit einem Quotienten aus Polynomen in $s$ der folgenden Form zu tun:

$$F(s) = \frac{a_0 s^n + a_1 s^{n-1} + a_2 s^{n-2} + \ldots\ a_n s^0}{b_0 s^{n+1} + b_1 s^n + b_2 s^{n-1} + \ldots\ b_{n+1} s^0} \, . \tag{4.72}$$

Wir müssen darauf hinweisen, daß manche der Koeffizienten $a$ und $b$ komplex sein dürfen. Im allgemeinen bringt das aber keine Schwierigkeiten.

Unser nächster Schritt ist davon abhängig, was wir mit der gegebenen Funktion von $s$ tun wollen. Wenn $F(s)$ eine Impedanz darstellt oder eine Übertragungsfunktion, so werden wir sie wahrscheinlich in der gegebenen Form lassen. Aber wenn $F(s)$ die Ausgangsspannung eines Netzwerkes als Funktion von $s$ darstellt, so wird es nötig sein, sowohl Zähler als auch Nenner in Faktoren zu zerlegen. Die Wurzeln der beiden Polynome findet man entweder auf analytischem Wege oder mit Hilfe von graphischen Methoden. (4.72) geht dann über in die Produktform

$$F(s) = \frac{(s - \alpha_1)(s - \alpha_2)(s - \alpha_3) \ldots (s - \alpha_n)}{(s - \beta_1)(s - \beta_2)(s - \beta_3) \ldots (s - \beta_n)} . \tag{4.73}$$

Haben wir die Produktform der Funktion gefunden, so folgt daraus leicht das Pol-Nullstellen-Diagramm.

In Wirklichkeit sind die Pole der Funktion $F(s)$ ja nur durch die Faktoren im Nenner bestimmt. Es wäre daher eigentlich nicht notwendig, auch den Zähler in Faktoren zu zerlegen. Der Grund dafür ist jedoch der, daß ein Faktor sowohl im Zähler als auch im Nenner auftreten kann. In diesem Fall kann man kürzen und die Funktion dadurch vereinfachen.

Wir wissen, daß zu jedem der wirklich vorhandenen Pole ein Residuum gehört, und wir finden das Residuum, indem wir den Faktor, der den Pol erzeugt, abspalten und den Rest für jenen Wert von $s$ berechnen, für den der Pol auftritt. Unabhängig von der Anzahl der Pole können wir das $n$-te Residuum $K_n$ allgemein durch

$$K_n = [(s - \beta_n)F(s)]\big|_{s = \beta_n} \tag{4.74}$$

darstellen. Wir weisen nochmals darauf hin, daß dieses Residuum eine Konstante ist, die zusammen mit dem Faktor, der den betrachteten Pol erzeugt, innerhalb eines genügend kleinen Kreises um die Polstelle exakte Darstellung von $F(s)$ liefert.

Der Kern $\epsilon^{ts}$, der im Definitionsintegral für die inverse Laplace-Transformierte auftritt, erscheint stets im Zähler der Funktionen, deren Residuen wir benötigen. Er beeinflußt daher nicht die Faktorenzerlegung des Nenners, der im allgemeinen algebraisch ist. Nenner, in denen Exponentialfunktionen von $s$ auftreten, werden wir im nächsten Abschnitt untersuchen.

B e i s p i e l. Gegeben sei die Funktion

$$F(s) = \frac{(s - 3)\epsilon^{ts}}{s^3 + 2s^2 + s + 2} .$$

Im ersten Schritt müssen wir die Wurzeln des Nennerpolynoms bestimmen, um die Lage der Pole zu finden. Die Lösung der kubischen Gleichung gewinnen wir mittels der bekannten Formeln oder auf graphischem Wege. Wir erhalten die folgenden Faktoren:

$$F(s) = \frac{(s - 3)\epsilon^{ts}}{(s + 2)(s - j)(s + j)} .$$

Die Lage der Pole ist aus Abb. 4.6 ersichtlich. In jeder Polstelle gibt es ein Residuum, das wir jetzt berechnen wollen.

$$K_1\Big|_{s=-2} = \frac{-5\epsilon^{-2t}}{(-2-j)(-2+j)} = -\epsilon^{-2t}$$

$$K_2\Big|_{s=j} = \frac{(-3+j)\epsilon^{jt}}{(2+j)(2j)}$$

$$K_3\Big|_{s=-j} = \frac{(-3-j)\epsilon^{-jt}}{(2-j)(-2j)}.$$

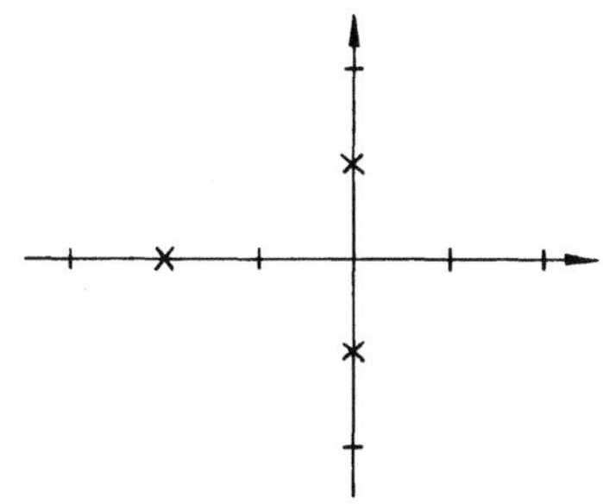

Abb. 4.6

Als Übungsaufgabe möge der Leser nachweisen, daß die Summe der drei Residuen den Wert

$$K_1 + K_2 + K_3 = \cos t - \sin t - \epsilon^{-2t}$$

hat. Das ist die Zeitfunktion, die der ursprünglichen Funktion von $s$ entspricht.

## 4.5. FUNKTIONEN VON $s$ MIT POLEN HÖHERER ORDNUNG

Oft kommt es vor, daß wir die Zeitfunktion benötigen, die einer Funktion von $s$ der folgenden Form entspricht:

$$F(s) = \frac{(s+a)}{s(s+b)^n}. \tag{4.75}$$

$n$ ist dabei eine ganze Zahl größer als 1. Solche vielfachen Pole markieren wir im Pol-Nullstellen-Diagramm durch ein Kreuzchen mit drei Balken, wie in Abb. 4.7 gezeigt wird.

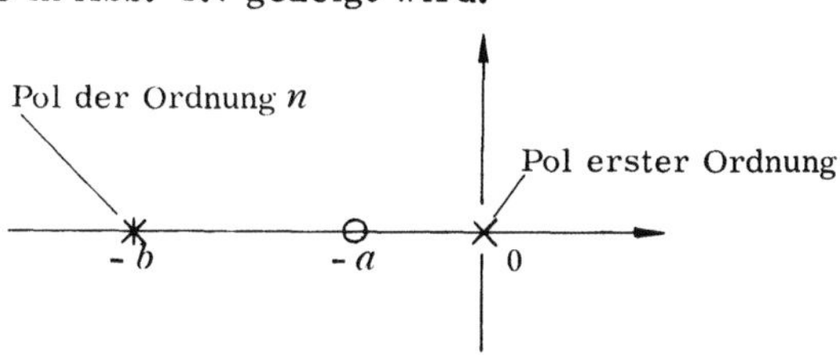


Abb. 4.7

Im Kapitel über "Sätze" werden wir Wege finden, wie man die Zeitfunktion solcher Funktionen leicht berechnet. Hier ist es jedoch wünschenswert, eine allgemeinere Formel für die Residuen abzuleiten. Wir beschreiben (4.75) durch ihre Partialbruchzerlegung

$$F(s) = \frac{B}{s} + \frac{A_1}{(s+b)} + \frac{A_2}{(s+b)^2} + \dots \frac{A_k}{(s+b)^k} + \dots \frac{A_n}{(s+b)^n}. \tag{4.76}$$

Es gilt immer $k < n$. $B$ erhält man leicht aus

$$B = sF(s)\Big|_{s=0} = \frac{s+a}{(s+b)^n}\Big|_{s=0} = \frac{a}{b^n}\,. \qquad (4.77)$$

Wir multiplizieren nun (4.76) mit $(s+b)^n$

$$(s+b)^n F(s) = \frac{B(s+b)^n}{s} + A_1(s+b)^{n-1} +$$

$$+ A_2(s+b)^{n-2} + \dots A_k(s+b)^{n-k} + \dots A_n\,. \qquad (4.78)$$

Man erkennt, daß $A_n$ durch

$$(s+b)^n F(s)\big|_{s=-b} = A_n \qquad (4.79)$$

bestimmt ist, und daß man den allgemeinen Koeffizienten $A_k$ durch Differentiation von (4.78) gewinnt. Differenziert man nämlich (4.78) $(n-k)$-mal nach $s$, so tritt rechts $A_k$ allein auf und man erhält

$$\frac{d^{n-k}[(s+b)^n F(s)]}{ds^{n-k}} = \underline{|n-k}\, A_k\,. \qquad (4.80)$$

Aus diesem Ausdruck erhalten wir die Formel

$$A_k = \frac{1}{\underline{|n-k}} \cdot \frac{d^{n-k}[(s+b)^n F(s)]}{ds^{n-k}}\Bigg|_{s=-b} \qquad (4.81)$$

wobei $k$ der allgemeine Index und $n$ der höchste Exponent in $F(s)$ ist.

Beispiel 1. Gegeben sei die Funktion

$$F(s) = \frac{1}{s(s+2)^2}\,. \qquad (4.82)$$

Aus (4.76) folgt

$$F(s) = \frac{B}{s} + \frac{A_1}{s+2} + \frac{A_2}{(s+2)^2}\,. \qquad (4.83)$$

Hier ist $n = 2$ und aus (4.77) erhalten wir

$$B = sF(s)\big|_{s=0} = \frac{1}{4}\,. \qquad (4.84)$$

Aus (4.81) berechnen wir für $k = 1$

$$A_1 = \frac{1}{\underline{|2-1}} \frac{d^{2-1}}{ds^{2-1}}\left[\frac{1}{s}\right]\Bigg|_{s=-2} \qquad (4.85)$$

$$A_1 = \frac{d\frac{1}{s}}{ds}\Bigg|_{s=-2} = \left[-\frac{1}{s^2}\right]_{-2} = -\frac{1}{4} \qquad (4.86)$$

und für $k = 2$

$$A_2 = \frac{1}{\underline{/2 - 2}} \frac{d^{2-2}}{ds^{2-2}}\left[\frac{1}{s}\right] = \left[\frac{1}{s}\right]_{-2} = -\frac{1}{2} \tag{4.87}$$

und erhalten schließlich

$$F(s) = \frac{\frac{1}{4}}{s} - \frac{\frac{1}{4}}{(s-2)} - \frac{\frac{1}{2}}{(s-2)^2}\,. \tag{4.88}$$

Bevor wir diese Aufgabe vollenden und die Inverse von $F(s)$ angeben, wollen wir uns kurz einem zweiten Beispiel zuwenden.

Beispiel 2. Gegeben sei

$$F(s) = \frac{s+1}{s(s+2)^3}\,. \tag{4.89}$$

Wir schreiben

$$F(s) = \frac{B}{s} + \frac{A_1}{(s+2)} + \frac{A_2}{(s+2)^2} + \frac{A_3}{(s+2)^3}\,. \tag{4.90}$$

Hier gilt $n = 3$ und wir haben

$$B = sF(s)\,|_{s=0} = \frac{1}{8}\,. \tag{4.91}$$

Außerdem erhalten wir aus (4.81) für $k = 3$

$$A_3 = \frac{1}{\underline{/3 - 3}} \cdot \frac{d^{3-3}}{ds^{3-3}}\left[\frac{s+1}{s}\right]\Bigg|_{s=-2} = \frac{1}{2}\,. \tag{4.92}$$

(Es ist günstiger, wenn wir mit $A_3$ beginnen, da die Berechnung von $A_3$, $A_2$, $A_1$ die Differentialquotienten in natürlicher Reihenfolge erfordert.) Für $k = 2$ gilt

$$A_2 = \frac{1}{\underline{/3 - 2}} \cdot \frac{d^{3-2}}{ds^{3-2}}\left[\frac{s+1}{s}\right]\Bigg|_{s=-2} = -\frac{1}{4} \tag{4.93}$$

und schließlich ist für $k = 1$

$$A_1 = \frac{1}{\underline{/3 - 1}} \cdot \frac{d^{3-1}}{ds^{3-1}}\left[\frac{s+1}{s}\right]\Bigg|_{s=-2} = -\frac{1}{8}\,. \tag{4.94}$$

Damit ist die Summe der Partialbrüche

$$F(s) = \frac{\frac{1}{8}}{s} - \frac{\frac{1}{8}}{(s+2)} - \frac{\frac{1}{4}}{(s+2)^2} + \frac{\frac{1}{2}}{(s+2)^3}\,. \tag{4.95}$$

Das Ergebnis läßt sich überprüfen, indem man die einzelnen Brüche wieder auf einen gemeinsamen Nenner bringt und den Ausdruck mit der ursprünglichen Funktion $F(s)$ vergleicht. Auch hier werden wir $f(t)$ in Kürze angeben. Der Hauptzweck ist hier die Entwicklung von Polen höherer Ordnung.

Die vorausgehende Diskussion der inversen Laplace-Transformation ist hinreichend zur Angabe der Zeitfunktion einer beliebigen Funktion $F(s)$, deren Nenner ein algebraischer Ausdruck ist. Wenn der Nenner nicht algebraisch ist, benötigen wir zusätzliche Methoden. Diese Methoden erfordern im allgemeinen die Anwendung einer Anzahl von Sätzen.

Diese Sätze sind in der Praxis von so großer Bedeutung für die Berechnung der Funktionen von $s$, daß ihnen das nun folgende ziemlich umfangreiche Kapitel gewidmet wird. Wir werden nicht in allen Fällen strenge Beweise geben, aber die gebotenen Beweise werden genügen, um den Leser die Anwendung der Sätze zu gestatten.

Am Ende des Kapitels über die Sätze werden wir in der Lage sein, das Studium der Stromkreisanalyse wirklich zu beginnen.

KAPITEL V

# SÄTZE ÜBER DIE LAPLACE-TRANSFORMIERTEN

## 5.1. EINLEITUNG

In diesem Kapitel werden wir die wichtigsten Sätze über die Laplace-Transformierten studieren. Diese Sätze sind ziemlich einfach, man benötigt jedoch eine gewisse Übung, um sie vorteilhaft anzuwenden. Eine gute Kenntnis der Sätze vermindert die langwierige Arbeit bei der Ausführung der mit der Laplace-Transformation verknüpften Operationen. Der Großteil der Sätze verbindet die Operationen in der einen Ebene mit den Operationen in der anderen Ebene.

Zusätzlich zu ihrem unmittelbaren Wert bei der Bildung der inversen Transformierten spielen die Sätze eine wesentliche Rolle in der Entwicklung und Erweiterung der Transformationstafeln. Die ausführlichen Tafeln am Ende dieses Buches sind aus einigen wenigen Grundformen und der wiederholten Anwendung der Sätze entstanden.

Wir haben jedem Satz einen bestimmten Namen gegeben und uns dabei bemüht, die in der Literatur übliche Bezeichnungsweise einzuhalten. Im allgemeinen deuten diese Namen auf die verwendeten Operationen hin und bieten somit eine Gedächtnisstütze.

## 5.2. LINEARE TRANSLATIONEN IN DER $s$-EBENE

Wir beginnen die Darstellung der Sätze mit dem Studium der Verschiebung der komplexen Ebene. Der entsprechende Satz, manchmal auch "zweiter Verschiebungssatz" genannt, sagt aus, daß unter der Voraussetzung

$$F(s) = \mathscr{L}[f(t)] \tag{5.1}$$

gilt

$$F(s+a) = \mathscr{L}[\epsilon^{-at} f(t)] \,. \tag{5.2}$$

Der Satz enthält also das Folgende: Wenn wir eine Zeitfunktion, deren Transformierte $F(s)$ ist, mit dem exponentiellen Dämpfungsfaktor $\epsilon^{-at}$ multiplizieren, dann erhalten wir die Transformierte der neuen Zeitfunktion einfach durch punktweise Verschiebung der $s$-Ebene um den Vektor $a$ nach links. Einige Beispiele sollen diesen Gedanken erläutern.

Beispiel 1. Gegeben sei die Zeitfunktion

$$f(t) = \cos \omega t \tag{5.3}$$

Aus früheren Überlegungen wissen wir, daß $f(t)$ die folgende Transformierte hat.

$$F(s) = \frac{s}{s^2 + \omega^2}\,. \tag{5.4}$$

Pole treten bei $\pm j\omega$ auf, eine Nullstelle liegt bei $s = 0$, wie in Abb. 5.1 angedeutet ist.

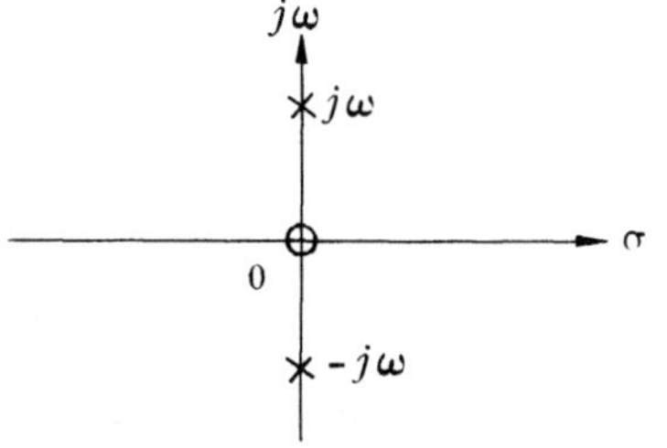


Abb. 5.1

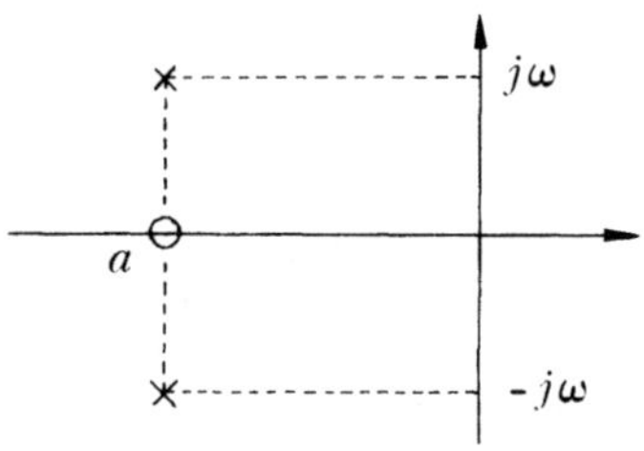


Abb. 5.2

Multiplizieren wir (5.3) mit einem Dämpfungsfaktor, sodaß die neue Funktion $f(t)$ durch

$$f(t) = \epsilon^{-at} \cos \omega t \tag{5.5}$$

gegeben ist. Der zweite Verschiebungssatz sagt dann, daß wir die Variable $s$ in (5.4) durch $(s + a)$ zu ersetzen haben, um die Transformierte von (5.5) zu erhalten

$$F(s) = \frac{s + a}{(s + a)^2 + \omega^2}\,. \tag{5.6}$$

Die Pole dieser Funktion, ebenso wie die Nullstelle, sind um $a$ Einheiten nach links verschoben. Abb. 5.2 illustriert diese Tatsache.

Da die Lage der Pole und Nullstellen in der $s$-Ebene die Funktion vollständig bestimmt, sagen wir allgemein, daß der Multiplikation einer Zeitfunktion mit dem Faktor $\epsilon^{-at}$ in der $s$-Ebene die Verschiebung aller Punkte um $a$ Einheiten nach links entspricht. Würden wir die Zeitfunktion mit dem Faktor $\epsilon^{at}$ multiplizieren, so würde die Verschiebung in der entgegengesetzten Richtung erfolgen.

Um den zweiten Verschiebungssatz zu beweisen, gehen wir von der Definition der Laplace-Transformation aus

$$\mathcal{L}\,[\epsilon^{-at} f(t)] = \int_0^\infty [f(t)\,\epsilon^{-at}]\,\epsilon^{-st}\,dt \tag{5.7}$$

$$= \int_0^\infty f(t)\,\epsilon^{-(s+a)t}\,dt\,. \tag{5.8}$$

Definieren wir

$$s + a = s_1 \tag{5.9}$$

dann gilt

$$\mathscr{L}[\epsilon^{-at} f(t)] = F(s_1) \tag{5.10}$$

oder mit anderen Worten

$$\mathscr{L}[\epsilon^{-at} f(t)] = F(s + a) . \tag{5.11}$$

Beispiel 2. Gegeben sei

$$f(t) = \epsilon^{-bt} . \tag{5.12}$$

Man gebe die Laplace-Transformierte von $f(t)\epsilon^{-at}$ an.

Die Laplace-Transformierte von $f(t)$ allein ist

$$\mathscr{L}[f(t)] = \frac{1}{s+b} . \tag{5.13}$$

Der zweite Verschiebungssatz sagt aus, daß wir alle Punkte der $s$-Ebene um $a$ Einheiten nach links verschieben sollen

$$\mathscr{L}[f(t)\epsilon^{-at}] = \frac{1}{(s+a)+b} . \tag{5.14}$$

Das ist sicher richtig, wie man leicht zeigt, wenn man die Argumente der beiden Exponentialfunktionen zusammenfaßt, bevor man die Laplace-Transformierte bildet. Es liefert

$$\mathscr{L}[\epsilon^{-(b+a)t}] = \frac{1}{s+(b+a)} \tag{5.15}$$

dasselbe Ergebnis wie (5.14).

Aufgaben.

(a) Man gebe die Laplace-Transformierten der folgenden Funktionen an

(1) $f(t) = \epsilon^{-at} \cos \omega t$

(2) $f(t) = t\epsilon^{-at}$ .

Antwort. $\dfrac{1}{(s+a)^2}$ .

(3) $f(t) = \epsilon^{t} \cosh \omega t$

(4) $f(t) = \epsilon^{3t} U(t)$ .

Antwort. $\dfrac{1}{s-3}$ .

(b) Man gebe die inversen Laplace-Transformierten der folgenden Funktionen an, indem man sie durch Anwendung des Verschiebungssatzes auf bekannte Formen bringt.

(1) $F(s) = \dfrac{1}{s-4}$ .

Man verschiebe die $s$-Ebene um 4 Einheiten nach links. Das ergibt

$$F_1(s) = \frac{1}{s} .$$

Die Zeitfunktion ist daher

$$f_1(t) = U(t) .$$

Wir finden somit die richtige Funktion $f(t)$ durch Multiplikation mit der Exponentialfunktion

$$f(t) = \epsilon^{at} f_1(t) = \epsilon^{4t} .$$

(2) $F(s) = \dfrac{1}{(s + a)^2}$

(3) $F(s) = \dfrac{s - 6}{(s - 6)^2 + 16}$

(4) $F(s) = \dfrac{2}{(s - 1)^2 - 4}$ .

Antwort. $\epsilon^t \sinh 2t$ .

Dieser Satz und alle folgenden, die wir in diesem Kapitel herleiten werden, numerieren wir und fassen sie in einer Tabelle am Ende des Buches zusammen.

## 5.3. ENDWERTSATZ

Bei Stromkreisen und Netzwerken in der Elektronik (siehe Abb. 4.1) ist die Übertragungsfunktion oft so beschaffen, daß die Ausgangsgröße zuerst in einem gewissen Bereich variiert und sich dann einem bestimmten stationären Wert nähert. Oft ist sowohl für den Strom als auch für die Spannung gerade dieser Endwert interessant, wie in dem Beispiel der Abb. 5.3. Das Schaltbild für die transformierten Größen (siehe Abschn. 4.2) ist in Abb. 5.4 ersichtlich. Aus diesem folgt für die einfache Schaltung aus einer Schleife die Gleichung

$$I(s) = \frac{E(s)}{sL + R} . \tag{5.16}$$

Unter gewissen Bedingungen hat nun $I(s)$ so einen definierten Endwert, unter veränderten Bedingungen wird sich jedoch ein solcher niemals einstellen. Wenn zum Beispiel die Eingangsspannung eine Sinusschwingung ist, dann wird der Strom nie einen bestimmten unveränderlichen Wert annehmen, sondern er wird ebenfalls in Form einer Sinusschwingung zwischen festen Grenzen oszillieren. Wenn aber $E(s)$ eine Gleichspannung ist oder die Form einer Sprungfunktion hat, so nähert sich, wie man leicht einsieht, der Strom schließlich dem Endwert

$$i(t) = \frac{E}{R} . \tag{5.17}$$

Nach dem Versuch, den Sinn des Ausdruckes "Endwert", wie wir ihn in diesem Abschnitt verwenden werden, zu veranschaulichen, gehen wir dazu

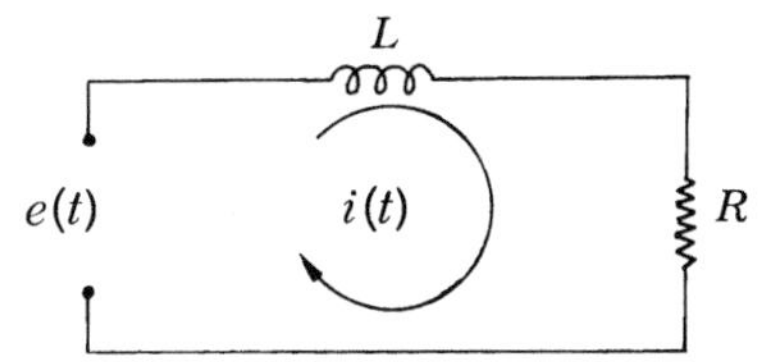


Abb. 5.3

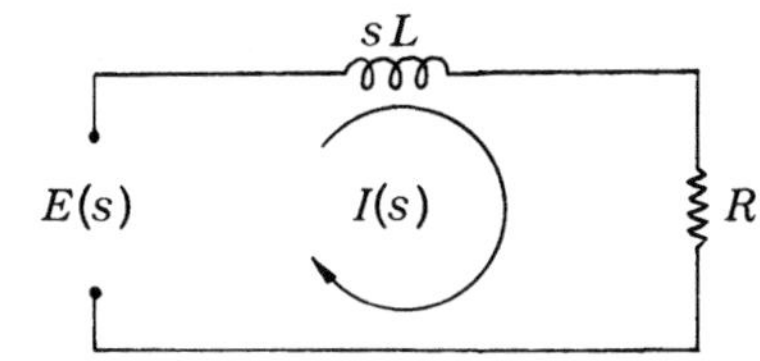


Abb. 5.4

über, den entsprechenden Satz anzugeben und zu beweisen. Der Endwertsatz drückt die Gleichheit zweier Grenzwerte aus, für die wir schreiben

$$\lim_{s \to 0} sF(s) = \lim_{t \to \infty} f(t) . \tag{5.18}$$

Allerdings müssen wir sofort zwei Einschränkungen anfügen. Erstens haben wir früher gesehen, daß Multiplikation mit $s$ einer Differentiation entspricht. Daher muß mit $f(t)$ auch die erste Ableitung nach $t$ durch das Laplace-Integral transformierbar sein. Zweitens muß, wie wir aus dem Beispiel der Abb. 5.3 intuitiv geschlossen haben, der Grenzwert bezüglich $t$ existieren. Diese Einschränkung erfordert, daß der Ausdruck $sF(s)$ keine Pole auf der imaginären Achse oder in der rechten Halbebene hat.

Zum Beweis des Satzes bedienen wir uns des Ausdruckes für die Laplace-Transformierte einer Ableitung

$$\int_0^\infty f'(t)\,\epsilon^{-st}\,dt = sF(s) - f(0) . \tag{5.19}$$

Da $s$ nicht von $t$ abhängt, dürfen wir $s$ gegen 0 gehen lassen, ehe wir die Integration durchführen. Betrachten wir vorerst nur die linke Seite von (5.19):

$$\lim_{s \to 0} \int_0^\infty f'(t)\,\epsilon^{-st}\,dt = \int_0^\infty f'(t)\,dt = \lim_{t \to \infty} \int_0^t f'(t)\,dt . \tag{5.20}$$

Das letzte Integral in (5.20) schreiben wir in der Form

$$\lim_{t \to \infty} \int_0^t f'(t)\,dt = \lim_{t \to \infty} [f(t) - f(0)] . \tag{5.21}$$

Da wir auf der linken Seite von (5.19) den Grenzwert für $s \to 0$ betrachtet haben, ergibt (5.21), wenn wir denselben Grenzwert auch für die rechte Seite von (5.19) bilden, schließlich

$$\lim_{s \to 0} [sF(s) - f(0)] = \lim_{t \to \infty} [f(t) - f(0)] . \tag{5.22}$$

Da $f(0)$ weder von $s$ noch von $t$ abhängt, dürfen wir diesen Ausdruck auf beiden Seiten streichen. Es bleibt

$$\lim_{s \to 0} sF(s) = \lim_{t \to \infty} f(t) \ . \tag{5.23}$$

Damit ist der Satz bewiesen.

Wir wollen nun den Satz auf $I(s)$ von unserem Beispiel in (5.16) anwenden. Wir wählen für $E(t)$ eine Sprungfunktion vom Betrag $E$. Damit wird

$$I(s) = \frac{E}{s(sL + R)} \ . \tag{5.24}$$

Für die Anwendung des Endwertsatzes multiplizieren wir vorerst mit $s$ und erhalten

$$sI(s) = \frac{E}{sL + R} \tag{5.25}$$

und der entsprechende Grenzwert ist

$$\lim_{s \to 0} sI(s) = \frac{E}{R} \tag{5.26}$$

also ein Ausdruck, der einfach genug ist, daß er sich leicht überprüfen läßt. (5.24) hat Pole in $s = 0$ und $s = -R/L$. Wenn bei Verwendung anderer Spannungsfunktionen Pole von $I(s)$ auf der imaginären Achse auftreten, so ist der Satz nicht anwendbar.

Bevor wir zum nächsten Satz übergehen, wollen wir noch (5.24) in ein wenig abgeänderter Weise betrachten. Wir multiplizieren den Nenner auf der rechten Seite aus und erhalten

$$I(s) = \frac{E}{s^2 L + Rs} \ . \tag{5.27}$$

Lassen wir nun $s$ äußerst klein werden, dann spielt der $s^2$-Term im Vergleich mit dem linearen Term keine Rolle mehr, und wir erhalten

$$I(s) = \frac{E}{R} \cdot \frac{1}{s} \ . \tag{5.28}$$

Wir wissen, daß $1/s$ die Transformierte des Einheitssprunges $U(t)$ ist. Daher gilt

$$i(t) = \frac{E}{R} \tag{5.29}$$

und das Ergebnis der Grenzwertbildung $s \to 0$ ist somit dasselbe wie zuvor.

Aufgaben.

(1) Man gebe den Endwert der Ausgangsspannung in Abb. 5.5. Man nehme als Eingangsspannung den Einheitssprung $U(t)$.

(2) Ebenso soll der Einheitssprung $U(t)$ die von einer impedanzfreien Spannungsquelle gelieferte Spannung für das Netzwerk in Abb. 5.6 beschreiben. Man untersuche, ob man zur Angabe von $e_0(t)$ den Endwertsatz verwenden kann.

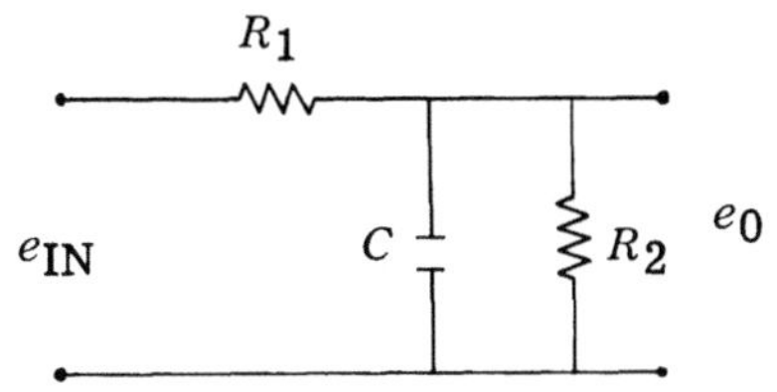


Abb. 5.5

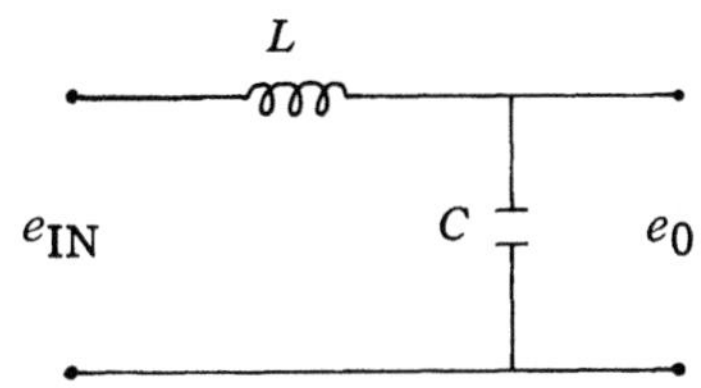


Abb. 5.6

## 5.4. ANFANGSWERTSATZ

Nehmen wir nochmals wie im letzten Abschnitt an, daß sowohl $f(t)$ als auch die Ableitung $f'(t)$ durch das Laplace-Integral transformierbar sind und daß der Grenzwert der Ableitung von $F(s)$ existiert, wenn $s$ gegen unendlich strebt. Sind diese beiden Bedingungen erfüllt, so lautet der Anfangswertsatz

$$\lim_{s \to \infty} sF(s) = \lim_{t \to 0} f(t) \, . \tag{5.30}$$

Der Satz drückt somit aus, daß das Verhalten von $F(s)$ im Unendlichen der $s$-Ebene dem Verhalten von $f(t)$ in der Nähe des Punktes $t = 0$ auf der Zeitachse entspricht. Der Beweis des Satzes ist ohne Umwege möglich. Wir gehen so vor:

Wir kennen bereits die Laplace-Transformierte der Ableitung einer Funktion

$$\int_0^\infty f'(t)\,\epsilon^{-st}\,dt = sF(s) - f(0) \, . \tag{5.31}$$

Da hier $s$ wieder eine parametrische Variable ist und keine Funktion der Zeit, dürfen wir $s \to 0$ setzen, bevor wir die Integration ausführen.

$$\lim_{s \to \infty} \int_0^\infty f'(t)\,\epsilon^{-st}\,dt = \lim_{s \to \infty} [sF(s) - f(0)] \, . \tag{5.32}$$

Da mit $s \to 0$ der Exponentialfaktor gegen 0 geht, verschwindet im Grenzwert die gesamte linke Seite und wir haben

$$\lim_{s \to \infty} [sF(s) - f(0)] = 0 \, . \tag{5.33}$$

Schließlich bemerken wir, daß gilt

$$f(0) = \lim_{t \to 0} f(t) \tag{5.34}$$

und daher wird (5.33)

$$\lim_{s \to \infty} sF(s) = \lim_{t \to 0} f(t) \tag{5.35}$$

wodurch der Beweis des Satzes gegeben ist. Man beachte, daß dieser Satz allgemeiner ist als der in Abschn. 5.3 diskutierte Endwertsatz.

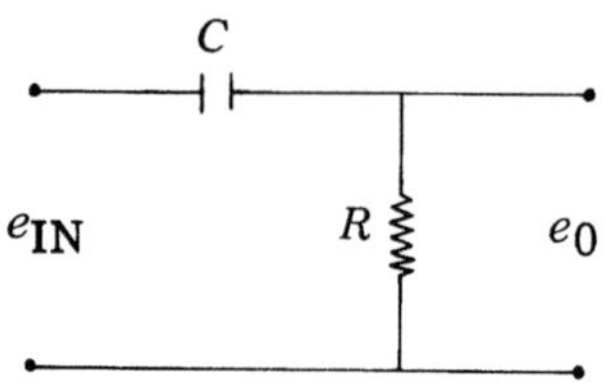


Abb. 5.7

Beispiel. Man betrachte Abb. 5.7.

Setzen wir für $e_{IN}$ den Einheitssprung $U(t)$, dann gilt für die Ausgangsspannung als Funktion von $s$

$$E_0(s) = \frac{RC}{RCs + 1}. \tag{5.36}$$

Gesucht ist der Anfangswert von $e_0(t)$, der Wert in dem Augenblick also, in dem der Spannungssprung erfolgt. Multiplizieren wir (5.36) mit $s$, wie es die Anwendung des Satzes erfordert, so erhalten wir

$$sE_0(s) = \frac{sRC}{RCs + 1} = \frac{RC}{RC + 1/s}. \tag{5.37}$$

Wir bilden den Grenzwert

$$e_0(0) = \lim_{s \to \infty} sE_0(s) = 1 \text{ Volt} \tag{5.38}$$

und das ist offensichtlich die Höhe des Einheitssprunges der angelegten Spannung.

Aufgabe. Der Leser wird an dieser Stelle bereits gefunden haben, daß der Endwertsatz in Aufgabe 2 des letzten Abschnittes nicht anwendbar ist. Man benütze nochmals die Abb. 5.6 und gebe vorerst die Ausgangsspannung als Funktion von $s$ an. Man verwende hierauf den Anfangswertsatz und gebe den Anfangswert $e_0(0)$ an, also den Wert von $e_0(t)$ zu dem Zeitpunkt, in dem die Spannung angelegt wird. Man beachte, daß $E_0(s)$ Pole an konjugierten Stellen der imaginären Achse besitzt. Der Endwertsatz kann in solchen Fällen nicht verwendet werden. Für die Anwendung des Anfangswertsatzes besteht keine derartige Einschränkung.

## 5.5. TRANSLATIONEN DER REELLEN ACHSE

Durch eine Translation der reellen Achse wird eine Kurve, die eine Funktion der Zeit darstellt, nur in eine neue Lage über der Zeitachse verschoben, während die Gestalt der Kurve und andere Eigenschaften unverändert bleiben. Zum Beispiel wurde in Abb. 5.8 die Funktion $f(t)$, die normalerweise in $t = 0$ beginnt, ohne Gestaltsänderung um den Betrag $a$ verschoben. Die neue Kurve läßt sich durch $f(t - a)$ darstellen.

Wenn nun die Funktion $f(t)$ nicht durch eine Kurve gegeben ist, sondern durch eine Wertetabelle, so kann man natürlich die Kurve auf Grund der gegebenen Werte zeichnen. Die Lage einer solchen Kurve hängt dann von der Genauigkeit der Uhr ab, die man zur Zeitmessung verwendet hat.

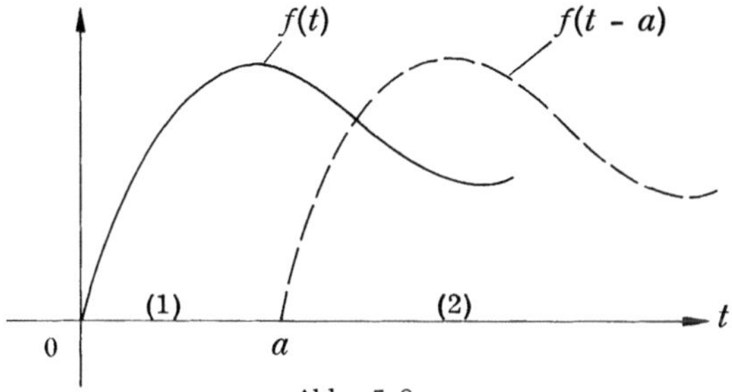


Abb. 5.8

Nehmen wir zum Beispiel an, daß eine Funktion von zwei voneinander unabhängigen Beobachtern aufgenommen wird. Jeder der beiden hat eine Uhr, von der er glaubt, daß sie die richtige Zeit angebe. Aber nehmen wir weiterhin an, daß in Wirklichkeit die Uhr (1) richtig geht, während die Uhr (2) $a$ sec voraus ist. Beobachter (1) beginnt zum Zeitpunkt $t = 0$ sec, seine Funktion zu tabellieren. Beobachter (2) beginnt zum Zeitpunkt $t = a$ sec. Wir wollen nun der Uhr, die richtig geht, die Zeit $t$ zuordnen, während der Uhr des Beobachters (2) die Zeit $\tau$ zugeordnet werde. Somit ist

$$\tau = t - a \tag{5.39}$$

und es muß gelten

$$d\tau = dt \ . \tag{5.40}$$

Die Gleichung (5.40) sagt aus, daß beide Uhren gleich schnell gehen. Die Uhr, der die Zeit $\tau$ zugeordnet ist, bleibt ja der anderen immer nur $a$ sec voraus. Die rechte Kurve in Abb. 5.8 können wir auch mit $f(\tau)$ bezeichnen.

Beobachter (2) wird die Laplace-Transformierte seiner Funktionen von $\tau$ bilden und nicht die der Funktionen von $t$. Der entsprechende Ausdruck ist

$$F(s) = \int_0^\infty f(\tau)\,\epsilon^{-s\tau}\,d\tau \ . \tag{5.41}$$

Da wir jedoch wissen, daß diese Zeitangabe mit einem Fehler von der Grösse $a$ behaftet ist, können wir die Gleichung korrigieren

$$F(s) = \int_a^\infty f(t - a)\,\epsilon^{-s(t-a)}\,dt \ . \tag{5.42}$$

Man beachte, daß wir die untere Integrationsgrenze von 0 auf $a$ abgeändert haben, weil aus (5.39) für $\tau = 0$ folgt $t = a$. Wenn außerdem $f(t - a)$ von $t = 0$ bis $t = a$ verschwindet, wie in Abb. 5.8, dann dürfen wir als untere Grenze von (5.42) wieder 0 nehmen und erhalten

$$F(s) = \int_0^\infty f(t - a)\,\epsilon^{as}\,\epsilon^{-st}\,dt\,. \tag{5.43}$$

Da der Exponentialfaktor $\epsilon^{as}$ von $t$ nicht abhängt, dürfen wir ihn vor das Integralzeichen setzen oder mit negativem Exponenten auf die andere Seite der Gleichung bringen. Der Ausdruck heißt dann

$$\epsilon^{-as} F(s) = \int_0^\infty f(t - a)\,\epsilon^{-st}\,dt\,. \tag{5.44}$$

Nach der Herleitung von (5.44) sind wir nun in der Lage, einen weiteren Satz, den sogenannten ersten Verschiebungssatz, zu formulieren. Er lautet

$$\mathcal{L}[f(t - a)] = \epsilon^{-as} F(s)\,. \tag{5.45}$$

Allgemein sagt der Satz aus, daß eine Translation auf der Zeitachse in eine Multiplikation mit einem Exponentialfaktor im $s$-Bereich übergeht. $a$ soll dabei eine reelle nichtnegative Zahl sein.

**Beispiel 1.** Zur Illustration verwenden wir wieder als einfaches Beispiel den Einheitssprung $U(t)$ für $f(t)$. Wir verschieben diese Kurve um

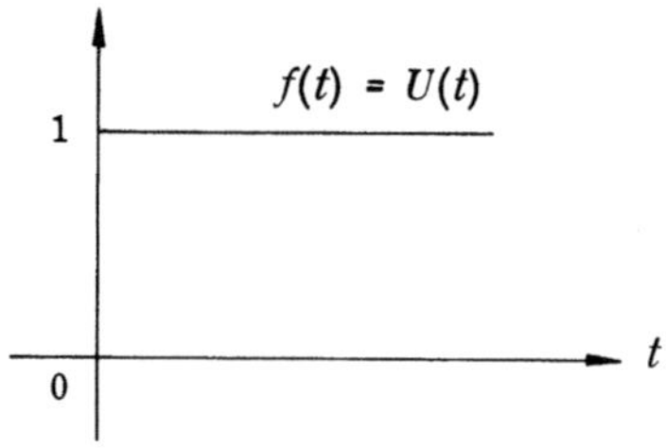


Abb. 5.9

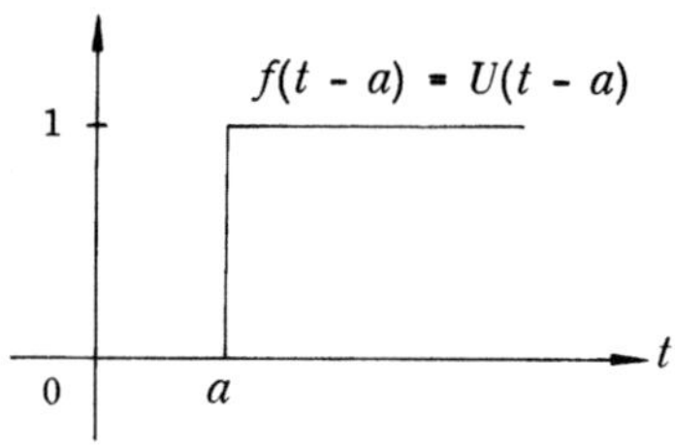


Abb. 5.10

$a$ Einheiten nach rechts und erhalten Abb. 5.10. Mit Hilfe von Satz (5.45) folgt unmittelbar

$$\mathcal{L}[f(t - a)] = \epsilon^{-as} F(s) = \epsilon^{-as} \cdot \frac{1}{s} \tag{5.46}$$

was auch durch direkte Integration von $U(t - a)$ überprüft werden kann.

$$\mathcal{L}\,[U(t - a)] = \int_0^\infty U(t - a)\,\epsilon^{-st}\,dt \tag{5.47}$$

$$= \int_0^a (0)\,\epsilon^{-st}\,dt + \int_a^\infty (1)\,\epsilon^{-st}\,dt \tag{5.48}$$

oder

$$\mathcal{L}\,[U(t - a)] = \frac{\epsilon^{-as}}{s}\,. \tag{5.49}$$

B e i s p i e l 2. Wir betrachten Abb. 5.11. Aus dem ersten Verschiebungssatz folgt

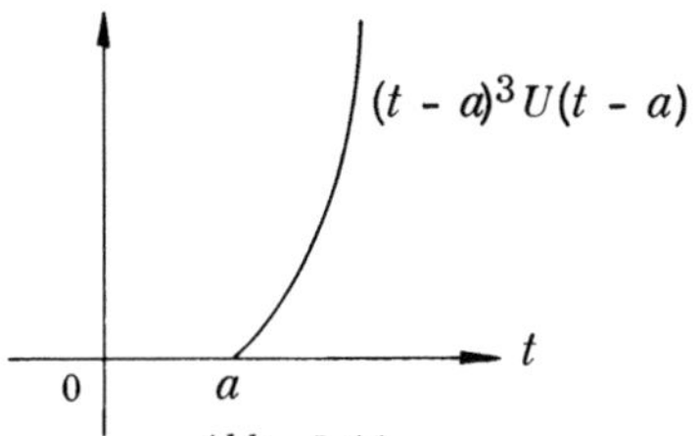

Abb. 5.11

$$F(s) = \epsilon^{-as} \mathcal{L}[t^3 U(t)] \tag{5.50}$$

oder wenn wir unsere Tabelle berücksichtigen

$$F(s) = \frac{6\epsilon^{-as}}{s^4}\,. \tag{5.51}$$

A u f g a b e. Betrachten wir die Rechtecksimpulse aus Abb. 5.12. Man zeige, daß die Transformierte gegeben ist durch

$$F(s) = \frac{1}{s(1 + \epsilon^{-s})}\,. \tag{5.52}$$

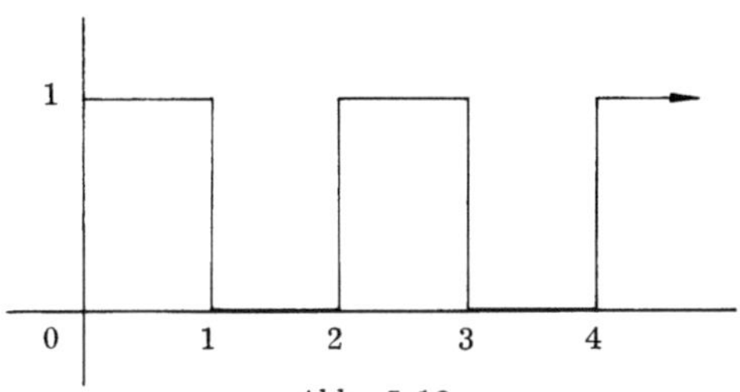

Abb. 5.12

A n w e i s u n g. Man schreibe die Zeitfunktion als Summe von verschobenen Einheitssprüngen

$$f(t) = U(t) - U(t - 1) + U(t - 2) - U(t - 3) \ldots, \tag{5.53}$$

wende den Verschiebungssatz der Reihe nach auf die einzelnen Summanden an und vereinfache.

## 5.6. DER DIFFERENTIATIONSSATZ FÜR DIE BILDFUNKTION

Der folgende Satz findet in der Stromkreisanalyse der Elektronik wenig Anwendung. Er ist jedoch leicht zu beweisen und außerdem wertvoll bei der Erweiterung der Transformationstafeln. Die Struktur des Satzes ist voll vereinbar mit den Regeln der Differentiation im Reellen, ebenso wie mit den Theoremen der reellen oder komplexen Integration. Der Elektronikingenieur, der sich schließlich auf Antennentheorie spezialisiert, auf Filtertheorie, auf Netzwerksynthese oder auf andere Teilgebiete, in denen Operationen in der $s$-Ebene gebräuchlich sind, wird viele Anwendungsmöglichkeiten für dieses Theorem haben.

Der Satz, auch Differentiationssatz für die Bildfunktion genannt, sagt folgendes aus: Wenn $F(s)$ die Laplace-Transformierte von $f(t)$ ist, dann entspricht der Ableitung von $F(s)$ auf der Zeitachse die Multiplikation der Zeitfunktion mit der Variablen $t$. Mit anderen Worten:

$$\frac{d\,F(s)}{ds} = -\mathcal{L}[tf(t)] \,. \tag{5.54}$$

Man beachte, daß auch ein Vorzeichenwechsel auftritt.

Zum Beweis des Satzes gehen wir von der Grundgleichung der Laplace-Transformation aus:

$$F(s) = \int_0^\infty f(t)\,\epsilon^{-st}\,dt \,. \tag{5.55}$$

Wir differenzieren nach $s$

$$\frac{d\,F(s)}{ds} = \frac{d}{ds}\int_0^\infty f(t)\,\epsilon^{-st}\,dt \tag{5.56}$$

und ordnen die rechte Seite um, was gestattet ist, da $s$ und $t$ voneinander unabhängig sind

$$\frac{d\,F(s)}{ds} = \int_0^\infty f(t)\,dt\,\frac{d\,\epsilon^{-ts}}{ds} \tag{5.57}$$

$$= \int_0^\infty f(t)\,dt\,(-\,t)\,\epsilon^{-ts} \tag{5.58}$$

$$= \int_0^\infty -\,tf(t)\,\epsilon^{-st}\,dt \,. \tag{5.59}$$

Das gibt schließlich

$$\frac{d\,F(s)}{ds} = -\mathcal{L}[tf(t)] \tag{5.60}$$

womit der Satz bewiesen ist.

Beispiele.

(1) Betrachten wir das Funktionenpaar

$$F(s) = \frac{1}{s}\,; \qquad f(t) = U(t) = 1 \,.$$

Wenden wir den Differentiationssatz an

$$\frac{d\,F(s)}{ds} = -\frac{1}{s^2}\,; \qquad -\,tf(t) = -\,t$$

so finden wir

$$\frac{1}{s^2} = \mathcal{L}(t) \,. \tag{5.61}$$

Die neue Funktion von $s$ in (5.61) dürfen wir nochmals differenzieren

$$\frac{d\,1/s^2}{ds} = -\frac{2}{s^3} \tag{5.62}$$

oder

$$\frac{2}{s^3} = \mathcal{L}(t^2) . \tag{5.63}$$

Dieses Verfahren, das beliebig oft fortgesetzt werden darf, liefert uns eine allgemeine Formel für die Potenzen der Transformierten des Einheitssprunges $U(t)$.

(2) Betrachten wir das Funktionenpaar

$$F(s) = \frac{s}{s^2 + a^2} ; \qquad f(t) = \cos at .$$

Die Anwendung des Theorems

$$\frac{d\,F(s)}{ds} = \frac{a^2 - s^2}{(s^2 + a^2)^2} ; \qquad -tf(t) = -t \cos at$$

ergibt die neue Beziehung

$$\mathcal{L}(-t \cos at) = \frac{a^2 - s^2}{(s^2 + a^2)^2} . \tag{5.64}$$

Nebenbei bemerkt hat die abgeleitete Funktion von $s$ Pole höherer Ordnung auf der imaginären Achse.

Aufgaben.

(1) Ausgehend von $f(t) = \sin t$ leite man durch zweimalige Anwendung des Satzes zwei neue Funktionen von $s$ ab.

(2) Mit $f(t) = \epsilon^{-at}$ als Ausgangsfunktion leite man mit Hilfe des in diesem Abschnitt entwickelten Satzes ein neues Transformationspaar ab.

(3) Man wende den Differentiationssatz für die Bildfunktion auf $F(s) = \epsilon^{-as}$ an und leite eine neue Zeitfunktion ab. Man zeichne den ersten Teil der resultierenden Schwingung.

## 5.7. DER INTEGRATIONSSATZ FÜR DIE BILDFUNKTION

Dieser Satz ist, wie der Differentiationssatz für die Bildfunktion, leicht zu beweisen und dient unter anderem zur Erweiterung der Transformationstafeln und zum Beweis neuer Beziehungen zwischen Transformationspaaren. Darüber hinaus bietet er eine Vertiefung des Verständnisses für die Operationen in der komplexen Ebene. Formal ausgedrückt lautet der Satz

$$\int_s^\infty F(s)\,ds = \mathcal{L}\left[\frac{f(t)}{t}\right] . \tag{5.65}$$

Die Gültigkeit dieser Behauptung unterliegt denselben Bedingungen, die in diesem Kapitel stets gestellt wurden. Aus der Form von (5.65) ist offensichtlich, daß mit $f(t)$ auch $f(t)/t$ durch das Laplace-Integral transformierbar sein muß und daß das Integral auf der linken Seite existieren muß.

Wir beginnen den Beweis des Theorems wie immer, indem wir von der ursprünglichen Definition für die Laplace-Transformierte ausgehen

$$F(s) = \int_0^\infty f(t)\,\epsilon^{-st}\,dt\,. \tag{5.66}$$

Beide Seiten integrieren wir nun bezüglich $s$, und zwar von $s$ bis $\infty$

$$\int_s^\infty F(s)\,ds = \int_s^\infty \int_0^\infty f(t)\,\epsilon^{-st}\,dt\,ds\,. \tag{5.67}$$

Das Doppelintegral dürfen wir in der folgenden Weise umordnen:

$$\int_0^\infty f(t)\left[\int_s^\infty \epsilon^{-ts}\,ds\right]dt = \int_0^\infty \frac{f(t)\,\epsilon^{-ts}}{t}\,dt \tag{5.68}$$

wobei das Integral innerhalb der Klammern den Wert $\epsilon^{-st}/t$ hat. Benützen wir dieses Ergebnis, so geht (5.67) über in

$$\int_s^\infty F(s)\,ds = \int_0^\infty \frac{f(t)\,\epsilon^{-st}}{t}\,dt \tag{5.69}$$

oder nach Definition der Transformierten

$$\int_s^\infty F(s)\,ds = \mathcal{L}\left[\frac{f(t)}{t}\right]. \tag{5.70}$$

Damit ist der Beweis vollständig.

Beispiele.

(1) Man betrachte das Paar von Transformierten

$$2s^{-3} \to t^2\,. \tag{5.71}$$

Wenden wir den Satz an

$$2\int_s^\infty s^{-3}\,ds = \frac{2\cdot s^{-2}}{-2} = \frac{1}{s^2}\,, \qquad \text{und} \qquad \frac{t^2}{t} = t \tag{5.72}$$

so ergibt sich die neue Beziehung

$$\frac{1}{s^2} \to t \tag{5.73}$$

die wir unter Benützung der Tabelle überprüfen können.

(2) Man betrachte das Paar

$$\frac{2as}{(s^2+a^2)^2} \to t \sin at\,. \tag{5.74}$$

Wenden wir nochmals den Satz an, so ergibt sich

$$2a\int_s^\infty \frac{s\,ds}{(s^2+a^2)^2} = \frac{a}{s^2+a^2}\,, \qquad \text{und} \qquad \frac{t\sin at}{t} = \sin at \tag{5.75}$$

und wir erhalten das neue Paar

$$\frac{a}{s^2 + a^2} \to \sin at \tag{5.76}$$

also eine Beziehung, an die wir uns von früheren Überlegungen her erinnern.

Aufgaben.

(1) Man wende den Integrationssatz für die Bildfunktion auf die Gleichung (5.64) an und leite das ursprüngliche Paar her, von dem wir in Beispiel (2) des letzten Abschnittes ausgegangen sind.

(2) Unter Verwendung der Zeitfunktion

$$f(t) = \epsilon^{j\omega_1 t} - \epsilon^{j\omega_2 t} \tag{5.77}$$

zeige man, daß sich nach Anwendung des Satzes die neue Funktion von $s$

$$F(s) = \ln\left(\frac{s - j\omega_1}{s - j\omega_2}\right) \tag{5.78}$$

ergibt. Welche Einschränkungen muß man den Größen $\omega_1$ und $\omega_2$ auferlegen?

(3) Auf Grund der Definition des natürlichen Logarithmus ist (5.78) dasselbe wie

$$\epsilon^{F(s)} = \frac{s - j\omega_1}{s - j\omega_2} . \tag{5.79}$$

Kann man diesen Ausdruck sinnvoll interpretieren?

## 5.8. AUSSCHNITTE VON FUNKTIONSTEILEN

In der Elektronik kommt es oft vor, daß man die Zeitfunktionen untersuchen möchte, die nur abschnittweise auftreten, die also sozusagen "zerhackt" worden sind. Dieses "Zerhacken" kann in vielen verschiedenen Weisen auftreten, bei elektrischem oder mechanischem Ein- und Ausschalten, bei einem stabilisierten Zerhackerverstärker, bei Fernübertragung, oder bei Übertragungssystemen für verkodete Daten.

Wir wollen in diesem Abschnitt ein wenig vom eigentlichen Thema abschweifen und eine kurze Diskussion über das "Herausschneiden" von Zeitfunktionen einfügen. Der dargelegte Gedanke ist sehr einfach. Er wird jedoch dazu beitragen, ein oder zwei Punkte bei der Ableitung des nächsten Satzes zu erhellen.

Zur Ableitung des Faltungsintegrals bzw. des Faltungssatzes im nächsten Abschnitt werden wir Aussagen über die ziemlich heikle Vertauschung von Grenzübergängen benötigen. Es ist sicherlich besser, die nötigen Vorbereitungen vorher zu treffen. Man vermeidet dadurch eine Unterbrechung der Entwicklung des Hauptgedankens, was meistens ermüdend wirkt.

Betrachten wir nun eine einfache Funktion der Zeit wie zum Beispiel die exponentiell abklingende Schwingung in Abb. 5.13. Man beachte, daß diese Funktion sowohl für positive als auch für negative Werte von $t$ von

Null verschieden ist. Multiplizieren wir diese Funktion mit dem Einheitssprung, so "schneiden" wir den ganzen Anteil links von $t = 0$ weg und erhal-

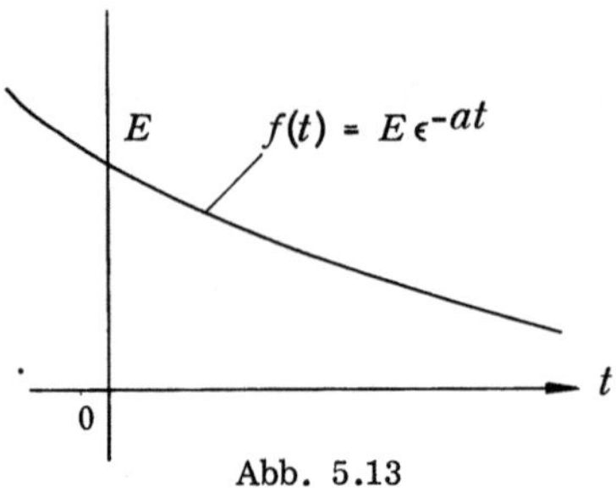


Abb. 5.13

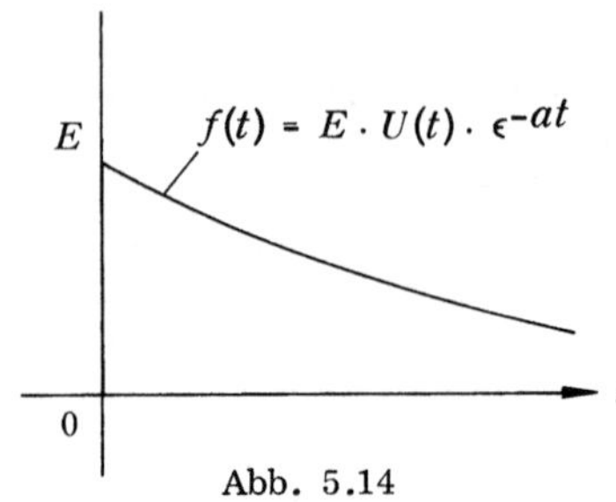


Abb. 5.14

ten den in Abb. 5.14 gezeigten Abschnitt. Wir nehmen nun die Originalfunktion aus 5.13 und multiplizieren mit einem verschobenen Einheitssprung $U(t - b)$.

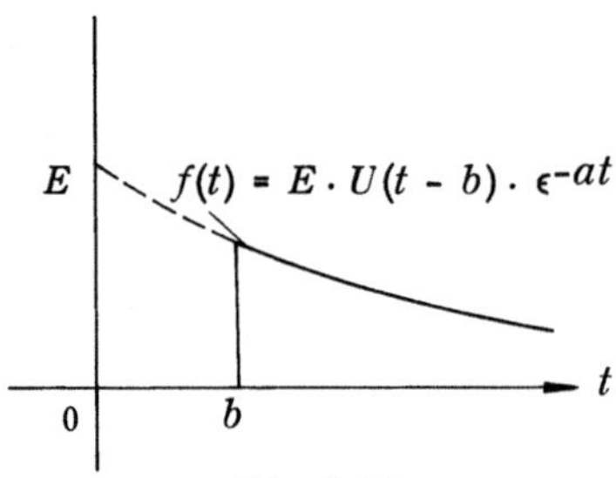


Abb. 5.15

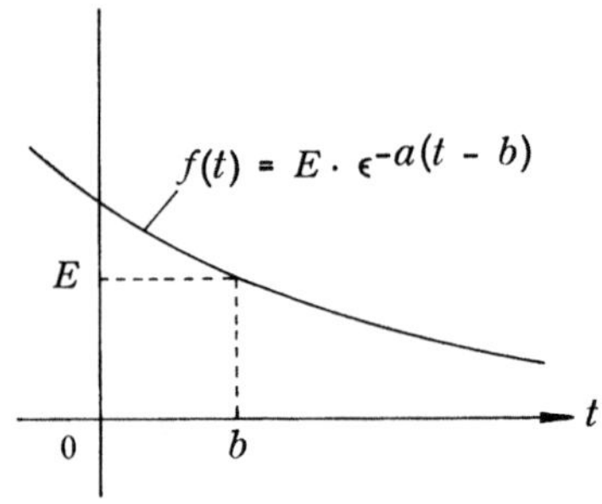


Abb. 5.16

Das Ergebnis ist in Abb. 5.15 ersichtlich. Man sieht, daß ein Teil der ursprünglichen Funktion beseitigt wurde. Der restliche Anteil hat sich jedoch auf keine Weise geändert.

Wir wollen nochmals mit der Funktion aus Abb. 5.13 beginnen. Diesmal werden wir zuerst die Kurve um den Betrag $b$ nach rechts verschieben. Dadurch wird sie zu der in Abb. 5.16 gezeigten Funktion.

Nach dieser Translation trennen wir nun einen Teil der Kurve durch Multiplikation mit dem verschobenen Einheitssprung ab, der in $t = b$ beginnt. Das Ergebnis ist in Abb. 5.17 dargestellt. Man beachte den Unterschied zwischen 5.17 und 5.15.

Wir wollen noch einige Beziehungen untersuchen, die aus der Anwendung der Sprungfunktionen folgen, und dann werden wir zum nächsten Abschnitt übergehen. Bei der Darstellung von Funktionen auf der Zeitachse verwenden wir $t$ als unabhängige Variable. Wählen wir einen konstanten

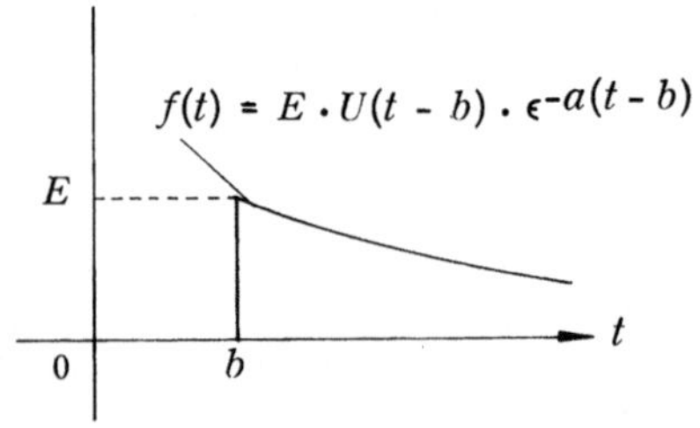


Abb. 5.17

Zeitpunkt $\tau$ so können wir $\tau$ als parametrische Variable benützen. Wir haben von solchen parametrischen Variablen früher schon gesprochen. Als weiteres Beispiel dafür betrachten wir einen Strom $i$ in einem $R$-$L$-$C$-Schaltkreis. Normalerweise fassen wir $L$ als Konstante auf. Aber wir könnten auch für einen festen $L$-Wert den Strom $i$ bestimmen, dann $L$ abändern, wieder $i$ bestimmen, $L$ nochmals abändern, usw. (das Ergebnis wäre die Frequenzkennlinie). So gesehen ist $L$ dann eine parametrische oder "selektive" Variable.

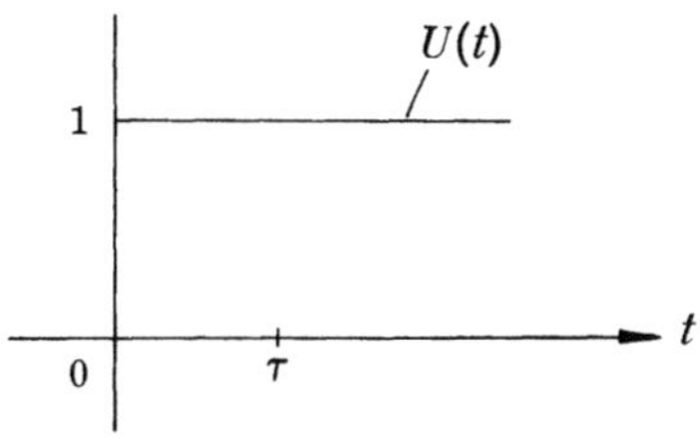


Abb. 5.18

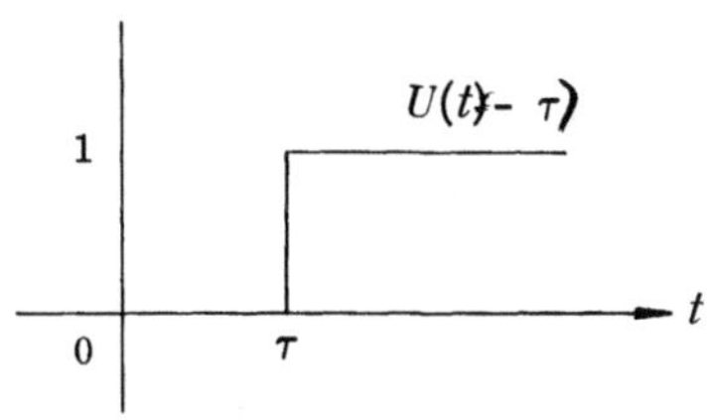


Abb. 5.19

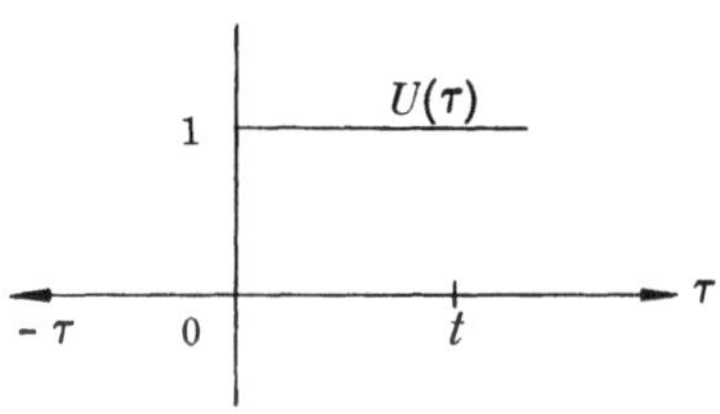


Abb. 5.20

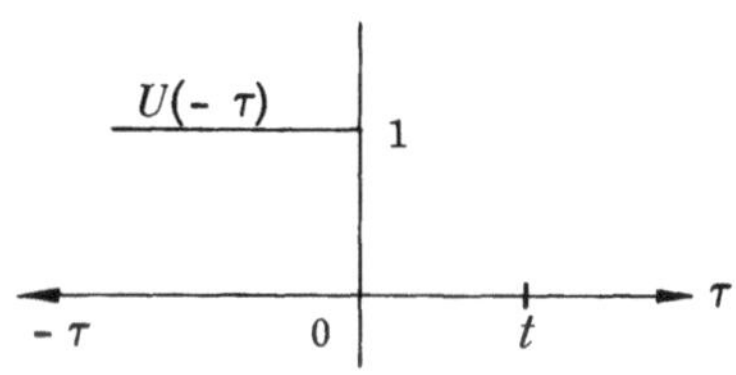


Abb. 5.21

Betrachten wir Abb. 5.18. Wir wählen den Wert $t = \tau$ als Konstante und verschieben die Figur um den Betrag $\tau$, sodaß wir Abb. 5.19 erhalten. Kehren wir nun den Sachverhalt um und nehmen $\tau$ als Variable und $t$ als festen Wert von $\tau$ (siehe Abb. 5.20). Abb. 5.21 ergibt dann $U(-\tau)$. Verschieben wir nun um den Betrag $t$ nach links, so erhalten wir $U(t-\tau)$ in Abb. 5.22.

In Abb. 5.22 haben wir $\tau$ durch $(t-\tau)$ ersetzt, was zur Folge hatte, daß die Funktion um die vertikale Achse umgeklappt, also gefaltet, und dann um den Betrag $t$ verschoben wurde. Die Faltung brauchen wir im nächsten Abschnitt, wo wir das Faltungsintegral herleiten werden.

Diese Beziehungen zwischen $t$ und $\tau$ werden wir im nächsten Abschnitt uneingeschränkt benützen und wir werden uns nicht mehr damit aufhalten, die Beziehungen graphisch zu deuten. Nachdem wir also die Kurven in Vorbereitung haben und uns jederzeit darauf beziehen können, wollen wir zur Ableitung der nächsten Satzes übergehen.

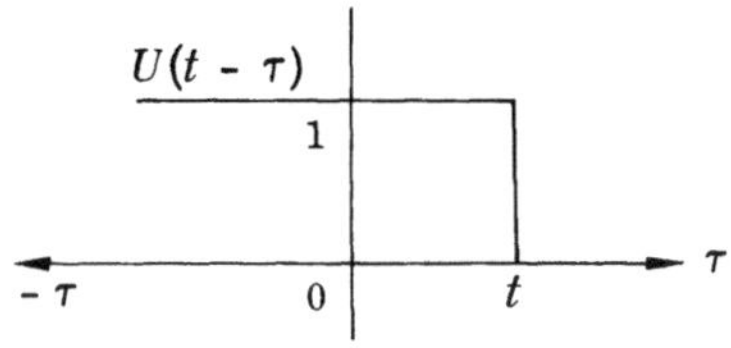


Abb. 5.22

## 5.9. DER FALTUNGSSATZ

Der Satz, den wir in diesem Kapitel ableiten wollen, handelt von der komplexen Multiplikation von Funktionen und wird manchmal auch als Borelsches Theorem angeführt. Dieser Satz wird uns einen zusätzlichen Weg erschließen, die inverse Laplace-Transformierte anzugeben, wenn $F(s)$ in Faktoren zerlegbar ist, deren Inverse wir kennen. Für gewöhnliche algebraische Funktionen sind zwar unsere bisherigen Methoden weniger aufwendig, doch läßt sich der Faltungssatz auch auf transzendente Funktionen von $s$ anwenden, wodurch es uns möglich wird, auch kompliziertere Schwingungsformen zu behandeln, wie sie in modernen elektronischen Systemen auftreten.

Die Ableitung dieses Satzes erfordert etwas mehr Aufwand als die früheren Sätze. Um daher nicht durch zu viele Details zu verwirren, werden wir vorerst gewisse Operationen definieren. Ebenso werden wir uns auch auf den in Abschn. 5.8 entwickelten Gedanken des "Herausschneidens" von Funktionsteilen beziehen.

Wir wollen damit beginnen, daß wir zwei Funktionen der Zeit miteinander multiplizieren und dann über das Produkt zwischen den Grenzen 0 und $t$ integrieren. Wir führen dabei einen Prozeß aus, dessen Ergebnis die Faltung der beiden Funktionen heißt. Wir bilden also

$$f(t) \triangleq \int_0^t f_1(t - \tau) \cdot f_2(\tau)\, d\tau \,. \tag{5.80}$$

$\tau$ ist hier Integrationsvariable und $t$ ist bezüglich der Integration eine Konstante. Wir wollen die Wahl dieses speziellen Integrals hier nicht begründen. Wir wollen lediglich damit arbeiten und sehen, ob wir mit seiner Hilfe zu einem lohnenden Resultat gelangen. Die Laplace-Transformierte von (5.80) läßt sich in der folgenden Form schreiben

$$F(s) = \int_0^\infty \left[\int_0^t f_1(t - \tau) \cdot f_2(\tau)\, d\tau\right] \epsilon^{-st}\, dt \,. \tag{5.81}$$

Wenn wir den Integranden mit $U(t - \tau)$ multiplizieren, so dürfen wir die obere Grenze $t$ durch $\infty$ ersetzen. Man ersieht aus Abb. 5.22, daß dadurch die gesamte Funktion für Argumente größer als $t$ verschwindet. Gleichung (5.81) wird dann zu

$$F(s) = \int_0^\infty \int_0^\infty f_1(t - \tau) \cdot f_2(\tau) \cdot U(t - \tau)\, d\tau\, \epsilon^{-st}\, dt \,. \tag{5.82}$$

Es dürfte angebracht sein, hier den Beweis für die Tatsache, daß die Reihenfolge der Integration vertauschbar ist, zu unterdrücken. Wir schreiben (5.82) in ein wenig abgeänderter Form

$$F(s) = \int_0^\infty f_2(\tau) \left[\int_0^\infty f_1(t - \tau) \cdot U(t - \tau) \cdot \epsilon^{-st}\, dt\right] d\tau \,. \tag{5.83}$$

Das Integral zwischen den Klammern enthält das Produkt $f(t - \tau)\ U(t - \tau)$, das in Abb. 5.23 dargestellt ist.

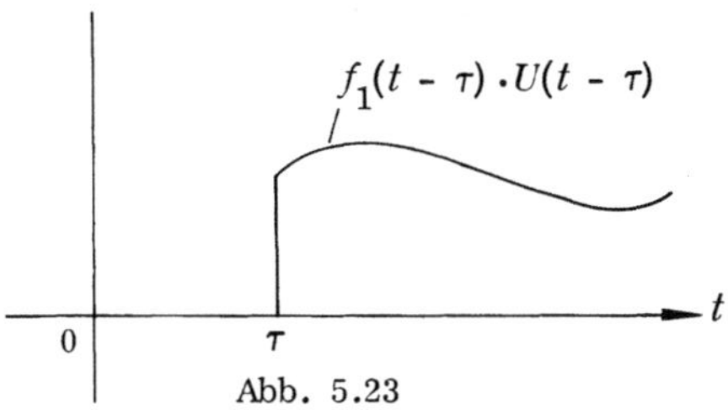


Abb. 5.23

Aus Abb. 5.23 ist ersichtlich, daß der Integrand von 0 bis $\tau$ verschwindet. Die untere Grenze im Klammerausdruck von (5.83) darf daher von 0 auf $\tau$ abgeändert werden. Das gibt

$$F(s) = \int_0^\infty f_2(\tau) \left[ \int_\tau^\infty f_1(t - \tau) \epsilon^{-st}\, dt \right] d\tau \,. \tag{5.84}$$

Wir haben in (5.84) die verschobene Sprungfunktion nicht mehr angeschrieben, da sie nach Abänderung der unteren Grenze nicht mehr von Bedeutung ist.

Auf Grund des ersten Verschiebungssatzes (5.45) in Abschn. 5.5 entspricht dem Klammerausdruck in (5.84) in der $s$-Ebene die Transformierte

$$\int_\tau^\infty f_1(t - \tau) \epsilon^{-st}\, dt = \epsilon^{-s\tau} F_1(s) \tag{5.85}$$

(als untere Grenze dürfen wir $\tau$ oder 0 nehmen, wenn wir uns in Erinnerung rufen, daß die Funktion links von $t = \tau$ verschwindet).

Setzen wir (5.85) in (5.84) ein und ziehen wir $F_1(s)$ vor das Integral heraus, so haben wir

$$F(s) = F_1(s) \cdot \int_0^\infty f_2(\tau) \epsilon^{-s\tau}\, d\tau \tag{5.86}$$

was wir gemäß unserer früheren Diskussion über $t$-Zeit und $\tau$-Zeit als

$$F(s) = F_1(s) \cdot F_2(s) \tag{5.87}$$

schreiben. Benutzen wir (5.87) gemeinsam mit (5.81), dann ergibt sich die Behauptung

$$F_1(s) \cdot F_2(s) = \mathcal{L} \left[ \int_0^t f_1(t - \tau) \cdot f_2(\tau)\, d\tau \right] . \tag{5.88}$$

Die Gleichung (5.88) ist die übliche Form des reellen Faltungssatzes. Es ist natürlich evident, daß

$$\mathcal{L}^{-1}[F(s)] = \mathcal{L}^{-1}[F_1(s) \cdot F_2(s)] = \int_0^t f_1(t - \tau) \cdot f_2(\tau)\, d\tau \,. \tag{5.89}$$

Es sollte daher möglich sein, mit Hilfe dieses Satzes die inverse Laplace-Transformierte einer Funktion $F(s)$ anzugeben, die so in zwei Faktoren zerlegbar ist, daß die Inverse $f(t)$ jedes Faktors bekannt ist. Das Verfahren, das sich auf diesen Satz stützt, erläutern wir durch einige Beispiele.

Beispiele.

(1) Wir wollen unter Benutzung des reellen Faltungssatzes die Inverse der Funktion

$$F(s) = \frac{1}{(s+\alpha)(s+\nu)} \tag{5.90}$$

angeben. Wir wählen

$$F_1(s) = \frac{1}{s+\alpha}; \qquad \text{sodaß } f_1(t) = \epsilon^{-\alpha t}; \qquad \text{oder } f_1(t-\tau) = \epsilon^{-\alpha(t-\tau)}$$

$$F_2(s) = \frac{1}{s+\nu}; \qquad \text{sodaß } f_2(t) = \epsilon^{-\nu t}; \qquad \text{oder } f_2(\tau) = \epsilon^{-\nu\tau}.$$

Dann erhalten wir

$$\mathscr{L}^{-1}[F(s)] = \int_0^t \epsilon^{-\alpha(t-\tau)}\epsilon^{-\nu\tau}\,d\tau \tag{5.91}$$

$$= \epsilon^{-\alpha t}\int_0^t \epsilon^{(\alpha-\nu)\tau}\,d\tau \tag{5.92}$$

$$= \frac{\epsilon^{-\alpha t}}{\alpha-\nu}\left[\epsilon^{(\alpha-\nu)\tau}\right]_0^t \tag{5.93}$$

und schließlich

$$\mathscr{L}^{-1}[F(s)] = \frac{\epsilon^{-\nu t} - \epsilon^{-\alpha t}}{\alpha - \nu}. \tag{5.94}$$

Wir wissen bereits, daß diese Behauptung richtig ist.

(2) Wir benützen nochmals den Satz zur Angabe der Inversen von

$$F(s) = \frac{1}{(s+\alpha)s^2}. \tag{5.95}$$

Die Funktion hat einen zweifachen Pol in $s = 0$.

Wir wählen die beiden Faktoren

$$F_1(s) = \frac{1}{s+\alpha}; \qquad \text{oder } f_1(t) = \epsilon^{-\alpha t}, \qquad \text{und } f_1(t-\tau) = \epsilon^{-\alpha(t-\tau)}$$

$$F_2(s) = \frac{1}{s^2}; \qquad \text{oder } f_2(t) = t, \qquad \text{und } f_2(\tau) = \tau.$$

Dann haben wir

$$\mathscr{L}^{-1}[F(s)] = \int_0^t \epsilon^{-\alpha(t-\tau)}\,\tau\,d\tau \tag{5.96}$$

$$= \epsilon^{-\alpha t}\int_0^t \tau\epsilon^{\alpha\tau}\,d\tau\ . \tag{5.97}$$

Den Wert dieses Integrals finden wir in jeder Integraltafel. Wir erhalten dafür

$$\mathscr{L}^{-1}[F(s)] = \frac{\epsilon^{-\alpha t} + \alpha t - 1}{\alpha^2}\ . \tag{5.98}$$

Man beachte, daß wir in beiden Beispielen die Funktionen, über die wir integrieren mußten, graphisch hätten darstellen können. Hätte sich daher die Integration analytisch nicht durchführen lassen, so hätten wir die Inverse zumindest auf graphischem Wege gefunden.

Diese Tatsache ermöglicht es, Rechenanlagen zur Ausführung gewisser, mit der Bildung der Laplace-Transformierten verknüpften Berechnungen heranzuziehen.

Der Faltungssatz, den wir in diesem Abschnitt entwickelt haben, ist vollkommen allgemein. Man kann ihn dazu benützen, einige der einfacheren Sätze abzuleiten.

Aufgabe. Man beweise unter Verwendung des Faltungssatzes, daß für die Funktion $F(s)/s$ gilt

$$\mathscr{L}^{-1}\left[\frac{F(s)}{s}\right] = \int_0^t f(t)\,dt\ .$$

## 5.10. DER ÄHNLICHKEITSSATZ

Der Ähnlichkeitssatz, den wir in diesem Kapitel herleiten werden, dient vor allem zur Bildung neuer Transformationspaare, zur Vereinfachung der arithmetischen Ausdrücke, wenn die Transformierte unhandliche Faktoren enthält, und dient zur Anwendung der Laplace-Transformierten auf partielle Differentialgleichungen.

Unter der üblichen Annahme, daß $f(t)$ transformierbar ist, lautet der Ähnlichkeitssatz

$$\mathscr{L}\left[f\left(\frac{t}{a}\right)\right] = aF(as)\ . \tag{5.99}$$

Dividiert man also die Variable $t$ durch die Konstante $a$, so wird sowohl die Variable $s$ als auch die gesamte Transformierte mit $a$ multipliziert.

Der Beweis des Satzes ist ohne Umwege möglich und beginnt mit der Definitionsgleichung für die Laplace-Transformierte

$$\mathscr{L}\,[f(t)] = \int_0^\infty f(t)\,\epsilon^{-st}\,dt = F(s)\ . \tag{5.100}$$

Dividieren wir nun $t$ durch die Konstante $a$

$$\left[f\left(\frac{t}{a}\right)\right] = \int_0^\infty f\left(\frac{t}{a}\right)\,\epsilon^{-st}\,dt\ . \tag{5.101}$$

Im Integral auf der rechten Seite ändern wir die Schreibweise

$$\mathcal{L}\left[f\left(\frac{t}{a}\right)\right] = \int_0^\infty f\left(\frac{t}{a}\right) \epsilon^{-\frac{sat}{a}} \frac{dat}{a} \tag{5.102}$$

$$= a \int_0^\infty f\left(\frac{t}{a}\right) \epsilon^{-as\left(\frac{t}{a}\right)} d\left(\frac{t}{a}\right) . \tag{5.103}$$

Wenn wir früher Anwendungen in der Bezeichnungsweise für $t$ benötigt hatten, so erwies sich die $\tau$-Uhr als äußerst praktisch. Wir wollen daher die folgenden Substitutionen einführen

$$\frac{t}{a} = \tau , \qquad \text{und} \qquad as = z . \tag{5.104}$$

Mit diesen neuen Variablen geht (5.103) über in

$$\mathcal{L}\left[f\left(\frac{t}{a}\right)\right] = a \int_0^\infty f(\tau)\epsilon^{-z\tau} d\tau . \tag{5.105}$$

Was die Integration betrifft, so kann man natürlich die Zeit mit einer $\tau$-Uhr genauso gut messen wie mit einer $t$-Uhr. Das einzige, was in (5.105) nicht üblich erscheint, ist die Variable $z$ an Stelle von $s$. Wir haben also

$$\mathcal{L}\left[f\left(\frac{t}{a}\right)\right] = aF(z) \tag{5.106}$$

und wenn wir $z$ durch den äquivalenten Ausdruck aus (5.104) ersetzen

$$\mathcal{L}\left[f\left(\frac{t}{a}\right)\right] = aF(as) . \tag{5.107}$$

Das ist der Beweis des Ähnlichkeitssatzes.

Der Satz ist leicht anzuwenden. Wenn die Originalfunktion $f(t)$ die Transformierte $F(s)$ hat, so entspricht dem Übergang $t \to t/a$ einfach der Übergang $s \to as$, verbunden mit einer Multiplikation der neuen Funktion in der $s$-Ebene mit der Konstanten $a$.

Beispiele.

(1) Ausgehend vom Paar der Transformierten

$$\epsilon^{-4t} \to \frac{1}{s+4} \tag{5.108}$$

finden wir für $a = 2$ leicht

$$\epsilon^{-4\left(\frac{t}{2}\right)} \to \frac{2}{2s+4} = \frac{1}{s+2} . \tag{5.109}$$

(2) Wenn wir von dem etwas komplizierteren Paar von Transformierten

$$\frac{t \sin \beta t}{2\beta} \to \frac{s}{(s^2 + \beta^2)^2} \tag{5.110}$$

ausgehen, ist es im allgemeinen nicht leicht, die Funktion von $s$ zu bestimmen, wenn $t$ durch einen neuen Wert, etwa $t/5$, ersetzt werden soll. Wenden wir jedoch den Ähnlichkeitssatz an, so folgt leicht

$$\frac{t/5 \sin (\beta t/5)}{2\beta} \to \frac{5(5s)}{[(5s)^2 + \beta^2]^2} . \tag{5.111}$$

Wegen seiner leichten Handhabung findet dieser Satz zahlreiche Anwendungen in den folgenden Kapiteln.

Aufgaben.

(1) Man gebrauche die Tabelle in Anhang III und bestimme die inverse Laplace-Transformierte von

$$F(s) = \frac{4}{(16s^2 + \beta^2)^2} .$$

(2) Man wähle eine beliebige Funktion von $s$, die in der $s$-Ebene symmetrische Polstellen besitzt. Man zeige, daß die radiale Kontraktion der Polstellen in der $s$-Ebene einer Dehnung der Zeitachse im gleichen Verhältnis oder einer ebenso starken Dehnung des Betrages der Zeitfunktion $f(t)$ entspricht. Man diskutiere das Ergebnis.

(3) Man betrachte das Pol-Nullstellen-Diagramm der Abb. 5.24, das zwei symmetrische Polstellen auf der imaginären Achse anzeigt. Die entsprechende Funktion von $s$ ist

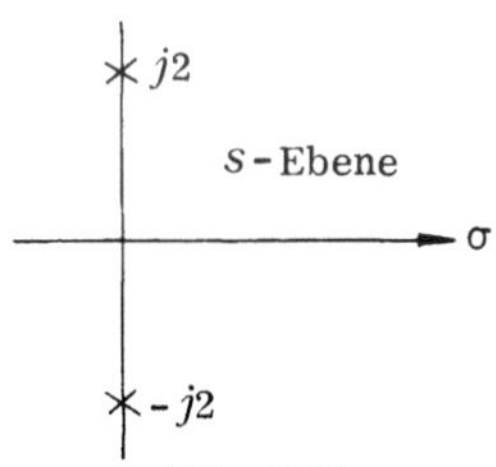

Abb. 5.24

$$F(s) = \frac{1}{(s + j2)(s - j2)} = \frac{1}{s^2 + 4}$$

woraus folgt

$$f(t) = \frac{\sin 2t}{2} .$$

Nehmen wir nun an, daß sich diese zwei Pole nun gleichförmig gegen den Ursprung der $s$-Ebene bewegen und schließlich in einem einzigen Doppelpol in $s = 0$ vereinen, wobei $F(s)$ dann übergeht in

$$F(s) = \frac{1}{s^2} .$$

Man zeige mit Hilfe des Ähnlichkeitssatzes, daß $f(t) = t$ ist. Man benütze weder die Tabelle noch früher erworbene Kenntnisse, um $f(t)$ zu finden.

## 5.11. ZUSAMMENFASSUNG VON KAPITEL V

Das Ziel dieses Kapitels war nicht nur die Ableitung von Transformierten, sondern die Entwicklung und Erläuterung von subtilen Beziehungen zwischen $s$- und $t$-Bereichen. Diese verschiedenen Beziehungen haben wir in Sätzen zusammengefaßt und besprochen; sie bilden "Arbeitspaare von Transformierten". Wenn man einmal eine gewisse Übung im Gebrauch der Sätze erreicht hat, so wird ihre Anwendung mehr oder weniger automatisch erfolgen. Es wird sich zeigen, daß man selbst komplizierte Formen durch ein gutes Verständnis der hier gebotenen Sätze sehr weit vereinfachen kann.

In tiefergehenden Darstellungen findet man weitere Sätze. Für die Anwendung in der Praxis dürften jedoch die acht hier angeführten Hauptsätze ausreichen.

Es ist schwer, wenn nicht gar unmöglich, zu behaupten, daß einer der Sätze wertvoller wäre als die anderen oder daß man ihn öfter benützen würde als die anderen. All das hängt vollkommen vom gerade betrachteten Problem ab.

Der zweite Verschiebungssatz, der auf der Zeitachse einen Exponentialfaktor einbezieht, ist sicher häufiger bei elektronischen Arbeiten, wo man es fast täglich mit abklingenden Spannungsschwingungen, Entladungen, Dämpfungen, usw. zu tun hat.

Der Endwert- und der Anfangswertsatz sind in der ursprünglichen Analysis vielleicht nicht so nützlich. Trotzdem sind die beiden Sätze günstig für die Überprüfung von Lösungen. In zahlreichen Fällen dienen sie auch zur schnellen Herleitung einer speziellen Formel.

Der erste Verschiebungssatz bildet die Einleitung zu zahlreichen Problemen mit komplizierten Schwingungsformen. Tatsächlich spielt dieser Satz, oder eine verwandte Beziehung, bei fast allen Problemen eine Rolle, in denen nicht sinusförmige Spannungen und Ströme auftreten.

Die Differentiations- und Integrationssätze für die Bildfunktion sind wertvoll für die Erweiterung und Modifikation der Transformationstafeln. Außerdem steigern sie unsere Vertrautheit im Umgang mit den Operationen auf der Zeitachse und im Bereich komplexer Frequenzen.

Obwohl sich der Gedanke des Herausschneidens von Funktionsteilen nicht selbst in einem Satz formulieren läßt, wurde er doch als allgemeines Prinzip aufgenommen, da er in allen analytischen Strukturen der Elektronik auftritt.

Den Faltungssatz haben wir angefügt, um eine vollkommen verschiedenartige Methode zur Bildung der inversen Transformierten aufzuzeigen. Dieser Satz liefert den einzigen Weg zur Durchführung der inversen Transformation, wenn als Faktoren transzendente Funktionen von $s$ auftreten. Der Faltungssatz legt auch ein Verfahren zur Bildung der inversen Transformierten auf graphischem Wege nahe, wenn die Funktion von $s$ für analytische Methoden nicht zugänglich ist.

Bis hierher haben wir nun genug formalen Stoff gesammelt. Wir können nun zu den Anwendungen in der Analyse der Netzwerke schreiten. Bei der Untersuchung der verschiedenen Stromkreise werden uns zahlreiche Details und so manche Spitzfindigkeiten begegnen.

KAPITEL VI

# NETZWERKANALYSE MIT HILFE DER LAPLACE-TRANSFORMATION

## 6.1. EINLEITUNG

Allgemein besteht die Ansicht, daß die meisten Theorien wenig wert sind, solange sie nicht zur Lösung einer praktischen Aufgabe herangezogen werden können. Eine der wünschenswertesten Eigenschaften der Laplace-Transformierten ist deren Fähigkeit, ein allgemeineres und tieferes Verständnis der Fundamentalprozesse in der Netzwerkanalyse zu vermitteln. Sie erlaubt es auch, in den meisten praktischen Fällen solche Netzwerkprobleme zu lösen, bei denen Einschwingvorgänge oder nicht sinusförmige Schwingungsformen mitspielen.

Durch langjährige Gewohnheit sind die meisten Techniker und viele Ingenieure der Ansicht, daß der Begriff des Blindwiderstandes, ausgedrückt durch $2\pi fL$ bzw. $\frac{1}{2\pi fC}$ das einzige Wissenswerte über Netzwerkimpedanzen darstelle, besonders dann, wenn der $j$-Operator als "Richtungsanzeige" für die $R$-$L$-$C$-Glieder verwendet wird.

Der Begriff des "Blindwiderstandes" reichte für die meisten Analysen aus, als Elektronik und Rundfunk noch in den Kinderschuhen steckten. Damals hatte man es im allgemeinen mit Gleichstrom oder Sinusschwingungen zu tun. Heute hingegen begegnen wir Rechteckschwingungen, Impulsen, Dreiecksschwingungen, Sägezahnschwingungen und einer Unzahl anderer ausgefallener Wellenformen genau so häufig wie Sinuswellen. Aus Gewohnheit und durch lange Vertrautheit mit dem Begriff "Blindwiderstand" ist man jedoch immer wieder überrascht. feststellen zu müssen, daß der Begriff des Blindwiderstandes vollkommen bedeutungslos wird, wenn nicht sinusförmige Schwingungsformen in Betracht gezogen werden.

Im vorliegenden Kapitel werden wir uns mit neueren und allgemeineren Begriffen der Impedanz beschäftigen, die unabhängig von der Wellenform sein werden. Diese neuen Begriffe erlauben eine tiefere Einsicht in die tatsächliche Arbeitsweise der Netzwerkanalyse und dienen als Grundlage für das folgende Kapitel über die Grundlagen der Netzwerksynthese. Das vorliegende Kapitel behandelt durchwegs spezifische Netzwerke. Wir werden versuchen. für jeden Abschnitt ein Netzwerk auszuwählen, das allgemein in einem bestimmten Instrument, elektronischen System oder einer bestimmten Situation verwendet wird.

## 6.2. NETZWERKGLEICHUNGEN FÜR MEHRFACHSCHLEIFENSCHALTUNGEN

Zunächst wollen wir uns jenen Vorgang ins Gedächtnis zurückrufen, nach welchem im allgemeinen die Gleichungen für ein Netzwerk mit mehreren Maschen oder Schleifen angeschrieben werden. Dabei wird angenommen, daß der Leser mit den Kirchhoffschen Gesetzen, der Determinantentheorie, Gegenimpedanzen usw. vertraut ist. Anstatt die Formeln für $n$-Maschen anzuschreiben, wählen wir eine Schaltung aus drei Maschen mit allgemeinen Impedanzen laut Abb. 6.1. Der Leser kann die Erweiterung auf weitere Schleifen selbst vornehmen.

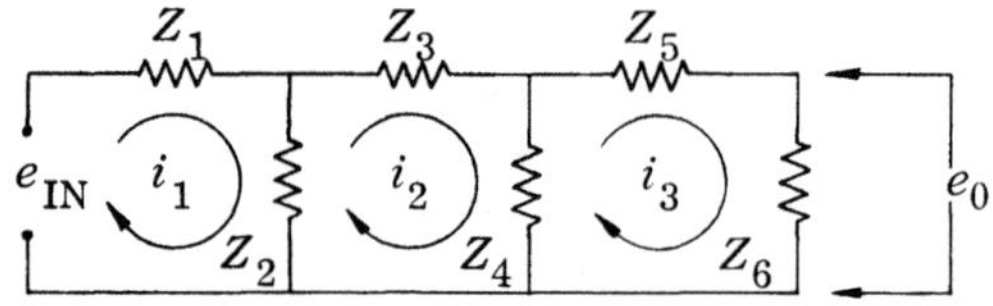


Abb. 6.1

Dem Leser wird aus Einführungswerken bekannt sein, daß die drei Maschengleichungen in der Maxwellschen Schreibweise folgendermaßen lauten:

$$e_{IN} = z_{11}i_1 + z_{12}i_2 + z_{13}i_3 \tag{6.1}$$

$$0 = z_{21}i_1 + z_{22}i_2 + z_{23}i_3 \tag{6.2}$$

$$0 = z_{31}i_1 + z_{32}i_2 + z_{33}i_3 \,. \tag{6.3}$$

Dabei ist zu bemerken, daß $z_{11}$ die Eigenimpedanz der Masche 1, $z_{12}$ die Kopplungsimpedanz zwischen Masche 1 und Masche 2 usw. darstellt, das heißt

$$z_{11} = z_1 + z_2 \tag{6.4}$$

$$z_{12} = -z_2 \tag{6.5}$$

$$z_{13} = 0 \tag{6.6}$$

$$z_{22} = z_2 + z_3 + z_4 \tag{6.7}$$

$$z_{21} = -z_2 \,. \tag{6.8}$$

Zu beachten ist, daß jedes Element in Abb. 6.1 als allgemeine Impedanz angeschrieben ist, es sich also in Wirklichkeit um einen Widerstand, eine Spule oder Kondensator handeln kann.

Nach dem Anschreiben der Netzwerkgleichungen in der üblichen Form ist es nun möglich, sie nach den zu berechnenden Größen wie der Eingangsimpedanz oder der Ausgangsspannung aufzulösen. Will man die Gleichungen nach der Eingangsimpedanz des Netzwerkes der Abb. 6.1 auflösen, so löst man zunächst mit Hilfe der Determinanten nach dem Strom $i_1$ auf.

$$i_1 = \frac{\begin{vmatrix} e_{IN} & z_{12} & z_{13} \\ 0 & z_{22} & z_{23} \\ 0 & z_{32} & z_{33} \end{vmatrix}}{\begin{vmatrix} z_{11} & z_{12} & z_{13} \\ z_{21} & z_{22} & z_{23} \\ z_{31} & z_{32} & z_{33} \end{vmatrix}} \tag{6.9}$$

Durch Entwicklung des Zählers nach den Unterdeterminanten erhält man

$$i_1 = \frac{e_{IN}\begin{vmatrix} z_{22} & z_{23} \\ z_{32} & z_{33} \end{vmatrix}}{\begin{vmatrix} z_{11} & z_{12} & z_{13} \\ z_{21} & z_{22} & z_{23} \\ z_{31} & z_{32} & z_{33} \end{vmatrix}} \tag{6.10}$$

Nun kann das Verhältnis für die Eingangsimpedanz $z_{IN}$ angeschrieben werden

$$z_{IN} = \frac{e_{IN}}{i_1} = \frac{\begin{vmatrix} z_{11} & z_{12} & z_{13} \\ z_{21} & z_{22} & z_{23} \\ z_{31} & z_{32} & z_{33} \end{vmatrix}}{\begin{vmatrix} z_{22} & z_{23} \\ z_{32} & z_{33} \end{vmatrix}} \tag{6.11}$$

Durch Einsetzen der algebraischen oder numerischen Werte der Impedanzen in (6.11) kann nun die Eingangsimpedanz ermittelt werden.

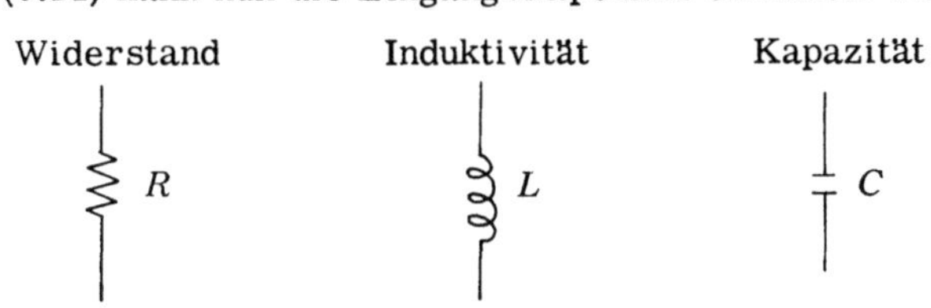


$Z(s) = R$ $\qquad Z(s) = sL$ $\qquad Z(s) = \frac{1}{sC}$

Abb. 6.2

An dieser Stelle muß auf Abschnitt 4.2 zurückgegriffen werden, wo die Impedanz von Widerständen, Spulen und Kapazitäten als Funktion von $s$ abgeleitet wurde. Abb. 6.2 zeigt das Ergebnis.

In den Gleichungen (6.1), (6.2) und (6.3) geht $i_1$ sofort in $I(s)$ über und $e_{IN}$ wird zu $E_{IN}(s)$; daher gehen diese Gleichungen über in

$$E_{IN}(s) = Z_{11}(s)I_1(s) + Z_{12}(s)I_2(s) + Z_{13}(s)I_3(s) \tag{6.12}$$

$$0 = Z_{21}(s)I_1(s) + Z_{22}(s)I_2(s) + Z_{23}(s)I_3(s) \tag{6.13}$$

$$0 = Z_{31}(s)I_1(s) + Z_{32}(s)I_2(s) + Z_{33}(s)I_3(s) \tag{6.14}$$

wobei die Verwendung der Kleinbuchstaben im zeitlichen Bild und der Großbuchstaben im $s$-Bereich mit dem früheren Gebrauch übereinstimmt.

Zu beachten ist, daß die $Z(s)$- und $I(s)$-Glieder meist sofort angeschrieben oder direkt umgerechnet werden können, während $E_{IN}(s)$ meist eine Transformation von $e_{IN}(t)$ erfordert.

Nach dieser Definition unserer Schreibweise der Netzwerkgleichungen in $s$ oder $t$ beginnen wir nun mit der Untersuchung typischer Netzwerkprobleme.

## 6.3. PROBLEME DER RELAISDÄMPFUNG

Als verhältnismäßig einfaches Anwendungsbeispiel für die $s$-Ebene und ihr Pol-Nullstellen-Diagramm betrachten wir Abb. 6.3, wo ein Relais $L$ so gedämpft werden soll, daß es aperiodisch auf die Kontakte wirkt, wodurch die Lichtbogenbildung auf ein Minimum herabgesetzt wird. Es wurde vorgeschlagen, eine $R$-$C$-Serienschaltung parallel zum Relais zur Lösung dieser Aufgabe zu verwenden.

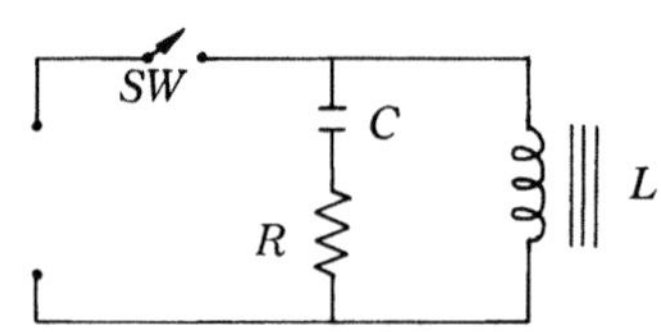


Abb. 6.3

Es ist also zu analysieren, ob eine $R$-$C$-Serienschaltung parallel zu $L$ die gesamte Anordnung für die Schaltkontakte aperiodisch machen kann.

Betrachten wir Abb. 6.4, in der die Impedanz jeder Komponente als Funktion von $s$ dargestellt ist. Für eine solche Kombination von Serien- und Parallelimpedanzen gilt

$$Z_{IN}(s) = \frac{\left(R + \frac{1}{sC}\right) \cdot sL}{\left(R + \frac{1}{sC}\right) + sL} \tag{6.15}$$

oder

$$Z_{IN}(s) = \frac{RLs + \frac{L}{C}}{R + \frac{1}{sC} + sL} \tag{6.16}$$

Durch Erweiterung des Zählers und Nenners mit $sC$ ergibt sich

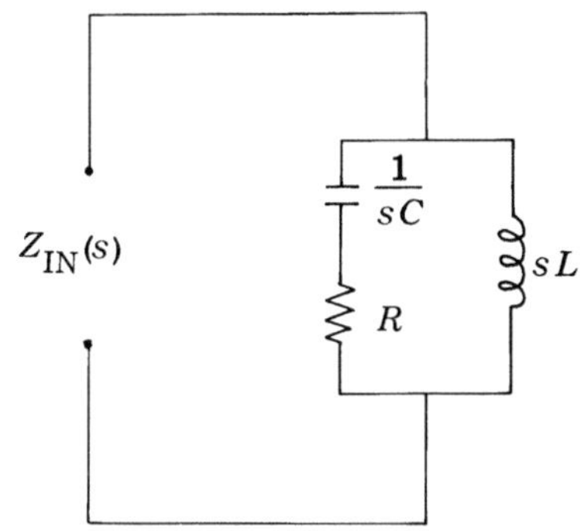


Abb. 6.4

$$Z_{IN}(s) = \frac{RLCs^2 + Ls}{LCs^2 + RCs + 1} . \qquad (6.17)$$

Wir wollen nun das Pol-Nullstellen-Diagramm dieser Funktion von $s$ zeichnen. Die Nullstellen erhält man durch Nullsetzen des Zählers

$$s(RLCs + L) = 0 \qquad (6.18)$$

woraus sich folgende Nullstellen ergeben:

$$\left.\begin{aligned} s &= 0 \\ s &= -\frac{1}{RC} \end{aligned}\right\} \qquad (6.19)$$

Die Pole findet man durch Nullsetzen des Nenners von (6.17):

$$LCs^2 + RCs + 1 = 0 \qquad (6.20)$$

und durch Anwendung der Quadratformel ergeben sich beide Pole zu

$$\left.\begin{aligned} s &= \frac{-RC + \sqrt{(R^2C^2 - 4LC)}}{2LC} \\ s &= \frac{-RC - \sqrt{(R^2C^2 - 4LC)}}{2LC} \end{aligned}\right\} \qquad (6.21)$$

Gleichung (6.21) kann noch etwas umgeschrieben werden:

$$\left.\begin{aligned} s &= -\frac{R}{2L} + \sqrt{\left(\frac{R^2}{4L^2} - \frac{1}{LC}\right)} \\ s &= -\frac{R}{2L} - \sqrt{\left(\frac{R^2}{4L^2} - \frac{1}{LC}\right)} \end{aligned}\right\} \qquad (6.22)$$

Tritt unter der Wurzel ein $j$ auf, so kann dieses durch Vertauschen der Vorzeichen innerhalb der Wurzel entfernt werden

$$s = -\frac{R}{2L} \pm j\sqrt{\left(\frac{1}{LC} - \frac{R^2}{4L^2}\right)} . \qquad (6.23)$$

Das vollständige Pol-Nullstellen-Diagramm ist in Abb. 6.5 abgebildet.

Wir kommen nun zu der Erkenntnis, daß die Schaltung von Abb. 6.3 (oder 6.4) vollständig durch das Pol-Nullstellen-Diagramm beschrieben wird. Das heißt, daß dieses Pol-Nullstellen-Diagramm alle Informationen über die Eingangsimpedanz $Z_{IN}(s)$ enthält. Tatsächlich könnte man nur durch Verwendung des Pol-Nullstellen-Diagramms von Abb. 6.5 die richtigen Faktoren finden, aus denen man (6.17) zusammensetzen kann. Dies ist offenkundig, da das Diagramm in erster Linie aus (6.17) abgeleitet wurde.

Kehren wir nun zur Frage zurück, wie diese gesamte Impedanz aperiodisch gemacht werden kann, so daß an den Kontakten minimale Lichtbogenbildung auftritt.

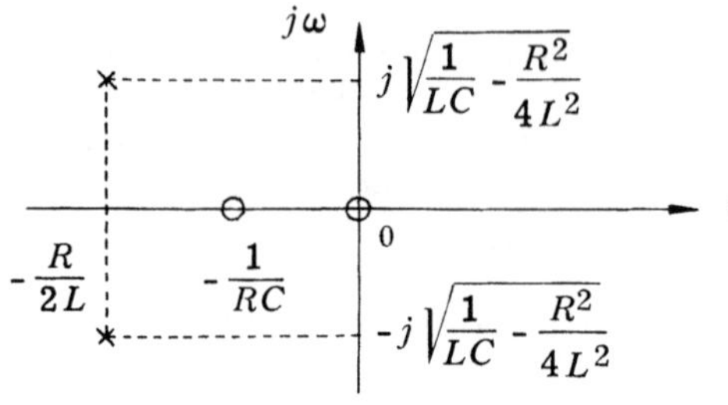


Abb. 6.5

Durch Betrachten des Pol-Nullstellen-Diagramms von $Z_{IN}(s)$ kann man erkennen, daß die Funktion $Z_{IN}(s)$ dann aperiodisch wird, wenn die $j\omega$-Komponente der Pole Null wird, das heißt, wenn wir die Pole gegeneinander bewegen, bis sie beide auf der $\sigma$-Achse liegen.

Wir müssen für diese Bewegung der Pole lediglich deren $j$-Komponenten Null setzen, d.h.

$$\sqrt{\left(\frac{1}{LC}-\frac{R^2}{4L^2}\right)}=0 \tag{6.24}$$

oder

$$\frac{1}{LC}=\frac{R^2}{4L^2} \tag{6.25}$$

oder

$$R=2\sqrt{\left(\frac{L}{C}\right)}\,. \tag{6.26}$$

Bei bekanntem Wert $L$ des Relais können wir nun nach der Ableitung von (6.26) aus dem Pol-Nullstellen-Diagramm einen geeigneten Wert für $C$ wählen und den gesuchten Wert für $R$ aus (6.26) ausrechnen. Da nun beide Pole auf der $\sigma$-Achse liegen, gibt es keine $j$-Frequenzkomponenten und die Schaltung ist wie verlangt völlig aperiodisch.

A u f g a b e. Die Beziehungen zwischen den in Abb. 6.6 gezeigten Parametern sind abzuleiten, das Pol-Nullstellen-Diagramm ist zu zeichnen und die Werte für $R$ und $C$, die die Schaltung aperiodisch machen, sind zu berechnen.

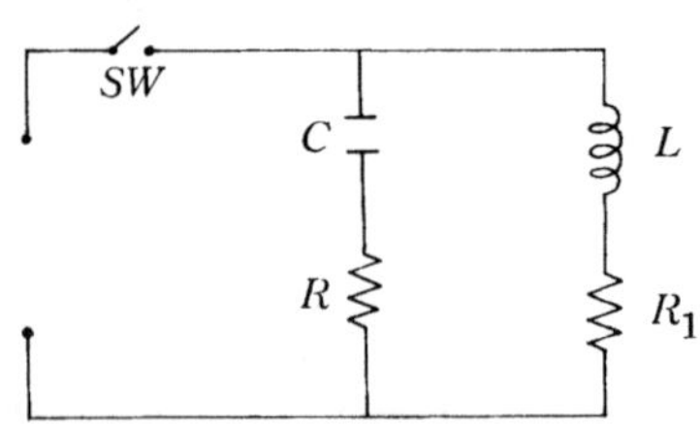


Abb. 6.6

## 6.4. DER WIENSCHE BRÜCKENOSZILLATOR

Oszillatoren vom Typ der Wienschen Brücke werden oft verwendet, wenn es gilt, Frequenzen in der Größenordnung von 1 Hz bis 1 MHz zu erzeugen. Dieser weite Bereich von etwa 6 Größenordnungen und die Tatsache, daß diese Art von Oszillator in diesem Bereich weitaus am meisten verwendet wird, und zwar ohne Rücksicht auf Kosten, weist darauf hin, daß jeder Elektroingenieur mit dessen Arbeitsweise gut vertraut sein sollte.

Abb. 6.7 zeigt die wesentlichen Merkmale des Wienschen Brückenoszillators. Tatsächlich repräsentieren die gezeigten Serien-Parallel-$R$-$C$-Zweige nur die Hälfte der Brückenschaltung. Die andere Hälfte besteht aus einer Kombination einer linearen und nichtlinearen negativen Rückkopplungsschaltung, deren einzige Aufgabe es ist, den Verstärkungsgrad auf den genauen verlangten Wert automatisch einzustellen.

Im vorliegenden Abschnitt werden wir uns mit einer Analyse des frequenzbestimmenden Netzwerkes und dem Verstärkungsfaktor und Phasenerfordernissen des Verstärkers befassen. Untersuchen wir nun die $R$-$C$-Schaltung laut Abb. 6.8.

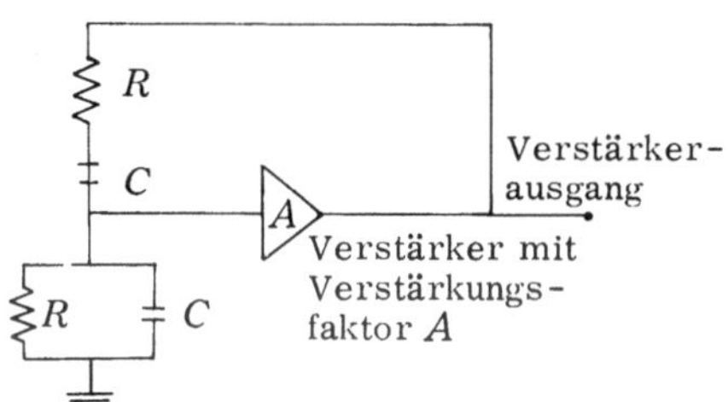


Abb. 6.7

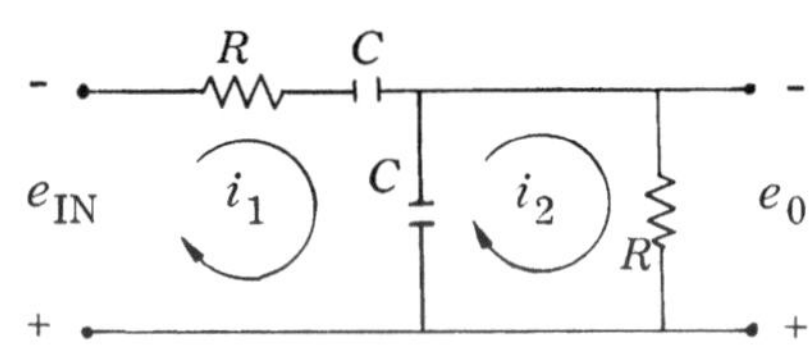


Abb. 6.8

In dieser Schaltung geht die Spannung $e_0$ zum Verstärkereingang, während der Verstärkerausgang Spannung in den Netzeingang rückkoppelt.

Unter Verwendung der üblichen Schreibweise setzen wir nun für beide Maschen die Gleichungen nach den Kirchhoffschen Gesetzen an. Wir drükken alle Spannungen, Ströme und Impedanzen als Funktionen von $s$ aus.

$$E_{IN}(s) = \left(R + \frac{2}{sC}\right) I_1(s) - \frac{1}{sC} I_2(s) \tag{6.27}$$

$$0 = -\frac{1}{sC} I_1(s) + \left(R + \frac{1}{sC}\right) I_2(s) \, . \tag{6.28}$$

Als nächsten Schritt lösen wir dieses Gleichungssystem für $I_2(s)$ wie folgt:

$$I_2(s) = \frac{\begin{vmatrix} \left(R + \frac{2}{sC}\right) & E_{IN}(s) \\ -\frac{1}{sC} & 0 \end{vmatrix}}{\begin{vmatrix} \left(R + \frac{2}{sC}\right) & -\frac{1}{sC} \\ -\frac{1}{sC} & \left(R + \frac{1}{sC}\right) \end{vmatrix}} \tag{6.29}$$

Die Determinanten werden nun entwickelt und ähnliche Glieder zusammengefaßt. Wir erhalten den Ausdruck

$$I_2(s) = \frac{E_{IN}(s) \cdot \frac{1}{sC}}{R^2 + \frac{3R}{sC} + \frac{1}{s^2C^2}} \tag{6.30}$$

und entfernen Brüche durch Multiplikation von Zähler und Nenner mit $s^2C^2$

$$I_2(s) = \frac{E_{IN}(s)sC}{R^2C^2s^2 + 3RCs + 1} \,. \tag{6.31}$$

Dieser Wert für $I_2(s)$ kann nun mit $R$ multipliziert werden, um die Ausgangsspannung $E_0(s)$ zu erhalten:

$$E_0(s) = \frac{E_{IN}(s)RCs}{R^2C^2s^2 + 3RCs + 1} \,. \tag{6.32}$$

Wir können nun die Lösung für die Übergangsfunktion sehr leicht durchführen (siehe Abschnitt 4.1).

$$Z_T(s) = \frac{E_0(s)}{E_{IN}(s)} = \frac{RCs}{R^2C^2s^2 + 3RCs + 1} \,. \tag{6.33}$$

Gleichung (6.33) ist die Übertragungsfunktion des in Abb. 6.8 dargestellten Netzwerkes. Sie enthält alle Informationen, die wir über Frequenz und Amplitude wissen müssen.

Beide Pole von (6.33) liegen auf der negativen $\sigma$-Achse in der $s$-Ebene, wobei keine $j\omega$-Komponenten vorhanden sind. Wenn wir das Hakenintegral dieser Funktion verwendeten, würden wir ein Paar exponential abnehmender Zeitfunktionen erhalten. Auf diese Weise sollte die Lage der Pole anzeigen, daß dieses Netzwerk allein keine Schwingungseigenschaften haben kann. Es ist daher unkorrekt, es in irgendeiner Weise mit ähnlich aufgebauten $L$-$C$-Netzwerken zu vergleichen, die tatsächlich allein zu schwingen vermögen.

Um diese $R$-$C$-Schaltung zum Schwingen zu bringen, können wir mit Hilfe des Verstärkers mit dem Verstärkungsfaktor $A$ alle Verluste ausgleichen, indem wir die Kaskadenschaltung für Netzwerk und Verstärker gleich 1 setzen,

d. h.

$$Z_T(s) \cdot A = 1 \tag{6.34}$$

oder

$$RCsA = R^2C^2s^2 + 3RCs + 1 \tag{6.35}$$

oder

$$R^2C^2s^2 + RCs(3 - A) + 1 = 0 \, . \tag{6.36}$$

Mit Hilfe von (6.36) stellen wir nun fest: wenn der Verstärker die Phasenverschiebung Null aufweist und wenn

$$A = 3 \tag{6.37}$$

dann

$$R^2C^2s^2 = -1 \, . \tag{6.38}$$

Dies ergibt

$$s^2 = -\frac{1}{R^2C^2} \tag{6.39}$$

oder

$$s = \pm \frac{j}{RC} \, . \tag{6.40}$$

Doch die allgemeine Definition von $s$ ist

$$s = \sigma + j\omega = \frac{j}{RC} \tag{6.41}$$

und wenn wir reelle Glieder mit reellen und imaginäre Glieder mit imaginären gleichsetzen, so stellen wir fest, daß

$$\sigma = 0 \tag{6.42}$$

$$\omega = \frac{1}{RC} \tag{6.43}$$

oder, da $\omega = 2\pi f$,

$$f = \frac{1}{2\pi RC} \, . \tag{6.44}$$

Zusammenfassend können wir sagen: wenn der Verstärkungsgrad mit 3 angenommen (6.37) und mit dem Netzwerk von Abb. 6.8 kombiniert wurde, so bestand das Nettoergebnis in der Schaffung einer neuen Funktion mit neuen Polen bei $\pm 1/RC$ auf der $j\omega$-Achse (6.40) laut Abb. 6.9.

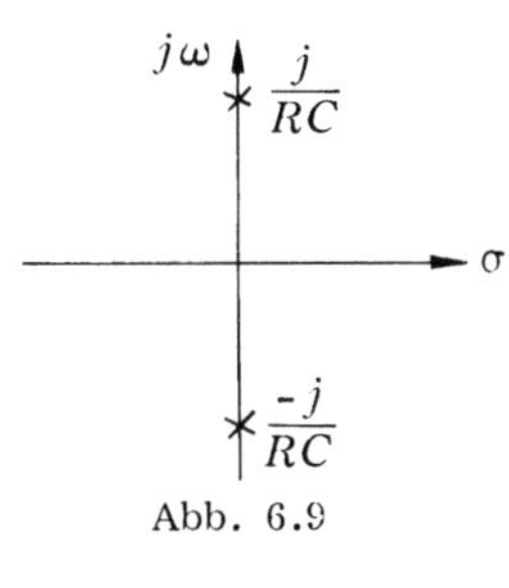


Abb. 6.9

Diese Pole haben keine $\sigma$-Komponente und daraus ergibt sich die inverse Transformation oder die Oszillatorausgangsleistung zu

$$e_0(t) \simeq \sin\left(\frac{t}{RC}\right) = \sin \omega t \,. \qquad (6.45)$$

Gleichung (6.45) zeigt, daß die Ausgangswellenform eine reine Sinusschwingung ohne Verzerrung darstellt. Die Gleichungen (6.37) und (6.44) geben jene Resultate an, die für den praktischen Gebrauch bei Konstruktionen eingehalten werden sollten.

Diese besondere Methode des Arbeitens mit der Übertragungsfunktion wurde angewandt, um dem Leser mehr Übung für Überlegungen in der $s$-Ebene allein zu geben. Mit Hilfe einer praktischen Aufgabe soll nun eine Alternativmethode aufgezeigt werden.

Aufgabe.

(1) Die Übertragungsfunktion (6.33) ist verkehrt anzuschreiben:

$$\frac{E_{IN}(s)}{E_0(s)} = \frac{R^2C^2s^2 + 3RCs + 1}{RCs} \,. \qquad (6.46)$$

Wir setzen für $s$ durchwegs $j\omega$ ein und beobachten, daß für die Phasenverschiebung Null zwischen Ausgang und Eingang das $j$-Glied null gesetzt werden muß. Man verwende diese Tatsache zur Auflösung nach der Schwingungsfrequenz. Suche den benötigten Oszillatorverstärkungsgrad aus dem verbleibenden reellen Teil von (6.46).

(2) Unter Verwendung früherer Ergebnisse dieses Abschnittes geben wir die Ausgangsspannung (Größenordnung) an und stellen fest, wie groß die Phasenverschiebung für das in Abb. 6.10 gezeigte Netzwerk sein würde. Am Ausgang nehmen wir keine Belastung an.

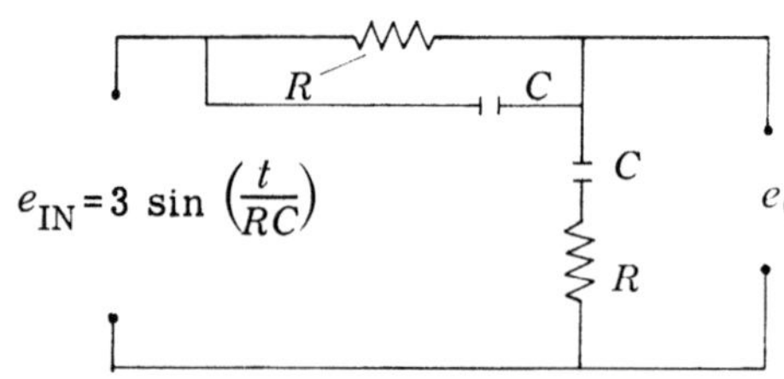


Abb. 6.10

## 6.5. EIN PHASENSCHIEBEROSZILLATOR

Der im vorigen Abschnitt besprochene Wiensche Brückenoszillator verwendete ein $R$-$C$-Netzwerk mit Nullphasenverschiebung zusammen mit einem Verstärker, dessen Verstärkungsgrad 3 und dessen Phasenverschiebung ebenfalls null war. Die Nullphasenverschiebung würde normalerweise zwei

Verstärkerstufen in Kaskadenschaltung erfordern. Hier soll ein weiteres Netzwerk besprochen werden, das die Phase der Schwingungsfrequenz um 180° verschiebt und daher nur eine einzige Stufe verlangt, die zusätzlich 180° Phasenverschiebung aufweist.

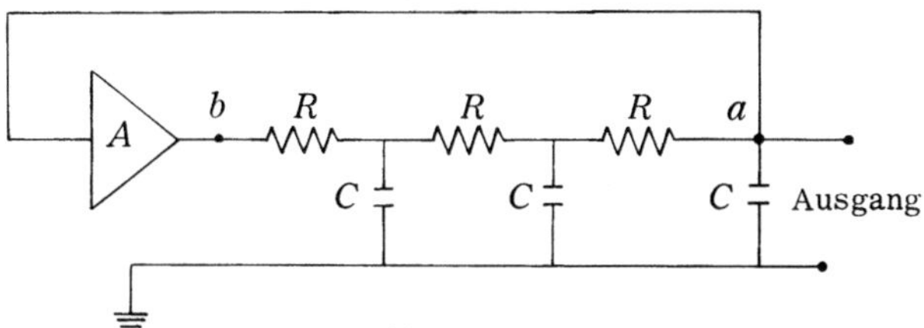


Abb. 6.11

Betrachten wir Abb. 6.11, die ein dreiteiliges $R$-$C$-Netzwerk zusammen mit einem Verstärker mit dem Gewinn $A$ zeigt. Der Oszillatorausgang wird als unbelastet angenommen, sodaß ein Kathodenverstärker oder eine andere Art von Pufferstufe verwendet werden muß.

Es wird uns bald klar, warum es besser ist, den Ausgang in Punkt $a$ als in Punkt $b$ anzuordnen. Das zu untersuchende dreiteilige Netzwerk ist in Abb. 6.12 nochmals gezeichnet, wobei jede Impedanz als Funktion von $s$ an-

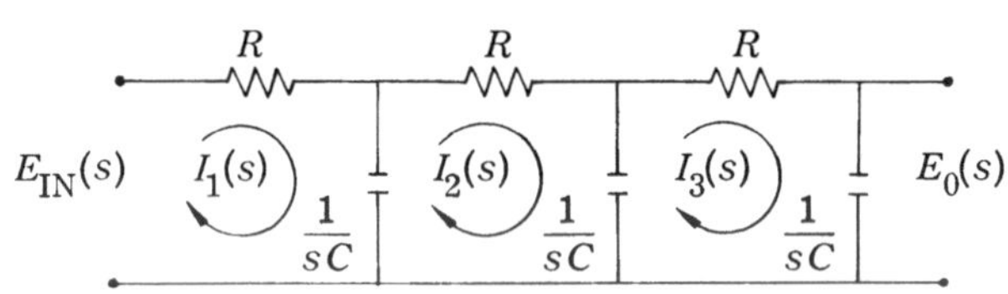


Abb. 6.12

gegeben ist. Die drei Netzwerkgleichungen sind

$$E_{IN}(s) = \left(R + \frac{1}{sC}\right) I_1(s) - \frac{1}{sC} I_2(s) + 0 I_3(s) \tag{6.47}$$

$$0 = -\frac{1}{sC} I_1(s) + \left(R + \frac{2}{sC}\right) I_2(s) - \frac{1}{sC} I_3(s) \tag{6.48}$$

$$0 = 0 I_1(s) - \frac{1}{sC} I_2(s) + \left(R + \frac{2}{sC}\right) I_3(s) \; . \tag{6.49}$$

Der Leser möge nun die zur Auflösung nach $I_3(s)$ nötigen Berechnungen vornehmen, mit der Endimpedanz laut Abb. 6.12 $(1/sC)$ multiplizieren und dann vereinfachen, um die Übertragungsfunktion zu erhalten; diese ergibt sich zu

$$Z_T(s) = \frac{1}{R^3C^3s^3 + 5R^2C^2s^2 + 6RCs + 1} \; . \tag{6.50}$$

Jeder Elektroingenieur sollte dieses Ergebnis mindestens einmal ableiten, um sich davon zu überzeugen, daß es richtig und unkompliziert ist und daß er imstande ist, es abzuleiten. Wenn er sich einmal der mühsamen Arbeit unterzogen hat, $Z_T(s)$ für dieses Netzwerk zu ermitteln, kann er später die Übertragungsfunktion in Anhang I aufschlagen; er findet dort eine Tabelle von Übertragungsfunktionen für Netzwerke wie das vorliegende.

Es ist nun sehr üblich und zweckmäßig, die Übertragungsfunktion umzukehren. Man erhält

$$\frac{E_{IN}}{E_0}(s) = 1 + 5R^2C^2s^2 + 6RCs + R^3C^3s^3\ . \tag{6.51}$$

Die Veränderliche $s$ kann dann durch ihre imaginäre Komponente $j\omega$ ersetzt werden (wir nehmen für den Augenblick an, daß der Eingang eine Sinuswelle ist); dies ergibt

$$\frac{e_{IN}}{e_0} = 1 - 5R^2C^2\omega^2 + j(6RC\omega - R^3C^3\omega^3)\ . \tag{6.52}$$

Nun muß für die Phasenverschiebung von 180° der Eingangs- und Ausgangsspannungen das imaginäre Glied genau null sein; daher

$$6RC\omega - R^3C^3\omega^3 = 0 \tag{6.53}$$

oder, für die Auflösung nach $\omega$

$$\omega = \frac{\sqrt{6}}{RC} \tag{6.54}$$

woraus

$$f = \frac{\sqrt{6}}{2\pi RC}\ . \tag{6.55}$$

Gleichung (6.55) ergibt auf diese Weise die Schwingungsfrequenz in Ausdrücken von $R$ und $C$. Wenn wir das $j$-Glied in (6.52) null werden lassen, verbleibt

$$\frac{e_{IN}}{e_0} = 1 - 5R^2C^2\omega^2\ . \tag{6.56}$$

Wir quadrieren (6.54) und erhalten

$$\omega^2 = \frac{6}{R^2C^2}\ . \tag{6.57}$$

Nach Einsetzen in (6.56) bekommen wir

$$\frac{e_{IN}}{e_0} = 1 - \frac{5R^2C^2 \cdot 6}{R^2C^2} \tag{6.58}$$

oder

$$\frac{e_{IN}}{e_0} = -29\ . \tag{6.59}$$

Gleichung (6.59) zeigt, daß im Netzwerk eine Spannungserniedrigung von 29:1 vorhanden ist und daß der Verstärker $A$ genau diesen Gewinn $A$ aufweisen muß, damit der Oszillator erfolgreich arbeitet. Die Gleichungen (6.59) und (6.55) sind die Schlüsselergebnisse, die wir dieser Analyse entnehmen. Das Minuszeichen in (6.59) zeigt, daß tatsächlich zwischen $e_{IN}$ und $e_0$ eine Phasenverschiebung von 180° stattfindet.

Man könnte die $R$- und $C$-Werte in Abb. 6.12 austauschen und die Arbeitsweise der Schaltung wäre unverändert, lediglich die Formel für die Frequenz wäre dann

$$f = \frac{1}{2\pi\sqrt{(6)}RC} . \qquad (6.60)$$

Der Gewinn würde immer noch 29 betragen.

Damit der Oszillator wirksam arbeitet, muß der Verstärker eine Nichtlinearität aufweisen, die den Gewinn bei genau 29 einstellt. Diese nichtlineare Größe verursacht - wie immer sie eingeführt wird - eine gewisse Verzerrung in dem sonst reinen Sinuswellenausgang. Wir werden im nächsten Abschnitt zeigen, daß das Netzwerk von Abb. 6.12 als Tiefpaß arbeitet, der eventuelle harmonische Oberschwingungen, die sich aus der Nichtlinearität ergeben, stark abschwächt. Ein Austausch von $R$ und $C$ würde ein ordnungsmäßiges Arbeiten des Oszillators zulassen, würde jedoch eine eventuelle Formverzerrung verstärken. Diese Überlegungen machen es wünschenswert, den Ausgang eher aus dem Netzwerk zu beziehen, wo die Verzerrung klein ist, als aus dem Verstärkerausgang, wo die Verzerrung nicht nur vorhanden, sondern 29fach verstärkt ist.

Diese Art von Phasenschieberoszillator kann in bezug auf $B$ plus Variationen, Temperatur- und Röhrenparameteränderungen außergewöhnlich stabil gemacht werden. Bei guter Konstruktion stellt er einen der einfachsten und brauchbarsten Oszillatoren dar.

## 6.6. UNTERSCHEIDUNG DER HARMONISCHEN IN EINEM DREITEILIGEN PHASENSCHIEBEROSZILLATOR

In dem im letzten Abschnitt besprochenen Phasenschieberoszillator stellt die Begrenzung im Röhrenverstärker wahrscheinlich die einfachste Form der Nichtlinearität dar. Eine solche Begrenzung ist gewöhnlich symmetrisch und erzeugt auf diese Weise dritte (und höhere ungerade) Harmonische als Verzerrung. Doch glücklicherweise wirkt das Netzwerk selbst (Abb. 6.12) als Tiefpaß und beseitigt den Großteil einer solchen Verzerrung. Wir sollten nun das Verhältnis der Reduktion der dritten Harmonischen zur Reduktion des Grundsignals bestimmen. Fünfte und höhere Harmonische sind gewöhnlich nicht stark genug, um störend zu wirken.

Beginnen wir mit dem Verhältnis zwischen Eingangs- und Ausgangsspannung des Netzwerkes, das bereits durch (6.52) angegeben wurde

$$\frac{e_{IN}}{e_0} = 1 - 5R^2C^2\omega^2 + j(6RC\omega - R^3C^3\omega^3) . \qquad (6.61)$$

Bei der Grundfrequenz $\omega_0$ ist das $j$-Glied gleich null, woraus

$$\omega_0 = \frac{\sqrt{6}}{RC} \,. \tag{6.62}$$

Nun sind die verschiedenen Oberschwingungen $\omega$

$$\omega = n\omega_0 = \frac{n\sqrt{6}}{RC} \,. \tag{6.63}$$

(6.61) wird damit zu

$$\frac{e_{IN}}{e_0} = 1 - 5n^2 6 + j(6^{\frac{3}{2}} n - 6^{\frac{3}{2}} n^3) \tag{6.64}$$

oder

$$\frac{e_{IN}}{e_0} = 1 - 30n^2 + j6^{\frac{3}{2}}(n - n^3) \,. \tag{6.65}$$

Als absolute Größe schreiben wir (6.65) als

$$\left|\frac{e_{IN}}{e_0}\right| = \sqrt{\{(1 - 30n^2)^2 + 6^3(n - n^3)^2\}} \tag{6.66}$$

oder

$$\left|\frac{e_{IN}}{e_0}\right| = \sqrt{(216n^6 + 468n^4 + 156n^2 + 1)} \,. \tag{6.67}$$

Unter Berücksichtigung von (6.63) und (6.67) und $n = 1$ erhalten wir für die Grundwelle

$$\left|\frac{e_{IN}}{e_0}\right| = \sqrt{(216 + 468 + 156 + 1)} = 29 \tag{6.67}$$

ein Ergebnis, das wir aus dem letzten Abschnitt übernehmen.

Nun zur dritten Harmonischen, $n = 3$. (6.67) gibt

$$\left|\frac{e_{IN}}{e_0}\right| = 444 \,. \tag{6.69}$$

Nehmen wir den sehr unwahrscheinlichen Fall an, daß die Eingänge der Grundwelle und der dritten Harmonischen gleich groß sind. Die tatsächliche Reduktion ist

$$\frac{n_3}{n_1} = \frac{444}{29} = 15.3 \text{ zu } 1 \tag{6.70}$$

was an sich eine verhältnismäßig gute Unterscheidung gegenüber der dritten Harmonischen wäre. Nehmen wir nun an, daß unser schlechtester Fall eintreten könnte, falls der Eingang zum Netzwerk eine Rechteckwelle werden sollte. Falls dies geschehen sollte, wäre die dritte Harmonische ein Drittel der Amplitude der Grundwelle und die Unterscheidung wäre

$$\frac{444 \times 3}{29} \simeq 46 \text{ zu } 1 \,. \tag{6.71}$$

In praktischen Oszillatoren wäre die Nichtlinearität, die nötig wäre, um den Gewinn genau bei 29 zu stabilisieren, nirgends nahe genug, sich einer Rechteckwellenbegrenzung auch nur zu nähern. Wir können so sehen, daß die Verzerrung der dritten Harmonischen bei diesem Oszillator nur ein sehr kleiner Bruchteil von 1% sein kann.

## 6.7. DER *R*-*C*-KATHODENVERSTÄRKER

Der in diesem Abschnitt behandelte *R*-*C*-Oszillator wurde vor einigen Jahren durch den Verfasser patentiert *); er ist etwas ungewöhnlich, da keine Spannungsverstärkung erforderlich ist. Die meisten Oszillatoren verlangen eine Anodenbasisschaltung oder eine andere Art von Isolation zwischen dem jeweiligen schwingenden Netzwerk und der Belastung. Wenn eine Anodenbasisschaltung verwendet wird, um eine niedrigere Ausgangsimpedanz zum Antrieb schwerer Belastungen zu erreichen, so scheint es nur logisch, sie auch zum Antrieb des *R*-*C*-Netzwerkes zu verwenden und damit eine Röhre zu eliminieren. Die allgemeine Anordnung wird in Abb. 6.13 gezeigt; der Verfasser gab ihr den Namen "*R*-*C*-Anodenbasisoszillator" (*R*-*C*-Kathodenverstärkeroszillator).

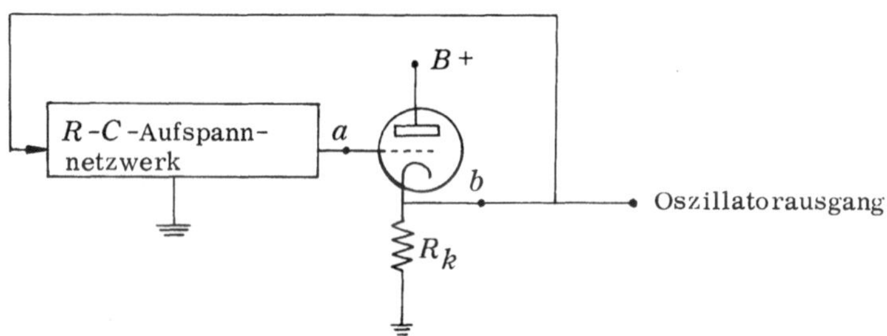


Abb. 6.13

In dem frequenzbestimmenden Netzwerk darf keine Induktivität verwendet werden; nur Widerstand und Kapazität sind zulässig. Wenn an das Gitter des Kathodenverstärkers (Anodenbasisverstärker) in Abb. 6.13 eine Spannung angelegt wird, so erscheint diese ohne Phasenänderung an der Kathode mit leicht abgeschwächter Amplitude. Wenn dieser Kathodenverstärker zum Schwingen gebracht werden soll, nimmt man die Ausgangsspannung von der Kathode, leitet sie durch irgendeine Art Spannungserhöher ohne Phasenverschiebung und legt sie neuerlich an das Gitter an.

Es wäre einfach, die verlangte Spannungserhöhung durch einen Transformator oder einen abgestimmten Resonanzkreis zu erreichen, doch da keine Induktivität zulässig ist, ist es nötig, ein Netzwerk zu wählen, das nur Widerstand und Kapazität verwendet.

Viele Ingenieure sind der Meinung, daß man eine Spannung nicht mit einem Netzwerk erhöhen könne, welches nur *R*- und *C*-Elemente aufweist.

*) Amerikan. Patent 2769088.

Durch Analyse des in Abb. 6.14 gezeigten Netzwerkes kann man leicht beweisen, daß für diese Annahme kein Grund vorhanden ist.

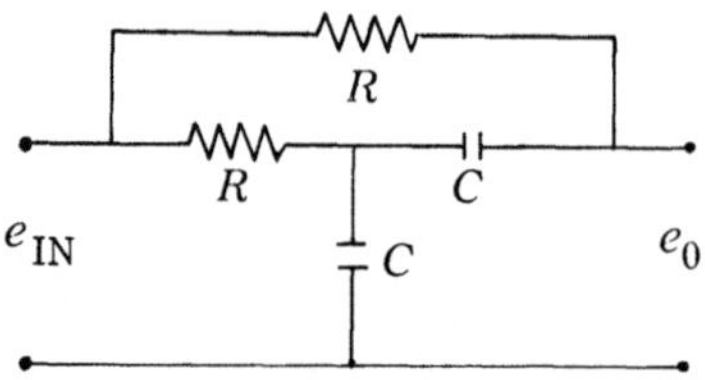


Abb. 6.14

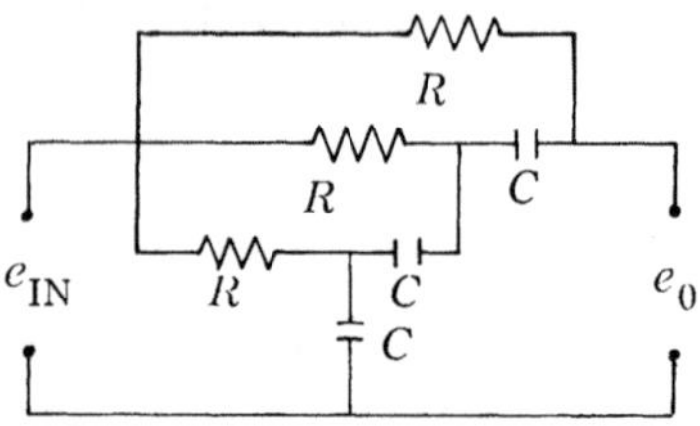


Abb. 6.15

Die Analyse zeigt, daß die Ausgangsspannung $e_0$ die Eingangsspannung beträchtlich übersteigen kann. Obwohl das Netzwerk laut Abb. 6.14 eine angemessene Spannungserhöhung besitzt, ist es leider nicht zur Verwendung als Netzwerk laut Abb. 6.13 geeignet, da es nicht gelingt, die gesamte Phasenverschiebung gleich Null zu machen.

Das in Abb. 6.15 dargestellte etwas kompliziertere Netzwerk erfüllt beide Anforderungen - die Spannungserhöhung und die Phasenverschiebung Null - und wird in der Schaltung als Basis für den $R$-$C$-Kathodenverstärkeroszillator verwendet. Wenn alle $R$ und $C$ identisch sind, so ist für eine Frequenz

$$f = \frac{1}{2\pi\sqrt{(6)}RC} \tag{6.72}$$

die Phasenverschiebung gleich Null und die Spannungserhöhung angemessen, sodaß dieses Netzwerk in Abb. 6.13 verwendet werden kann, um den Kathodenverstärker zum Schwingen zu bringen. Da der Ausgang des Kathodenverstärkers eine sehr niedrige Impedanz besitzt, ist es gewöhnlich nicht nötig, eine weitere Isolation zwischen Oszillator und Belastung vorzusehen. Zwecks zusätzlicher Praxis im Bestimmen von Übertragungsfunktionen wird dem Leser dringend empfohlen, folgende drei Aufgaben durchzuarbeiten.

Aufgaben.

(1) Zeige auf graphischem Weg, daß das Netzwerk in Abb. 6.14 eine Spannungserhöhung größer als 1 aufweisen kann. Schätze die Spannungsverstärkung und die Phasenverschiebung für die Bedingung $R = X_C$.

(2) Analysiere das Netzwerk von Abb. 6.15 und bestimme seine Übertragungsfunktion.

Antwort.

$$Z_T(s) = \frac{1 + 5RCs + 6R^2C^2s^2}{1 + 5RCs + 6R^2C^2s^2 + R^3C^3s^3}\,.$$

(3) Betrachte das Aufspannetzwerk von Abb. 6.16. Zeige, daß die Übertragungsfunktion

$$Z_T(s) = \frac{6RCs + 5R^2C^2s^2 + R^3C^3s^3}{1 + 6RCs + 5R^2C^2s^2 + R^3C^3s^3}$$

ist. Zeige weiters, daß die Phasenverschiebung Null ist, wenn die komplexe Frequenz $s$

$$s = \frac{j\sqrt{6}}{RC}.$$

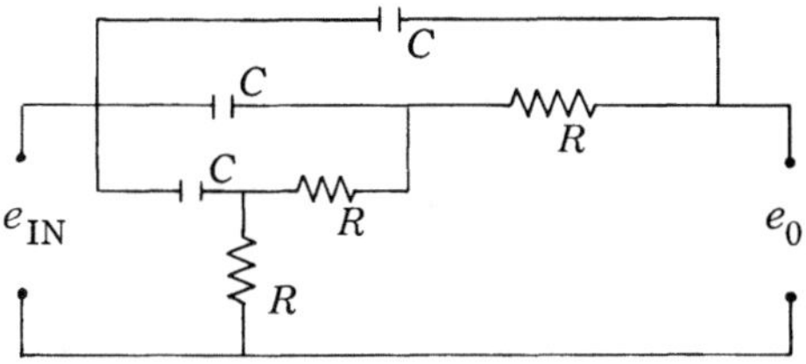


Abb. 6.16

Bestimme die genaue Spannungsverstärkung für diesen Wert von $s$. (Anmerkung: Die Verstärkung beträgt bei dieser Schaltung nur ein paar Prozent.)

## 6.8. UNGERADE UND GERADE FUNKTIONEN VON $s$

Die verschiedenen Netzwerke, die wir in den letzten Abschnitten betrachtet haben, verlangen, daß die Phase von $Z_T(s)$ entweder 0° oder 180° beträgt. Solange uns diese Beispiele frisch in Erinnerung sind, ist der ideale Zeitpunkt gekommen, die Funktion $F(s)$ in allgemeinerer Weise zu untersuchen und zu bestimmen, was für $F(s)$ erforderlich ist, um eine Phasenverschiebung von 0° oder 180° zu erhalten. Diese kurze Einführung in die mehr analytische Natur der Übertragungsfunktionen wird eine gute Grundlage für unsere spätere Arbeit mit Filtern und in der Netzwerksynthese abgeben.

Die Funktion $F(s)$ besteht gewöhnlich aus einem Zähler und einem Nenner, die beide Funktionen von $s$ sein können. $F(s)$ könnte zum Beispiel so aussehen:

$$F(s) = \frac{6s + 5s^2 + s^3}{1 + 6s + 5s^2 + s^3}. \tag{6.73}$$

Nun definieren wir einen Ausdruck, in dem $s$ zu einer geraden Potenz erhoben wird (gerades Glied), und einen Ausdruck, in dem $s$ zu einer ungeraden Potenz erhoben wird (ungerades Glied). Summen von geraden Gliedern werden gerade, Summen von ungeraden Gliedern werden ungerade sein, usw.

Wir definieren $m(s)$ als Summe der *geraden* Glieder in einem Polynom und $n(s)$ als Summe der *ungeraden* Glieder in demselben Polynom. Wir können zur Unterscheidung der geraden und ungeraden Teile von Zähler und Nenner Indizes verwenden. Die allgemeine Funktion von $s$ ist daher

$$F(s) = \frac{m_1(s) + n_1(s)}{m_2(s) + n_2(s)}. \tag{6.74}$$

Für die spezielle Funktion in (6.73) sehen wir, daß

$$\left.\begin{aligned} m_1(s) &= 5s^2 \\ n_1(s) &= 6s + s^3 \\ m_2(s) &= 1 + 5s^2 \\ n_2(s) &= 6s + s^3 \end{aligned}\right\} \qquad (6.75)$$

Nun sehen wir in (6.74), daß der Nenner ungerade Potenzen von $s$ enthält. Wir können solche ungerade Potenzen im Nenner durch Rationalmachung beseitigen, d.h. durch Multiplikation von Zähler und Nenner mit der Größe $m_2(s) - n_2(s)$. Daher

$$F(s) = \frac{(m_1 + n_1)(m_2 - n_2)}{(m_2 + n_2)(m_2 - n_2)} \qquad (6.76)$$

oder

$$F(s) = \frac{m_1 m_2 - m_1 n_2 + m_2 n_1 - n_1 n_2}{m_2^2 - n_2^2} \,. \qquad (6.77)$$

Wir sehen, daß die Glieder im neuen Nenner nun nur mehr gerade Potenzen von $s$ aufweisen. Wir können nun die Glieder der Funktion in gerade und ungerade Teile gruppieren, daher

$$F(s) = \frac{m_1 m_2 - n_1 n_2}{m_2^2 - n_2^2} + \frac{m_2 n_1 - m_2 n_2}{m_2^2 - n_2^2} \qquad (6.78)$$

oder

$$F(s) = A(s) + B(s) \qquad (6.79)$$

wobei

$$A(s) = \frac{m_1 m_2 - n_1 n_2}{m_2^2 - n_2^2} \text{ (gerade)} \qquad (6.80)$$

$$B(s) = \frac{m_2 n_1 - m_1 n_2}{m_2^2 - n_2^2} \text{ (ungerade)} \,. \qquad (6.81)$$

Wenn wir $s$ auf die $j\omega$-Achse beschränken, ist $A(\omega)$ immer reell und $B(\omega)$ immer imaginär. Ein $j$ erscheint in jedem Glied von $B$ und kann als Multiplikator herausgehoben werden.

Die einzige Voraussetzung dafür, daß die Phase von $F(s)$ 0° oder 180° wird, ist die, daß der *ungerade* Teil $B(s)$ null sein muß. Aus (6.81) entnehmen wir, daß $F(s)$ eine Phase von 0° aufweist, wenn

$$m_2 n_1 = m_1 n_2 \,. \qquad (6.82)$$

Für unser Muster-$F(s)$ in (6.73), dessen gerade und ungerade Größen in (6.75) gegeben sind, wird (6.82) zu

$$(1 + 5s^2)(6s + s^3) = 5s^2(6s + s^3) \,. \qquad (6.83)$$

Da die ersten Glieder auf jeder Seite ungleich sind, besteht die einzige Lösung darin, daß beide zweite Glieder null werden, daher

$$6s + s^3 = 0 \tag{6.84}$$

$$s^2 = -6$$

oder

$$s = j\sqrt{6}\,. \tag{6.85}$$

Wenn $s$ durch $j\omega$ ersetzt wird, wird (6.85) zu

$$j\omega = j\sqrt{6}$$

$$\omega = \sqrt{6}\,. \tag{6.86}$$

Die meisten Leser werden inzwischen bemerkt haben, daß diese Funktion das in Abb. 6.16 gezeigte Aufspannetzwerk darstellt, jedoch mit $R = C = 1$.

Wenn der ungerade Teil $B(s)$ verschwindet, verbleibt für $F(s)$ nur der gerade Teil $A(s)$; aus (6.79) und (6.80) ergibt sich

$$F(s) = \frac{m_1 m_2 - n_1 n_2}{m_2^2 - n_2^2} \tag{6.87}$$

und aus (6.75)

$$F(s) = \frac{5s^2(1 + 5s^2) - (6s + s^3)(6s + s^3)}{(1 + 5s^2)^2 - (6s + s^3)^2} \tag{6.88}$$

und da

$$(6s - s^3) = 0$$

$$F(s) = \frac{5s^2(1 + 5s^2)}{(1 + 5s^2)^2} = \frac{5s^2}{1 + 5s^2} \tag{6.89}$$

ergibt das Einsetzen von (6.84) für $s$

$$F(s) = \frac{30}{29} \tag{6.90}$$

woraus wir sehen, daß die Verstärkung ungefähr 3% größer als 1 ist. Obwohl diese Verstärkung gering ist, ist sie für den "Kathodenverstärker-$R$-$C$-Oszillator" angemessen. Man könnte die Verstärkung dieses Netzwerkes auf einen theoretischen Wert von 9/8 erhöhen, indem man jedes einzelne Glied so ausführt, daß das vorhergehende Glied nicht merklich belastet wird. Wir wollen jedoch im folgenden Abschnitt ein viel wirksameres $R$-$C$-Aufspannetzwerk untersuchen.

## 6.9. $R$-$C$-AUFSPANNETZWERKE

Im "$R$-$C$-Kathodenverstärkeroszillator", den wir früher untersucht haben, ergab das Netzwerk eine Spannungserhöhung, die nur etwas größer als 1 war. Prüfen wir nun, was man tun kann, um eine größere Spannungserhöhung zu erlangen. Wir können wohl vermuten, daß es nicht möglich sein wird, sehr hohe Verhältnisziffern zu erzielen, doch ist es lehrreich, das Problem zu untersuchen und sich darüber klar zu werden, was praktisch erreichbar ist.

Prüfen wir das in Abb. 6.17 gezeigte Netzwerk, das - obwohl es wie zuvor sechs Elemente aufweist - viel wirksamer sein kann.

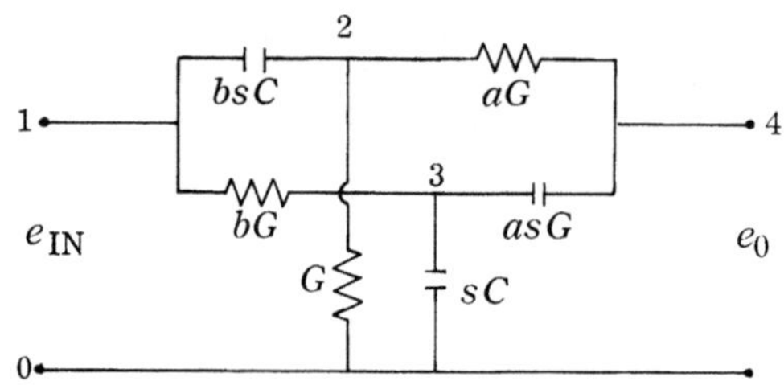


Abb. 6.17

Die einzelnen Elemente sind hier als Leitwertoperatoren angeschrieben worden, und zwar lediglich aus persönlicher Wahl der Methode zur Ausarbeitung der Übertragungsfunktion. Der Leser sollte das folgende Ergebnis als praktische Aufgabe nachprüfen. Man kann jede Methode verwenden, die zu den gleichen Ergebnissen führt. Bei der vom Verfasser angewandten Methode war es leichter, mit Leitwertoperatoren zu arbeiten, doch ist dies hier für unsere Diskussion belanglos. Die Übertragungsfunktion für Abb. 6.17 ist in (6.91) gegeben, wobei $G$ und $C$ auf 1 mho bzw. 1 Farad normiert wurden. Wir werden die Normierung in Kapitel 8 im einzelnen besprechen. Die Werte sind im Augenblick nicht von großem Interesse; die Einheitswerte machen es lediglich leichter, sich mehr auf die Eigenschaften des Netzwerkes als auf die Größe der Komponenten zu konzentrieren.

$$Z_T(s) = \frac{(1 + a + b)s}{s^2 + \left(a + b + \frac{a+1}{b}\right)s + 1} . \tag{6.91}$$

Wir können $j\omega$ für $s$ einsetzen und diese Übertragungsfunktion in die Normalform $A + jB$ bringen, doch machen wir Gebrauch von den *geraden* und *ungeraden* Eigenschaften, die wir eben in Abschnitt 6.8 erörtert haben. Wir sahen aus (6.81), daß es sehr leicht war, die Bedingung für die Phasenverschiebung Null zu finden, indem wir einfach den Zähler des *ungeraden* Teiles von $Z_T(s)$ Null setzten. Daher

$$m_2(s)n_1(s) = m_1(s)n_2(s) . \tag{6.92}$$

Nun schreiben wir für diese bestimmte Übertragungsfunktion

$$\left.\begin{aligned} m_1(s) &= 0 \\ n_1(s) &= (1 + a + b)s \\ m_2(s) &= 1 + s^2 \\ n_2(s) &= \left(a + b + \frac{a+1}{b}\right) s \end{aligned}\right\} \tag{6.93}$$

sodaß (6.92) zu

$$(1 + s^2)(1 + a + b)s = 0 \tag{6.94}$$

wird, woraus sich die einzige nicht triviale Lösung ergibt:

$$1 + s^2 = 0 \tag{6.95}$$

$$s = j \tag{6.96}$$

oder, wenn $s = j\omega$

$$\omega = 1\ . \tag{6.97}$$

Bei $\omega = 1$ haben wir 0° Phasenverschiebung. Der Leser kann dieses Ergebnis überprüfen, indem er das Problem auf die lange Art durcharbeitet, doch der Begriff der *geraden* und *ungeraden* Teile der Übertragungsfunktion vereinfacht die Arbeit beträchtlich.

Da der ungerade Teil der Übertragungsfunktion null gesetzt wurde, verbleibt nur der gerade Teil. Siehe (6.80).

$$Z_T(s) = \frac{-(1 + a + b)s\left(a + b + \frac{a+1}{b}\right)s}{(1 + s^2)^2 - \left(a + b + \frac{a+1}{b}\right)^2 s^2}\ . \tag{6.98}$$

Unter Berücksichtigung von (6.95) können wir (6.98) zu

$$Z_T(s) = \frac{1 + a + b}{a + b + \frac{a+1}{b}} \tag{6.99}$$

oder

$$Z_T(s) = \frac{b + ab + b^2}{ab + b^2 + a + 1} \tag{6.100}$$

vereinfachen.

Nun nehmen wir an, wir fixieren den Ausgangsteil in Abb. 6.17, indem wir $a$ konstant halten, und suchen die Änderungsrate der Verstärkung, während wir $b$ variieren.

$$\frac{dZ_T(s)}{db} = \frac{(ab + b^2 + a + 1)(1 + a + 2b) - (b + ab + b^2)(a + 2b)}{(ab + b^2 + a + 1)^2}\ . \tag{6.101}$$

Wie üblich können wir das Maximum der Funktion finden, indem wir den Zähler der Ableitung null setzen. Wir skizzieren lediglich einige Schritte. Man multipliziert aus und vereinfacht auf die Form

$$b^2 = a^2 + 2a + 2b + 2ab + 1 \tag{6.102}$$

$$b^2 - 2(1 + a)b - (a^2 + 2a + 1) = 0 \tag{6.103}$$

$$b^2 - 2(1 + a)b - (1 + a)^2 = 0 \; . \tag{6.104}$$

Durch die quadratische Formel erhält man

$$b = (1 + a)(1 + \sqrt{2}) \; . \tag{6.105}$$

Für diesen Wert von $b$ wird (6.100) zu

$$\frac{e_0}{e_{IN}} = \frac{1 + a}{a + 2\sqrt{2} - 2} \; . \tag{6.106}$$

Die maximale theoretische Verstärkung tritt ein, während $a$ sich 0 nähert, in welchem Fall

$$\left.\frac{e_0}{e_{IN}}\right|_{max} = \frac{1 + \sqrt{2}}{2} = 1.21 \; . \tag{6.107}$$

Es mag eine Hilfe sein, die Arbeitsweise dieses Netzwerkes in graphischer oder vektorieller Form darzustellen. Wir können die Schlüsselpunkte in Abb. 6.17 numerieren und die Vektoren laut Abb. 6.18 zeichnen.

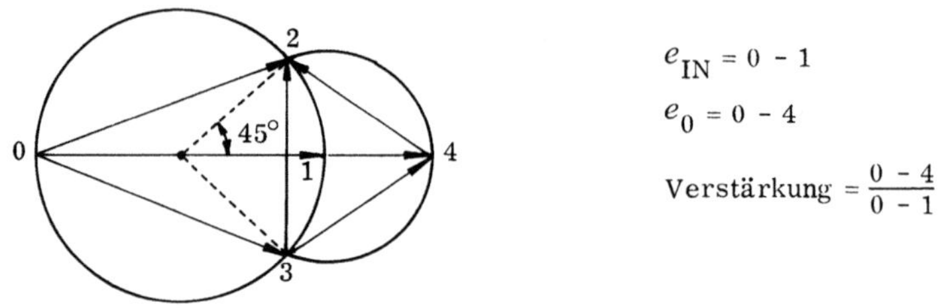


Abb. 6.18

Der Vektor für die Ausgangsspannung $e_{0-4}$ fällt auf einen Sekundärkreis und die Phase von $e_{0-4}$ kann sich nahezu ohne Änderung der Amplitude um etwa ± 10° ändern. Für dieses Beispiel haben wir angenommen, daß die Leitwerte $asC$ und $aG$, dargestellt durch die Vektoren $e_{3-4}$ bzw. $e_{4-2}$, den Zwischenspannungsvektor $e_{3-2}$ ganz leicht belasten. Auf diese Weise konnten wir die größtmögliche Spannungsverstärkung bildlich darstellen.

## 6.10. $R$-$C$-OSZILLATOR MIT DREHKONDENSATOR

Der einzige Zweck der Laplace-Transformation ist es, bei der Lösung von Aufgaben zu helfen. Der Elektroingenieur ist ja laufend mit Problemen zur Lösung neuer und ungewöhnlicher Netzwerke befaßt. Wir halten es daher für notwendig, wenigstens *eine* Aufgabe eines "nicht normalen" Oszillatornetzwerkes zur zusätzlichen Übung mit Übertragungsfunktionen in die Besprechung aufzunehmen.

Die früher behandelten Oszillatoren können mit fixer oder variabler Frequenz arbeiten. Wenn die Frequenz variabel sein soll, muß man zur Abstimmung Drehkondensatoren mit zwei oder drei Sektionen verwenden. Es wäre gewiß wünschenswert, wenn man dieselben Ergebnisse mit einem einfachen Drehkondensator erreichen könnte. Daß dies - zumindest in manchen Fällen - möglich ist, ergibt sich aus der Besprechung des Oszillatornetzwerkes in Abb. 6.19. Dieses Netzwerk ist ähnlich jenem, das im früher behandelten Wienschen Brückenoszillator verwendet wurde. Wir erwarten daher, daß ein Verstärker mit Phasenverschiebung Null und der Verstärkung $A$, wobei

$$A = \frac{e_{IN}}{e_0}$$

als aktives Element erforderlich sein wird.

Im Netzwerk von Abb. 6.19 ist es unser Ziel, nur einen einzigen Drehkondensator $C$ zu verwenden. Der Kondensator $C_1$ soll fixiert bleiben. Weiters muß die Größe der Netzwerkverstärkung $(e_0/e_{IN})$ über den gesamten Frequenzbereich relativ konstant bleiben, andernfalls muß der Rückkopplungsverstärkungsgrad ständig verändert werden, was weder praktisch noch wünschenswert ist.

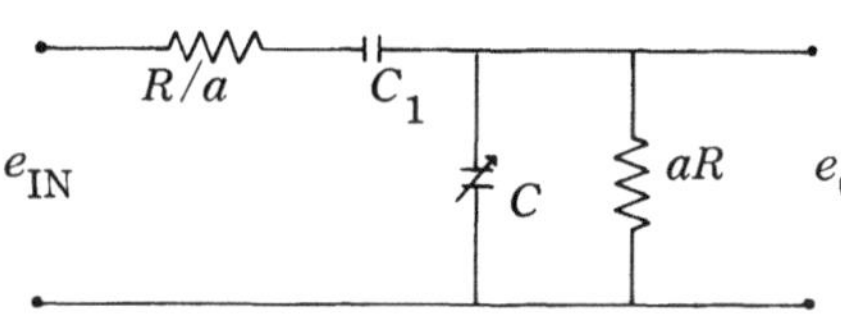


Abb. 6.19

Als Verstärker kann ein Röhren- oder Transistorgerät verwendet werden. Falls ein Transistorverstärker verwendet wird, ist die Eingangsimpedanz endlich und kann als Teil von $aR$ gelten. Wenn der Verstärkereingangswert $R_{IN}\,\Omega$ (Ohm) beträgt, so ist die erhöhte Verstärkung $A_1$

$$A_1 = \frac{aR}{R_{IN}} \cdot \frac{e_{IN}}{e_0} . \tag{6.108}$$

Nach dieser Feststellung vernachlässigen wir diesmal die Belastung und gehen daran, das Netzwerk zu analysieren.

Der erste Schritt bei dieser Art von Analyse ist wie üblich das Anschreiben der Netzwerkgleichungen und die Lösung für die Übertragungsfunktion. Der Leser sollte dies nun durchführen und zeigen, daß (6.109) richtig ist.

$$Z_T(s) = \frac{saRC_1}{s^2R^2CC_1 + sR(Ca + C_1a + C_1/a) + 1} . \tag{6.109}$$

Wie schon früher gehandhabt, kann der Leser nun $z(\omega)$ bestimmen, indem er für jedes $s$ in (6.109) $j\omega$ einsetzt. Die resultierende Gleichung erhält die Form

$$\frac{e_{IN}}{e_0} = \left(1 + \frac{1}{a^2} + \frac{C}{C_1}\right) + j\left(\frac{\omega CR}{a} - \frac{1}{\omega aRC_1}\right) . \tag{6.110}$$

Für Phasenverschiebung Null muß das imaginäre Glied null gesetzt werden, was uns über die Frequenz Auskunft gibt, d. h.

$$\left(\frac{\omega CR}{a} - \frac{1}{\omega a R C_1}\right) = 0 \tag{6.111}$$

woraus

$$f = \frac{1}{2\pi R\sqrt{(CC_1)}} \,. \tag{6.112}$$

Aus (6.112) ersehen wir, daß wir - wenn $C_1$ eine Konstante und $C$ die Veränderliche ist - alle Konstanten als $k$ zusammenfassen und

$$f = \frac{k}{R\sqrt{C}} \tag{6.113}$$

anschreiben können.

Vorausgesetzt, daß das Netzwerk sonst als Basis für den Oszillator zufriedenstellend ist, zeigt uns dies, daß die Schwingungsfrequenz zur Quadratwurzel der Abstimmkapazität $C$ umgekehrt proportional ist. Dies erinnert uns an eine ähnliche Formel für die Resonanz in einer $L$-$C$-Parallelschaltung, die

$$f = \frac{1}{2\pi\sqrt{(LC)}} \tag{6.114}$$

lautet, doch haben die beiden Schaltungen nichts miteinander zu tun.

Wenn wir Phasenverschiebung Null annehmen, wird der reelle Teil von (6.110) zu

$$\frac{e_{IN}}{e_0} = 1 + \frac{1}{a^2} + \frac{C}{C_1} \,. \tag{6.115}$$

Nun wählen wir die Festkapazität $C_1$ viel größer als $C$. Dann wird (6.115) zu

$$\frac{e_{IN}}{e_0} = 1 + \frac{1}{a^2} \,. \tag{6.116}$$

Eine solche Wahl von $C_1$ gestattet es, die Oszillatorverstärkung über das ganze Band im wesentlichen konstant zu erhalten. Es ist sehr leicht möglich, daß wir eine Transistoreingangsstufe verwenden werden; der gesuchte Gesamtverstärkungsgrad ist für diesen Fall durch (6.108) gegeben

$$A_1 = \frac{aR}{R_{IN}} \cdot \frac{e_{IN}}{e_0} \tag{6.117}$$

wobei $A_1$ = Gesamtgewinn

$R_{IN}$ = Verstärkereingangswiderstand

$\left(\frac{e_{IN}}{e_0}\right)$ = Netzwerkverlust .

Wenn wir (6.116) in (6.117) einsetzen, erhalten wir

$$A_1 = \frac{aR}{R_{IN}} \cdot \left(1 + \frac{1}{a^2}\right) \tag{6.118}$$

oder

$$A_1 \propto a + \frac{1}{a}\,. \tag{6.119}$$

Wenn wir $A_1$ differenzieren, bekommen wir

$$\frac{dA_1}{da} = 1 - \frac{1}{a^2} \qquad (6.120)$$

und nach Nullsetzen

$$1 - \frac{1}{a^2} = 0 \qquad (6.120)$$

woraus wir sehen, daß für

$$a = 1 \tag{6.122}$$

der Mindestgewinn benötigt wird.

Wenn das Netzwerk unbelastet ist, kann mit Hilfe von (6.116) ein geeigneter Wert für $a$ gewählt werden. Für den angenommenen Transistorverstärker benötigen wir den optimalen Verstärkungsgewinn 2 und Phasenverschiebung Null.

Diese Art von Problem mit all seinen Verzweigungen ist typisch für eine routinemäßige Netzwerkanalyse, wie man sie von einem Elektroniker jederzeit verlangen könnte.

## 6.11. AKTIVE INTEGRIERENDE UND DIFFERENZIERENDE SCHALTUNGEN

Wir wollen uns kurz mit Siebschaltungen und einer Einführung in die Netzwerksynthese befassen. Die beiden in diesem Abschnitt zu besprechenden Schaltungen sind Sonderfälle von solchen aktiven Stromkreisen. Sie werden seit langem dort verwendet, wo es nötig ist, eine Integration durchzuführen oder Signale mit größerer Flexibilität und Genauigkeit zu differenzieren als es mit einfachen passiven $R$-$C$-Elementen möglich ist. (Man betrachte die in Abb. 6.20 gezeigte Schaltung.)

Für analytische Zwecke ist es empfehlenswert, den Verstärker mit Gewinn $A$ durch eine Spannungsquelle $Ae_0$ zu ersetzen, sodaß die neue Schaltung in der Form der Abb. 6.21 erscheint.

Wie üblich besteht der erste Schritt darin, die Netzwerkgleichungen anzuschreiben. Diese lauten:

$$\frac{2}{sC}\, i_1 - \frac{1}{sC}\, i_2 = e_{IN} - Ae_0 \tag{6.123}$$

$$-\frac{1}{sC}\, i_1 + \left(2R + \frac{1}{sC}\right) i_2 = Ae_0\,. \tag{6.124}$$

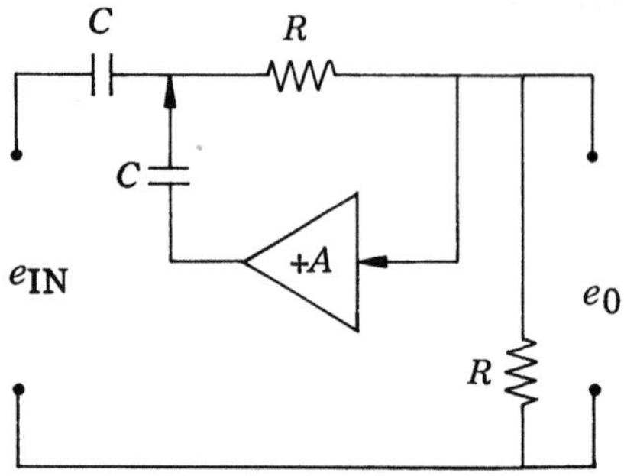


Abb. 6.20

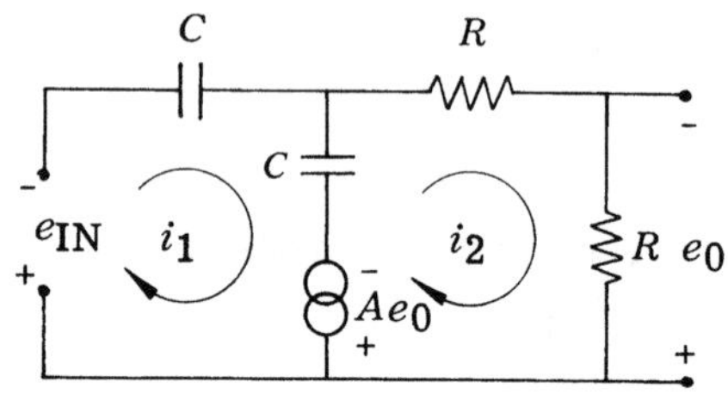


Abb. 6.21

Wegen der Rückkopplung erscheint in Schleife 2 eine Spannungsquelle, sodaß der Ausdruck für Schleife 2 nicht Null ist wie es in früheren Abschnitten der Fall war. Der nächste Schritt in dem ordentlichen Verfahren zur Ableitung der Übertragungsfunktion ist die Auflösung nach $i_2$. (In solchen Fällen spielt es keine Rolle, ob wir $i$ und $e$ als Funktionen von $s$ oder $t$ anschreiben, da wir ja ein Verhältnis bilden wollen. Das Verhältnis wird in jedem Fall eine Funktion von $s$ sein.)

$$i_2 = \frac{\dfrac{e_{IN}}{sC} - \dfrac{Ae_0}{sC} + \dfrac{2Ae_0}{sC}}{\dfrac{4R}{sC} + \dfrac{2}{s^2C^2} - \dfrac{1}{s^2C^2}} . \tag{6.125}$$

Die Ausgangsspannung erhält man durch Multiplikation mit $R$.

$$e_0 = \frac{\dfrac{e_{IN}R}{sC} + \dfrac{Ae_0R}{sC}}{\dfrac{4R}{sC} + \dfrac{1}{s^2C^2}} \tag{6.126}$$

$$e_0 = \frac{e_{IN}R + ARe_0}{4R + \dfrac{1}{sC}} . \tag{6.127}$$

Es gilt auch

$$4Re_0 + \frac{e_0}{sC} - ARe_0 = Re_{IN} \tag{6.128}$$

sodaß

$$\frac{e_0}{e_{IN}} = \frac{R}{4R + 1/sC - AR} . \tag{6.129}$$

Dies kann in folgende Form gebracht werden:

$$Z_T(s) = \frac{RCs}{1 + RCs(4 - A)} . \tag{6.130}$$

Nun stellen wir den Gewinn $A$ des Rückkopplungsverstärkers genau auf 4 ein. Der Verstärker muß Phasenverschiebung Null aufweisen, sodaß der Verstärkungsfaktor größer als Eins wird. Gleichung (6.130) wird dann

$$Z_T(s) = RCs \, . \tag{6.131}$$

Weiters nehmen wir an, daß das Produkt $RC = 1$. Wir erhalten dann

$$Z_T(s) = s \, . \tag{6.132}$$

Gleichung (6.132) zeigt, daß unter den auferlegten Bedingungen $RC = 1$; $A = +4$, die Übertragungsfunktion dieser Schaltung den totalen Differentialoperator $s$ darstellt. Für Zeitfunktionen gilt dann

$$e_0 = \frac{de_{IN}}{dt} \, . \tag{6.133}$$

Wir sehen, daß innerhalb des Frequenzbereiches und der Ausgangsleistung des Verstärkers eine vollkommene Differenzierung durchgeführt werden kann. Außerdem wird der Leser, der als Differentiatoren angeschlossene Rechenverstärker kennt, bemerken, daß - während der hier besprochene Vorgang einen Gewinn von genau 4 verlangt - die Methode der Rechenverstärker theoretisch unendliche oder praktisch sehr große Verstärkungsfaktoren erfordert. Der niedrige Gewinn dieser Schaltung ermöglicht es, eine sehr starke Rückkopplung zu verwenden, um den Gewinn $A$ genau beim verlangten Wert 4 zu stabilisieren.

Aufgabe. Die Schaltung in Abb. 6.22 ist unter Verwendung der hier besprochenen Methode Schritt für Schritt zu analysieren.

Man zeige, daß die Übertragungsfunktion dieser Schaltung folgendermaßen lautet:

$$Z_T(s) = \frac{1}{s} \, . \tag{6.134}$$

Dieses Ergebnis zeigt, daß diese Schaltung innerhalb der Frequenz- und Amplitudenbereiche des Verstärkers eine vollkommene Integration ausführt, sodaß

$$e_0 = \int_0^t e_{IN}(t) \, dt \, . \tag{6.135}$$

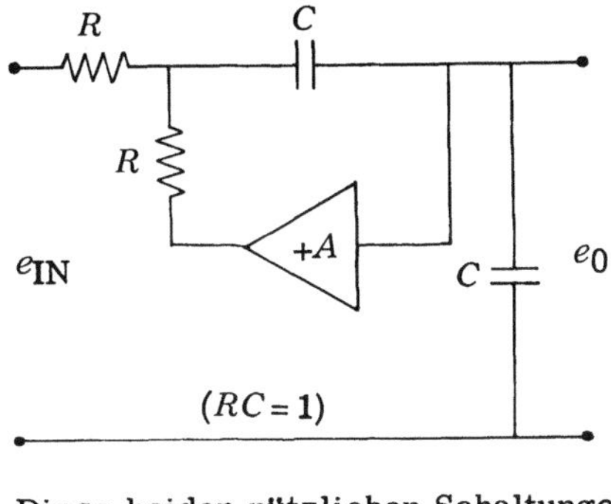


Abb. 6.22

Diese beiden nützlichen Schaltungen sind lediglich Sonderfälle von allgemeinen aktiven Kettenschaltungen, die später im Text ausführlich behandelt werden.

## 6.12. RECHENVERSTÄRKER

Der letzte Abschnitt behandelte Integration und Differentiation unter Verwendung eines Verstärkers mit niedrigem Verstärkungsgrad zusammen mit der geeigneten Schaltung. Hier werden wir eine gebräuchlichere Methode für denselben Zweck kurz besprechen.

Betrachten wir die in Abb. 6.23 gezeigte Schaltung. Wenn wir annehmen, daß der Verstärker auf die Spannung $e_2$ keine Belastung ausübt, dann stellt $e_2$ einen einzelnen unbekannten Spannungsknoten dar und wir können zur Darstellung der Wirkungsweise der Schaltung eine einzelne Knotengleichung anschreiben

$$\frac{(e_2 - e_{IN})}{Z_1} + \frac{(e_2 - e_0)}{Z_2} = 0\,. \qquad (6.136)$$

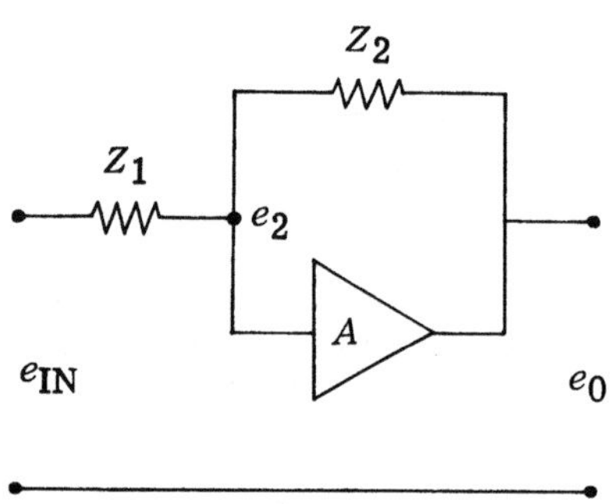


Abb. 6.23

Wir sehen nun, daß

$$e_2 = \frac{e_0}{A} \qquad (6.137)$$

und nach Einsetzen in (6.136) erhalten wir

$$\frac{(e_0/A - e_{IN})}{Z_1} + \frac{(e_0/A - e_0)}{Z_2} = 0 \qquad (6.138)$$

oder

$$\frac{e_0}{AZ_1} - \frac{e_{IN}}{Z_1} + \frac{e_0}{AZ_2} - \frac{e_0}{Z_2} = 0 \qquad (6.139)$$

woraus

$$\frac{e_0}{e_{IN}} = \frac{1}{1/A + Z_1/AZ_2 - Z_1/Z_2}\,. \qquad (6.140)$$

Wenn der Gewinn $A$ sehr groß gemacht wird und sich im idealen Fall Unendlich nähert, fallen die ersten beiden Nennerglieder heraus, und wenn $Z_1$ und $Z_2$ als Funktionen von $s$ gegeben sind, so können wir die Übertragungsfunktion von Abb. 6.23 als

$$Z_T(s) = -\frac{Z_2(s)}{Z_1(s)} \qquad (6.141)$$

anschreiben. Wenn man mit dieser Schaltung eine Integration ausführen will, kann man

$$Z_1(s) = R\,; \qquad Z_2(s) = \frac{1}{sC} \qquad (6.142)$$

wählen, worauf die Übertragungsfunktion die Form

$$Z_T(s) = -\frac{1}{RCs} \qquad (6.143)$$

annimmt. Wir sehen, daß die Übertragungsfunktion zum Integraloperator $1/s$ proportional ist. Die Proportionalitätskonstante $1/RC$ kann viel größer als 1 sein, was ebenfalls Verstärkung ergibt.

Sollte man sich entscheiden, die Schaltung als Differenzierschaltung zu verwenden, so werden die Bedingungen

$$Z_1(s) = R \; ; \qquad Z_2(s) = sL \tag{6.144}$$

eine Gesamtübertragungsfunktion liefern:

$$Z_T(s) = -\frac{Ls}{R} . \tag{6.145}$$

Es ist jedoch folgendes zu beachten: (1) es wird in der Praxis schwierig sein, das Verhältnis $L/R$ größer als 1 zu machen; (2) da es sehr schwierig ist, Induktivitäten mit großem $Q$ zu konstruieren, wird die Qualität der Differenzierung darunter leiden. Der Verstärker $A$ muß ein Umkehrverstärker sein.*).

Aufgabe. Falls der Verstärker ein Transistorgerät ist, wäre die Eingangsimpedanz endlich und wir könnten im Punkt $e_2$ in Abb. 6.23 keine Belastung Null annehmen. Die Übertragungsfunktion ist abzuleiten, indem eine dritte Impedanz, $Z_3$, von diesem Punkt zur Erde eingeführt wird.

Antwort.

$$Z_T(s) = \frac{1}{1/A - Z_1/Z_2 + Z_1/AZ_2 + Z_1/AZ_3} . \tag{6.146}$$

## 6.13. LADUNGSVERSTÄRKER

Es gibt eine Anzahl von Typen elektrischer Energiewandler, bei denen die interessierende Grundgröße eher die elektrische *Ladung* als die Spannung ist. Einige solche gebräuchliche Verrichtungen sind das Kondensatormikrophon, die piezoelektrischen Tonabnehmer, die entweder Rochellesalz oder andere Substanzen wie z. B. Bariumtitanat verwenden, und einige Festkörperdetektoren der Kernphysik. Im letzten Fall ist das aktive Detektorvolumen die mit einem $p$-$n$-Halbleiterübergang verbundene Verarmungsschicht. Zum Unterschied vom Transistor werden solche Teilchendetektoren oft mit sehr dicker Verarmungsschicht hergestellt. Die Verarmungsschicht in einem Lithium-Drift-Teilchendetektor kann bis zu 1 cm betragen. Wenn ein solcher $p$-$n$-Übergang negativ vorgespannt ist, fließt solange kein Strom, bis ein Nuklearteilchen die Verarmungsschicht passiert. Bei der Abbremsung eines solchen Teilchens erzeugt seine kinetische Energie Loch-Elektronenpaare und diese innerhalb des aktiven Detektorvolumens freigesetzten Ladungen werden durch das angelegte Feld als Stromstöße herausgejagt.

Wir verwenden den Nuklearteilchendetektor als Beispiel für einen Fall, wo eher die Ladung als die Spannung die interessierende Größe ist. Da die Ladung bzw. die Anzahl der geschaffenen Loch-Elektronenpaare zur Energie des Nuklearteilchens direkt proportional ist, wird sie nicht von der $p$-$n$-Übergangskapazität beeinflußt. Daher ist die durch

$$E = \frac{Q}{C} \tag{6.147}$$

*) (Anm. des Übersetzers) Wechselspannung auf die Anode, Gleichrichtung auf der Gitterseite.

gegebene Spannung uninteressant. Jeder Versuch einer Messung der Ladungsverstärkung durch Verwendung eines herkömmlichen Spannungsverstärkers wird wegen der variablen und unvorhersehbaren Natur der Detektorkapazität fehlschlagen.

Als Auftakt zu unserer Analyse des Ladungsverstärkers ist es zweckmäßig, die Ersatzschaltung des Energiewandlers zu betrachten. Es kann dies eine Ersatzstromquelle laut Abb. 6.24 sein, wo der innere Widerstand eher durch eine Kapazität als durch den vertrauten ohmschen Widerstand gebildet wird.

Dasselbe Modell kann auch für solche Vorrichtungen wie z. B. piezoelektrische Tonabnehmer, sowie für Kondensatormikrophone und Hydrophone verwendet werden. Wenn $C_D$ die Detektorkapazität und $e_D$ die Detektorspannung ist, dann ist die Ladung $q_D$ am Detektor

$$q_D = e_D C_D \,. \tag{6.148}$$

Nehmen wir nun an, wir verwenden einen Rechenverstärker wie er im letzten Abschnitt besprochen wurde. Wir bezeichnen in Abb. 6.25 Phasenumkehr und sehr hohe Verstärkung durch (- ∞).

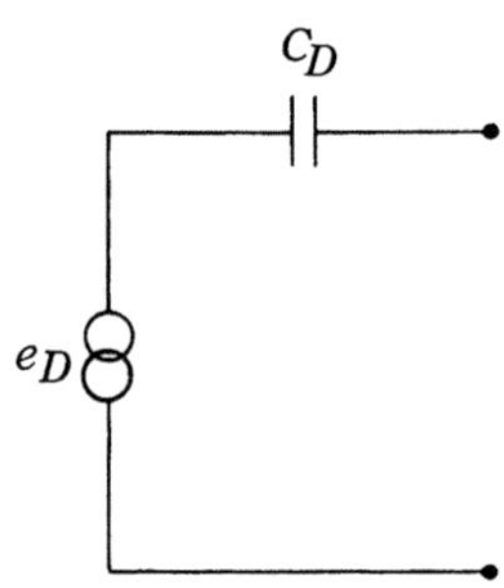


Abb. 6.24

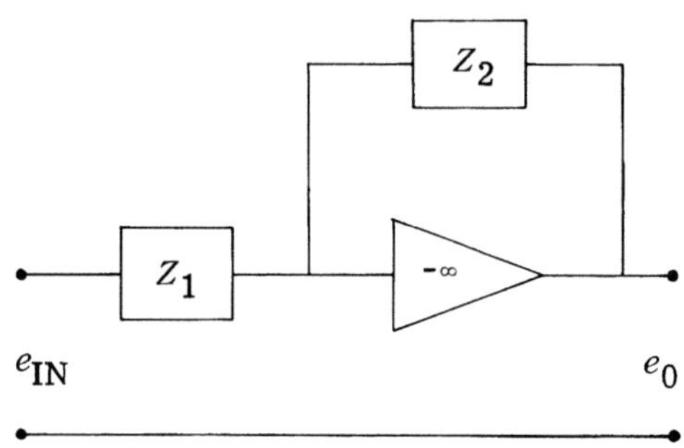


Abb. 6.25

Wie wir bereits früher erfahren haben, ist der Verstärkungsfaktor

$$\frac{e_0}{e_{IN}} = -\frac{Z_2}{Z_1} \,. \tag{6.149}$$

Wenn im speziellen Fall die Impedanzen $Z_1$ und $Z_2$ Kondensatoren mit der Kapazität $C_1$ resp. $C_2$ sind, erhalten wir

$$\frac{e_0}{e_{IN}} = -\frac{C_1}{C_2} \,. \tag{6.150}$$

Kombinieren wir nun Abb. 6.25 mit der Ersatzschaltung des in Abb. 6.24 gezeigten Kerndetektors. Das Ergebnis sehen wir in Abb. 6.26.

Wir können als typischen Wert für $C_D$ ungefähr 10 Pikofarad annehmen und $C_1$ mit 0.1 mfd fixieren. Dann ist für alle praktischen Zwecke, wenn $C_1 \gg C_D$, das Ergebnis der Reihenschaltung einfach gleich $C_D$. Das Ergebnis ist in Abb. 6.27 zu sehen.

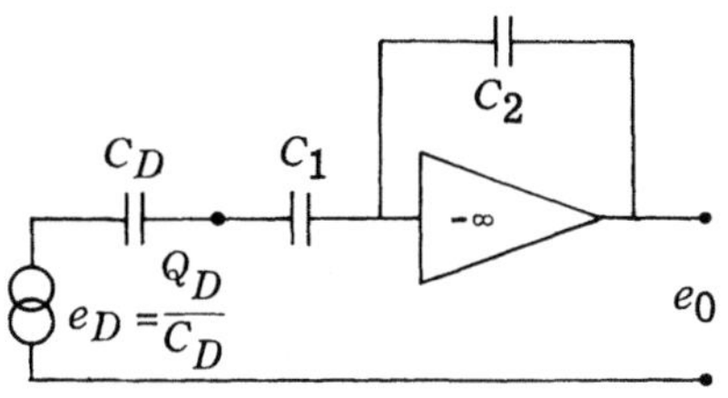


Abb. 6.26

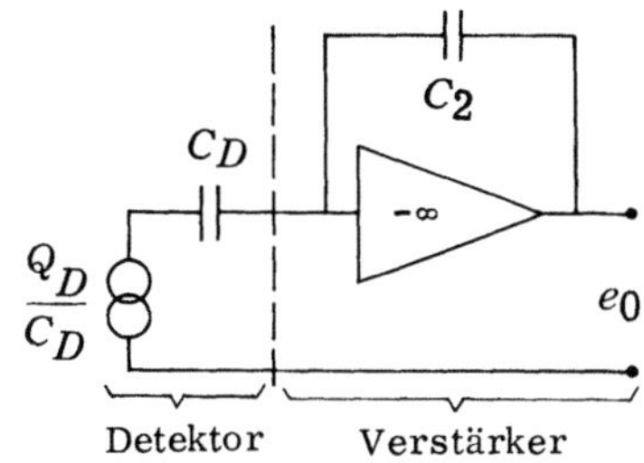


Abb. 6.27

Wir sehen, daß

$$e_0 = -\frac{C_D e_{IN}}{C_2} = -\frac{C_D q_D}{C_2 C_D} \tag{6.151}$$

oder

$$e_0 = -\frac{q_D}{C_2}\,. \tag{6.152}$$

Gleichung (6.152) sagt uns, daß die Ausgangsspannung der Ladung des Detektors proportional ist und daß die Kapazität des Nukleardetektors im Ergebnis nicht aufscheint. Wir sehen, daß der Verstärkungsfaktor der Schaltung, d.h. das Verhältnis der Ausgangsspannung zur Eingangsladung durch unsere Wahl von $C_2$ bestimmbar ist.

## 6.14. ANALYSE DES LADUNGSVERSTÄRKERS

Abschnitt 6.13 behandelte den idealen Fall, in welchem der Rechenverstärker einen unendlichen Eingangswiderstand und eine unendliche Verstärkung aufwies. Nehmen wir nun den praktischen Fall eines Verstärkers mit endlicher Verstärkung und endlichem Eingangswiderstand an, wie er in Abb. 6.28 gezeigt wird.

Wir finden, daß

$$\frac{e_0}{e_{IN}} = \frac{-Z_2}{\frac{Z_2}{A} + \frac{Z_1}{A} + Z_1 + \frac{Z_1 Z_2}{A Z_3}}\,. \tag{6.153}$$

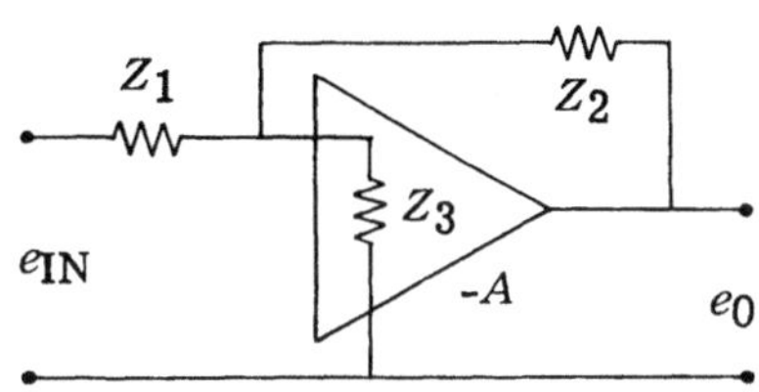


Abb. 6.28

Setzen wir nun $Z_3$ aus dem Eingangsparallelwiderstand und der Parallelkapazität des Verstärkers selbst zusammen,
sodaß

$$Z_3 = \frac{R_3}{sR_3C_3 + 1} \cdot \tag{6.154}$$

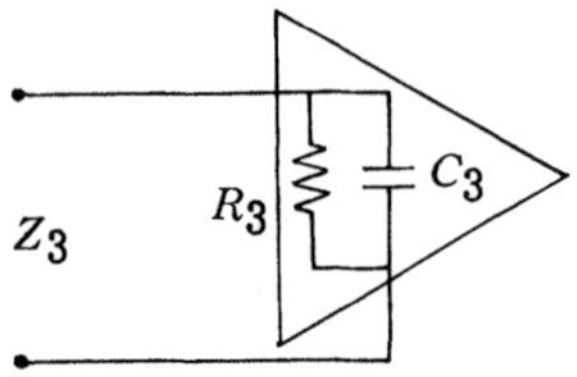


Abb. 6.29

Wenn wie früher

$$Z_1 = \frac{1}{sC_D} \tag{6.155}$$

$$Z_2 = \frac{1}{sC_2} \tag{6.156}$$

wird (6.153) zu

$$\frac{e_0}{e_{IN}} = \frac{-\frac{1}{C_2}}{\frac{1}{C_2A} + \frac{1}{C_D}\left[\frac{1}{A} + 1 + \left(\frac{sR_3C_3 + 1}{sC_2R_3A}\right)\right]} \tag{6.157}$$

Wir treffen nun verschiedene Annahmen.

Erste Annahme.

$$\frac{1}{A} \ll 1.0 \,. \tag{6.158}$$

(6.157) wird dann zu

$$\frac{e_0}{e_{IN}} = \frac{-1}{\frac{1}{A} + \frac{1}{C_D}\left[\frac{1 + sR_3(C_2A + C_3)}{sR_3A}\right]} \tag{6.159}$$

Für $s = j\omega$

$$\frac{e_0}{e_{IN}} = \frac{-1}{\frac{1}{A} + \frac{1}{C_D}\left[\frac{\omega R_3(C_2A + C_3) - j}{\omega R_3A}\right]} \cdot \tag{6.160}$$

Zweite Annahme.

$$AC_2 \gg C_3 \,. \tag{6.161}$$

Diese Annahme bedeutet lediglich, daß wir zur Erreichung von (6.158) den Gewinn $A$ genügend groß machen müssen. Nach Vereinfachung ergibt sich

$$\frac{e_0}{e_{IN}} = \frac{-A}{1 + \frac{1}{C_D}\left[\frac{\omega R_3C_2A - j}{\omega R_3}\right]} \cdot \tag{6.162}$$

Da $e = q_D/C_D$, folgt

$$e_0 = \frac{-Aq_D}{C_D + \left[\frac{\omega R_3 C_2 A - j}{\omega R_3}\right]} \tag{6.163}$$

$$e_0 = \frac{-Aq_D}{C_D + C_2 A - \frac{j}{\omega R_3}} . \tag{6.164}$$

Dritte Annahme.

$$AC_2 \gg C_D \tag{6.165}$$

$$e_0 = \frac{-Aq_D}{AC_2 - \frac{j}{\omega R_3}} = \frac{-q_D}{C_2 - \frac{j}{\omega A R_3}} \tag{6.166}$$

sodaß für den Betrag

$$|e_0| = \frac{q_D}{\sqrt{C_2{}^2 + \frac{1}{\omega^2 A^2 R_3{}^2}}} \tag{6.167}$$

folgt.

Wenn wir nun eine Grenzfrequenz $f_c$ annehmen, wobei

$$f_c = \frac{1}{2\pi A R_3 C_2} \tag{6.168}$$

so wird (6.167) für $\omega > \omega_c$ zu

$$|e_0| = \frac{q_D}{C_2} \tag{6.169}$$

was dem Ergebnis von (6.152) für einen idealen Verstärker entspricht.

Unsere vier Annahmen fassen wir in (6.170) zusammen:

$$\begin{aligned} &A \gg 1.0 \\ &AC_2 \gg C_3 \\ &AC_2 \gg C_D \\ &f_c > \frac{1}{2\pi A R_3 C_2} . \end{aligned} \tag{6.170}$$

Da wir gewöhnlich alle vier Annahmen durch geeignete Wahl des einzigen Parameters $A$ gültig machen können, sehen wir, daß ein praktischer Ladungsverstärker nicht schwer zu verwirklichen ist.

## 6.15. INDUKTIV RÜCKGEKOPPELTE SPANNUNGSVERSTÄRKER

Der in Abb. 6.25 dargestellte Rechenverstärker wird gewöhnlich als Spannungsverstärker verwendet. $Z_1$ und $Z_2$ sind Widerstände und die Spannungsverstärkung ist dann

$$A = -\frac{R_2}{R_1}. \tag{6.171}$$

Erfreulich ist, daß die Gesamtverstärkung vom aktiven Teil der Schaltung unabhängig ist, wobei wir nur annehmen müssen, daß der aktive Verstärkerteil einen genügend großen Leerlaufgewinn aufweist, um (6.171) gültig zu machen.

Wenn der Verstärkungsfaktor des inneren Verstärkers wirklich sehr hoch ist, sehen wir sofort, daß das Fehlersignal am Übergang von $R_2$ und $R_1$ sich der Null nähert. Daher ist der Eingangsstrom einfach $e_E$ dividiert durch den Widerstand $R_1$ und der Verstärkereingangswiderstand ist lediglich $R_1$ selbst.

In manchen Fällen kommt der Größe des Eingangswiderstandes keine große Bedeutung zu, doch in manchen anderen Fällen wünschen wir uns einen sehr hohen Eingangswiderstand - gewöhnlich um eine Belastung der Spannungsquelle des Signals zu vermeiden.

Als Beispiel nehmen wir an, wir möchten einen Eingangswiderstand der Verstärkerschaltung von 10 Megohm und eine Gesamtverstärkung von 10. Wir setzen voraus, daß ein geeigneter innerer Verstärker mit entsprechendem Verstärkungsfaktor und Frequenzgang vorhanden ist. Es bleibt dann nur $R_1$ = 10 M und $R_2$ = 100 M zu machen.

Es ergeben sich nun verschiedene Probleme. Erstens könnten wir nach der Langzeitstabilität eines 100 M-Widerstandes abhängig von Alter, Temperatur, Feuchtigkeit usw. fragen. Was wäre, wenn wir einen Verstärkungsfaktor von 100 oder gar 1000 benötigten? Diese Verstärkungsgrade sind für manche Bedürfnisse gar nicht übermäßig, doch im letzteren Fall müßte $R_2$ = 10.000 M sein und wir würden sofort feststellen, daß ein solcher Widerstand für den normalen Gebrauch zu unregelmäßig wäre.

Ein zweites Problem ist jenes der Wärmerauschspannung, die sich innerhalb von $R_1$ selbst entwickelt. Bei jedem einfachen Widerstand haben wir eine Rauschspannung, die durch Wärmerauschen innerhalb des Widerstandes verursacht wird. Die Rauschspannung ist absolut zufällig und unabhängig von dem Material, aus welchem der Widerstand hergestellt ist; doch können wir eine einfache Formel für den *effektiven* *) Wert der Rauschspannung angeben:

$$e_R = \sqrt{RkT\,\Delta f} \tag{6.172}$$

wobei

$e_R$ = Volt

$R$ = Widerstand in Ohm

$k$ = Boltzmannsche Konstante, $1.38 \times 10^{-23}$ Joule pro Kelvin-Grad

$T$ = absolute Temperatur in Kelvin-Graden (die Zimmertemperatur entspricht ungefähr 300° K)

*) (Anm. des Übersetzers) Winkel aus dem seitlichen Mittelwert des Quadrates der Rauschspannung.

$\Delta f$ = Bandbreite in Hertz.

Nehmen wir nun an, wir seien an einem Niederfrequenzverstärker mit einer Bandbreite von etwa 10 kHz interessiert. Wir können dann (6.172) verwenden, um die effektive Rauschspannung zu bestimmen, welche spontan durch den 10 Megohm-Widerstand $R_1$ entwickelt wird. Wir erhalten für das Boltzmannsche Rauschen:

$$e_E = \sqrt{4\ 10^7\ 1.38\ 10^{-23}\ 3\ 10^2\ 10^4}$$

$$e = \sqrt{16.56\ 10^{-10}}$$

oder

$$e_E = 4\ 10^{-5} = 40\ \mu V\,. \tag{6.173}$$

Dieser Wert könnte klein erscheinen, doch wird er zur Eingangsspannung $e_E$ direkt dazuaddiert und erscheint am Eingang zum inneren Verstärker. Wenn unser gesamtes Betriebssystem einen vernünftigen Verstärkungsfaktor von, sagen wir, 100 aufweisen soll, so werden wir wahrscheinlich die Leerlaufverstärkung des inneren Verstärkers auf zirka 1000 einstellen, um 20 db Gegenkopplung zu erhalten. Da die Rückkopplung das Rauschen nicht beeinflußt, erscheinen unsere 40 Mikrovolt am Ausgang als 40.000 Mikrovolt oder 4.04 Volt. In sehr vielen Fällen würde ein so stark rauschendes Verhalten das System wertlos machen.

Als ob diese Probleme noch nicht ausreichten, nehmen wir weiter an, daß der Rückkopplungswiderstand $R_2$ eine Parallelstreukapazität von, sagen wir, 1.0 Pikofarad aufweist. Der Blindwiderstand bei der 10 kHz-Frequenzgrenze beträgt

$$X_C = 16 \text{ Meg Ohm} \tag{6.174}$$

und das Verhältnis von diesem zu unserem 10 Megohm-Wert für $R_1$ wird den Verstärkungsfaktor an den oberen Frequenzen fast auf 1 reduzieren. Man wird versuchen, dieses Problem durch Hinzufügen einer Ausgleichkapazität über $R_1$ zu umgehen, doch muß dieser Wert im Vergleich sehr groß sein - und so wird das Problem immer komplizierter.

Der Verfasser hat sich bemüht, eine Anzahl von Schwierigkeiten aufzuzeigen, die sich bei einer durchaus vernünftigen Aufgabenstellung, sagen wir einem Verstärkungsfaktor 10 und einem Eingangswiderstand von 10 Megohm, ergeben. Nach Kenntnisnahme einiger dieser Probleme möge der Leser folgende *unorthodoxe* Lösung in Betracht ziehen.

Man könnte meinen, die Lösung aller obigen Probleme wäre die, die Widerstandsrückkopplungselemente $R_1$ und $R_2$ gänzlich aufzugeben und statt dessen für $Z_1$ und $Z_2$ Kondensatoren zu verwenden. Wenn

$$Z_1 = \frac{1}{sC_1}$$

und

$$Z_2 = \frac{1}{sC_2}$$

dann ist der Verstärkungsfaktor

$$A = -\frac{C_1}{C_2}. \tag{6.175}$$

Wir sehen, daß die Frequenzvariable $s$ herausfällt, wodurch der Verstärkungsfaktor von der Frequenz unabhängig wird. Die Parallelkapazität über $C_1$ und $C_2$ wird als Teil von $C_1$ und $C_2$ in einfacher Form absorbiert und der Eingangswiderstand des gesamten Verstärkers ist einfach die Kapazität von $C_1$ über die Eingangsklemme zur Erde.

Als erste und nächstliegende Frage ergibt sich folgende: Wie lautet der kleinste Wert von $C_1$ für einen praktischen Verstärker, z.B. einen Niederfrequenzverstärker mit einer Bandbreite von 20 bis 20.000 Hz?

Diese Frage beantwortet sich am besten durch Diskussion der in Abb. 6.30 gezeigten Verstärkerschaltung, die dem technischen Notizbuch des Verfassers entnommen ist.

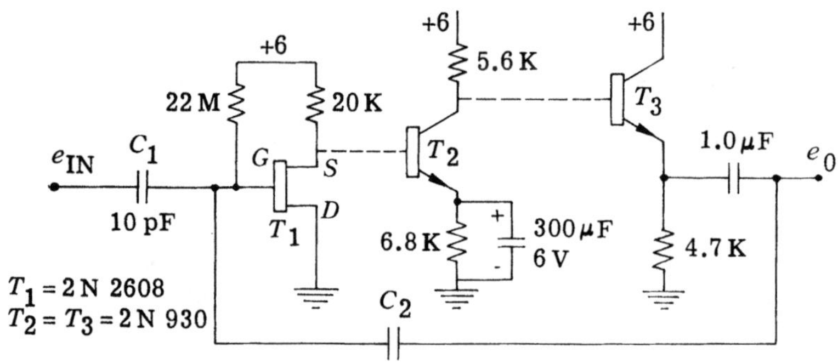


Abb. 6.30

Die strichlierten Linien sind direkte Drahtverbindungen und sollen auf diese Weise nur die drei verschiedenen Stufen des Verstärkers hervorheben. Die erste Stufe verwendet einen gewöhnlichen Feldeffekttransistor als "Quellenverstärker". Kein meßbarer Strom fließt in dem 22 M-Kathodenwiderstand, daher wird das Gatter auf +6 V gehalten. Die Gleichspannung im Punkt $A$ wird daher $B$ + minus die Ablösespannung des Feldeffekttransistors betragen, welche sehr stabil ist. Bei der hier verwendeten Type ist die Ablösespannung garantiert nicht größer als 2.0 V und wird nie viel kleiner als dieser Wert sein, daher wird die Gleichspannung in $A$ sehr nahe bei ca. +3.5 V liegen. Dieser Wert legt auch die Vorspannung auf $T_2$ und damit indirekt auch auf $T_3$ fest.

Man beachte, daß der 22 M-Kathodenwiderstand *nicht* über den Eingang, sondern über die Verbindung $C_1$ - $C_2$ geht, wo das Signal sich Null nähert. Daher fließt in diesem Widerstand kein merklicher Signalstrom und er hat keine Wirkung auf den Eingangswiderstand.

Der Eingangswiderstand ist eine reine Kapazität, 10 pF. Diese ist so klein oder kleiner als die Parallelkapazität der meisten Oszilloskopsonden hoher Qualität. Bei einem guten Glimmerkondensator kann der ohmsche Anteil viele tausend Megohm betragen.

$T_2$ ist die einzige gerade Verstärkerstufe. Hier verwenden wir einen großen Emitterwiderstand für hohe Vorspannungsstabilität und überbrücken ihn für hohe Signalverstärkung.

$T_3$ liefert einen anfänglich niedrigen Ausgangswiderstand und beseitigt die Ausgangsbelastung von $T_2$ und ermöglicht so die höchste Verstärkung mit $T_2$. Der jeweilige niedrige Ausgangswiderstand stammt natürlich von der Gesamtrückkopplung.

$C_2$ kann für eine Gesamtverstärkung von 20 dB mit 1.0 pF gewählt werden. Wenn $C_2$ = 10 pF, beträgt der Gewinn 1.0 und das Gerät gibt einen ausgezeichneten Widerstandsumformer ab. Die Daten zu diesem Typ der Schaltung sind wie folgt:

$C_2$ = 10 pF

Gewinn bei Leerlauf = 60

Gewinn im Betrieb = 1.0

$Z_{IN}$ = 10 pF(1600 M bei 10 Hz)

$Z_0$ = 4 Ohm *a* 1 kHz, 50 mV p-p, 47 Ohm Belastung

$e_0^{max}$ p-p = 2 V *a* 1 kHz, unbelastet

= 10 Hz bis 3 MHz.

Die Schaltung ist ideal zum Betreiben einer sehr langen abgeschlossenen 50 Ohm-Fernleitung bei Pegeln bis zu 50 mv. Wenn $C_2$ für einen Gewinn von 10 eingestellt wird, reduziert sich auf ca. 500 kHz. $Z_{IN}$ bleibt unverändert.

Der Verfasser versucht, diese Art von induktivem Rückkopplungsverstärker zu propagieren. Es ist nichts Neues an der Idee, doch in der Praxis verwendet jedermann ohmsche Widerstände für $Z_1$ und $Z_2$. Die Wahl von Kondensatoren erscheint viel logischer. Alle guten Merkmale sind vorhanden und alle schlechten wie z. B. das Wärmerauschen fehlen.

Da $C_1$ in Abb. 6.30 auch als Kopplungskapazität des Verstärkereingangs aufgefaßt werden kann, wird der uneingeweihte Beobachter gewöhnlich ausrufen: "Ein Kopplungskondensator mit 10 pF bei 10 Hz - unmöglich!" Jeder möchte ihn auf 10 mfd "korrigieren". Der Leser dürfte keine Schwierigkeit haben, die Schaltung von Abb. 6.30 anzugleichen oder zu verbessern.

## 6.16. ANALYSE DES 3-STUFIGEN INDUKTIVEN RÜCKKOPPLUNGSVERSTÄRKERS

Da der Verfasser vorgeschlagen hat, in linearen Spannungsverstärkern eine induktive Rückkopplung statt einer Widerstandsrückkopplung zu gebrauchen, ist es angebracht, die Stabilitätsanforderungen und die Maximal zulässigen Leerlauf-Verstärkergrade zu untersuchen.

Betrachten wir Abb. 6.31.

$C_2$ in Abb. 6.31 entspricht der Rückkopplung $C_2$ im letzten Abschnitt und $R_2$ ist der Eingangswiderstand der ersten *herkömmlichen* Transistorstufe. Wir befassen uns hier nur mit der inneren Stabilität.

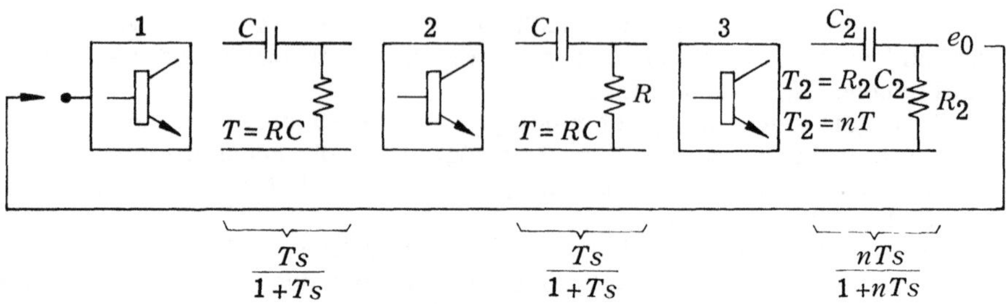


Abb. 6.31

Die Gesamtübertragungsfunktion ist das Produkt der drei aktiven Verstärkungen $(-G)$ und der Übertragungsfunktionen der drei Kopplungs- und Rückkopplungsschaltungen.

$$\frac{e_0}{e_{IN}} = \frac{-GnT^3s^3}{(T^2s^2 + 2Ts + 1)(nTs + 1)} \tag{6.176}$$

$$\frac{e_0}{e_{IN}} = \frac{-GnT^3s^3}{nT^3s^3 + (2n + 1)T^2s^2 + (n + 2)Ts + 1} . \tag{6.177}$$

Für $s = j\omega$

$$\frac{e_0}{e_{IN}} = \frac{GnT^3\omega^3}{[(n + 2)\omega T - nT^3\omega^3] + j[(2n + 1)T^2\omega^2 - 1]} . \tag{6.178}$$

Wir sind sehr an jenem Fall interessiert, bei dem die Phase dieser Verstärkung 180° erreicht. Wenn die Phase 180° erreicht, finden wir die niedrigere Frequenz $\omega_L$ durch Nullsetzen des $j$-Gliedes, woraus

$$\omega_L{}^2 = \frac{1}{(2n + 1)T^2} \tag{6.179}$$

oder

$$\omega_L = \frac{1}{(2n + 1)^{\frac{1}{2}}T} \tag{6.180}$$

und

$$\omega_L{}^3 = \frac{1}{(2n + 1)^{\frac{3}{2}}T^3} . \tag{6.181}$$

So beträgt $\omega_L$ die gesamte Phasenverschiebung in den Kopplungs- und Rückkopplungsschaltungen 180° und bei der Summe von 180° in den drei aktiven Stufen besitzt sie die richtige Phase für die Schwingung, wenn die Verstärkung G genügend groß ist. Wir setzen (6.180) und (6.181) in den verbleibenden reellen Teil von (6.178) und erhalten die Verstärkung bei $\omega_L$ zu

$$\frac{e_0}{e_{IN}} = \frac{\dfrac{GnT^3}{(2n + 1)^{\frac{3}{2}}T^3}}{\dfrac{(n + 1)T^3(2n + 1)}{(2n + 1)^{\frac{1}{2}}T^3(2n + 1)} - \dfrac{nT^3}{(2n + 1)^{\frac{3}{2}}T^3}} \tag{6.182}$$

$$\frac{e_0}{e_{IN}} = \frac{Gn}{(n + 2)(2n + 1) - n} \tag{6.183}$$

$$\frac{e_0}{e_{IN}} = \frac{Gn}{2n^2 + 4n + 2} \tag{6.184}$$

oder

$$\frac{e_0}{e_{IN}} = \frac{Gn}{2(n + 1)^2} . \tag{6.185}$$

Um die Schwingung zu vermeiden, darf $e_0/e_{IN}$ nicht größer als 1 sein, oder

$$\frac{Gn}{2(n + 1)^2} = 1 \tag{6.186}$$

woraus

$$G^{max} = \frac{2(n + 1)^2}{n} . \tag{6.187}$$

Wenn $R_2C_2$ gleich $RC$ sein soll, sodaß $n = 1$, so sehen wir aus (6.187), daß die kombinierte Verstärkung aller drei Stufen weniger als 8 betragen muß, um die Schwingung zu vermeiden. Nehmen wir jedoch ein praktischeres Beispiel.

Beispiel.

Wir wählen $R = 5000\ \Omega$

$$C = 2\ \mu F$$

sodaß $T = 10^{-2}$, ein zweckmäßiger Wert für die Kopplung. Aus Größen, die wir im vorigen Abschnitt besprachen, wählen wir $C_2 = 2$ pF, und wenn die erste Stufe eher ein gewöhnlicher Transistor als ein Feldeffekttransistor ist, können wir $R_2 = 5000\ \Omega$ als typischen Eingangswiderstand verwenden. Auf diese Weise ist

$$T_2 = 10^{-7} = n10^{-2}$$

oder

$$n = 10^{-5} .$$

Einsetzen in (6.187) ergibt

$$G^{max} = \frac{2(1.00001)^2}{10^{-5}} = 2(1.00002)10^5 = 2\ 10^5$$

Unsere drei Stufen können eine Verstärkung von 200.000 aufweisen, bevor Instabilität eintritt.

Wenn wir drei gleiche Verstärkungsstufen annehmen, sollte jeder Transistor eine Verstärkung von

$$G = \sqrt[3]{0.2\ 10^6} = 60$$

besitzen.

Daher ist es bei den vorhandenen Belastungen und Stufenkopplungswiderständen nicht wahrscheinlich, daß wir über genügend Verstärkung verfügen, um durch Schwingungen gestört zu werden, wenn wir induktive Rückkopplung in brauchbaren linearen Spannungsverstärkern verwenden.

## 6.17. EINTEILIGER $R$-$C$-TIEFPASS

In diesem Abschnitt wollen wir die grundlegenden Eigenschaften eines einteiligen $R$-$C$-Tiefpasses besprechen. Dies ist nahezu die einfachste Art eines elektrischen Filters, die wir bauen können, doch verschiedene Merkmale der ein-, zwei- und dreiteiligen $R$-$C$-Filter sind nicht allgemein bekannt.

Prüfen wir die einfache Schaltung in Abb. 6.32. Die Übertragungsfunktion dieser Schaltung kann leicht dargestellt werden durch

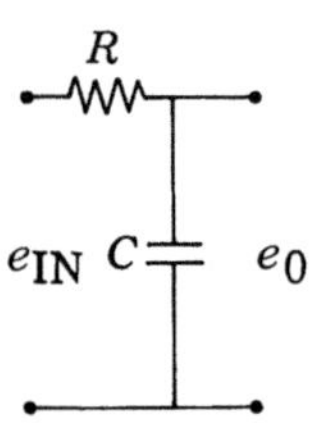


Abb. 6.32

$$Z_T(s) = \frac{1}{1 + RCs} \tag{6.188}$$

oder, wenn wir $s$ durch $j\omega$ ersetzen,

$$Z_T(s) = \frac{1}{1 + jRC\omega} . \tag{6.189}$$

Angenommen, der Eingang zur Schaltung ist 1, dann wird die absolute Größe der Übertragungsfunktion oder die Verstärkung:

$$|A| = \frac{1}{\sqrt{(1 + R^2C^2\omega^2)}} . \tag{6.190}$$

Wir bezeichnen üblicherweise die obere Grenzfrequenz als "Halbwertspunkt", als "3 dB Tiefpunkt" oder als jene Frequenz, bei der die Verstärkung nur $1/\sqrt{2}$ mal der Niederfrequenzverstärkung entspricht. Wenn daher $\omega_0$ die Grenzfrequenz bezeichnet, ergibt (6.190)

$$\frac{1}{\sqrt{2}} = \frac{1}{\sqrt{(1 + R^2C^2\omega_0^2)}} \tag{6.191}$$

und wir erhalten die Lösung

$$\omega_0 = \frac{1}{RC} . \tag{6.192}$$

Wir bemerken auch, daß dieses Ergebnis, eingesetzt in (6.189) zeigt, daß die Ausgangsspannung gegenüber der Eingangsspannung um 45° nacheilt. Diese Phasenverschiebung nennen wir $\Phi_0$.

$$\Phi_0 = -45° . \tag{6.193}$$

Um nun den Betrag als Funktion der Frequenz dazustellen, können wir sagen, daß jede allgemeine Frequenz als

$$\omega = n\omega_0 \tag{6.194}$$

geschrieben werden kann, wobei $\omega$ in Radian ausgedrückt wird. Dies kann in den allgemeinen Ausdruck für die Verstärkung (6.190) eingesetzt werden und ergibt

$$|A| = \frac{1}{\sqrt{(1+n^2)}} \; . \tag{6.195}$$

Zur Darstellung der Phase können wir dieselbe Information und (6.189) verwenden, um festzustellen, daß die Phasenverstärkung

$$\Phi = -\tan^{-1} n \; . \tag{6.196}$$

Es ist lehrreich, die Art des Abschneidens bei der Frequenz $\omega_0$ bzw. in dem Punkt der Verstärkungs-Frequenz-Kurve, wo $n = 1$, zu bestimmen. Die Gleichung (6.195) kann differenziert werden und ergibt

$$\frac{d|A|}{dn} = -\tfrac{1}{2}(1+n^2)^{-3/2} 2n \tag{6.197}$$

und die Neigung bei $n = 1$ ist

$$\left.\frac{d|A|}{dn}\right|_{n=1} = -\tfrac{1}{2}(2)^{-3/2} \cdot 2 = -0.3535 \text{ V/rad} \; . \tag{6.198}$$

Diesen Wert für die Neigung bei der Grenzfrequenz werden wir mit jenem für zwei- und dreiteilige Tiefpässe vergleichen, die als nächste besprochen werden sollen. Wir werden bestimmen, ob in der Aufgliederung eines gegebenen Filters in mehrere Teile ein besonderer Vorteil liegt.

## 6.18. ZWEITEILIGER NICHT VERJÜNGTER $R$-$C$-TIEFPASS

Bei einer verjüngten Schaltung ist der Eingangswiderstand jedes zugeschalteten Teiles genügend groß, sodaß er die vorhergehende Schaltung nicht merklich belastet. Wenn wir daher eine Schaltung haben, die aus zwei verketteten Teilen besteht, von denen jeder so aussieht wie der gerade im Abschnitt 6.17 analysierte Teil, so ist die resultierende Schaltung nicht verjüngt. Abb. 6.33 zeigt eine solche zweiteilige Schaltung.

Hier sollte nun der Leser die Gleichungen dieser Schaltung anschreiben und lösen, um sich zu vergewissern, daß die Übertragungsfunktion folgendermaßen lautet:

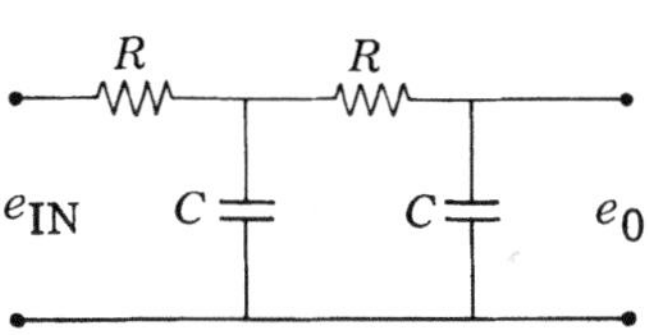


Abb. 6.33

$$Z_T(s) = \frac{1}{R^2C^2s^2 + 3RCs + 1} \; . \tag{6.199}$$

Der Leser mag sich fragen, warum die Übertragungsfunktion immer zuerst als Funktion von $s$ gelöst wird. Wir erwähnen nochmals, daß man nicht immer mit Sinuswellen zu tun hat; es ist daher am besten, die allgemeinste Methode kennenzulernen, die bei jeder Art von Eingangswellenform anzuwenden ist. Wenn wir daher einen Satz von Übertragungsfunktionen katalogisieren wollen, ist es am zweckmäßigsten, sie als Funktionen von $s$ zu zeigen. Sonderfälle, wo es die ausschließliche Verwendung von Sinuswellen erlaubt, $s$ durch $j\omega$ zu ersetzen, sind leicht zu behandeln, wenn man von der allgemeinen Form ausgeht. Wenn wir in (6.199) $j\omega$ für $s$ einsetzen, erhalten wir

$$A = \frac{1}{1 - R^2C^2\omega^2 + j3RC\omega} . \tag{6.200}$$

Der Betrag dieses Ausdruckes ist

$$|A| = \frac{1}{\sqrt{(1 + 7R^2C^2\omega^2 + R^4C^4\omega^4)}} . \tag{6.201}$$

Wie im vorigen Abschnitt setzen wir das Radikal gleich $\sqrt{2}$, um $\omega_0$, die Grenzfrequenz, zu bestimmen.

$$\omega_0 = \frac{\sqrt{(-7 + \sqrt{53})}}{\sqrt{(2)}RC} . \tag{6.202}$$

Dies vereinfacht sich numerisch zu

$$\omega_0 = \frac{0.374}{RC} . \tag{6.203}$$

Wir können nun wie im vorigen Abschnitt die allgemeine Frequenz $\omega = n\omega_0$ werden lassen; daher

$$\omega = \frac{0.374n}{RC} \tag{6.204}$$

was nun wieder in (6.201) eingesetzt werden kann; wir erhalten

$$|A| = \frac{1}{\sqrt{(1 + 0.98n^2 + 0.0196n^4)}} . \tag{6.205}$$

Wenn wir dieses Ergebnis mit (6.195) im letzten Abschnitt vergleichen, sehen wir deutlich, daß für $n$-Werte von 0 bis 1.0, also für den normalen Durchlaßbereich, die Verstärkungskurve für die beiden Schaltungen praktisch identisch ist. Wir sehen aus dieser Analyse, daß für die Verwendung einer zweiteiligen statt einer einteiligen Schaltung bei Tiefpässen kein praktischer Vorteil besteht. Was die Phasenverschiebung betrifft, so bemerken wir in (6.200), daß

$$\Phi = -\tan^{-1}\left(\frac{3RC\omega}{1 - R^2C^2\omega^2}\right) \tag{6.206}$$

oder bei der Abschneidefrequenz, wo $\omega = \omega_0$,

$$\Phi_0 = -52.5^\circ \tag{6.207}$$

was etwas größer ist als die $-45^\circ$ beim einteiligen Tiefpaß.

Wir wollen nun den dreiteiligen nicht verjüngten Fall untersuchen. Dieser endlich wird es uns gestatten, über den Wert der Verwendung vieler Teiler statt eines einzigen Teiles bei $R$-$C$-Tiefpaßschaltungen Schlußfolgerungen zu ziehen.

## 6.19. DREITEILIGER NICHT VERJÜNGTER $R$-$C$-TIEFPASS

In Anlehnung an die beiden vorigen Abschnitte wollen wir nun die Grenzfrequenz und die Phasenverschiebung für eine dreiteilige $R$-$C$-Tiefpaßschaltung ableiten. Die zu untersuchende Schaltung wird in Abb. 6.34 dargestellt.

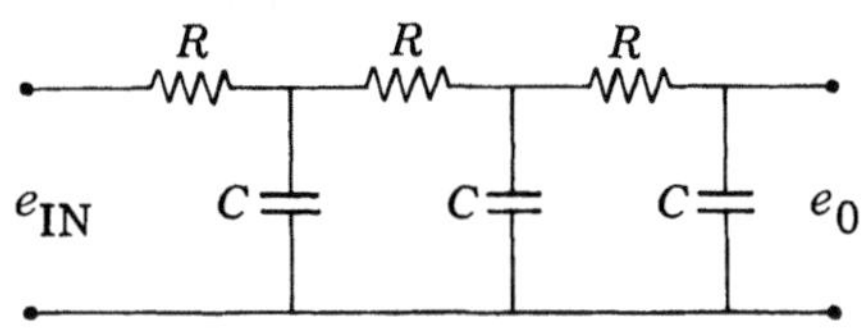


Abb. 6.34

Falls es der Leser nicht bereits getan hat, schlagen wir ihm vor, die Gleichungen für die Schaltung anzuschreiben und die Übertragungsfunktion zu bestimmen:

$$Z_T(s) = \frac{1}{R^3C^3s^3 + 5R^2C^2s^2 + 6RCs + 1} . \tag{6.208}$$

Der nächste Schritt ist das Einsetzen von $j\omega$ für $s$ und wir erhalten

$$A = \frac{1}{1 - 5R^2C^2\omega^2 + j(6RC\omega - R^3C^3\omega^3)} . \tag{6.209}$$

Nach dem Muster der letzten beiden Abschnitte schreiben wir nun den Betrag von $A$ in der Form

$$|A| = \frac{1}{\sqrt{(R^6C^6\omega^6 + 13R^4C^4\omega^4 + 26R^2C^2\omega^2 + 1)}} . \tag{6.210}$$

Wie früher setzen wir die Größe unter der Wurzel gleich 2.0. Dies ergibt

$$R^6C^6\omega^6 + 13R^4C^4\omega^4 + 26R^2C^2\omega^2 - 1 = 0 . \tag{6.211}$$

Physikalische Überlegung (sowie die Tendenz nach (6.203) und (6.192)) zeigt uns, daß der Ausdruck $RC\omega_0$ viel kleiner als 1 sein wird. Dies macht es uns leicht, (6.211) nur durch Verwendung der letzten beiden Ausdrücke zu lösen. Daher

$$\omega_0 = \frac{1}{\sqrt{(26)}RC} \tag{6.212}$$

oder

$$\omega_0 = \frac{0.2}{RC} . \tag{6.213}$$

Nun setzen wir

$$\omega = n\omega_0 = \frac{0.2n}{RC} \tag{6.214}$$

führen diesen Ausdruck in (6.211) ein und erhalten

$$|A| = \frac{1}{\surd(1 + 1.04n^2 + 0.021n^4 + 0.000068n^6)} . \tag{6.215}$$

Man wird feststellen, daß über dem normalen Durchlaßbereich, d. h. für $n$ zwischen 0 und 1.0, (6.215) im wesentlichen denselben Wert ergibt wie die Verstärkungsfunktion für einteilige und zweiteilige Schaltungen. Wenn wir (6.215) differenzieren und die Steigung der Kurve bei $n = 1$ bestimmen, wird der Zuwachs für eine einteilige Schaltung tatsächlich zu vernachlässigen sein. Die Phasenverschiebung ist gegeben durch

$$\Phi = -\tan^{-1}\left(\frac{6RC\omega - R^3C^3\omega^3}{1 - 5R^2C^2\omega^2}\right) \tag{6.216}$$

oder bei $\omega = \omega_0$

$$\Phi_0 = -56° . \tag{6.217}$$

Die Ergebnisse für die letzten drei Abschnitte werden in Tabelle 6.1 zusammengefaßt.

TABELLE 6.1. Daten für den nichtkonischen $R$-$C$-Tiefpaß

| Anzahl der Abschnitte | $\omega_0$ | $\Phi_0$ | Amplitudenkurve (praktisch, annähernd) |
|---|---|---|---|
| 1 | $\frac{1}{RC}$ | -45° | $\frac{1}{\surd(1 + n^2)}$ |
| 2 | $\frac{0.374}{RC}$ | -52° | $\frac{1}{\surd(1 + 0.98n^2)}$ |
| 3 | $\frac{0.2}{RC}$ | -56° | $\frac{1}{\surd(1 + 1.04n^2)}$ |

Der Leser, der einen Tiefpaß mit scharfer Begrenzungsfrequenz $\omega_0$ benötigt, sollte demnach eine andere Art als $R$-$C$-Glieder in Kaskadenschaltung verwenden. Wir werden in Kürze Filter mit schärferen Begrenzungseigenschaften entwickeln.

Obwohl die nichtverjüngte $R$-$C$-Schaltung mit $n$-Gliedern als Qualitätsfilter von zweifelhaftem Wert ist, erfüllt sie für viele Phasenverschiebungsprobleme und -zwecke ausgezeichnet ihren Zweck. Im nächsten Abschnitt wird eine allgemeine Methode zur Bestimmung der Übertragungsfunktion für solche nichtverjüngte Schaltungen mit $n$-Gliedern entwickelt.

## 6.20. KETTENLEITER

Die detaillierte Untersuchung der Kettenleiter werden wir in Kapitel IX behandeln. Prüfen wir jedoch als kurze Einführung hier den Fall, wo viele identische $L$-Glieder in Reihe geschaltet werden, um komplizierte Schaltungen zu bilden.

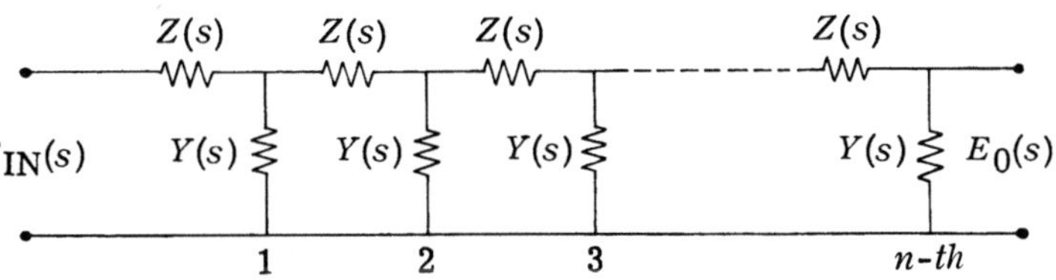


Abb. 6.35

Betrachten wir die allgemeine Schaltung laut Abb. 6.35. $Z(s)$ sei der Serienwiderstand der Schaltung (1 Glied) und $Y(s)$ der Parallelleitwert. Diese können individuell jede Kombination von Scheinwiderständen darstellen. (Zu beachten ist nur, daß die Glieder $L$-förmig sein müssen, wie es in Abb. 6.35 gezeigt wird.)

Schreiben wir ein allgemeines Modell für die Übertragungsfunktion laut (6.218) an.

$$Z_T(s) = \frac{1}{a + bZY + cZ^2Y^2 + dZ^3Y^3 + \dots nZ^nY^n} . \tag{6.218}$$

Um das Problem zu erleichtern, können wir die Koeffizienten $a$, $b$, $c$ usw. dem Pascalschen Dreieck entnehmen, wie es in Abb. 6.36 gezeigt wird. Das Pascalsche Dreieck der Binomialkoeffizienten wird wie folgt

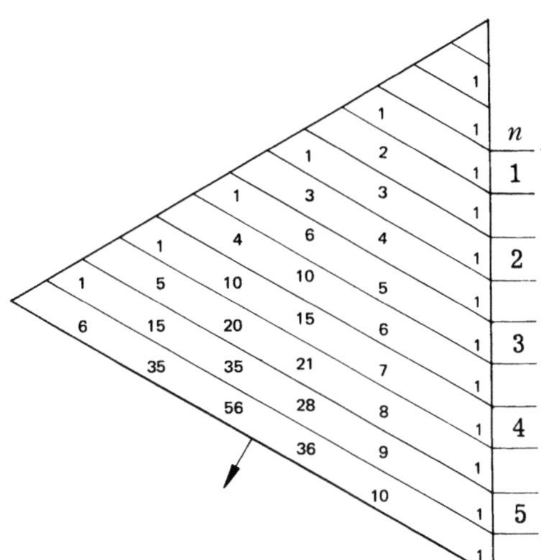


Abb. 6.36

konstruiert. Man bildet die beiden Grenzlinien aus Einsern und stellt dann fest, daß jede Zahl innerhalb der Grenzen durch Addition der unmittelbar darüber befindlichen Zahl $x$ mit dem rechten Nachbarn von $x$ gebildet wird,

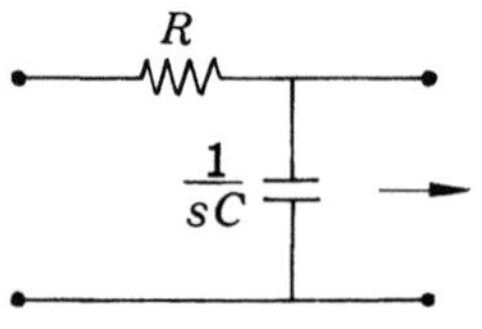


Abb. 6.37

d. h.

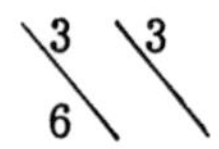


; $6 = 3 + 3$ .

Abb. 6.36 zeigt die bevorzugte Konstruktion.

Wenn man zum Beispiel eine fünfteilige $R$-$C$-Kaskadenschaltung mit völlig gleichen Gliedern hat, wählt man einfach die abfallende Koeffizientenreihe, die der Anzahl von Schleifen in der Schaltung entspricht, wobei jedes Glied die in Abb. 6.37 gezeigte Form aufweist. Demnach

$$Z = R \; ; \qquad Y = sC \; ; \qquad ZY = RCs \; . \tag{6.219}$$

Wenn wir Abb. 6.36 betrachten, sehen wir, daß sechs Koeffizienten vorhanden sind

$$\left.\begin{matrix} a & b & c & d & e & f \\ 1 & 15 & 35 & 28 & 9 & 1 \end{matrix}\right\} \tag{6.220}$$

und wenn wir diese in die allgemeine Form einsetzen, erhalten wir

$$Z_T(s) = \frac{1}{1 + 15RCs + 35R^2C^2s^2 + 28R^3C^3s^3 + 9R^4C^4s^4 + R^5C^5s^5} \; . \tag{6.221}$$

Da diese Methode offensichtlich sehr bequem ist, werden wir sie unbedingt bevorzugen, sooft wir Kaskadenschaltungen mit $n$ identischen Gliedern begegnen. $Z(s)$ und $Y(s)$ können komplizierter sein als gezeigt, ohne die Allgemeingültigkeit der Methode zu beeinträchtigen.

Aufgaben.

(1) Suche die Übertragungsfunktion für Abb. 6.34 (im vorigen Abschnitt) nach dieser Methode. Vergleiche den zur Lösung nötigen Zeitaufwand.

(2) Suche die Übertragungsfunktion der in Abb. 6.38 gezeigten Schaltung unter Verwendung der Pascalschen Dreiecksmethode.

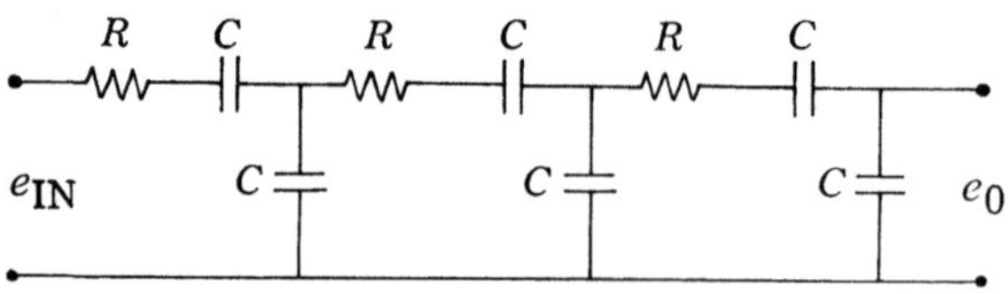


Abb. 6.38

Lösung.

$$Z_T(s) = \frac{1}{13 + 19RCs + 8R^2C^2s^2 + R^3C^3s^3} \; . \tag{6.222}$$

(3) Betrachten wir die Schaltung der Abb. 6.39. Wird es im Falle eines sinusförmigen Einganges in dieser Schaltung zu einer Phasenverschiebung kommen? Stützen Sie Ihre Antwort auf die An- oder Abwesenheit von $j$-Gliedern in der Übertragungsfunktion.

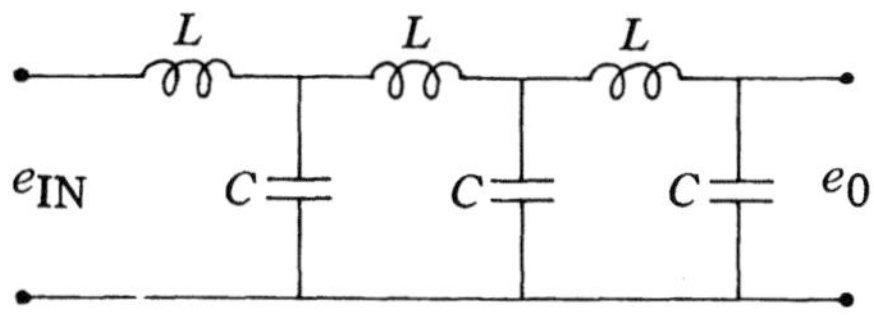


Abb. 6.39

## 6.21. ANFANGSBEDINGUNGEN FÜR SCHALTUNGSPARAMETER

Bei Verwendung der Laplace-Transformation für die Schaltungsanalyse setzen wir voraus, daß der Betrieb bei der Zeit $t = 0$ beginnt. Dies folgt aus der grundlegenden Definition des Integrals. Der Anfang von Anregungsfunktionen wird stillschweigend bei $t = 0$ angenommen, auch wenn wir dies nicht immer besonders ausdrücken. Natürlich ist dieser Umstand begrüßenswert, da uns die Analysemethode der Laplace-Transformation sowohl Ausgleichsvorgänge als auch stationäre Vorgänge liefert.

Es gibt mehrere Situationen, die wir bisher nicht besprochen haben. Wir meinen hier die Probleme der Anfangsbedingungen und der Gegeninduktivität.

Wir hielten es für besser, diese Themen bei der formalen Entwicklung des abstrakten Materials wegzulassen und sie erst in diesem Kapitel über praktische Schaltungen zu bringen, da Anfangsbedingungen gewöhnlich nur in der Praxis von Bedeutung sind.

Die Gegeninduktivität und ihre mathematische Behandlung ist für viele Elektronikingenieure ein dunkler Punkt. Eine der Schwierigkeiten liegt wahrscheinlich in den zahlreichen Definitionen, speziellen Handbuchformeln und verfügbaren Methoden zur Lösung von Problemen, bei welchen Gegeninduktivitäten im Spiele sind. Wir werden in den nächsten Abschnitten versuchen, die einfachste Methode zur Behandlung von Problemen der Gegeninduktivität in Schaltungen zu bringen.

Zuerst prüfen wir jedoch einige Fälle, in denen Anfangsbedingungen vorkommen. Da dieses Buch für Elektroniker geschrieben ist, wollen wir versuchen, die Anfangsbedingungen durch praktische Beispiele aus der Elektronik zu erläutern, statt eine isolierte abstrakte Theorie zu entwickeln.

## 6.22. ANFANGSLADUNG ODER -SPANNUNG AM KONDENSATOR

An einer früheren Stelle besprachen wir die Beziehung zwischen Kapazität, Spannung und Strom. Nehmen wir jedoch an, daß wir nun zu Beginn unserer Analyse den Kondensator auf eine gegebene Spannung $\alpha$ geladen haben, vgl. Abb. 6.40. Nach der Grunddefinition erhalten wir die Beziehung

$$i(t) = C\,\frac{de(t)}{dt}\,. \qquad (6.223)$$

Wir nehmen nun die Laplace-Transformierte dieser Gleichung, achten jedoch darauf, die komplette Form für die Transformierte der Ableitung zu verwenden, wie sie in (3.64) gegeben ist. Diese allgemeine Form ist

$$\left[\frac{df(t)}{dt}\right] = sF(s) - f(0) \tag{6.224}$$

wobei wir uns erinnern, daß $f(0)$ der Wert von $f(t)$ zur Zeit $t = 0$ war, wenn wir uns von rechts näherten. Unter Verwendung dieser Form transformiert sich (6.223) in

$$I(s) = C[sE(s) - \alpha] \; . \tag{6.225}$$

Wir sehen, daß $\alpha$ bei $t = 0$ gleich $e(t)$ ist, also die Anfangsspannung am Kondensator. (Man könnte mit der Anfangsladung genau so leicht verfahren, wenn man beachtet, daß Ladung gleich Spannung mal Kapazität ist.) Wir multiplizieren (6.225) aus und erhalten

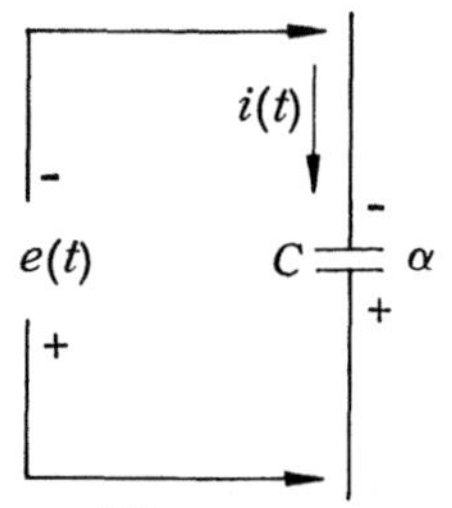

Abb. 6.40

$$I(s) = sC \cdot E(s) - \alpha C \; . \tag{6.226}$$

Die Glieder in (6.226) werden wie folgt bezeichnet:

$I(s)$ = transformierter Strom

$sC$ = transformierter Leitwert ($Y$)

$E(s)$ = transformierte Spannung

$\alpha C$ = Strom.

Der einzige zweifelhafte Ausdruck ist dabei der letzte, $\alpha C$. $\alpha C$ muß jedoch die Dimension des Stromes haben, um mit den anderen beiden Ausdrücken in (6.226) im Einklang zu stehen. Wir wissen natürlich, daß im Zeitbereich der Ausdruck $\alpha C$ (Spannung mal Kapazität) immer gleich Ladung ist. Daher müssen wir daran denken, daß die Ladung im Zeitbereich im $s$-Bereich in Strom übergeht.

Gleichung (6.226) kann am besten durch die in Abb. 6.41 gezeigte Einknotenschaltung veranschaulicht werden.

Viele Elektronikingenieure scheinen aus diesem oder jenem Grunde lieber mit Maschen- als mit Knotengleichungen umzugehen. Wir sollten daher auch das zu (6.223) äquivalente Integral untersuchen, um ein für die Maschenanalyse geeignetes Diagramm zu entwickeln. Im allgemeinen gilt

$$e(t) = \frac{1}{C}\int_0^t i(t)\,dt + \alpha \tag{6.227}$$

und dies verwandelt sich zu

$$E(s) = \frac{I(s)}{sC} + \frac{\alpha}{s} \; . \tag{6.228}$$

Da die linke Seite eine Spannung ist, muß die rechte Seite die Summe zweier Spannungen, d.h. zweier Spannungen in Reihenschaltung, sein. Dies führt uns zu dem in Abb. 6.42 gezeigten transformierten Diagramm. Zur weiteren Erläuterung dieser Begriffe werden wir einige Beispiele bringen, nachdem wir den Anfangsstrom in einer Spule betrachtet haben.

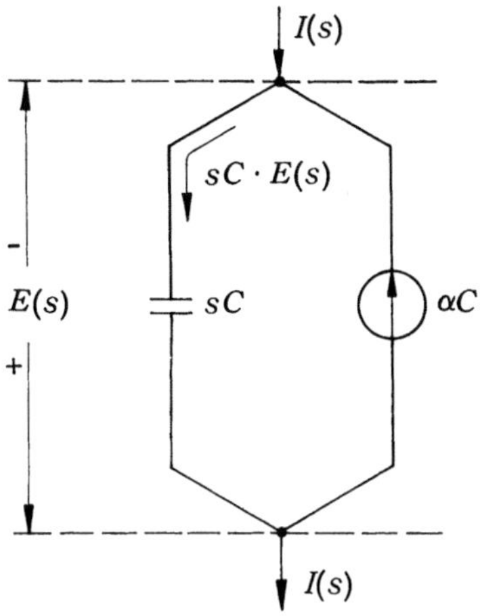


Abb. 6.41

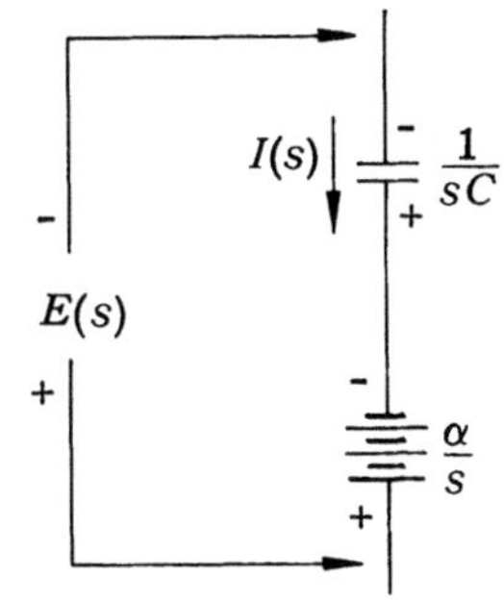


Abb. 6.42

## 6.23. ANFANGSSTROM IN EINER SPULE

Betrachten wir die in Abb. 6.43 gezeigte Spule, die zur Zeit $t = 0$ einen Strom $\rho$ führt. Üblicherweise bringt man die Parameter in die Beziehung

$$e(t) = L\,\frac{di(t)}{dt}\,. \tag{6.229}$$

Nach Durchführung der Transformation und unter Beibehaltung der vollständigen Ableitung erhalten wir

$$[e(t)] = L\,\left[\frac{di(t)}{dt}\right] \tag{6.230}$$

und daraus

$$E(s) = L[sI(s) - \rho]\,. \tag{6.231}$$

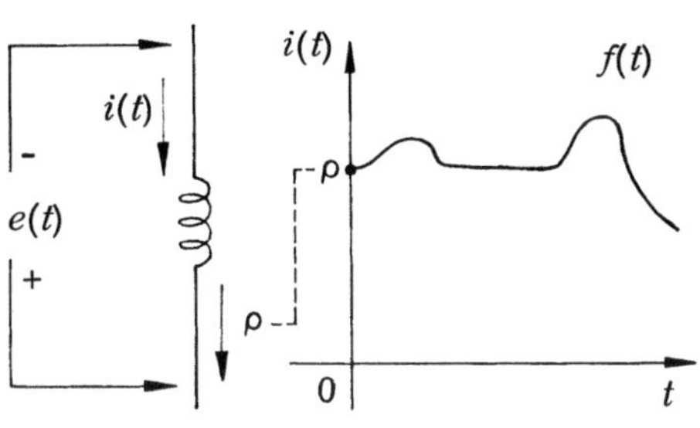


Abb. 6.43

Dies wird nun ausmultipliziert und ergibt

$$E(s) = sL \cdot I(s) - \rho L\,. \tag{6.232}$$

Bezüglich der Dimensionen gilt:

$E(s)$ = transformierte Spannung

$sL$ = transformierte Impedanz

$I(s)$ = transformierter Strom

$\rho L$ = Spannung.

Der Ausdruck $\rho L$ muß Spannung genannt werden, um mit den anderen beiden Ausdrücken im Einklang zu stehen. Wir stellen mit Interesse fest, daß

$$e = L\frac{di}{dt} = N\frac{d\Phi}{dt} \tag{6.233}$$

und für eine lineare Induktivität

$$L = N\cdot\frac{\Phi}{i}\,. \tag{6.234}$$

$\rho$ wurde als Strom definiert und wenn wir (6.234) mit $\rho$ multiplizieren, erhalten wir

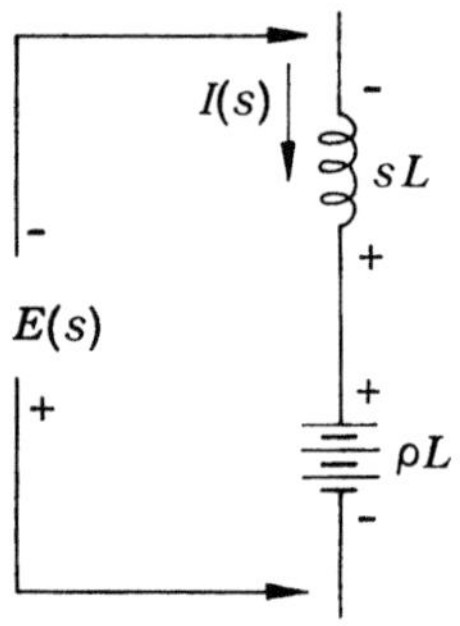


$$\rho L = \frac{\rho N\Phi}{i} \tag{6.235}$$

mit der Dimension

$$\rho L = \frac{\text{Strom}\cdot N\Phi}{\text{Strom}}\,. \tag{6.236}$$

Abb. 6.44

Wenn jemand Einzelheiten von uns wünscht, können wir sagen, daß $\rho L$ die Flußverkettungen in der Spule zur Zeit $t = 0$ darstellt.

Gleichung (6.232) kann durch die Schaltung nach Abb. 6.44 veranschaulicht werden, wo $\rho L$ in der transformierten Schaltung als "transformierte" Batterie gezeigt wird.

Wann immer ein Anfangsstrom in einer Spule entsteht, die Teil einer zu analysierenden Schaltung ist, so kann die neue Schaltung in der $s$-Ebene eine Spannungsquelle $\rho L$ in Reihenschaltung mit der Spule aufweisen. Die Schaltung kann dann wie jede andere einfache Schaltung, die zahlreiche Spannungsquellen enthält, behandelt werden.

**Beispiel.** Betrachten wir nun eine $R$-$L$-$C$-Reihenschaltung, um beide Fälle von Anfangsbedingungen zu erläutern. Dies wird in Abb. 6.45 gezeigt. In diesem Beispiel stellt $\rho$ einen Anfangsstrom dar, der bei $t = 0$ in der Spule fließt, und $\alpha$ eine Anfangsspannung am Kondensator bei $t = 0$.

Unter Verwendung unseres Begriffes von der "transformierten Batterie" ist es leicht, die äquivalente Schaltung für die $s$-Ebene laut Abb. 6.46 zu

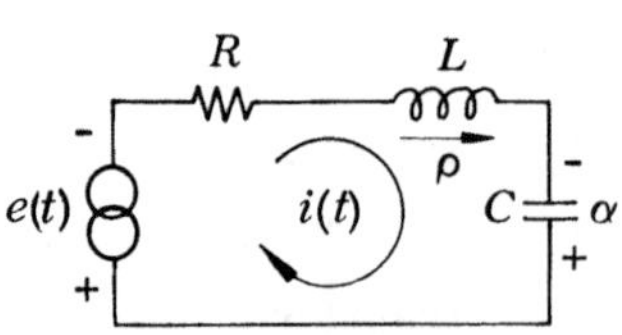


Abb. 6.45

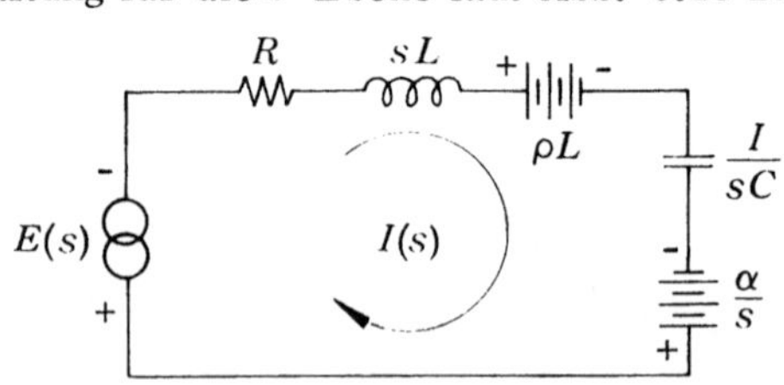


Abb. 6.46

zeichnen. Es dürfte nun auch leicht sein, die Kirchhoffsche Gleichung für diese Schleife anzuschreiben; diese Gleichung lautet

$$\left(R + sL + \frac{1}{sC}\right) I(s) = E(s) + \rho L - \frac{\alpha}{s}. \tag{6.237}$$

Das gewünschte Verhalten $I(s)$ ist dann

$$I(s) = \frac{E(s) + \rho L - \alpha/s}{R + sL + 1/sC}. \tag{6.238}$$

(6.238) kann nun in der Form

$$I(s) = \frac{E(s)}{R + sL + 1/sC} + \frac{(\rho L - \alpha/s)}{R + sL + 1/sC} \tag{6.239}$$

oder

$$I(s) = I_1(s) + I_2(s) \tag{6.240}$$

angeschrieben werden.

Man beachte, daß $I_1(s)$ die Komponente von $I$ auf Grund der Anregungsfunktion ist. Dies ergibt sowohl eine Dauerschwingung als auch Übergangsvorgänge. $I_2(s)$ ist die Stromkomponente auf Grund der Anfangsbedingungen und kann nur einen Übergangsvorgang ergeben.

Um unser Beispiel fortzusetzen, wählen wir eine bestimmte Eingangsspannung

$$e(t) = U(t) \tag{6.241}$$

sodaß

$$E(s) = \frac{1}{s}. \tag{6.242}$$

Sehen wir uns zuerst $I_1(s)$ an; dieses wird zu

$$I_1(s) = \frac{1}{Ls^2 + Rs + 1/C}. \tag{6.243}$$

$I_1(s)$ wird zwar keine Nullstellen haben, jedoch Pole bei

$$s = \frac{-R \pm j\sqrt{(4L/C - R^2)}}{2L} \tag{6.244}$$

oder mit anderen Worten die Form

$$I_1(s) = \frac{1}{(s + \alpha + j\beta)(s + \alpha - j\beta)}. \tag{6.245}$$

Diese hat ein Pol-Nullstellen-Diagramm laut Abb. 6.47. So sehen wir durch einfaches Betrachten der Abb. 6.47, daß die Anwendung von $U(t)$ eine exponentiell abklingende Sinuswelle des Stromes erzeugt.

Wir können nun die $I_2(s)$-Komponente untersuchen. In diesem Fall gilt

$$I_2(s) = \frac{\rho L - \alpha/s}{R + sL + 1/sC}. \tag{6.246}$$

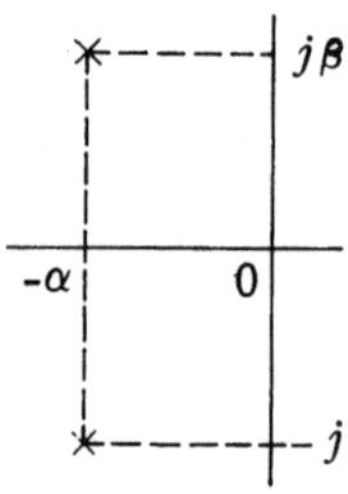


Abb. 6.47

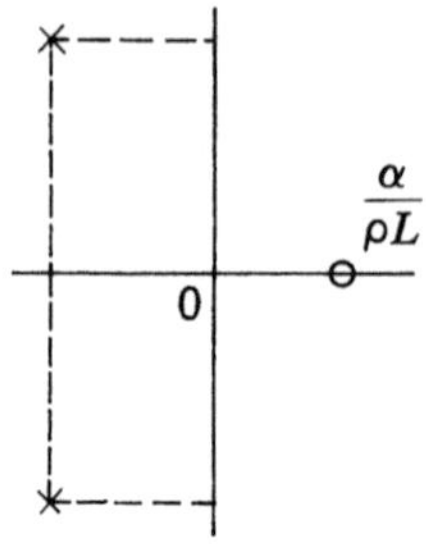


Abb. 6.48

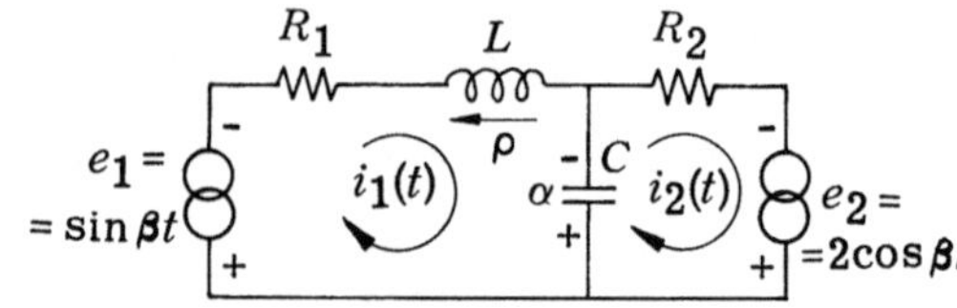


Abb. 6.49

Die Multiplikation von Zähler und Nenner mit $s$ ergibt

$$I_2(s) = \frac{(\rho Ls - \alpha)}{Ls^2 + Rs + 1/C}. \tag{6.247}$$

Das Pol-Nullstellen-Diagramm für $I_2(s)$ wird in Abb. 6.48 gezeigt.

Wir sehen hier, daß wir nun zusätzlich zu denselben zwei konjugiert komplexen Polen eine Nullstelle auf der positiven $\sigma$-Achse haben. Die Nulllage bestimmt nicht die Reaktion der Schaltung, sondern nur den Betrag und die Phase der Reaktion. Da keine Pole auf der senkrechten Achse oder im Ursprung auftreten, gibt es keine Dauerschwingung.

Es wird daran erinnert, daß ein einfacher Pol am Ursprung einen stationären Gleichstrom darstellt; komplexe Pole auf der $j\omega$-Achse repräsentieren eine Wechselstromsinuswelle konstanter Amplitude; und konjugiert komplexe Pole in der linken Halbebene stellen eine exponentiell abklingende Sinuswelle dar.

Aufgabe. Unter Verwendung derselben Symbole, die wir in den letzten beiden Abschnitten gebraucht haben, zeichnen wir die transformierte Schaltung der Abb. 6.49. Wir schreiben die beiden Schleifengleichungen als Funktionen von $s$ an.

## 6.24. GEGENINDUKTIVITÄT

Der Verfasser hat die Erfahrung gemacht, daß viele Elektronikingenieure eine etwas verschwommene Vorstellung von der Gegeninduktivität besitzen. Tatsächlich haben wir beobachtet, wie Schaltungskonstrukteure kompliziertere Ausweichschaltungen ersinnen, nur um die Koppelung zweier Spulen zu vermeiden. In einigen Fällen schien man zu glauben, die Gegeninduktivität wäre ein ungewisses, lästiges, unerwünschtes Charakteristikum, das man nach Möglichkeit vermeiden sollte.

Es ist bedauerlich, daß es zu solchen Unschlüssigkeiten kommt, doch vielleicht geht dies zurück auf einen Mangel an Aufmerksamkeit für den Begriff Gegeninduktivität in den ersten Ausbildungskursen des Ingenieurs über Schaltungstheorie. Jedenfalls - um einen bekannteren Autor zu zitieren - "ist die Schaltungsanalyse das Butterbrot des Ingenieurs"; daher möchten wir in diesem Abschnitt eine logische, folgerichtige und leicht zu behaltende Methode entwickeln, wie man bei Problemen der Schaltungsanalyse mit der Gegeninduktivität umgeht.

Noch eine Bemerkung, ehe wir weitergehen: auf Grund der bekannten Tatsachen über Atome und deren Verhalten, die vor einem Jahrhundert noch nicht verfügbar waren, findet es der Verfasser äußerst schwierig, einen "Strom" in einem Leiter zu betrachten, der etwas anderes ist als ein Elektronenfluß. Es ist befriedigend zu beobachten, wie immer mehr Autoren dazu übergehen, "Strom" und "Elektronenfluß" als ein und dasselbe Ding gelten zu lassen. Und dies trotz heftiger Opposition von seiten der Naturwissenschaftslehrer und Technikprofessoren, die es doch besser wissen sollten.

Unter Berücksichtigung des Vorstehenden werden wir leicht folgendes einsehen: wenn wir die in Abb. 6.50 gezeigte Induktivität als Scheinwiderstand $sL$ bezeichnen, verursacht die Anlegung einer Spannung $e$ den Fluß eines Stromes $i$ durch den Scheinwiderstand laut Abb. 6.50.

Für jeden Scheinwiderstand gelten dieselben Vorzeichen und Richtungen. Vor vielen Jahren, als man über Scheinwiderstände noch nicht viel wußte, mußte man solche Einrichtungen wie z.B. eine "Gegen-EMK" erfinden, um einen Teil der Beziehungen zwischen $e$ und $i$ zu erklären. Diese "induzierte Rückwirkungsspannung" wurde mit entgegengesetzten Vorzeichen zur angelegten Spannung angenommen und hat bis heute nicht aufgehört, Verwirrung zu stiften.

Der Leser, der den vorhergehenden Teil dieses Textes mit Erfolg studiert hat, wird geltend machen, daß $sL$ ein ganz allgemeiner Scheinwiderstand ist, der das Verhältnis $e/i$ jederzeit genau ausdrückt. Dies macht es unnötig, solche Begriffe wie die "Gegen-EMK" weiter zu betrachten.

Wenn wir nun die Spule bildmäßig nachzeichnen, so sehen wir eine gegenseitig gekoppelte Spule und einen Schalter zur Einschaltung eines Stromes in $L_1$ (siehe Abb. 6.51). Der Leser möge sich davon überzeugen, daß das Meßinstrument sofort nach dem Schließen des Schalters nach oben ausschlägt und daß alle Polaritäten laut Abbildung richtig sind.

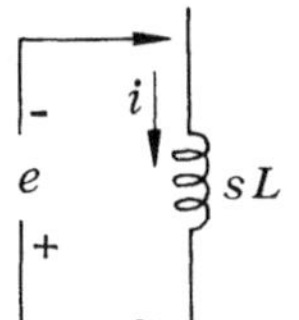


Abb. 6.50

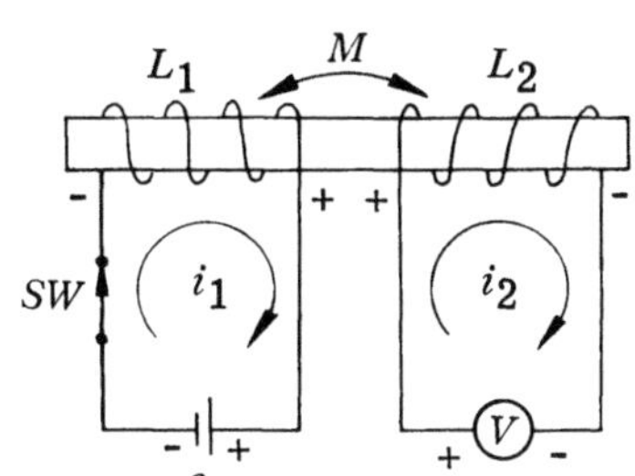


Abb. 6.51

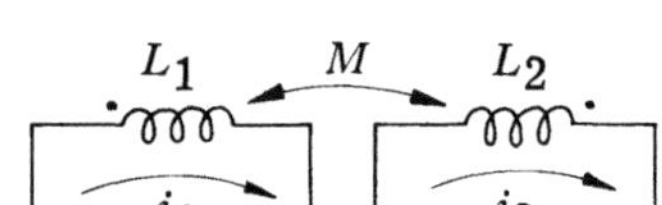


Abb. 6.52

In einem Schaltbild oder Schaltschema ist es üblich, kleine Punkte zu verwenden, um die Enden zweier oder mehrerer Spulen anzuzeigen, die dieselbe Augenblickspolarität aufweisen. So könnte man die Abb. 6.51 auch laut Abb. 6.52 darstellen. $L_1$ könnte die Primärwicklung eines Leistungstransformators laut Abb. 6.53 sein; dabei wäre $L_2$ weit entfernt und nicht belastet, also $i_2 = 0$.

Wenn wir nun eine Belastung $R$ auf $L_2$ wirken lassen und $L_2$ dicht an $L_1$ heranbringen, wird $M$ einen Wert laut Abb. 6.54 annehmen. Wir sehen, daß der induzierte Strom in der Sekundärschleife den Gesamtscheinwiderstand in der Primärschleife reduziert, denn wo wir in Abb. 6.53

$$e = sL_1 i \tag{6.248}$$

oder

$$Z_{IN} = sL_1 \tag{6.249}$$

hatten, haben wir in Abb. 6.54

$$\left.\begin{aligned} e &= sL_1 i_1 - sMi_2 & \text{(a)} \\ 0 &= -sMi_1 + (sL_2 + R)i_2 & \text{(b)} \end{aligned}\right\} \tag{6.250}$$

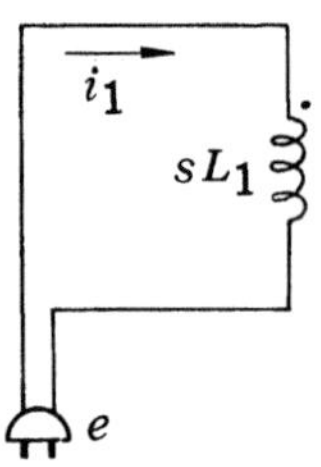


Abb. 6.53

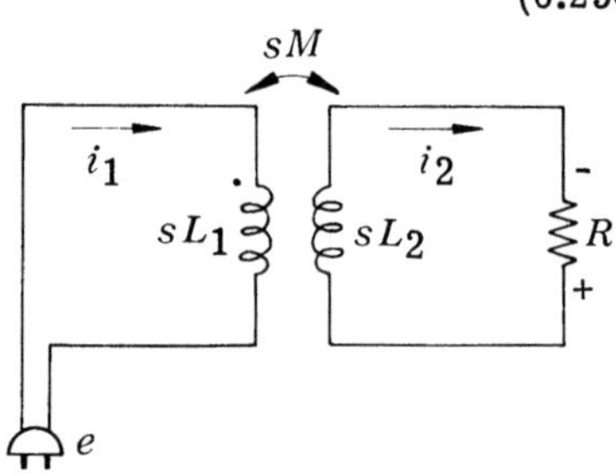


Abb. 6.54

Nehmen wir ein Windungsverhältnis von 1:1 an, in welchem Fall $L_2 = L_1$ und $i_2 = i_1$, so wird (6.250 (a)) zu

$$e = s(L_1 - M)i_1 \, . \tag{6.251}$$

Dies besagt, daß der Eingangswiderstand $e/i_1$

$$Z_{IN} = s(L_1 - M) \, . \tag{6.252}$$

$M$ scheint dann den Wert des primären Scheinwiderstandes zu reduzieren, was wir ja auch in Wirklichkeit als Tatsache anerkennen müssen. Wenn wir nun die Schleifengleichungen um Schleife 1 in Abb. 6.54 anschreiben, betrachten wir den Induktionsstrom als negativ im mathematischen Sinn, da $M$ natürlich keine negative Induktivität darstellt.

Regel. Wir können aus Vorstehendem eine allgemeine Regel ableiten:

(a) Wenn der Strom der Schleife $j$ am punktierten Ende einer Spule in Schleife $j$ eintritt und ein Strom der Schleife $k$ das punktierte Ende einer Spule in Schleife $k$ verläßt, dann betrachtet man $i_{jk}$ für die Kombination mit einer Gegeninduktivität $M_{jk}$ als negativ.

(b) Wenn der Strom der Schleife $j$ am punktierten Ende einer Spule in Schleife $j$ eintritt und ein Strom der Schleife $k$ am punktierten Ende einer Spule in Schleife $k$ eintritt, dann betrachtet man den Induktionsstrom $i_{jk}$ für die Kombination mit einer Gegeninduktivität $M_{jk}$ als positiv.

Die Regel ist etwas ungeschickt, wenn man sie in Worten ausdrückt, doch leicht zu verstehen und zu merken, wenn sie durch mehrere Beispiele erläutert wird.

Beispiel 1. Manchmal schreiben wir $e$ und $i$ als Funktionen der Zeit, während wir Scheinwiderstände als Funktionen von $s$ ausdrücken. Dies ist zulässig, wenn wir daran denken, daß $s$ ein Operator ist, und unter der Voraussetzung, daß wir $e$ und $i$ zu Funktionen von $s$ transformieren, bevor wir mit diesen "gemischten" Gleichungen etwas anderes unternehmen. Die Gleichungen für die in Abb. 6.55 gezeigte Schaltung sind unter Verwendung obiger Regeln

$$\begin{aligned} e_1 &= sL_1 i_1 - sMi_2 \\ -e_2 &= -sMi_1 + sL_2 i_2 \end{aligned} \tag{6.253}$$

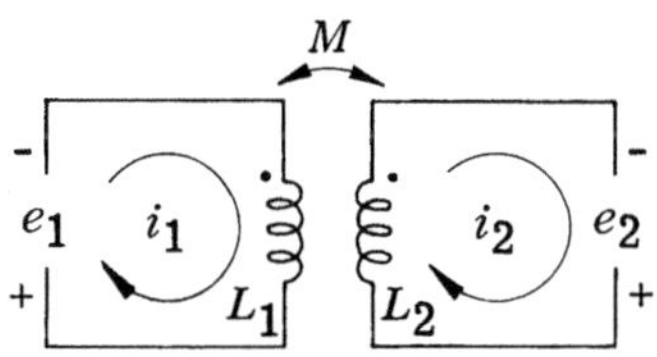


Abb. 6.55

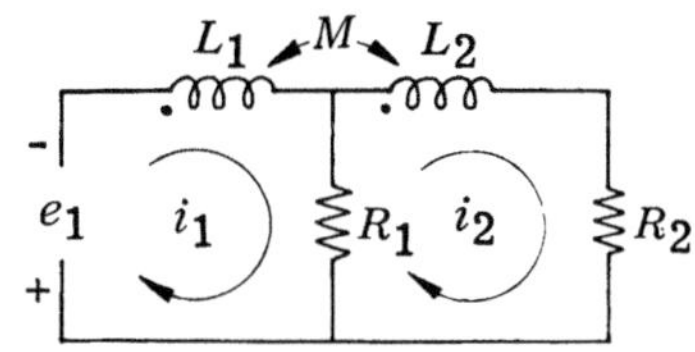


Abb. 6.56

Beispiel 2. Unter Verwendung der angegebenen Regeln lauten die Gleichungen für die in Abb. 6.56 gezeigte Schaltung:

$$e_1 = (sL_1 + R_1)i_1 - (R - sM)i_2 \tag{6.254}$$

$$0 = -(R - sM)i_1 + (R_1 + R_2 + sL_2)i_2 \,. \tag{6.255}$$

Beispiel 3. (Siehe Abb. 6.57.) Die Gleichungen lauten:

$$e_1 = (sL_1 + R_1)i_1 - (R_1 + sM)i_2 \tag{6.256}$$

$$0 = -(R_1 + sM)i_2 + (R_1 + R_2 + sL_2)i_2 \,. \tag{6.257}$$

Nun ein kurzer Abstecher zu den Flußverkettungen. Ein Anfangsstrom in der einen Schleife kombiniert über jede beliebige Gegeninduktivität zur Bildung einer "transformierten Batterie" in der anderen Schleife (zusätzlich zur Kombination mit der Induktivität in seiner eigenen Schleife).

Wir haben gezeigt, daß die transformierte Batterie als Flußverkettung betrachtet werden kann. Diese Tatsache kann dazu verwendet werden, zu bestimmen, wie man die Polaritäten anzeigt. Sehen wir uns die Abb. 6.58 an. Die physikalische Form der Spule bestimmt die Anordnung der Punkte. Der Anfangsstrom $\rho_1$ in $L_1$ erzeugt die transformierte Batterie $\rho_1 L_1$ mit der gezeigten Polarität. Diese Richtung ergibt sich nicht aus der Anschauung; sie

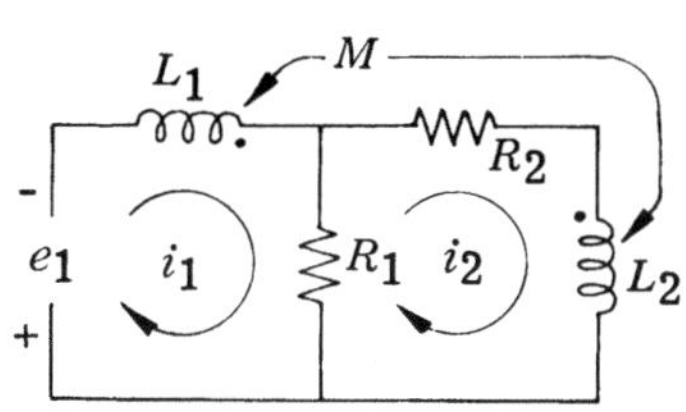


Abb. 6.57

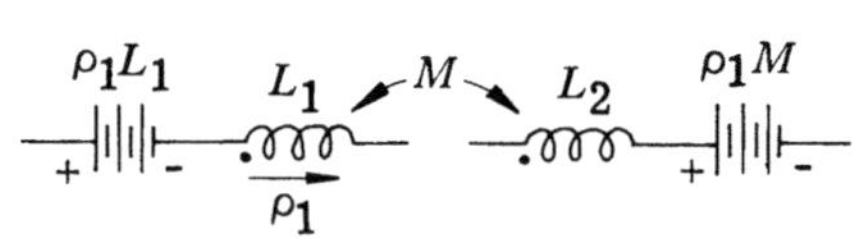


Abb. 6.58

wurde vielmehr aus (6.232) und der Verwendung von Abb. 6.44 als Modell bestimmt.

Wenn wir nun feststellen, daß Flußverkettungen, die zu den beiden Spulen gegenseitig sind, beide Spulen auf gleiche Weise beeinflussen, so bemerken wir, daß der Strom $\rho_1$, der in der Spule $L_1$ Flußverkettungen $\rho_1 L_1$ verursacht, durch die mit $L_2$ gemeinsame Flußverkettung eine transformierte Batterie $\rho_1 M$ mit derselben Polarität in bezug auf die Punkte bilden muß. Wir können nun Beispiel 4 betrachten.

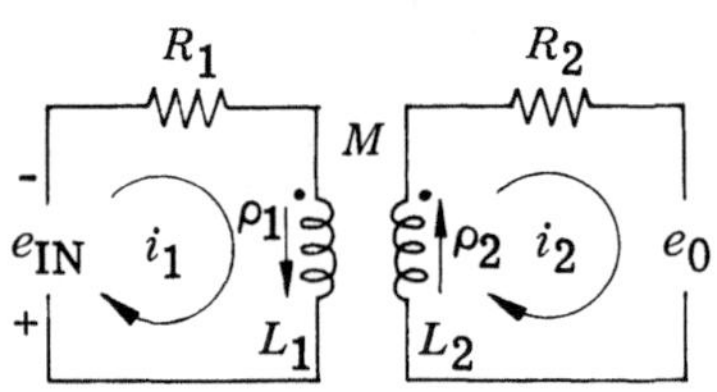


Abb. 6.59

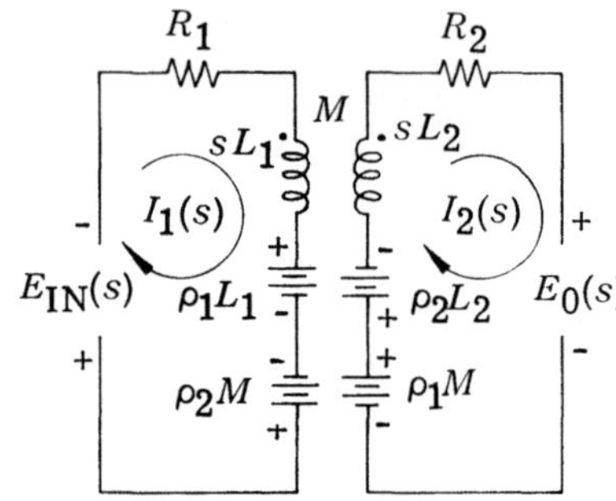


Abb. 6.60

B e i s p i e l 4. Die Abb. 6.59 zeigt eine etwas kompliziertere Situation, bei der in den Spulen Anfangsströme vorhanden sind. Das Anschreiben der Gleichungen als Funktionen von $s$ wird einfach sein, wenn wir die Rechnung sorgfältig planen. Zuerst zeichnen wir die transformierte Schaltung unter Verwendung des Begriffes der "transformierten Batterie" laut Abschnitt 6.23. Die Regel für die Induktionsströme besagt, daß

$$i_{12} = i_{21} = (\text{Minus}) \, . \tag{6.258}$$

Dann schreiben wir die Gleichungen direkt als Funktionen von $s$ an:

$$(R_1 + sL_1)I_1(s) - sMI_2(s) = E_{IN}(s) + \rho_1 L_1 - \rho_2 M \tag{6.259}$$

$$-sMI_1(s) + (R_2 + sL_2)I_2(s) = E_0(s) + \rho_2 L_2 - \rho_1 M \, . \tag{6.260}$$

B e i s p i e l 5. Betrachten wir die in Abb. 6.61 gezeigte Schaltung. Wir wollen annehmen, daß der Schalter bei $t = 0$ schließt.

Als Anfangsbedingungen nehmen wir weiter an, daß zur Zeit $t = 0$

$$\left.\begin{aligned} i_1(0) &= 0 \\ i_2(0) &= -\rho \end{aligned}\right\} \tag{6.261}$$

Nach der Regel ist der Induktionsstrom $i_{12}$ und $i_{21}$ für $M$ negativ (nach Anschauung ist auch der Strom in $R_3$ negativ). Das transformierte Diagramm ist in Abb. 6.62 gezeichnet. In Schleife 2 ist keine transformierte Batterie $\rho M$ vorhanden, da $i_1(0) = 0$, doch in Schleife 1 tritt das transformierte $\rho M$ auf Grund von $M$ und dem Anfangsstrom $\rho$ in Schleife 2 auf. Die Gleichungen lauten:

$$(R_1 + R_3 + sL_1)i_1(s) - (R_3 + sM)I_2(s) = \rho M \tag{6.262}$$

$$-(R_3 + sM)I_1(s) + (R_2 + R_3 + sL_2)I_2(s) = E(s) - \rho L_2 \, . \tag{6.263}$$

Die Anwendung der in diesem Kapitel erläuterten Begriffe wird es dem Leser gestatten, nahezu jede allgemein gebrauchte Schaltung streng zu analysieren, und wird es ihm im Laufe der Zeit ermöglichen, besondere Schaltungen für seine eigenen besonderen Zwecke auszuarbeiten.

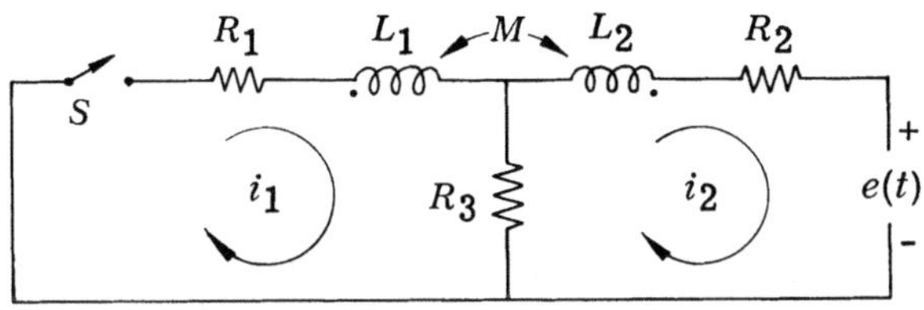


Abb. 6.61

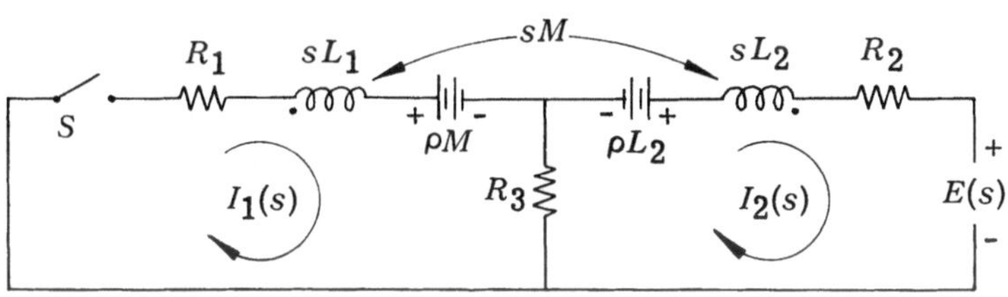


Abb. 6.62

# KAPITEL VII

# DIE TRANSFORMIERTEN SPEZIELLER SCHWINGUNGSFORMEN UND IMPULSE

## 7.1. EINLEITUNG

Bis jetzt haben wir uns vorwiegend mit der Entwicklung der mathematischen Theorie der Laplace-Transformation befaßt. Wir haben die verschiedenen Sätze dargelegt, welche die Theorie in der Praxis so wertvoll machen, und wir haben gelernt, mit den Übertragungsfunktionen in der $s$-Ebene zu arbeiten. Mit Ausnahme der Transformierten des Einheitssprunges und der Sinusschwingungen haben wir jedoch wenig aus der großen Vielfalt der möglichen Erregerfunktionen kennengelernt, mit denen man es heute bereits bei der alltäglichen Arbeit zu tun hat.

In diesem Kapitel wollen wir die Transformierten einer Reihe von solchen Schwingungsformen und Impulsen bestimmen. Wir werden, wo es uns angebracht erscheint, auch einige neue theoretische Begriffe darlegen. Natürlich wird es nicht möglich sein, Beispiele für die Anwendung aller hier bestimmten Transformierten von Schwingungsformen auf alle bereits besprochenen Übertragungsfunktionen in allen Einzelheiten anzugeben. Aber einige ausgewählte Beispiele werden sicher die Anwendungsmöglichkeiten auf die Probleme des Elektronikers veranschaulichen.

## 7.2. DIE LAPLACE-TRANSFORMIERTE DES VERSCHOBENEN EINHEITSSPRUNGES

In Kapitel V haben wir für die Transformierte des Einheitssprunges $U(t)$ gefunden:

$$[U(t)] = \frac{1}{s}\,. \tag{7.1}$$

Wir haben festgestellt, daß für eine derartige Funktion von $s$, die im Ursprung einen Pol besitzt, die Ausgangsfunktion für Strom oder Spannung auf der Zeitachse stets einen Gleichstromterm enthält. Wir haben im Kapitel V auch den verschobenen Einheitssprung aus Abb. 7.2 kurz untersucht.

Für die entsprechende Funktion von $s$ ergab sich

$$F(s) = \int_0^\infty U(t - a)\epsilon^{-st}\, dt = \int_a^\infty \epsilon^{-st}\, dt \tag{7.2}$$

und daraus erhielten wir

$$[U(t - a)] = \frac{\epsilon^{-as}}{s} . \tag{7.3}$$

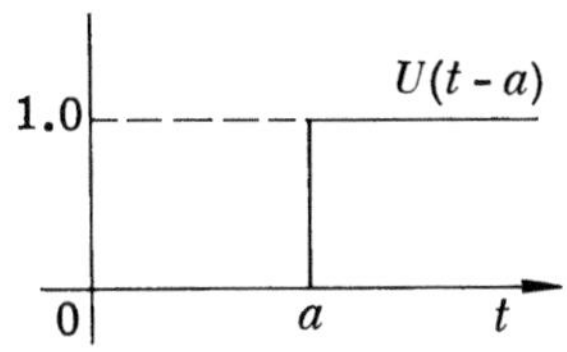


Abb. 7.1

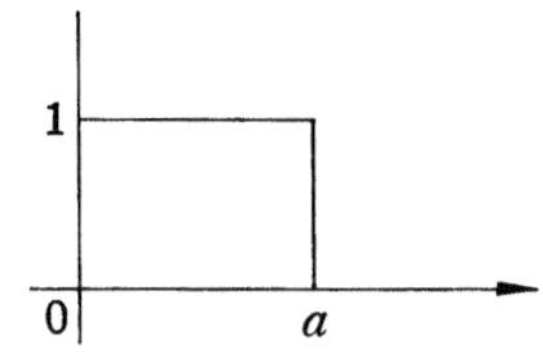


Abb. 7.2

Dieses Ergebnis können wir nun dazu benutzen, um die Laplace-Transformierte des Rechtecksimpulses aus Abb. 7.2 zu bestimmen. Der Impuls läßt sich als Zeitfunktion in der folgenden Art schreiben:

$$f(t) = U(t) - U(t - a) . \tag{7.4}$$

Mit Hilfe von (7.1) und (7.3) finden wir leicht

$$F(s) = \frac{1}{s} - \frac{\epsilon^{-as}}{s} = \frac{1 - \epsilon^{-as}}{s} . \tag{7.5}$$

Beispiel. Bei der Herstellung kleiner mechanischer und elektronischer Geräte, die in ferngesteuerten Raketen zum Einsatz kommen sollen, muß man meistens wissen, ob die Konstruktion dem enormen Stoß standhalten kann, dem sie infolge der Beschleunigung der Rakete während des Startvorganges ausgesetzt ist.

Gewöhnlich ist die Stoßcharakteristik während des Startvorganges an zahlreichen Stellen der Rakete bestimmbar. Solche Stoßcharakteristiken erhält man, wenn man die Ausschläge der elektrischen Beschleunigungsmesser registriert, die an ausgewählten Stellen angebracht sind, und wenn man diese Daten während einer Periode sammelt, in der viele Stoßvorgänge auftreten.

Die einzelnen Stoßcharakteristiken für die interessanten Stellen in der Rakete werden dann von einem Tonbandgerät (die Momentanspannung entspricht der Momentanbeschleunigung, gemessen in Vielfachen von $g$) in einen Stoßspektrum-Computer übertragen. Der Stoßspektrum-Computer liefert dann vier gesonderte Funktionen der Beschleunigung in Abhängigkeit von der Frequenz, nämlich:

(1) positiv während des Stoßes

(2) negativ während des Stoßes

(3) positiv nach dem Stoß

(4) negativ nach dem Stoß.

Der Elektronikingenieur möchte an einer der betreffenden Stellen ein verdrahtetes Bauelement anbringen, oder eine Halterung, einen Schalter oder ein Bauelement aus Vakuumröhren. Nehmen wir an, in Wirklichkeit sei es eine kleine, einfache Halterung. Der Ingenieur kennt entweder die Resonanzfrequenz der Halterung oder er kann sie durch ein einfaches Experiment ermitteln. Sobald er die Resonanzfrequenz weiß, braucht er nur mehr die Beschleunigung aus der Tabelle des Stoßspektrums ablesen, die bei der gegebenen Frequenz an diesem Bestandteil auftritt, wenn man ihn an der besagten Stelle montiert. Er kann daher, ohne vorher den Bestandteil montiert und den Versuch gewagt zu haben, somit entscheiden, ob die Vorrichtung geeignet ist oder ob sie im Betrieb versagt und daher ein Fehler in der Konstruktion auftritt.

In diesem ziemlich langwierigen Beispiel wollen wir nun unser Hauptinteresse dem Stoßspektrum-Computer zuwenden. Der Computer ist im wesentlichen das elektronische Äquivalent zum mechanischen, aus Federkraft und Masse bestimmten Schwingungssystem, das eine stufenweise Änderung der Resonanzfrequenz erlaubt, sodaß dadurch der gesamte interessante Frequenzbereich erfaßt wird. Der Computer ist daher auch das Äquivalent zu einem vollständigen System von Beschleunigungsmessern mit Schwingzungen. Nur können solche Schwingzungen nur sehr begrenzte Informationen über kurze Stöße vermitteln.

Ein ausgeführter Stoßspektrum-Computer besteht aus $R$-$C$-Gliedern und aktiven Rückkopplungselementen. Zur Darstellung des Prinzipes können wir jedoch eine reine Induktivität und eine Kapazität wie in Abb. 7.3 verwenden und damit das Problem illustrieren.

Wenn man das System durch die registrierten Stoßcharakteristiken erregt, so wird die Anregung am Schirm des Oszilloskopes sichtbar, das mit der Einheit $g$ geeicht sei. Verwenden wir die Form 5 aus Anhang I(b), so sehen wir, daß die Übertragungsfunktion für die Schaltung in Abb. 7.3 durch

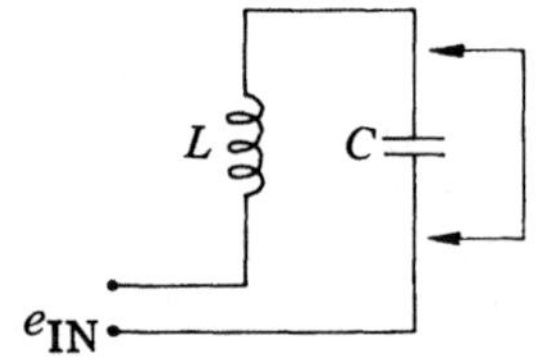

Abb. 7.3

$$Z_T(s) = \frac{1}{LCs^2 + 1} \tag{7.6}$$

gegeben ist.

Der Elektroniker muß irgendeinen Standardtest ausführen können, um festzustellen, ob der Computer richtig funktioniert, und um die Eichung zu überprüfen. Ein derartiger Test arbeitet oft mit einer Beschleunigungsfunktion (Spannungsfunktion) als Eingangsfunktion für den Computer, die die Form eines Rechteckimpulses hat. Die Aufgabe in diesem Beispiel ist daher die Angabe der Ausgangsfunktion des Computers für einen Spannungsimpuls, wie er in Abb. 7.2 dargestellt ist. Gemäß Definition gilt

$$E_0(s) = Z_T(s)E_{IN}(s) \tag{7.7}$$

oder

$$E_0(s) = \frac{1 - \epsilon^{-as}}{LCs\left(s^2 + \frac{1}{LC}\right)} \; . \tag{7.8}$$

Den Nenner können wir in Faktoren zerlegen

$$E_0(s) = \frac{1}{LC} \cdot \frac{(1 - \epsilon^{-as})}{s\left(s + j\frac{1}{\sqrt{(LC)}}\right)\left(s - j\frac{1}{\sqrt{(LC)}}\right)} \tag{7.9}$$

oder

$$E_0(s) = \frac{\omega^2(1 - \epsilon^{-as})}{s(s + j\omega)(s - j\omega)} \tag{7.10}$$

wobei wir

$$\omega = \frac{1}{\sqrt{(LC)}} \tag{7.11}$$

gesetzt haben.

Wir sind nun soweit, daß wir $e_0(t)$ bestimmen können. Das geschieht unter Verwendung des Linienintegrals der inversen Transformation.

$$e_0(t) = \frac{\omega^2}{2\pi j} \oint \frac{(1 - \epsilon^{-as})\epsilon^{ts}\, ds}{s(s + j\omega)(s - j\omega)} \; . \tag{7.12}$$

Wir teilen den Ausdruck in zwei Integrale auf

$$e_0(t) = \underbrace{\frac{\omega^2}{2\pi j} \oint \frac{\epsilon^{ts}\, ds}{s(s + j\omega)(s - j\omega)}}_{f(t)} - \underbrace{\frac{\omega^2}{2\pi j} \oint \frac{\epsilon^{-as}\epsilon^{ts}\, ds}{s(s + j\omega)(s - j\omega)}}_{f(t - a)U(t - a)} \; . \tag{7.13}$$

Es treten nur Pole erster Ordnung auf. Man findet leicht für die zwei Integrale

$$e_0(t) = [1 - \cos \omega t] - [1 - \cos \omega(t - a)] \tag{7.14}$$

oder

$$e_0(t) = \cos \omega(t - a) - \cos \omega t \; . \tag{7.15}$$

Hier ist also die Reaktion auf der Zeitachse, hervorgerufen durch einen Stoß von der Stärke 1 und von der Dauer $a$, dargestellt, wobei $\omega$ die Frequenz bedeutet, auf die der Computer abgestimmt ist. Gleichung (7.15) kann man auf die folgende Form bringen:

$$e_0(t) = 2 \sin\left(\frac{\omega a}{2}\right) \cdot \sin\left(\omega t - \frac{\omega a}{2}\right) \; . \tag{7.16}$$

Da das zweite Integral in (7.13) eine Funktion liefert, die proportional $U(t - a)$ ist, muß Gleichung (7.16) als Anregungsfunktion des Computers nach dem Stoß gedeutet werden. Die Reaktion während des Stoßes ist durch den ersten Klammerterm in (7.14) ausgedrückt.

Aus (7.16) folgern wir, daß für Stöße, deren Dauer klein ist verglichen mit der Computerperiode $T$, die maximale Beschleunigung nach Einwirkung des Stoßes

$$|e_0(t)|_{max} = \frac{2\pi a}{T} \tag{7.17}$$

ist, während für beliebige Stöße die Höchstbeschleunigung nach dem Stoß gegeben ist durch

$$|e_0(t)|_{max} = 2 \sin\left(\frac{\pi a}{T}\right) . \tag{7.18}$$

Es dürfte interessant sein zu bemerken, daß im Falle eines Eingangsimpulses von zum Beispiel 100 $g$ Beschleunigungen bis zu 200 $g$ an den kleinen Bestandteilen auftreten, die an den betreffenden Stellen montiert sind. Gleichung (7.18) zeigt, daß die negative Steigung der Erregung in $t = a$ die gesamte Beschleunigung oder einen Teil davon aufheben oder sie gänzlich unverändert lassen kann.

## 7.3. DIE TRANSFORMIERTE DER DIRACSCHEN DELTAFUNKTION

Die Deltafunktion $\delta(t)$ ist für viele Zwecke äußerst praktisch. Man kann sie auf die folgende Art definieren

$$\left.\begin{array}{l} \delta(t) = 0, \; t \neq 0 \\ \int_{-\infty}^{\infty} \delta(t)\, dt = 1 \end{array}\right\} \tag{7.19}$$

Eine ebenfalls gültige Definition ist

$$\left.\begin{array}{l} \delta(t) = 0, \; t < 0 \\ \delta(t) = \lim\limits_{\alpha \to \infty} \alpha \epsilon^{-\alpha t}, \; t > 0 \end{array}\right\} \tag{7.20}$$

Eine weitere Definition, die in der Elektronik oft in Verbindung mit der Abtastung von Funktionen auftritt, ist

$$\delta(t) = \lim_{a \to 0} \frac{1}{a}\left[U(t) - U(t - a)\right] . \tag{7.21}$$

Diese letzte Definition ist in Abb. 7.4 illustriert.

Wir bemerken, daß der Ausdruck (7.5), nämlich die Transformierte des Rechteckimpulses von der Höhe 1, durch Multiplikation mit $1/a$ die Transformierte der in Abb. 7.4 dargestellten Funktion unmittelbar liefert. Es ist also

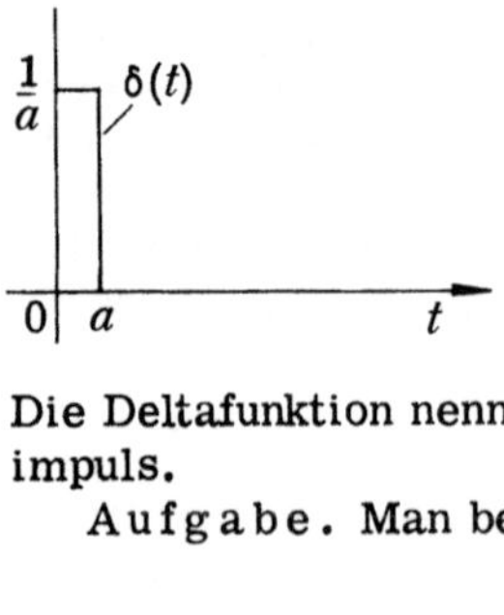


Abb. 7.4

$$[\delta(t)] = \lim_{a \to 0} \frac{1 - \epsilon^{-as}}{as} \tag{7.22}$$

oder

$$[\delta(t)] = 1 .$$

Die Deltafunktion nennt man auch manchmal Impulsfunktion oder Einheitsimpuls.

Aufgabe. Man bestimme $[\delta(t - a)]$.

## 7.4. ABLEITUNGEN VON SPRUNGFUNKTIONEN ALS DELTAFUNKTIONEN

Angenommen, es sei die Funktion $f_a(t)$ in Abb. 7.5 gegeben. Wenn $\tau$ äusserst klein ist, so ist $f_a(t)$ im wesentlichen dieselbe Funktion wie $f(t)$ in Abb. 7.6. Die Ableitung von $f(t)$ ist in Abb. 7.7 dargestellt. Wir wollen nun die Deltafunktion $\delta(t - a)$ in Abb. 7.8 untersuchen. Durch Vergleich von Abb. 7.8

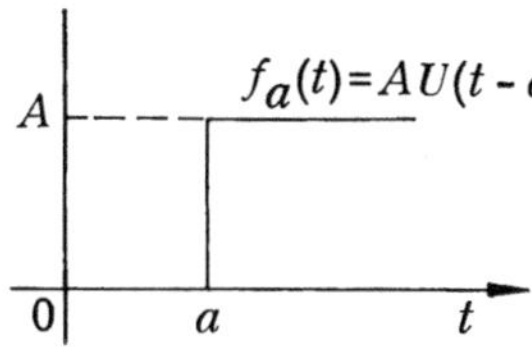


Abb. 7.5

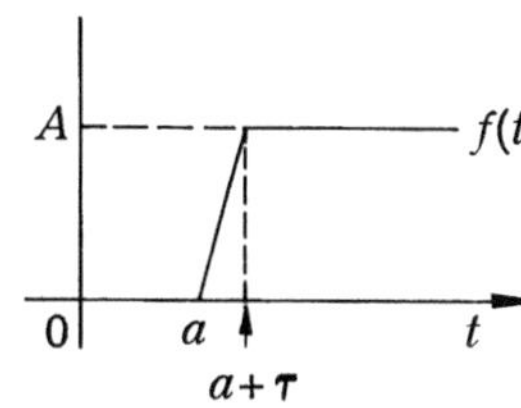


Abb. 7.6

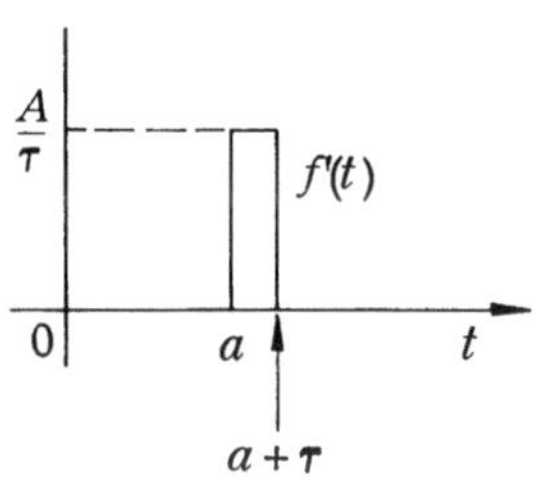


Abb. 7.7

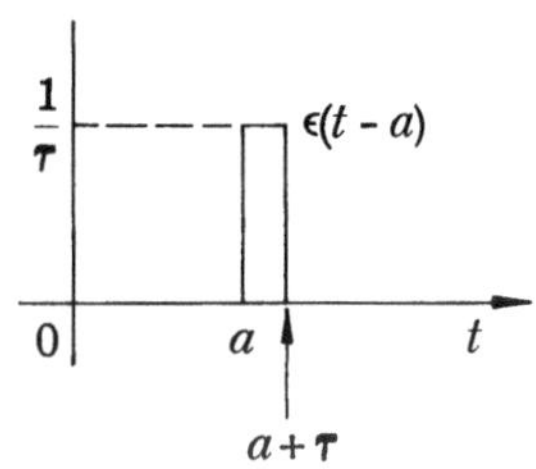


Abb. 7.8

mit Abb. 7.7 sehen wir, daß die Höhe von $f'(t)$ das $A$-fache der Höhe der Deltafunktion ist, und da beide dieselbe Breite besitzen, folgt

$$f'(t) = A\delta(t - a) \,. \tag{7.24}$$

$A$ ist der Wert $f(a)$ aus Abb. 7.5 (7.24) geht daher über in

$$f'(t) = f(a)\delta(t - a) \,. \tag{7.25}$$

$f(a)$ ist eine Konstante. Wir können somit eine beliebige Stufenfunktion differenzieren und das Ergebnis durch das Produkt einer Konstanten mit der $\delta$-Funktion ausdrücken wie in (7.25). Die Ableitung der Funktion aus Abb. 7.1 wird gewöhnlich in der Form der Abb. 7.9 dargestellt. Für den Einheitssprung $U(t)$ würde in Abb. 7.9 $A = 1$ sein.

Abb. 7.9

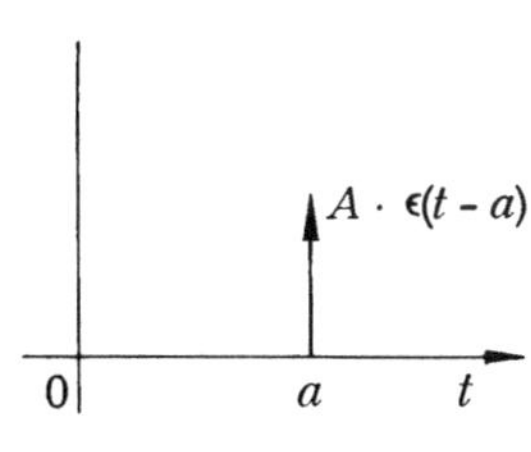

## 7.5. ABTASTEN EINER FUNKTION MIT HILFE DER DELTAFUNKTION

Angenommen, wir haben die Funktion aus Abb. 7.10 gegeben und tasten sie, wie in der Abbildung veranschaulicht wird, mit Hilfe einer $\delta$-Funktion ab. (Das soll heißen, daß man beide Funktionen punktweise für alle Werte der $t$-Achse multipliziert.) Wir führen die punktweise Multiplikation aus und integrieren über das Produkt. Es ergibt sich

$$\int_{\Phi_1}^{\Phi_2} f(t)\delta(t-a)\,dt = \int_{\Phi_1}^{a} 0\cdot dt + \int_{a}^{a+\tau} f(a)\delta(t-a)\,dt + \int_{a+\tau}^{\Phi_2} 0\cdot dt\,. \tag{7.26}$$

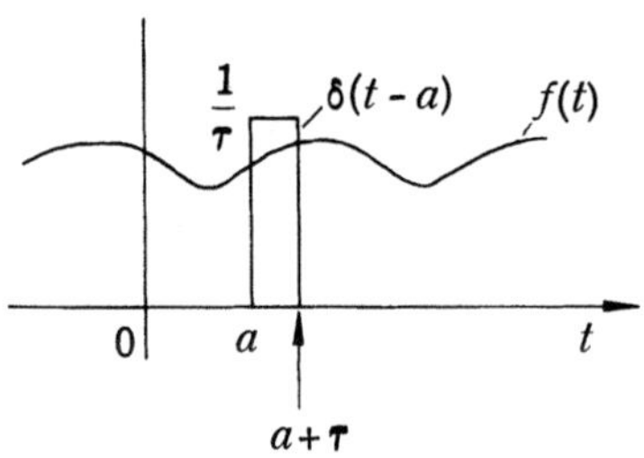


Abb. 7.10

Der erste und der letzte Term auf der rechten Seite verschwinden. Da man $f(a)$ im mittleren Term als Konstante vor das Integralzeichen stellen darf, erhalten wir

$$\int_{\Phi_1}^{\Phi_2} f(t)\delta(t-a)\,dt = f(a)\int_{a}^{a+\tau} \delta(t-a)\,dt = f(a)\,. \tag{7.27}$$

$\Phi_1$ und $\Phi_2$ sind beliebige beschränkte oder nicht beschränkte Werte. Sie dürfen nur nicht beide auf derselben Seite von $a$ liegen.

## 7.6. ERMITTLUNG VON FOURIERKOEFFIZIENTEN MIT HILFE VON DELTA-FUNKTIONEN

Wir gehen von einer symmetrischen periodischen Schwingungsform aus. Die Symmetrie beziehe sich auf die $j$-Achse. Eine derartige Funktion läßt sich als Summe harmonischer Schwingungen darstellen, in der nur die Kosinusterme auftreten. Wir schreiben also solche symmetrische Funktionen in der Form

$$f(x) = \sum_{n=0}^{\infty} a_n \cos nx\,. \tag{7.28}$$

Wir multiplizieren mit cos $mx$

$$f(x) \cos mx = \cos mx \sum_{n=0}^{\infty} a_n \cos nx \tag{7.29}$$

und integrieren auf beiden Seiten über eine Schwingungsperiode, also von $-\pi$ bis $\pi$,

$$\int_{-\pi}^{\pi} f(x) \cos mx \, dx = \int_{-\pi}^{\pi} \cos mx \sum_{n=0}^{\infty} a_n \cos nx \, dx \,. \tag{7.30}$$

Das Integral auf der rechten Seite wird in allen Lehrbüchern über Stromkreisanalyse berechnet. Dieses Integral ist 0 außer im Falle $n = m$, wo es den Wert $a_n \pi$ annimmt. Es gilt daher

$$a_n = \frac{1}{\pi} \int_{-\pi}^{\pi} \cdot f(x) \cos nx \, dx \,. \tag{7.31}$$

Wenn $f(x)$ bekannt ist, liefert uns diese Formel jeden beliebigen Fourierkoeffizienten. Es ist jedoch auch möglich, die Größen $a_n$ aus der Ableitung von $f(x)$ zu bestimmen. Wir gehen von (7.28) aus und differenzieren

$$f'(x) = - \sum_{n=0}^{\infty} n a_n \sin nx \,. \tag{7.32}$$

Multiplizieren wir nun mit sin $mx$ und integrieren wieder über eine volle Periode wie früher, so ergibt sich

$$\int_{-\pi}^{\pi} f'(x) \sin mx \, dx = - \int_{-\pi}^{\pi} \sin mx \sum_{n=0}^{\infty} n a_n \sin nx \, dx \,. \tag{7.33}$$

Der Leser überzeugt sich leicht davon, daß die Integrale auf der rechten Seite wie vorher 0 sind, und zwar für beliebige $n$. Ausgenommen ist nur wieder der Fall $n = m$, wo die Integration $-n a_n \pi$ ergibt. (7.33) wird daher zu

$$a_n = - \frac{1}{n\pi} \int_{-\pi}^{\pi} f'(x) \sin nx \, dx \,. \tag{7.34}$$

Wir beginnen nochmals bei (7.28) und differenzieren zweimal

$$f''(x) = - \sum_{n=0}^{\infty} n^2 a_n \cos nx \,. \tag{7.35}$$

Wieder können wir mit cos $mx$ multiplizieren und integrieren. Die Auflösung nach $a_n$ ergibt

$$a_n = - \frac{1}{n^2\pi} \int_{-\pi}^{\pi} f''(x) \cos nx \, dx \,. \tag{7.36}$$

Diese Formeln sind in Tabelle 7.1 zusammengefaßt.

TABELLE 7.1

$$a_n = \frac{1}{\pi}\int_{-\pi}^{\pi} f(x) \cos nx\, dx$$

$$a_n = -\frac{1}{n\pi}\int_{-\pi}^{\pi} f'(x) \sin nx\, dx$$

$$a_n = -\frac{1}{n^2\pi}\int_{-\pi}^{\pi} f''(x) \cos nx\, dx$$

$$a_n = \frac{1}{n^3\pi}\int_{-\pi}^{\pi} f'''(x) \sin nx\, dx, \text{ usw.}$$

Wenn wir nun $f(x)$ oder irgendeine Ableitung davon als Summe von δ-Funktionen schreiben können, so folgt aus (7.27)

$$\int_{-\pi}^{\pi} f^n(x)\delta(x - \tau)\, dx = \left| \begin{matrix} f(\tau) \text{ wenn } -\pi < \tau < \pi \\ 0 \text{ sonst } \tau \end{matrix} \right\} \tag{7.37}$$

Den Ausdruck (7.36) könnte man zum Beispiel so schreiben:

$$a_n = -\frac{1}{n^2\pi}\left[\cos n\tau_1 \cdot \delta(x - \tau_1) + \cos n\tau_2 \cdot \delta(x - \tau_2) + \dots\right]. \tag{7.38}$$

Dabei ist jeder Kosinusterm mit einer δ-Funktion verknüpft.

Beispiel. Wir wollen das in diesem Abschnitt erläuterte Konzept dazu benützen, die Fourierkoeffizienten einer Schwingung zu bestimmen, von der eine Periode in Abb. 7.11 dargestellt ist. Wollen wir eine der Formeln von Tabelle 7.1 anwenden, so müssen wir vorerst untersuchen, ob wir eine der Ableitungen von $f(x)$ durch eine Summe von δ-Funktionen beschreiben können. Wir tragen uns die Ableitung von $f(x)$ in Abb. 7.12 auf.

Bis jetzt ist keine Deltafunktion in Erscheinung getreten. Bilden wir jedoch die zweite Ableitung, so erhalten wir eine Summe von Deltafunktionen, wie aus Abb. 7.13 ersichtlich ist. Wir wählen nun die Formeln (7.36) oder (7.38) und schreiben

$$a_n = -\frac{1}{n^2\pi}\left[\frac{2}{(\tau_2 - \tau_1)} \cos(-n\tau_2) - A\cos(-n\tau_1) + \frac{2}{\tau_1}\cos(0) - \right.$$
$$\left. - A\cos(n\tau_1) + \frac{2}{(\tau_2 - \tau_1)}\cos(n\tau_2)\right] \tag{7.39}$$

wobei gilt

$$A = \frac{\tau_2 + \tau_1}{\tau_2(\tau_2 - \tau_1)}.$$

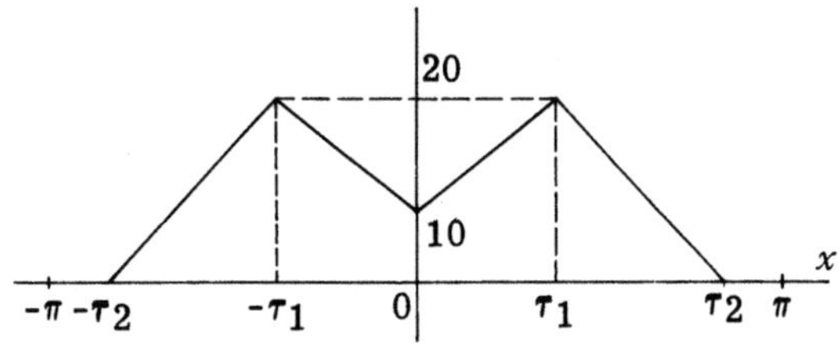


Abb. 7.11

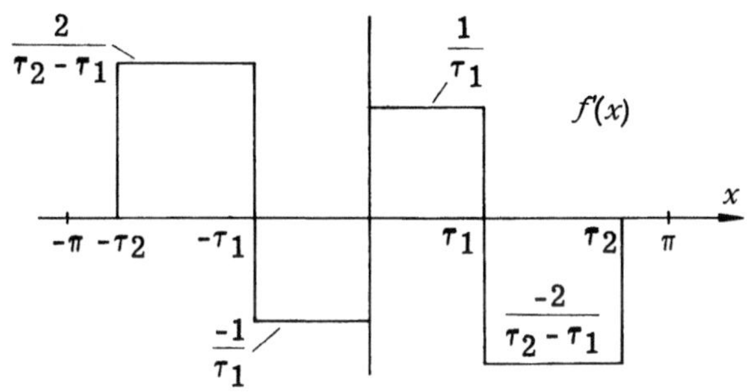


Abb. 7.12

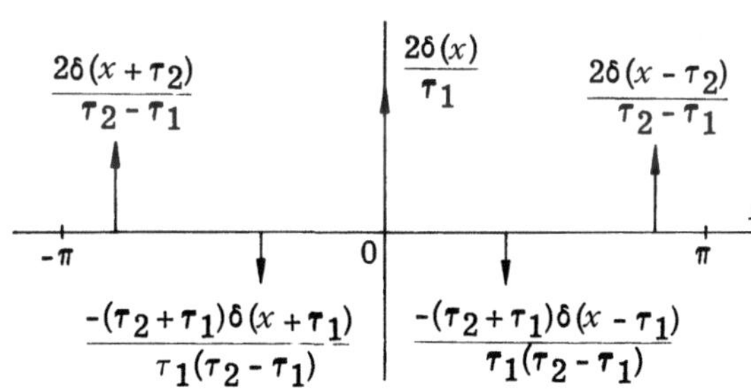


Abb. 7.13

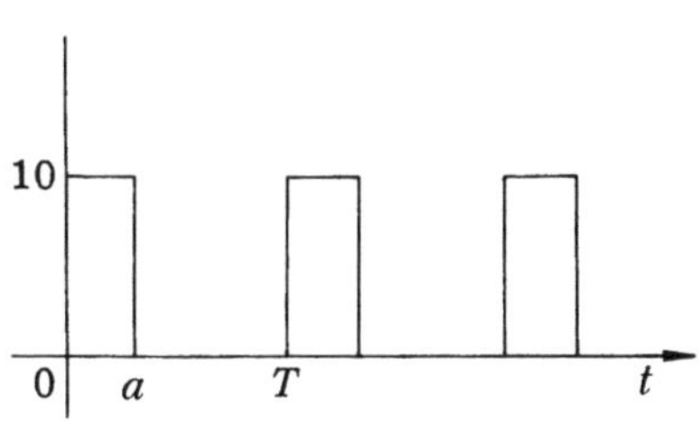


Abb. 7.14

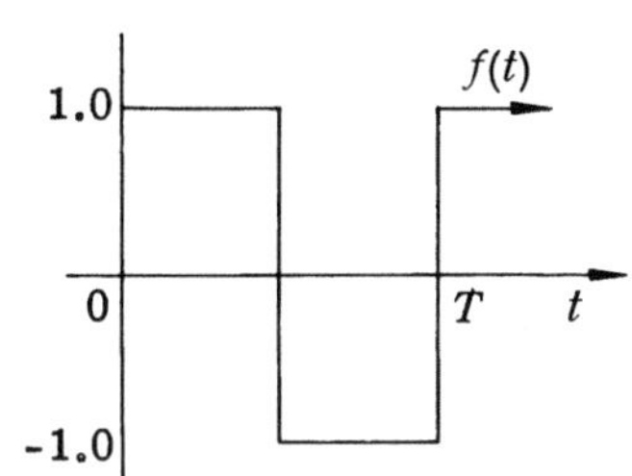


Abb. 7.15

Es sei daran erinnert, daß der Kosinus eines negativen Winkels gleich ist dem Kosinus des gleich großen positiven Winkels. Wir erhalten dadurch die folgende wesentliche Vereinfachung

$$a_n = \frac{2}{n^2\pi}\left[\frac{(\tau_2 + \tau_1)}{\tau_1(\tau_2 - \tau_1)} \cos n\tau_1 - \frac{2 \cos n\tau_2}{\tau_2 - \tau_1} - \frac{1}{\tau_1}\right]. \tag{7.40}$$

Daraus läßt sich jeder Koeffizient direkt berechnen.

**Aufgabe.** Der Leser möge die Funktion der Abb. 7.11 mit Hilfe der Fourier-Transformation analysieren und die Koeffizienten der resultierenden Reihe nach der üblichen Methode bestimmen. Man vergleiche das Ergebnis mit (7.40). Man vergleiche die Zeiten, die bei den verschiedenen Methoden benötigt werden. Welche Methode braucht mehr Aufwand? Welche Vorteile bieten die Abschnitte 7.5 und 7.6?

## 7.7. DIE LAPLACE-TRANSFORMIERTE VON IMPULSFOLGEN

Man betrachte die periodische Impulsfolge der Abb. 7.15 mit der Periode $T$, der Breite $a$ und der Höhe 1. Die gesamte Impulsfolge $f(t)$ kann man durch eine Summe von verschobenen Sprungfunktionen darstellen, und zwar durch

$$f(t) = U(t) - U(t-a) + U(t-T) - U(t-T-a) + \\ + U(t-2T) - U(t-2T-a) + \dots . \tag{7.41}$$

Mit Hilfe von Gleichung (7.3) führt man diesen Ausdruck Term für Term in die Funktion $F(s)$ über

$$F(s) = \frac{1}{s} - \frac{\epsilon^{-as}}{s} + \frac{\epsilon^{-Ts}}{s} - \frac{\epsilon^{-(T+a)s}}{s} + \frac{\epsilon^{-2Ts}}{s} - \frac{\epsilon^{-(2T-a)s}}{s} + \dots . \tag{7.42}$$

Wir fassen zusammen und heben die folgenden gemeinsamen Faktoren heraus

$$F(s) = \frac{1}{s}[1 + \epsilon^{-Ts} + \epsilon^{-2Ts} + \epsilon^{-3Ts} + \dots] - \\ - \frac{\epsilon^{-as}}{s}[1 + \epsilon^{-Ts} + \epsilon^{-2Ts} + \epsilon^{-3Ts} + \dots] . \tag{7.43}$$

Die beiden Klammerterme sind identisch. Wir können also noch einmal zusammenfassen

$$F(s) = \frac{1}{s}[1 - \epsilon^{-as}][1 + \epsilon^{-Ts} + \epsilon^{-2Ts} + \epsilon^{-3Ts} + \dots] . \tag{7.44}$$

In der unendlichen Reihe auf der rechten Seite erkennt man die Entwicklung

$$\frac{1}{1-x} = 1 + x + x^2 + x^3 + x^4 + \dots . \tag{7.45}$$

Wir dürfen daher für (7.44) einfach schreiben

$$F(s) = \frac{1 - \epsilon^{-as}}{s(1 - \epsilon^{-Ts})} . \tag{7.46}$$

Das ist der geschlossene Ausdruck für die Laplace-Transformierte des periodischen Impulszuges. Gleichung (7.46) gilt allgemein. Impulse von der Höhe $A$ lassen sich auf dieselbe Weise transformieren. Man hat nur die Größe $A$ als konstanten Faktor mitzuführen.

Aufgabe 1. Man zeige, daß die Rechtecksschwingung mit den Amplituden 0 und 1 und der Periode $T$ die Transformierte $F(s)$ besitzt.

$$F(s) = \frac{A}{s\left(1 + \epsilon^{-\frac{Ts}{2}}\right)} . \tag{7.47}$$

Aufgabe 2. Man zeige, daß die Rechtecksschwingung in Abb. 7.15 die folgende Transformierte besitzt.

$$F(s) = \frac{\tanh\left(\frac{Ts}{4}\right)}{s} . \tag{7.48}$$

*Bemerkung*: Man könnte vermuten, daß (7.48) in $s = 0$ einen Pol besitzt. Da jedoch für kleine Werte von $s$ der hyperbolische Tangens gleich seinem Argument wird, ergibt sich im Ursprung

$$F(0) = \frac{T}{4} \tag{7.49}$$

und nicht $\infty$, wie es in einem Pol der Fall wäre. Da in $s = 0$ kein Pol existiert, tritt auch kein Gleichstromterm auf, was auch aus Abb. 7.15 direkt ersichtlich ist.

## 7.8. DIE LAPLACE-TRANSFORMIERTE EINER ALLGEMEINEN SCHWINGUNG

Gegeben sei eine periodische Schwingung mit der Periode $T$. In der allgemeinsten Form heißt das

$$f(t) = f(t + T) \tag{7.50}$$

und

$$F(s) = \int_0^\infty f(t)\,\epsilon^{-st}\,dt . \tag{7.51}$$

Wir können die Integration in Schritten durchführen, deren Länge gleich der Periode $T$ ist. Wir wollen dabei den Verschiebungssatz anwenden und die gesamte Funktion um ihre Periode entsprechend oft verschieben. Dadurch erhalten wir

$$\int_0^\infty f(t)\,\epsilon^{-st}\,dt = \int_0^T f(t)\,\epsilon^{-st}\,dt + \int_T^{2T} f(t)\,\epsilon^{-st}\,dt + \ldots + \int_{nT}^{(n+1)T} f(t)\,\epsilon^{-st}\,dt \qquad (7.52)$$

oder

$$\int_0^\infty f(t)\,\epsilon^{-st}\,dt = \sum_{n=0}^{\infty} \int_{nT}^{(n+1)T} f(t)\,\epsilon^{-st}\,dt\,. \qquad (7.53)$$

Somit gilt

$$[f(t)] = \sum_{n=0}^{\infty} \int_{nT}^{(n+1)T} f(t)\,\epsilon^{-st}\,dt\,. \qquad (7.54)$$

Das Integral erstreckt sich jeweils über eine Periode. Mit einer entsprechenden Variablentransformation erhält man einfacher

$$F(s) = \sum_{n=0}^{\infty} \epsilon^{-nTs} \int_0^T f(t)\,\epsilon^{-st}\,dt\,. \qquad (7.55)$$

Berücksichtigen wir noch die Beziehung

$$\sum_{n=0}^{\infty} \epsilon^{-nTs} = \frac{1}{1-\epsilon^{-Ts}} \qquad (7.56)$$

so geht (7.55) über in die einfache Form

$$F(s) = \frac{1}{(1-\epsilon^{-Ts})} \int_0^T f(t)\,\epsilon^{-st}\,dt\,. \qquad (7.57)$$

Gleichung (7.57) ist somit ein allgemeines Ergebnis, das auf beliebige Schwingungstypen angewandt werden kann. Ihre Verwendung liefert für die Bestimmung der Laplace-Transformierten in vielen Fällen wesentliche Vereinfachungen.

B e i s p i e l. Man bestimme die Laplace-Transformierte des Impulszuges aus Abb. 7.14 mit Hilfe dieses Verfahrens.

Da die Schwingung periodisch ist, brauchen wir nicht über ein unendliches Intervall integrieren. Es genügt die Berechnung des Integrals von 0 bis $T$. Wir wissen auch, daß die Funktion von $a$ bis $T$ verschwindet. Somit brauchen wir sogar nur von 0 bis $a$ integrieren. Aus (7.57) folgt daher das einfache Ergebnis

$$[f(t)] = \frac{1}{(1-\epsilon^{-Ts})} \int_0^a \epsilon^{-st}\,dt \qquad (7.58)$$

das sich nochmals vereinfachen läßt zu

$$F(s) = \frac{1 - \epsilon^{-as}}{s(1 - \epsilon^{-Ts})} . \tag{7.59}$$

Wie der Leser bestätigen wird, hat der Ingenieur wenig Nutzen, wenn er nur die Definition der Laplace-Transformierten kennt. Erst eine gute Kenntnis der Sätze und ihrer Anwendungsmöglichkeiten machen die Theorie so nützlich.

B e i s p i e l 2. Es ist nicht immer zweckmäßig, den Satz für periodische Zeitfunktionen anzuwenden. Als Beispiel für einen Fall, in dem der Satz wenig leistet, betrachten wir

$$f(t) = \sin \omega t .$$

Das ist eine der ersten Funktionen, die wir untersucht haben. Die Periode ist hier $T = \frac{2\pi}{\omega}$ und der Satz liefert uns

$$F(s) = \frac{1}{\left(1 - \epsilon^{-\frac{2\pi s}{\omega}}\right)} \int_0^{\frac{2\pi}{\omega}} \sin \omega t \epsilon^{-st} \, dt . \tag{7.60}$$

Der Leser möge an diesem Ausdruck die Gültigkeit des Satzes über periodische Zeitfunktionen überprüfen. Es ergibt sich die vertraute Form

$$F(s) = \frac{\omega}{s^2 + \omega^2} . \tag{7.61}$$

Aber hier benötigt man wesentlich mehr Aufwand als bei der ursprünglichen Integration von 0 bis $\infty$.

B e i s p i e l 3. Wir bestimmen die Laplace-Transformierte der Sägezahnschwingung, die in Abb. 7.16 dargestellt ist.

Im ersten Periodenintervall gilt für $f(t)$

$$f(t) = \frac{At}{T} . \tag{7.62}$$

Im zweiten und in allen folgenden Intervallen gelten jeweils Darstellungen, die sich durch additive Konstante unterscheiden, was für die Berechnung der Transformierten auf die konventionelle Art ungünstig ist. Wir können jedoch hier den Satz für periodische Zeitfunktionen anwenden und erhalten dadurch unmittelbar

$$[f(t)] = \frac{A}{T(1 - \epsilon^{-Ts})} \int_0^T t\epsilon^{-st} \, dt . \tag{7.63}$$

Das Integral ist vom Standardtyp und daher in jeder Integraltafel zu finden. Setzen wir die Grenzen ein und vereinfachen den algebraischen Ausdurch, so ergibt sich

$$F(s) = A\left[\frac{1}{Ts^2} - \frac{\epsilon^{-Ts}}{s(1 - \epsilon^{-Ts})}\right] . \tag{7.64}$$

**Beispiel 4.** Wir haben gesehen, daß im Falle einer Sinusschwingung die Transformierte sich einfacher direkt berechnen ließ als durch Anwendung des Satzes für periodische Funktionen. Nehmen wir jedoch an, daß eine Sinusschwingung in Halbweg-Gleichrichtung wie in Abb. 7.17 vorliegt.

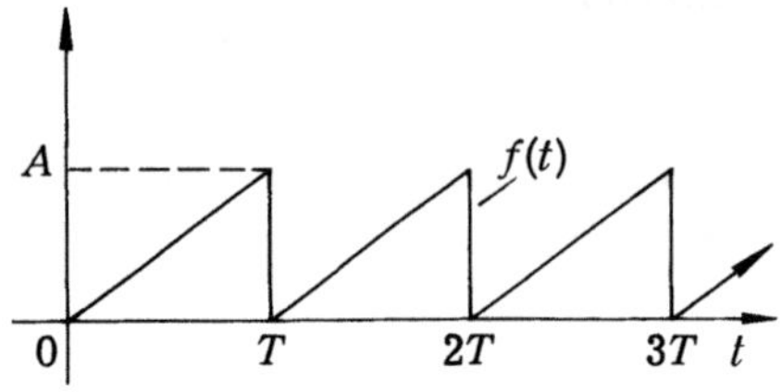


Abb. 7.16

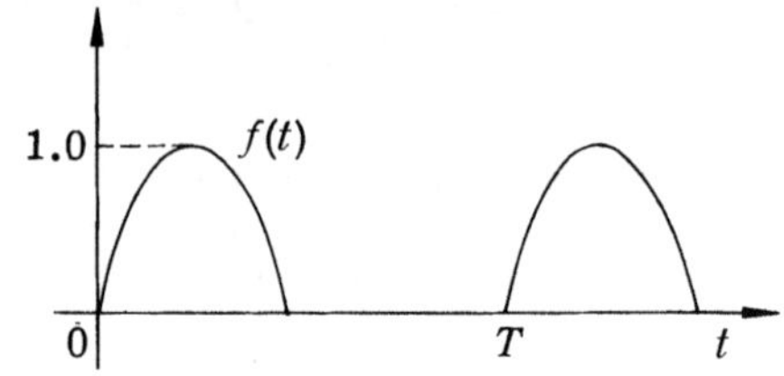


Abb. 7.17

Unter Benutzung des Satzes schreiben wir

$$F(s) = \frac{1}{(1 - \epsilon^{-Ts})} \int_0^{\frac{T}{2}} \sin \omega t \; \epsilon^{-st} \, dt \tag{7.65}$$

$$F(s) = \frac{1}{(1 - \epsilon^{-Ts})} \left[ \frac{\epsilon^{-st} s \sin \omega t - \omega \epsilon^{-st} \cos \omega t}{s^2 + \omega^2} \right] \tag{7.66}$$

und da $T = \frac{2\pi}{\omega}$, geht (7.66) über in die einfachere Form

$$F(s) = \frac{\omega}{(s^2 + \omega^2)\left(1 - \epsilon^{-\frac{\pi s}{\omega}}\right)} \; . \tag{7.67}$$

## 7.9. DIE LAPLACE-TRANSFORMIERTE EINES EINZELNEN SÄGEZAHNIMPULSES

Wir betrachten den Fall eines einzelnen Sägezahnimpulses, der nur einmal auftritt und dann nicht wiederholt wird. Dieser Impuls ist in Abb. 7.18 dargestellt. Auf direktem Wege erhalten wir

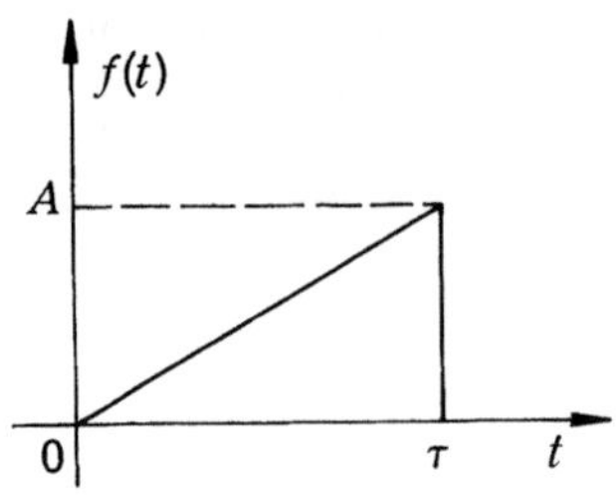


Abb. 7.18

$$f(t) = \frac{At}{\tau}\bigg|_{t < \tau} \tag{7.68}$$

und

$$F(s) = \frac{A}{\tau} \int_0^{\tau} t \, \epsilon^{-st} \, dt \; . \tag{7.69}$$

Setzen wir in eine Standardform für das obige Integral die Grenzen ein, so ergibt sich

$$F(s) = \frac{A}{\tau s^2} \left[ 1 - (1 + \tau s) \epsilon^{-\tau s} \right] . \tag{7.70}$$

**Aufgabe.** Man wende den Einzelimpuls aus Abb. 7.18 auf eine Schaltung mit der folgenden Übertragungsfunktion an

$$Z_T(s) = \frac{1}{LCs^2 + 1} \,. \tag{7.71}$$

Man bestimme die Ausgangsspannung als Funktion der Zeit. Welche Folgerungen ergeben sich für die Zustände: (a) während der Dauer der Erregung, (b) nach beendeter Erregung.

## 7.10. GEPULSTE PERIODISCHE FUNKTIONEN

In der Elektronik und in der Funktechnik kommt es oft vor, daß man es mit kurzen Stößen oder Impulsen von periodischen Funktionen zu tun hat. In der Radiotelegraphie zum Beispiel wird eine Trägerwelle, die ihre eigene Frequenz besitzt, mit einer Folge von Punkten und Strichen des internationalen Morsekodes ausgetastet. In Zeitsteuerungssystemen bei Raketen und bei vielen Typen von Datenübertragungssystemen erscheinen die Signale in Form von getasteten Sinusschwingungen.

Da solche Impulse aus periodischen Funktionen eine derart wichtige Rolle in der praktischen Elektronik spielen, sollten wir eine typische Schwingungsform näher untersuchen und ihre Laplace-Transformierte in unsere Liste der Transformierten aufnehmen. Eine dieser Schwingungsformen ist in Abb. 7.19 dargestellt.

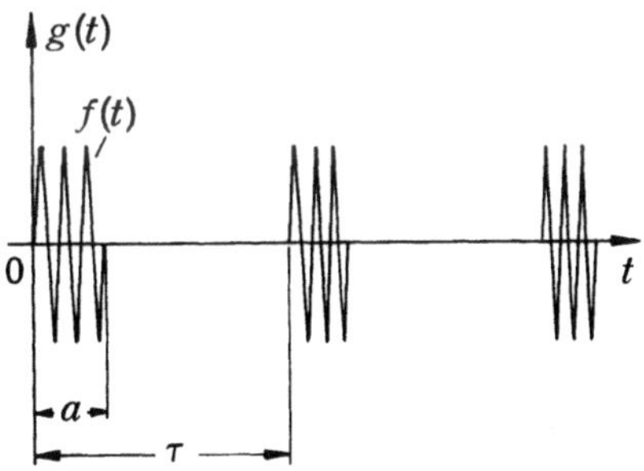


Abb. 7.19

Man beachte, daß $f(t)$ eine stetige periodische Funktion ist. Sie könnte zum Beispiel eine Sinusschwingung darstellen. Wir wollen jedoch die allgemeine Funktion $f(t)$ bis zum Ende der Untersuchung beibehalten. $g(t)$ möge die Impulse von $f(t)$ nach dem Austasten darstellen. Die Impulslänge sei $a$, die Tastperiode werde mit $\tau$ bezeichnet.

Wir geben vorerst einen Ausdruck an, der die Funktion $g(t)$ innerhalb des ersten Periodenintervalls exakt beschreibt. Der unerwünschte Teil von $f(t)$ kann mit Hilfe von zwei Sprungfunktionen herausgeschnitten werden.

$$g(t) = f(t)[U(t) - U(t - a)] \,. \tag{7.72}$$

Dieser Ausdruck gilt natürlich nur innerhalb des ersten Periodenintervalls der Länge $\tau$. Jedoch hat die Funktion in jedem der folgenden Intervalle dasselbe Aussehen. Wir wissen auch aus Abschn. 7.8, daß zur Bestimmung der Laplace-Transformierten die Integration nur über eine Periode auszuführen ist. Wir dürfen daher (7.57) anwenden und schreiben

$$G(s) = \frac{1}{(1 - \epsilon^{-\tau s})} \int_0^\tau g(t)\,\epsilon^{-st}\,dt\,. \tag{7.73}$$

Ersetzen wir die Funktion $g(t)$ unter dem Integralzeichen durch ihren wirklichen Wert in (7.72), so ergibt das

$$G(s) = \frac{1}{(1 - \epsilon^{-\tau s})} \int_0^a f(t)\,\epsilon^{-st}\,dt\,. \tag{7.74}$$

Der Integrand verschwindet zwischen $a$ und $\tau$. Den entsprechenden Teil des Integrals haben wir daher weggelassen.

Hätte man die Originalfunktion nicht ausgetastet, so hätten wir auf Grund des Satzes über periodische Funktionen für ihre Transformierte schreiben dürfen

$$F(s) = \frac{1}{(1 - \epsilon^{-as})} \int_0^a f(t)\,\epsilon^{-st}\,dt\,. \tag{7.75}$$

Es kann vorkommen, daß wir bei der Integration von 0 bis $a$ über mehrere Periodenintervalle von $f(t)$ integrieren müssen. Da die Größe $a$ jedoch auch in der Exponentialfunktion des Faktors vor dem Integral auftritt, ist die wirkliche Anzahl der Periodenintervalle unwesentlich. Von (7.75) ausgehend schreiben wir nun

$$\int_0^a f(t)\,\epsilon^{-st}\,dt = (1 - \epsilon^{-as})\,F(s) \tag{7.76}$$

und erhalten schließlich, wenn wir diesen Ausdruck in (7.74) einsetzen

$$G(s) = \frac{(1 - \epsilon^{-as})\,F(s)}{1 - \epsilon^{-\tau s}} \tag{7.77}$$

oder

$$G(s) = \frac{(1 + \epsilon^{-as})\,F(s)}{1 - \epsilon^{-\tau s}}\,; \qquad \text{wenn} \qquad f(t + a) = -f(t)\,. \tag{7.77a}$$

Vor Anwendung von (7.77) muß man sich vergewissern, daß $f(t + a) = f(t)$. Wenn $f(t + a) = -f(t)$, so muß man das Vorzeichen im Zähler abändern, wie es in (7.77a) getan wurde. $F(s)$ ist natürlich die Transformierte von $f(t)$, also die Transformierte der ursprünglichen Schwingung vor dem Austasten. Wenn der Leser die Endform der Transformierten lieber mit $F(s)$ bezeichnet als mit $G(s)$, so hat er nur die Bezeichnungsweise für $f(t)$ und $F(s)$ im obigen Ausdruck abzuändern.

B e i s p i e l. Eine Telegraphentaste dient dazu, eine Trägerwelle durch eine Punktreihe zu modulieren. Die Taste schließt während 0.1 sec und öffnet während 0.3 sec. Der Vorgang wird ununterbrochen wiederholt. Die Trägerfrequenz ist 1 MHz. Man bestimme die Transformierte der Antennenspannung (bei beliebiger Normierung der Amplitude).

$$f(t) = \sin \omega t \; ; \qquad \omega = 2\pi 10^6 \; .$$

Daraus folgt

$$F(s) = \frac{\omega}{s^2 + \omega^2} \; .$$

Die Tastintervalle sind $a = 0.1$ sec

$$\tau = a + 3a = 0.4 \text{ sec.}$$

Aus (7.77) erhält man

$$G(s) = \frac{\omega(1 - \epsilon^{-as})}{(s^2 + \omega^2)(1 - \epsilon^{-\tau s})}$$

oder

$$G(s) = \frac{2\pi 10^6(1 - \epsilon^{-0.1s})}{(s^2 + 4\pi^2 10^{12})(1 - \epsilon^{-0.4s})} \; .$$

A u f g a b e n.

(1) Mit Hilfe eines Gleichrichters wird jede Halbschwingung einer Sinusfunktion "ausgetastet". Das Ergebnis besitzt das Funktionsbild der Abb. 7.17, ist also eine Halbweg-Gleichrichtung. Man zeige, daß die Transformierte durch

$$F(s) = \frac{\omega}{(s^2 + \omega^2)\left(1 - \epsilon^{-\frac{\pi s}{\omega}}\right)}$$

gegeben ist, und zwar unter Anwendung des in diesem Abschnitt dargebotenen Satzes. Mit anderen Worten, man verwende (7.77) oder (7.77a).

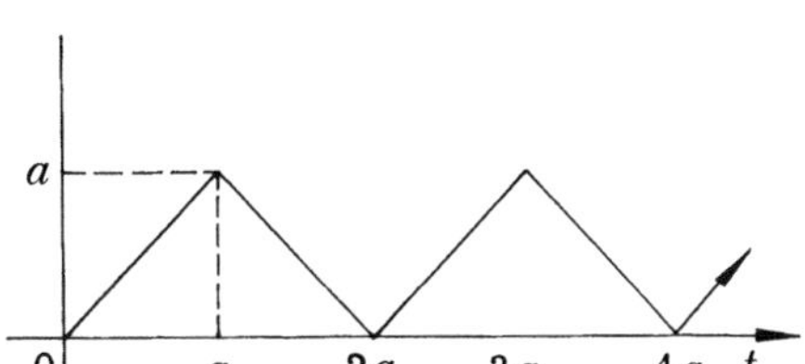


Abb. 7.20

(2) Man betrachte Abb. 7.20. Man zeige, daß die Laplace-Transformierte der Schwingungsform in Abb. 7.20 gegeben ist durch

$$F(s) = \frac{\tanh (as/2)}{s^2} \; .$$

## 7.11. DIE TRANSFORMIERTE DER VERSCHOBENEN ANSTIEGSFUNKTION

Wir wollen die Transformierte der in Abb. 7.21 dargestellten Funktion bestimmen. Der Funktionswert ist 0 für $t$ kleiner als $a$. Aus der direkten Definitionsgleichung folgt also

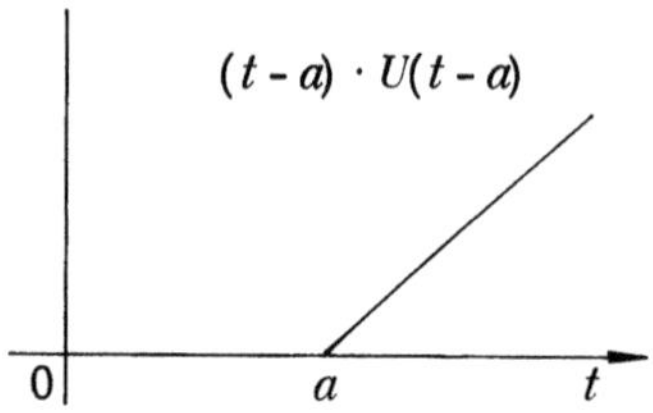

Abb. 7.21

$$F(s) = \int_a^\infty (t - a)\epsilon^{-st}\,dt \tag{7.78}$$

oder

$$F(s) = \int_a^\infty t\epsilon^{-st}\,dt - a\int_a^\infty \epsilon^{-st}\,dt\,. \tag{7.79}$$

In dem letzten Term erkennen wir sogleich die Transformierte einer Sprungfunktion von der Höhe $a$. Das erste Integral ergibt

$$\int_a^\infty t\epsilon^{-st}\,dt = \left[\frac{\epsilon^{-st}}{s^2}(-st - 1)\right]_a^\infty \tag{7.80}$$

$$= \left[\frac{-t\epsilon^{-st}}{s}\right]_a^\infty - \left[\frac{\epsilon^{-st}}{s^2}\right]_a^\infty. \tag{7.81}$$

Der letzte Klammerterm ist $\epsilon^{-as}/s^2$. Den ersten Klammerterm berechnet man mit Hilfe der Regel von de l'Hospital. Die obere Grenze liefert 0, die untere den Term $\epsilon^{-as}/s$. Fassen wir die Anteile aus (7.81) und (7.79) zusammen, so erhalten wir

$$F(s) = \frac{\alpha\epsilon^{-as}}{s} - \frac{\alpha\epsilon^{-as}}{s} + \frac{\epsilon^{-as}}{s} \tag{7.82}$$

und als Endergebnis schließlich

$$F(s) = \frac{\epsilon^{-as}}{s^2}\,. \tag{7.83}$$

KAPITEL VIII

# ELEKTRONISCHE FILTER

## 8.1. EINLEITUNG

In diesem Kapitel möchte der Autor einige Tatsachen besprechen, welche die meisten Elektroniker nicht nur lehrreich, sondern auch nützlich finden werden. Wir mußten einige der interessanten Themen übergehen, bis der Leser zur Gesamtheit der Operationen mit Laplace-Transformierten vorgedrungen ist und auch die entsprechenden Sätze kennengelernt hat. In Übereinstimmung mit dem allgemeinen Ziel dieses Lehrbuches, nämlich die Fähigkeit des Lesers, mit modernen Begriffen zu arbeiten, zu vervollkommnen, werden wir nun einige spezielle Anwendungen der komplexen Ebene und die Folgerungen aus der Konstellation von Polen und Nullstellen besprechen.

Die Laplace-Transformation hat viele Anwendungsgebiete, die nicht unmittelbar mit der Netzwerkanalyse oder mit der Schwingungsanalyse in Verbindung stehen. Sie wird im allgemeinen auch zur Lösung von Differentialgleichungen benützt, einschließlich solcher mit einer beliebigen Anzahl von unabhängigen Variablen, sie wird zur Lösung partieller Differentialgleichungen benützt, zur Lösung von Integralgleichungen und endlichen Differenzengleichungen. Die Laplace-Transformation verwendet man auch zur Berechnung bestimmter Integrale, zum Aufsummieren von Reihen und für manche Entwicklungen in der Funktionentheorie. Ihre Erweiterung auf Parameterverteilungen spielt eine wichtige Rolle in jüngsten theoretischen Abhandlungen aus der Theorie der Übertragungsleitungen, der Antennentheorie und der Wellenleitertheorie.

## 8.2. NORMIERUNG DER ÜBERTRAGUNGSFUNKTION

Der Leser hat nun beträchtliche Erfahrungen auf dem Gebiet der Übertragungsfunktionen und deren assoziierten Netzwerken gesammelt. Wir wollen an dieser Stelle zwei Eigenschaften studieren, die allen Übertragungsfunktionen gemeinsam sind, gleichgültig, welchem Zweck das entsprechende Netzwerk dient.

Die erste interessante Eigenschaft ist mit dem Begriff des Impedanzpegels verknüpft. Bei der Analyse oder Synthese komplizierter Netzwerke ist es sicherlich wünschenswert, daß sich die Arbeit so weit wie möglich vereinfachen läßt. Ein Beispiel für die Vereinfachung eines Netzwerkes, das viele identische ohmsche Widerstände beinhaltet, ist die Normierung des Widerstandes auf 1 Ohm (Ω). Zur Illustration betrachten wir die Übertragungsfunktion, die uns in Form 12, Anhang I(b), begegnet. Wählen wir für $R$ den Wert 1 Ω, so ergibt sich das Schaltbild der Abb. 8.1.

Obwohl die Wahl von $R = 1\ \Omega$ solche Netzwerke ein wenig vereinfacht, ist es wahrscheinlich in der Praxis unmöglich, so niedrige Impedanzen oder Impedanzpegel bei Vakuumröhren oder Transistoren zu benützen. Es wird daher oft der Fall eintreten, daß der Impedanzpegel eines derartigen Netzwerkes zu ändern ist.

Die allgemeine Regel für den Wechsel des Impedanzpegels eines Netzwerkes lautet:

(I) Wenn jede einzelne Impedanz in einem Netzwerk mit einem konstanten Faktor $A$ multipliziert wird, so bleibt die Übertragungsfunktion des Netzwerkes unverändert.

Zur Anwendung dieser Regel beachte man die drei möglichen Arten einer Impedanz in einem Netzwerk

$$Z_R = R\,; \qquad Z_C = \frac{1}{sC}\,; \qquad Z_L = sL\,. \tag{8.1}$$

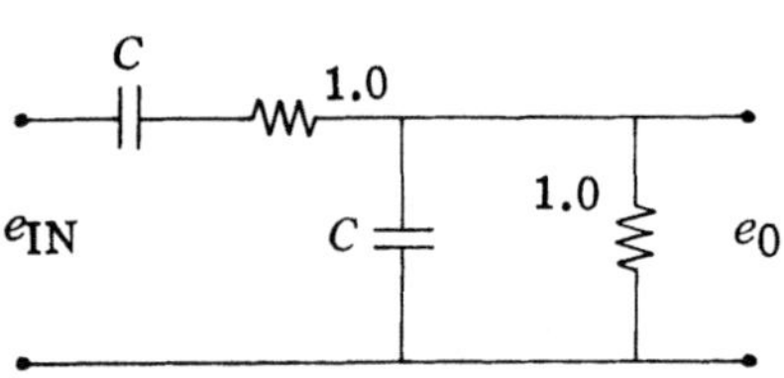


Abb. 8.1

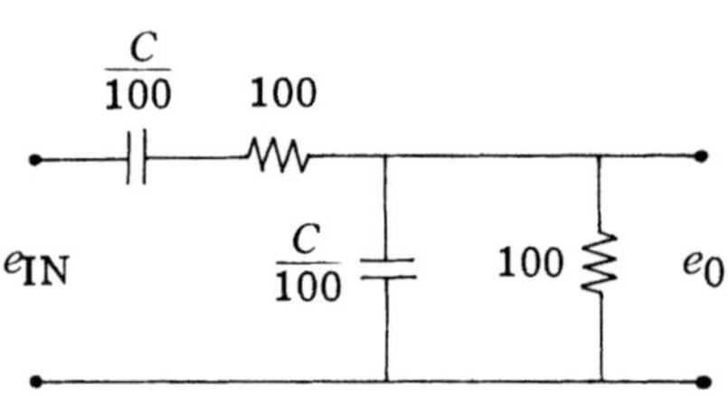


Abb. 8.2

Multipliziert man jede Impedanz mit dem Faktor $A$, so ergibt sich

$$Z^1_R = AR\,; \qquad Z^1_C = \frac{A}{sC}\,; \qquad Z^1_L = sAL\,. \tag{8.2}$$

Physikalisch heißt das, daß man jeden ohmschen Widerstand und jede Induktivität des Netzwerkes mit $A$ multipliziert, daß man aber alle Kapazitäten durch $A$ dividiert. Diese Operationen beeinflussen die Übertragungsfunktion nicht.

Wenn wir den Impedanzpegel des Netzwerkes in Abb. 8.1 auf das 100-fache erhöhen, so ergibt die Anwendung der obigen Regel das Netzwerk der Abb. 8.2, dessen Übertragungsfunktion dieselbe ist wie für Abb. 8.1.

Die zweite interessante Eigenschaft tritt im Begriff der normierten Frequenz in Erscheinung. Wenn man bei der Arbeit mit Netzwerken als kritische Frequenz 1 Rad/sec wählt, so können oft viel allgemeinere Ergebnisse erzielt werden, als mit irgendeiner speziellen Frequenz, die nur in einem speziellen Problem interessant ist. Als kritische Frequenz könnte die obere Grenzfrequenz eines Tiefpaßfilters dienen, oder die Resonanzfrequenz des Netzwerkes in Abb. 8.2, wenn man es als Wienschen Brückenoszillator verwendet. Von früher her wissen wir, daß die Resonanzfrequenz eines Wienschen Brückenoszillators unter Verwendung der Schaltung in Abb. 8.2 gegeben ist durch

$$f = \frac{1}{2\pi RC} \, . \tag{8.3}$$

Die Untersuchung des Netzwerkes in Abb. 8.3 zeigt, daß wir dort den Impedanzpegel auf 1 Ω und die Frequenz auf 1 Rad/sec normiert haben. Die Übertragungsfunktion der Abb. 8.3 lautet nun einfach

$$Z_T(s) = \frac{s}{s^2 + 3s + 1} \, . \tag{8.4}$$

Aus Abb. 8.1 läßt sich ersehen, daß im Falle einer Normierung der Frequenz auf 1 und Multiplikation der Frequenz mit einer Konstanten $B$ die ohmschen Widerstände des Netzwerkes unverändert bleiben. Für die Induktivitäten gelten andere Regeln. Wenn man die Frequenz mit $B$ multipliziert, so muß man zur Aufrechterhaltung der Impedanz die Induktivität durch $B$ dividieren. Auch sind alle Kapazitäten durch $B$ zu dividieren, will man deren Impedanzen bei Änderung der Frequenz unverändert lassen.

Die allgemeine Regel zur Beseitigung einer Frequenznormierung lautet demnach:

(II) Um die Frequenz von $\omega = 1$ auf $\omega = B$ zu erhöhen, lasse man alle ohmschen Widerstände im Netzwerk unverändert. Man dividiere alle $L$ und alle $C$ des Netzwerkes durch $B$.

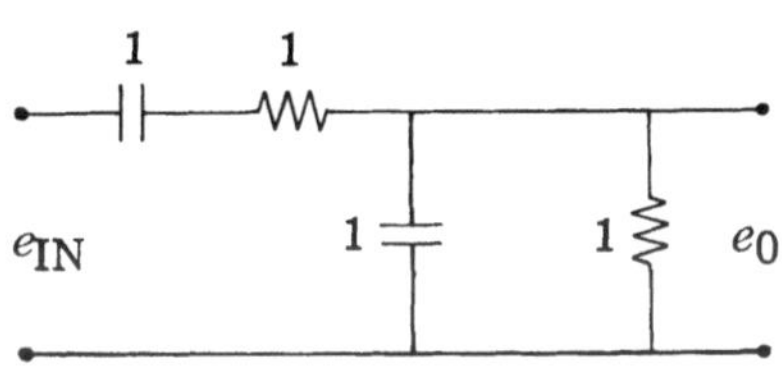


Abb. 8.3

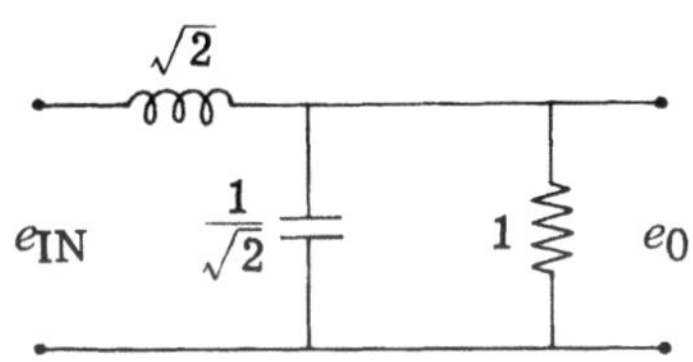


Abb. 8.4

Beispiel. Das Tiefpaßfilter in Abb. 8.4 hat eine Grenzfrequenz von $\omega_C = 1.0$ Rad/sec. Der (ohmsche) Ausgangswiderstand ist 1.0 Ω.

Wir wollen vorerst die Normierung der Impedanz aufheben, und zwar gemäß Regel (I). Der Impedanzpegel soll auf das 10.000-fache erhöht werden. Aus (8.2) erhält man

$$\left.\begin{aligned} R &= 10.000\ \Omega \\ C &= \frac{10^{-4}}{\sqrt{2}}\ \mathrm{F} \\ L &= \sqrt{(2)} \cdot 10^4\ \mathrm{H} \end{aligned}\right\} \tag{8.5}$$

Als nächstes wollen wir die Grenzfrequenz vom Normwert 1 Rad/sec auf einen neuen Wert 1.000 Rad/sec vergrößern. Mit Regel (II) wird Gleichung (8.5)

$$\left.\begin{aligned} R &= 10.000\ \Omega \\ C &= 10^{-7}/\sqrt{2}\ \mathrm{F} \\ L &= 10\sqrt{2}\ \mathrm{H} \end{aligned}\right\} \tag{8.6}$$

Die Begriffe der normierten Impedanz und der normierten Frequenz sind in der Netzwerktheorie von großer Bedeutung. Die meisten in Handbüchern gesammelten Daten werden für derartig normierte Netzwerke angegeben. Die Daten bleiben somit allgemein und sind bei verschiedenen Netzwerken anwendbar. Wir werden beide Begriffe in unserer Darstellung der Filtertheorie verwenden, die wir im nächsten Abschnitt beginnen werden.

Die beiden obigen Regeln lassen sich kombinieren und die Aufhebung beider Normierungen kann in einem einzigen Schritt erfolgen. Um den Impedanzpegel um den Faktor $A$ zu heben und die Frequenz auf das $B$-fache zu erhöhen, muß man:

Jeden ohmschen Widerstand des Netzwerkes mit $A$ multiplizieren,
jede Induktivität des Netzwerkes mit $A/B$ multiplizieren, (8.7)
jede Kapazität des Netzwerkes mit $1/AB$ multiplizieren.

Dieses letztgenannte Verfahren ist dann besonders günstig, wenn die Konstruktion eine große Anzahl von Elementen benötigt. Im übrigen sei dem Leser empfohlen, lieber mit den beiden Grundregeln zu arbeiten. Die Grundregeln lassen sich jederzeit schnell herleiten, wenn der Ingenieur das Prinzip verstanden hat, während man spezielle Kombinationen von Formeln wie in Abb. (8.7) leicht vergißt oder falsch aus dem Gedächtnis reproduziert.

## 8.3. TIEFPASSFILTER

Eines der brauchbarsten Tiefpaßfilter, die man ersinnen kann, ist das Butterworth-Filter. Dieser Typ ist auf den Eigenschaften einer "maximal flachen Funktion" begründet und hat seinen Namen von dem Mann, der solche Funktionen zum ersten Mal für Filterzwecke verwendet hat. Die vorzüglichste Eigenschaft eines Butterworth-Filters ist seine Amplituden-Frequenz-Charakteristik. Die Überhöhung, also das Verhältnis $e_0/e_{IN}$, ist für ein Butterworth-Filter

$$A = \frac{e_0}{e_{IN}} = \frac{1}{\sqrt{(1 + \omega^{2n})}} . \tag{8.8}$$

Aus (8.8) ergibt sich, daß für $\omega$-Werte, die wenig kleiner als 1 sind, die Überhöhung sich dem Wert 1 nähert. Den Bereich von $\omega = 0$ bis $\omega = 1.0$ nennt man Durchlaßbereich. Für Werte von $\omega$, die etwas über 1.0 liegen, wird die Überhöhung nahezu 0. Bei Frequenzen oberhalb $\omega = 1.0$ wird daher sehr wenig Energie durchgelassen. Die Annäherung an einen vollkommenen Filter, der bei $\omega = 1.0$ scharf abbricht, wird umso besser, je größer $n$ ist. Bei $\omega = 1.0$ ist die Überhöhung des Netzwerkes 0.707. Definitionsgemäß tritt das bei der oberen Grenzfrequenz auf, die also den Wert $\omega = 1.0$ besitzt.

Die Zahl $n$ in dem obigen Ausdruck nennt man die "Ordnung" des Filters. Für ein Butterworth-Filter dritter Ordnung lautet der Ausdruck für die Überhöhung

$$A = \frac{1}{\sqrt{(1 + \omega^6)}} . \tag{8.9}$$

Man sieht ohne exakte Rechnung, daß die Zahl $n$ die Schärfe der Filtergrenze beim Punkt $\omega_0 = 1.0$ und oberhalb davon bestimmt.

Die Amplitudenkurven von Butterworth-Filtern erster, dritter und fünfter Ordnung sind in Abb. 8.5 dargestellt. Aus der Kurve für das Butterworth-Filter fünfter Ordnung ersieht man, daß die Empfindlichkeit vollkommen flach über dem Durchlaßbereich verläuft, bis zu dem Punkt, in dem der Abfall beginnt. Dieses Verhalten führte zur Bezeichnung "maximal flache Funktion". Wenn das Filter eine wirkliche Butterworth-Form hat, so gibt es innerhalb des Durchlaßbereiches im Funktionsverlauf keine Berge und Täler.

Die Kurven der Abb. 8.5 und die Funktion (8.8) entsprechen einer auf 1.0 normierten Frequenz. Wir dürfen über Filter vollkommen unbeschwert auf dieser Basis diskutieren. Wenn wir ein spezielles Ergebnis wünschen, so läßt sich die Normierung mit den in Abschnitt 8.2 erklärten Methoden jederzeit aufheben.

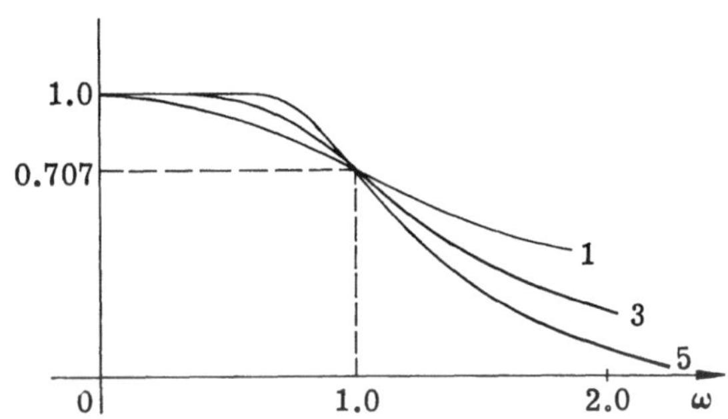


Abb. 8.5

Die Butterworth-Amplitudenfunktion (8.8) gestattet uns die Bestimmung der Ordnung $n$, die für einen gegebenen Grenzverlauf nötig ist. Nehmen wir zum Beispiel an, wir möchten ein Filter konstruieren, das bei der Grenzfrequenz $\omega_0 = 1.0$ eine Überhöhung von 0.707 liefert, die bei $\omega = 2.0$ auf 1.0% herabgesunken ist. Das ist also bereits bei der ersten Oberschwingung. In diesem Fall ist

$$\frac{1}{\sqrt{(1 + 2^{2n})}} = \frac{1}{100} \tag{8.10}$$

oder

$$1 + 2^{2n} = 10^4 \tag{8.11}$$

und für praktische Zwecke hinreichend genau

$$2^{2n} = 10^4 \ . \tag{8.12}$$

Logarithmieren wir auf beiden Seiten, so erhalten wir

$$\log 2^{2n} = 4 \tag{8.13}$$

oder

$$2n \log 2 = 4 \tag{8.14}$$

$$n = \frac{2}{\log 2} \tag{8.15}$$

und schließlich

$$n = 6.64\ . \tag{8.16}$$

Offensichtlich haben wir hier den nächsthöheren ganzen Wert für $n$ zu nehmen. Wir müssen also ein Butterworth-Filter siebenter Ordnung bauen, um den gegebenen Spezifikationen gerecht zu werden.

Wir werden gleich sehen, daß der Wert von $n$ gleich der Anzahl der reaktiven Elemente in der Endversion des Filters ist. Für $n = 7$, also für den verlangten Amplitudenverlauf, muß das Filternetzwerk sieben gesonderte reaktive Elemente enthalten.

## 8.4. MAXIMAL FLACHE FUNKTIONEN

Bei der Konstruktion von Butterworth-Filtern benötigen wir maximal flache Übertragungsfunktionen. Solche Funktionen von $s$ haben eine in (8.8) angegebene Amplitudencharakteristik. Der Wert von $n$ entspricht der höchsten in der Übertragungsfunktion vorkommenden Potenz von $s$.

Wir wollen einen Augenblick vom Thema abweichen und Abb. 8.6 betrachten. Man benötigt wenig Aufwand, um zu erkennen, daß die Übertragungsfunktion für dieses Netzwerk gegeben ist durch

$$Z_T(s) = \frac{Z_1(s)}{Z_2(s) + Z_1(s)}\ . \tag{8.17}$$

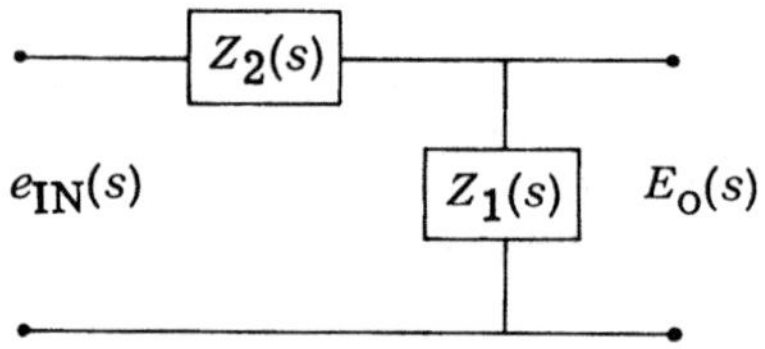


Abb. 8.6

Wir bemerken, daß der gesamte Zähler im Nenner nochmals als Summand auftritt. Wenn aber ein derartiger Zusammenhang zwischen Teilen des Zählers und Nenners besteht, so sollte es möglich sein, das durch die Funktion dargestellte Netzwerk in einem Schaltbild so anzugeben, daß man einfach die Parameterkomponenten in die beiden Kästchen der Abb. 8.6 einsetzt. Dieser Typ von Operationen heißt Netzwerksynthese, im Gegensatz zur Netzwerkanalyse. Bei der Analyse eines gegebenen Netzwerkes ist das Ziel die Bestimmung der Übertragungsfunktion. In der Synthese geht man von einer gegebenen Übertragungsfunktion aus und möchte dazu das entsprechende Netzwerk bilden.

Zur Illustration eines sehr einfachen Beispieles der Synthese betrachten wir die folgende Übertragungsfunktion

$$Z_T(s) = \frac{1}{s+1} \,. \tag{8.18}$$

Vergleichen wir diesen Ausdruck mit (8.17), so sehen wir, daß auch hier der Zähler ein Teil des Nenners ist. Wir erhalten somit

$$\left.\begin{aligned} Z_1(s) &= 1.0 \\ Z_2(s) &= s \end{aligned}\right\} \tag{8.19}$$

$Z_2(s)$ entspricht offensichtlich einer Induktivität von 1 H, während $Z_1(s)$ sich als ohmscher Widerstand von 1 $\Omega$ erweist. Führt man diese Werte in die Kästchen der Abb. 8.6 ein, so haben wir das in Abb. 8.7 dargestellte Netzwerk synthetisch aufgebaut. Wir geben zu, daß dies ein äußerst einfaches Beispiel ist, jedoch dient es dazu, um auf elementare Weise das Prinzip zu veranschaulichen.

Weiters bemerken wir, daß man in (8.18) Zähler und Nenner durch $s$ dividieren darf, ohne die Funktion im algebraischen Sinn zu ändern.

$$Z_T(s) = \frac{1/s}{1 + 1/s} \,. \tag{8.20}$$

Man erhält also

$$\left.\begin{aligned} Z_1(s) &= \frac{1}{s} \\ Z_2(s) &= 1.0 \end{aligned}\right\} \tag{8.21}$$

In diesem Fall erscheint $Z_1(s)$ als Kapazität von 1 F, während $Z_2(s)$ einen ohmschen Widerstand von 1 $\Omega$ darstellt. Mit Abb. 8.6 als Vorlage erhält man auf synthetischem Wege die Abb. 8.8. An dieser Stelle möge der

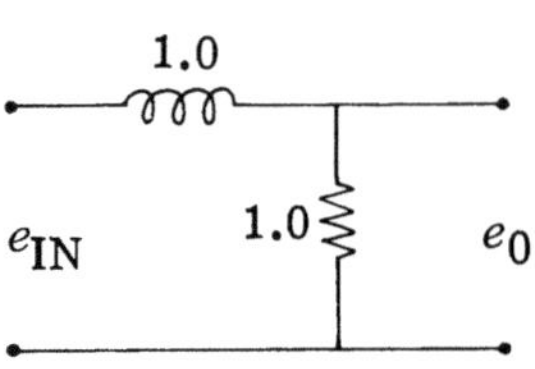


Abb. 8.7

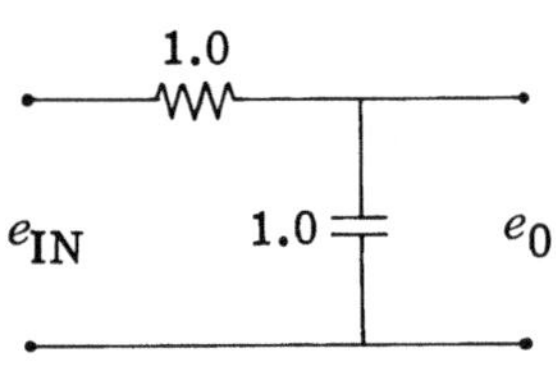


Abb. 8.8

Leser die Übertragungsfunktionen von Abb. 8.7 und Abb. 8.8 bestimmen und zeigen, daß sie identisch sind. Nach diesem Seitenblick auf elementare Netzwerksynthese wenden wir uns nun der folgenden Funktion zweiter Ordnung von $s$ zu:

$$F(s) = \frac{1}{s^2 + s\sqrt{2} + 1} \,. \tag{8.22}$$

Der Leser sollte nachweisen, daß nach Ersetzen von $s$ durch $j\omega$ für den Betrag von (8.22) gilt

$$|F(\omega)| = \frac{1}{\sqrt{(1+\omega^4)}} . \tag{8.23}$$

Die höchste Potenz von $s$ in (8.22) ist 2.0. Die Amplitudenfunktion entspricht einer Butterworth-Funktion für $n = 2.0$. Wir schließen daraus, daß (8.22) die Übertragungsfunktion eines Butterworth-Tiefpaßfilters zweiter Ordnung ist.

Der Zähler von (8.22) ist im Nenner enthalten. Wollen wir jedoch (8.17) unmittelbar anwenden, so ergeben sich Schwierigkeiten. Wir haben ja keine Impedanz von der Größe $s^2$. Dividieren wir aber zuerst Zähler und Nenner durch $s$, so erhalten wir

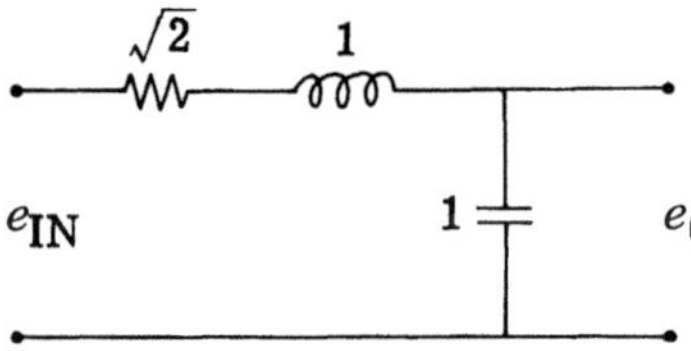

Abb. 8.9

$$Z_T(s) = \frac{1/s}{s + \sqrt{2} + 1/s} . \tag{8.24}$$

Setzen wir nun

$$\left.\begin{aligned} Z_1(s) &= \frac{1}{s} \\ Z_2(s) &= \sqrt{2} + s \end{aligned}\right\} \tag{8.25}$$

und benützen nochmals Abb. 8.6 als Modell, so erhalten wir auf synthetischem Wege das Netzwerk, das die Funktion (8.24) realisiert. Das Netzwerk ist in Abb. 8.9 ersichtlich.

Die Butterworth-Übertragungsfunktion zweiter Ordnung in (8.22) ließe sich auch so schreiben:

$$Z_T(s) = \frac{1}{s(s+\sqrt{2})+1} . \tag{8.26}$$

Dividieren wir nun Zähler und Nenner durch $(s + \sqrt{2})$, so haben wir

$$Z_T(s) = \frac{1/(s+\sqrt{2})}{s + 1/(s+\sqrt{2})} . \tag{8.27}$$

Wir können hier so vorgehen:

$$Z_1(s) = \frac{1}{s+\sqrt{2}} ; \qquad Z_2(s) = s .$$

$Z_2(s)$ erscheint als einfache Induktivität von 1 H. Aber $Z_1(s)$ scheint eine Kombination von mehreren Größen zu sein. Invertieren wir $Z_1(s)$, so gilt

$$Y_1(s) = s + \sqrt{2} \tag{8.28}$$

worin wir sofort die Parallelschaltung des Blindleitwertes $sC$ mit dem Wirkleitwert $\sqrt{2}$ S/m erkennen. Diese Parallelschaltung, deren Bestandteile als Impedanzen gekennzeichnet wurden, ist in Abb. 8.10 dargestellt. Mit Abb. 8.6 als Modell ergibt sich die zweite Version zur Realisierung der gegebenen Funktion in der Schaltung aus Abb. 8.11. Der Leser möge die Übertragungsfunktionen für Abb. 8.9 und Abb. 8.11 getrennt bestimmen und zeigen, daß beide durch (8.22) beschrieben werden.

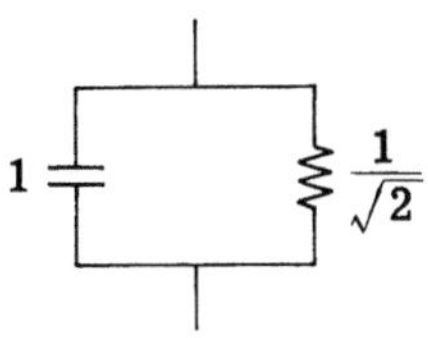


Abb. 8.10

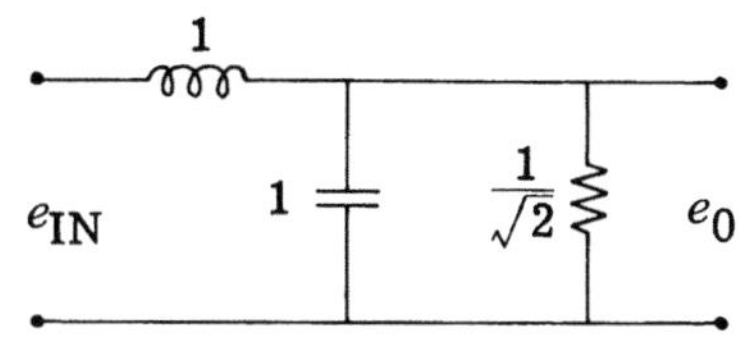


Abb. 8.11

Wir haben nun verschiedene Netzwerkrealisierungen für das einfachste Butterworth-Filter erster Ordnung und für das etwas kompliziertere Butterworth-Filter zweiter Ordnung angegeben. Als allgemeine Regel läßt sich anführen, daß zwar ein gegebenes Netzwerk nur durch eine einzige Übertragungsfunktion beschrieben wird, daß man aber umgekehrt zu einer gegebenen Übertragungsfunktion immer eine unendliche Mannigfaltigkeit von Netzwerken finden kann, von denen jedes die Funktion realisiert. Natürlich ist dabei vorausgesetzt, daß die Übertragungsfunktion wenigstens eine Lösung besitzt.

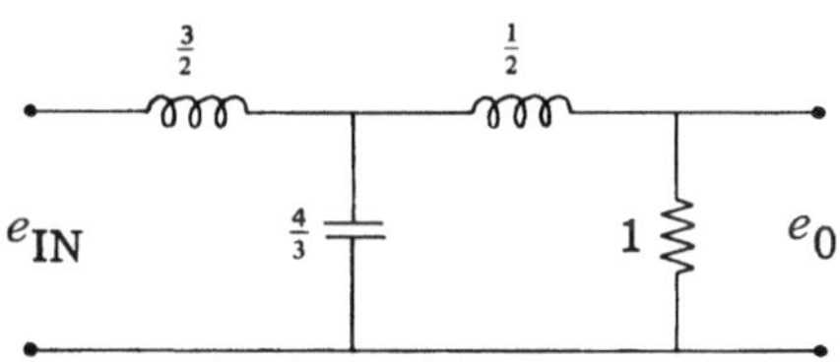


Abb. 8.12

Aufgaben.

(1) Man betrachte Abb. 8.12, in der die Angabe der Schaltgrößen in Ohm (Ω), Henry (H) und Farad (F) erfolgte. Man zeige, daß die Übertragungsfunktion des Netzwerkes gegeben ist durch

$$Z_T(s) = \frac{1}{s^3 + 2s^2 + 2s + 1}\,. \tag{8.29}$$

(2) Man zeige, daß der Betrag der obigen Funktion für $s = j\omega$ dem Butterworth-Filter dritter Ordnung entspricht.

$$|Z(\omega)| = \frac{1}{\sqrt{(1 + \omega^6)}}\,. \tag{8.30}$$

## 8.5. DIE LAGE DER POLSTELLEN VON BUTTERWORTH-FUNKTIONEN

Der Leser wird hier berechtigterweise vermuten, daß in diesen Untersuchungen noch mehr Regelmäßigkeiten zum Vorschein kommen, als bisher ersichtlich ist. Und diese Regelmäßigkeiten sind in der Tat vorhanden. Das wird offenbar, wenn wir die Lage der Pole von Butterworth-Funktionen in der $s$-Ebene feststellen. Sobald wir das Verfahren zur Festlegung der Polstellen in der $s$-Ebene angegeben haben, folgt daraus die Bildung der Funktion ohne weitere Angaben.

(a) Als erstes sei festgestellt, daß eine Butterworth-Funktion $n$-ter Ordnung $n$ Polstellen in der $s$-Ebene besitzt. Die Funktion enthält also die $n$-te Potenz von $s$.

(b) Die Pole liegen alle auf dem Einheitskreis um den Ursprung der $s$-Ebene.

(c) Die Pole liegen in der linken Halbebene, und zwar symmetrisch in Bezug auf den Punkt $s = -1$.

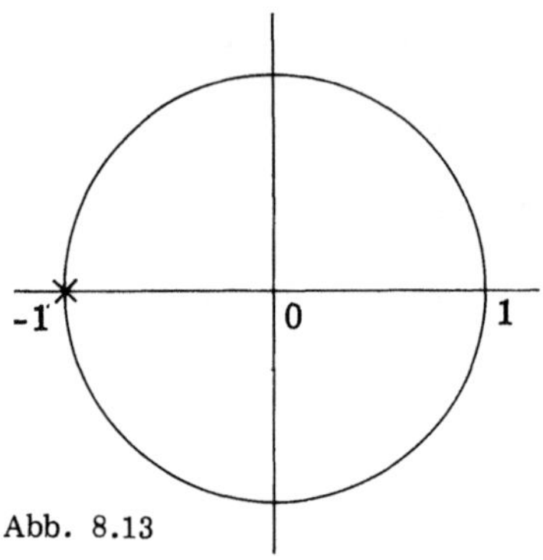


Abb. 8.13

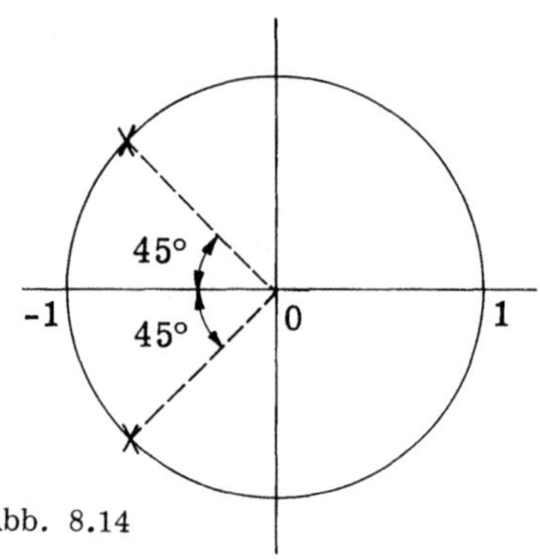


Abb. 8.14

Beispiele für die Polstellen der Funktionen der ersten vier Ordnungen werden das Verfahren klarer erläutern als alle Erklärungsversuche mit Hilfe allgemeiner Regeln. Die Butterworth-Funktion erster Ordnung hat einen Pol auf dem Einheitskreis bei $s = -1$. Dieser ist in Abb. 8.13 eingetragen. Das Butterworth-Filter, dargestellt durch (8.22), hat Pole in

$$s = -\frac{1}{\sqrt{2}} \pm j\frac{1}{\sqrt{2}}. \tag{8.31}$$

Diese Pole liegen in symmetrischen Punkten des Einheitskreises, wie in Abb. 8.14 ersichtlich ist. Das Butterworth-Filter dritter Ordnung, dargestellt durch (8.29) hat Pole in

$$\left.\begin{aligned} s &= -1 \\ s &= \epsilon^{\frac{j2\pi}{3}} \\ s &= \epsilon^{-\frac{j2\pi}{3}} \end{aligned}\right\} \tag{8.32}$$

Diese sind in Abb. 8.15 eingetragen. Die Polstellen des Butterworth-Filters vierter Ordnung ersieht man aus Abb. 8.16. Das Butterworth-Filter fünfter Ordnung hat Polstellen bei den Winkeln 0°, ∓ 36°, ∓ 72°, vom negativen Teil der reellen Achse aus gemessen. Man beachte, daß in allen Fällen der linke Halbkreis in $n$ gleiche Teile geteilt wird, wobei zwischen je zwei aufeinander folgenden Polstellen ein ganzer Sektor liegt, während zwischen der obersten und der untersten Polstelle und den entsprechenden Teilen der $j$-Achse nur ein halber Sektor liegt.

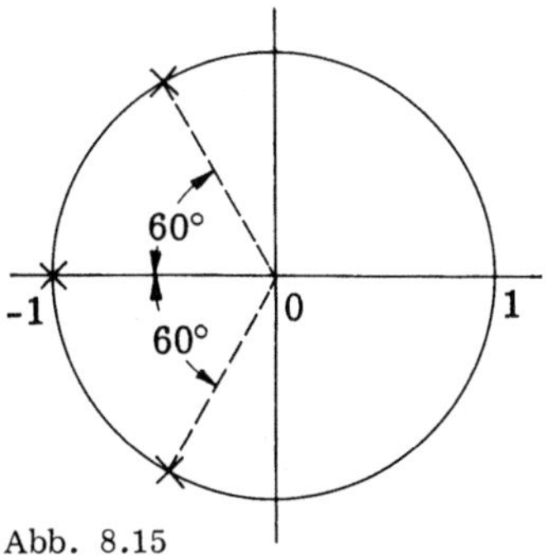


Abb. 8.15

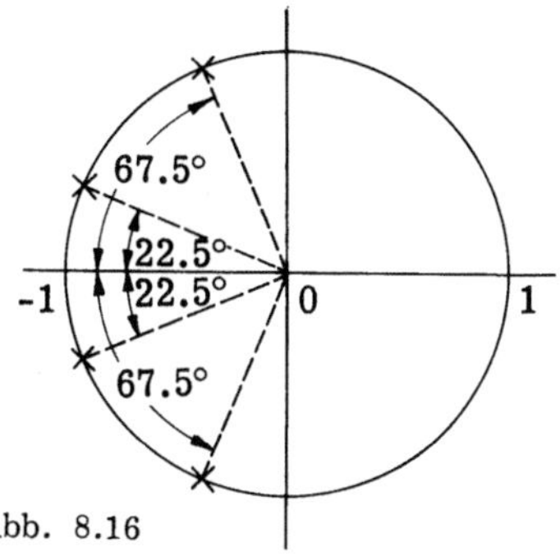


Abb. 8.16

Zur Bestimmung der Übertragungsfunktion eines Filters gegebener Ordnung beginnt man am besten beim Poldiagramm. Aus diesem Poldiagramm läßt sich dann jeder im Nenner auftretende Faktor bestimmen.

Im Falle von drei Polstellen zum Beispiel kann man von Abb. 8.15 und den Polstellen in (8.32) ausgehen. Man erhält dann

$$Z_T(s) = \frac{1}{(s+1)\left(s - \epsilon^{\frac{j2\pi}{3}}\right)\left(s - \epsilon^{-\frac{j2\pi}{3}}\right)} \cdot \tag{8.33}$$

Der Ausdruck läßt sich schrittweise vereinfachen

$$Z_T(s) = \frac{1}{(s+1)\left(s^2 - s\epsilon^{\frac{j2\pi}{3}} - s\epsilon^{-\frac{j2\pi}{3}} + 1\right)} \tag{8.34}$$

$$Z_T(s) = \frac{1}{(s+1)(s^2 - 2s\cos 2\pi/3 + 1)} \tag{8.35}$$

$$Z_T(s) = \frac{1}{(s+1)(s^2 + s + 1)} \tag{8.36}$$

und schließlich

$$Z_T(s) = \frac{1}{s^3 + 2s^2 + 2s + 1} \tag{8.37}$$

wobei die übliche Eigenschaft

$$|Z_T| = \frac{1}{\sqrt{(1 + \omega^6)}} \tag{8.38}$$

gegeben ist.

Wenn die Anzahl der Polstellen gerade ist, so kann man sie paarweise zusammenfassen. In Abb. 8.16 zum Beispiel darf man die beiden Polstellen bei den Winkeln $\pi/8$ und $3\pi/8$ kombinieren und erhält

$$Z_T(s) = \frac{1}{(s^2 + 2s\cos\pi/8 + 1)(s^2 + 2s\cos 3\pi/8 + 1)} \tag{8.39}$$

also eine Butterworth-Funktion vierter Ordnung. Mit $s = j\omega$ geht (8.39) über in

$$|Z_T| = \frac{1}{\sqrt{(1 + \omega^2\sqrt{2} + \omega^4)} \cdot \sqrt{(1 - \omega^2\sqrt{2} + \omega^4)}} \qquad (8.40)$$

oder

$$|Z_T| = \frac{1}{\sqrt{(1 + \omega^8)}} \, . \qquad (8.41)$$

Wir können nun eine mehr formale Aussage über die Lage der Pole des allgemeinen Butterworth-Filters $n$-ter Ordnung anführen. Es sei

$n$ = Anzahl der Pole (Ordnung des Filters)

$i$ = ein einzelner Pol in der Gruppe.

Dann gilt

$i = 1, 2, 3, 4, \ldots n.$

Es folgt nun leicht, daß die Polstellen allgemein gegeben sind durch

$$s_i = \cos\left[\left(\frac{2i - 1}{n} - 1\right)\frac{\pi}{2}\right] + j\sin\left[\left(\frac{2i - 1}{n} - 1\right)\frac{\pi}{2}\right].$$

Die Polstellen für das Butterworth-Hochpaßfilter erhält man daraus durch Bildung des Reziprokwertes des absoluten Betrages (da der Radius des Kreises 1 ist, ist auch der reziproke Radius 1) und durch Vorzeichenwechsel bei den Winkelgrößen. Da somit die Polstellen für Hochpaß- und Tiefpaßfilter durch Bildung des konjugiert komplexen Wertes auseinander hervorgehen, besteht in der Lage der Polstellen kein Unterschied zwischen maximal geebneten Hochpaß- und Tiefpaßfiltern. Die Lage der Nullstellen ist allerdings verschieden.

## 8.6. SYNTHESE DER MAXIMAL FLACHEN FUNKTION DRITTER ORDNUNG

Das Butterworth-Filter dritter Ordnung besitzt die Funktion

$$Z_T(s) = \frac{1}{s^3 + 2s^2 + 2s + 1} \, . \qquad (8.42)$$

Wenn die Ordnung der Funktion zunimmt, nimmt natürlich auch die Kompliziertheit der Netzwerke zu. Wir müssen daher erwarten, daß auch der Schwierigkeitsgrad des synthetischen Verfahrens steigt. Die Synthese der Filter erster und zweiter Ordnung war noch einfach durch Betrachtung der entsprechenden Funktionen möglich. Man benötigte höchstens einige abgebraische Manipulationen zu deren Vereinfachung. Jedoch schon bei der Funktion dritter Ordnung führt ein so einfaches Verfahren nicht mehr zum Ziel.

Es gibt zahlreiche Wege zur Bestimmung eines Netzwerkes, das (8.42) als Übertragungsfunktion besitzt. Der Autor möchte jedoch einen vereinfachten Zugang wählen, der sicherlich von allen Lesern verstanden wird. Wir wollen vorerst einige Feststellungen über (8.42) treffen.

(a) Wir wissen aus Erfahrung (oder nach Beweis, hätten wir dieses Thema eingehender behandelt), daß eine Übertragungsfunktion dritter Ordnung wie diese drei reaktive Elemente haben muß.

(b) Wählen wir als Abschlußelement des Filters einen ohmschen Parallelwiderstand von 1 Ω wie in den ersten beiden Fällen, so haben wir insgesamt vier Komponenten, wenn wir den ohmschen Widerstand von 1 Ω als eine Komponente rechnen.

(c) Wir folgern intuitiv, daß das reaktive Eingangselement in Reihe geschaltet sein muß, da ein Parallelglied direkt quer zum Eingang die Leistung des Filters kaum beeinflussen könnte.

(d) Schließlich drücken wir die Vermutung aus, daß in einem Tiefpaßfilter die reaktiven Reihenglieder Induktivitäten und die reaktiven Parallelglieder Kapazitäten sein müssen.

Der obige Gedankengang, der wenig Vorstellungsvermögen erfordert, führt uns zur Annahme, daß die richtige Anordnung durch Abb. 8.17 gegeben ist. Da die Werte der drei reaktiven Elemente natürlich noch nicht bekannt sind, haben wir sie mit $a$, $b$, $c$ bezeichnet. Der Leser wird dieses Netzwerk leicht analysieren und erkennen, daß seine Übertragungsfunktion durch

$$Z_T(s) = \frac{1}{abcs^3 + abs^2 + (a+c)s + 1} \tag{8.43}$$

gegeben ist. Da dieser Ausdruck gleich (8.42) sein soll, haben wir nach Gleichsetzen beider Funktionen

$$\frac{1}{abcs^3 + abs^2 + (a+c)s + 1} = \frac{1}{s^3 + 2s^2 + 2s + 1} \, . \tag{8.44}$$

Die Koeffizienten der einzelnen Potenzen von $s$ müssen gleich sein. Daraus folgt

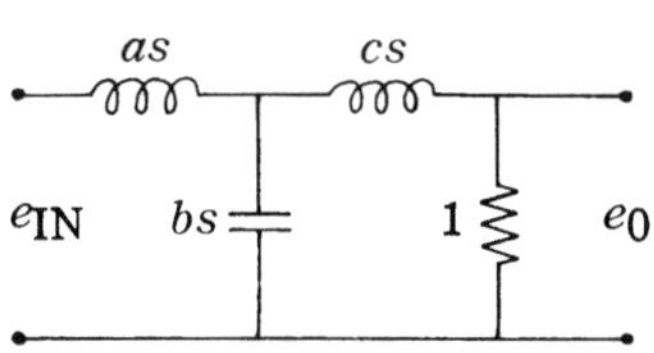

Abb. 8.17

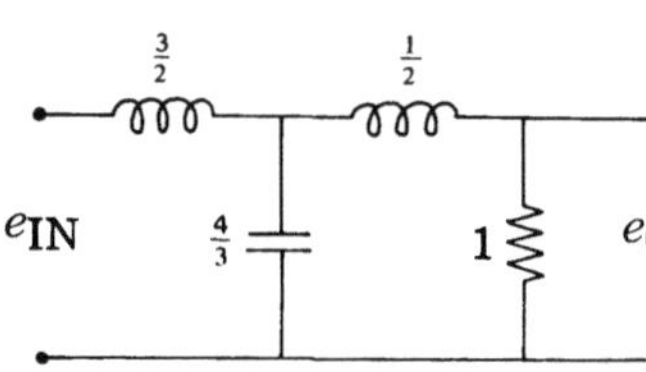

Abb. 8.18

$$abc = 1 \tag{8.45}$$

$$ab = 2 \tag{8.46}$$

$$a + c = 2 \, . \tag{8.47}$$

Aus diesen einfachen Beziehungen schließen wir also

$$\left. \begin{aligned} a &= \tfrac{3}{2} \\ b &= \\ c &= \tfrac{1}{2} \end{aligned} \right\} \tag{8.48}$$

Setzt man diese Werte in (8.17) ein, so ist die Aufgabe gelöst. Das Ergebnis veranschaulicht Abb. 8.18. Der Leser wird darin übereinstimmen, daß dieser Stromkreis die durch (8.42) gegebene Übertragungsfunktion besitzt, da er dasselbe Netzwerk bereits in Übungsaufgabe 1 von Abschn. 8.4 untersucht hat.

Im Anhang I(b) werden wir eine Reihe von Netzwerken für die Butterworth-Filter der ersten zehn Ordnungen angeben. Diese haben alle einen auf 1 Ω normierten Impedanzpegel und eine auf 1 Rad/sec normierte Frequenz.

Der Leser kann daher nur unter Benutzung des geeigneten Netzwerkes aus Anhang I(b) ein Filter bis zur zehnten Ordnung aufbauen. Nach Aufhebung der Normierung wird dieser dem speziellen eigenen Problem angepaßt sein.

## 8.7. MAXIMAL FLACHE HOCHPASSFUNKTIONEN

Bisher haben wir nur Tiefpaßfilter besprochen. Die gesamte bisher entwickelte Theorie eignet sich jedoch auch zur Behandlung von Hochpaßfiltern.

Wir wiederholen aus Kapitel I, daß durch Variablentransformationen oft überraschende Ergebnisse erzielt werden. Die bisher entwickelten normierten Tiefpaßfilter können sogleich in normierte Hochpaßfilter übergeführt werden, und zwar mit Hilfe der einfachen Variablentransformation

$$s^* = \frac{1}{s} \, . \tag{8.49}$$

Die drei ursprünglichen Impedanztypen des Filters sind

$$Z_R = R \; ; \qquad Z_C = \frac{1}{sC} \; ; \qquad Z_L = sL \, . \tag{8.50}$$

Durch die obige Transformation (8.49) gehen diese Impedanzen über in

$$Z_R^* = R \; ; \qquad Z_C^* = \frac{s^*}{C} \; ; \qquad Z_L^* = \frac{L}{s^*} \, . \tag{8.51}$$

Um das normierte Tiefpaßfilter in das entsprechende Hochpaßfilter überzuführen, haben wir nun nichts weiteres zu tun, als daß wir jede Kapazität durch eine Induktivität von reziprokem numerischen Wert ersetzen, jede

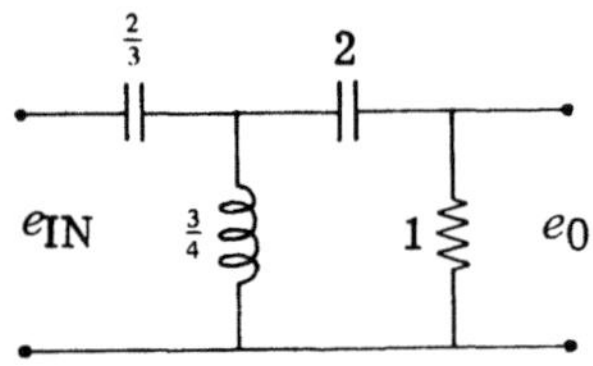


Abb. 8.19

Induktivität durch eine Kapazität von ebenfalls reziprokem Wert, und daß wir alle ohmschen Widerstände unverändert lassen. Als typisches Beispiel betrachten wir in Abb. 8.18 das normierte Butterworth-Filter dritter Ordnung. Das entsprechende normierte Hochpaß-Filter ist in Abb. 8.19 dargestellt.

## 8.8. MAXIMAL FLACHE BANDFILTER

Das Butterworth-Tiefpaßfilter, das wir nun in einigen Einzelheiten besprochen haben, dient auch als Basis für die Konstruktion von Bandfiltern. Zur Untersuchung von Bandfiltern wählen wir die folgenden Definitionen:

$$\left.\begin{aligned} \omega_H &= \text{obere Grenzfrequenz} \\ \omega_L &= \text{untere Grenzfrequenz} \\ \Delta\omega &= \omega_H - \omega_L = \text{Bandbreite} \\ \omega_C &= \text{Mittelfrequenz} \end{aligned}\right\} \tag{8.52}$$

Die geometrische Symmetrie verlangt

$$\omega_C^2 = \omega_L \omega_H \,. \tag{8.53}$$

Angenommen, wir nehmen einen normierten Tiefpaßfilter und ändern seine Grenzfrequenz auf $\Delta\omega$ ab. Wir können eine Variablentransformation durch die folgende Gleichung definieren:

$$s = s^* + \frac{\omega_C^2}{s^*} \,. \tag{8.54}$$

Jedes $s$ im Tiefpaßfilter mit der Bandbreite $\Delta\omega$ ist durch den Wert in (8.54) zu ersetzen.

Durch Vergleich der alten mit den neuen Werten kommen wir zu den folgenden Schlüssen:

(a) Das normierte Tiefpaßfilter der gewünschten Ordnung wird zuerst auf eine Form gebracht, in der es die Grenzfrequenz $\Delta\omega$ besitzt.

(b) Gleichung (8.54) verlangt, daß wir zu jeder Kapazität des Netzwerkes eine Parallelinduktivität addieren, deren Größe gegeben ist durch

$$L = \frac{1}{\omega_C^2 C} \,. \tag{8.55}$$

(c) Gleichung (8.54) erfordert weiterhin, daß wir zu jeder Induktivität des Netzwerkes eine Kapazität in Serie schalten, deren Größe gegeben ist durch

$$C = \frac{1}{\omega_C^2 L} \,. \tag{8.56}$$

(d) Alle ursprünglichen ohmschen Widerstände bleiben unverändert.

Nach der obigen Umwandlung kann man dann den Impedanzpegel von 1.0 Ω auf jedes geeignete Niveau heben. Die Schritte (a), (b) und (c) sind so einfach, daß der Leser zur Übung selber einige Beispiele ausarbeiten möge, indem er von irgendeinem bereits diskutierten Tiefpaßfilter ausgeht.

## 8.9. KONSTRUKTION VON BANDFILTERN

In diesem Abschnitt versuchen wir, das gerade angegebene Verfahren zu erklären. Der Autor ist der Meinung, daß ein passendes Beispiel den Gedankengang weit besser illustriert, als es jede formale Diskussion vermag.

**Beispiel.** Da allen Lesern bereits die Frequenz- und Impedanztransformationen, bzw. deren Normierungen, geläufig sind, möchte der Autor vorschlagen, ein Bandfilter für $\omega_C = 1.0$ Rad/sec zu untersuchen. Durch die gerade angeführte Transformation läßt sich alle Arbeit auf einmal erledigen, aber der Leser mit mehr Geduld wird üblicherweise mit größerer Verläßlichkeit arbeiten, wenn er stets $\omega_C = 1.0$ wählt.

Wir wollen uns nun auf ein Bandfilter *erster Ordnung* mit $\omega_C = 1000$ und einer Bandbreite von 10 Rad/sec festlegen. Wir ändern das jedoch unmittelbar ab auf

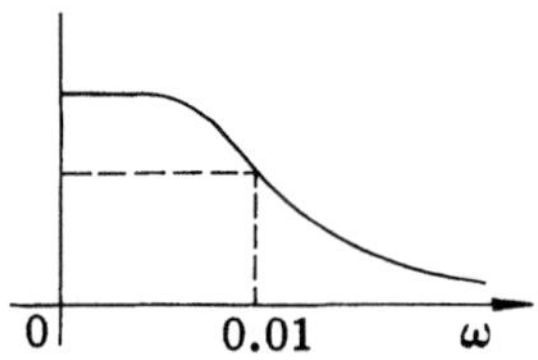

Abb. 8.20

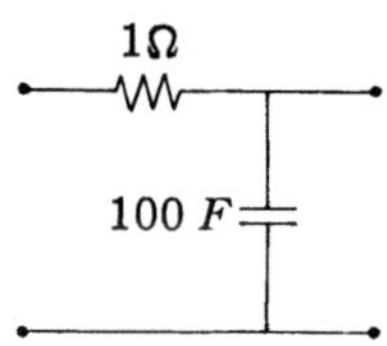

Abb. 8.21

$$\omega_C = 1.0 \tag{8.57}$$

$$\Delta\omega = 0.01 \; . \tag{8.58}$$

Wir konstruieren also unser Tiefpaßmodell erster Ordnung als einfaches $R$-$C$-Filter mit einer Grenzfrequenz von 0.01 Rad/sec, wie in den Abb. 8.20 und 8.21 ersichtlich ist.

Die Transformation (8.54) zum Übergang vom Tiefpaß zum Bandfilter erfordert, daß wir eine Induktivität parallel zum Kondensator einführen, deren Wert gegeben ist durch

$$L = \frac{1}{\omega_C^2 C} = \frac{1}{C} = 10^{-2} H \quad . \tag{8.59}$$

Abb. 8.22 gibt das Ergebnis wieder.

Das Filter in Abb. 8.22 hat nun eine Mittelfrequenz von $\omega = 1$ und eine Bandbreite von $\Delta\omega = 0.01$. Heben wir die Normierung auf und gehen über zu $\omega = 1000$, so sind die neuen Werte wie in Abb. 8.23 zu wählen.

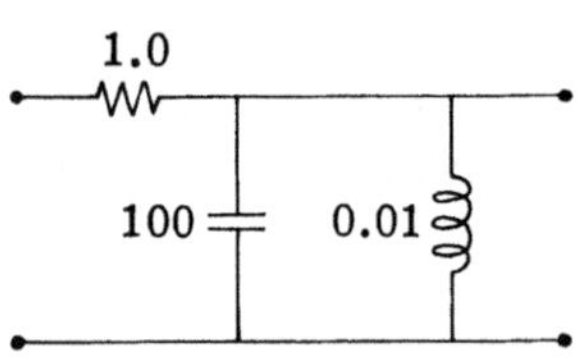

Abb. 8.22

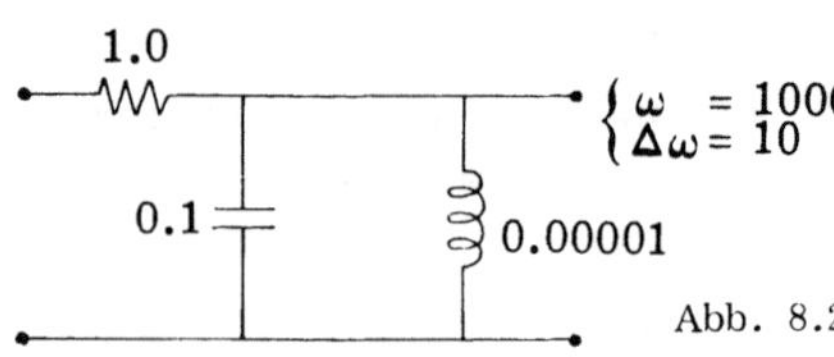

Abb. 8.23

Wir müssen nun nur mehr den Impedanzpegel auf die gewünschte Höhe bringen und die Konstruktion ist fertig. Von Abb. 8.21 ausgehend wollen wir alle Schritte einzeln verfolgen, um die algebraische Umformung der Gleichungen zu illustrieren. Die Übertragungsfunktion für Abb. 8.21 ist

$$Z_T(s) = \frac{1}{100s + 1} \; . \tag{8.60}$$

Wie in (8.54) verlangt wird, ersetzen wir $s$ durch $(s + 1/s)$ und erhalten

$$Z_T(s) = \frac{1}{100\left(s + \frac{1}{s}\right) + 1} \tag{8.61}$$

oder

$$Z_T(s) = \frac{s}{100s^2 + s + 100} . \tag{8.62}$$

Ersetzen wir $s$ durch $j\omega$

$$Z_T(j\omega) = \frac{1}{1 + j100\left(\omega - \frac{1}{\omega}\right)} \tag{8.63}$$

so ergibt sich für den Betrag

$$|Z_T(\omega)| = \frac{1}{\underbrace{\sqrt{10^4\left(\omega^2 + \frac{1}{\omega^2}\right) - 2 \cdot 10^4 + 1}}_{x}} . \tag{8.64}$$

Wir möchten die Bandkanten bestimmen, also jene Punkte, für welche die Überhöhung $1/\sqrt{2}$ ist, oder wo der Ausdruck $x$ in (8.64) gleich 1 wird, d. h.

$$10^4\left(\omega^2 + \frac{1}{\omega^2}\right) - 2 \cdot 10^4 = 1 \tag{8.65}$$

oder

$$\omega^4 - (2 + 10^{-4})\omega^2 + 1 = 0 . \tag{8.66}$$

Mit Hilfe der Formel zur Lösung quadratischer Gleichungen erhalten wir

$$\omega^2 = \frac{2 + 10^{-4} \pm \sqrt{(2 + 10^{-4})^2 - 4}}{2} \tag{8.67}$$

$$\omega^2 = \frac{2 \pm \sqrt{4 \cdot 10^{-4}}}{2} \tag{8.68}$$

wobei wir Terme zweiter Ordnung, die zu klein sind, um eine Änderung zu bewirken, weggelassen haben.

$$\omega^2 = 1 \pm 0.01 \tag{8.69}$$

$$\omega = 1.005 \text{ und } 0.995 \tag{8.70}$$

und schließlich

$$\Delta\omega = 0.01 . \tag{8.71}$$

## 8.10. DIE BANDSPERRE

Es ist manchmal notwendig, ein Filter zu konstruieren, das bis auf einen bestimmten Frequenzbereich für alle Frequenzen durchlässig ist. So eine Bandsperren-Charakteristik ist in Abb. 8.24 aufgetragen.

Wir möchten hier nur kurz erwähnen, daß der Leser solche Netzwerke mit Hilfe des in Abschn. 8.8 Gesagten leicht konstruieren kann. Die einzige Abweichung ist die, daß in diesem Falle die nötige Variablentransformation durch

$$s = \frac{1}{s^* + \frac{1}{s^*}} = \frac{s^*}{s^{*2} + 1} \qquad (8.72)$$

gegeben ist, wobei die Mittelfrequenz des undurchlässigen Bereiches bereits auf 1 Rad/sec normiert wurde.

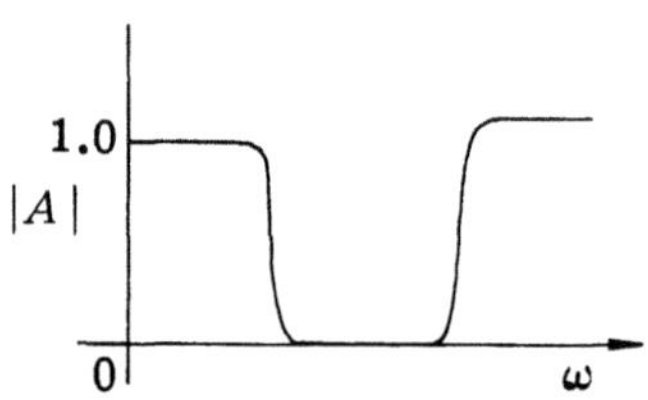


Abb. 8.24

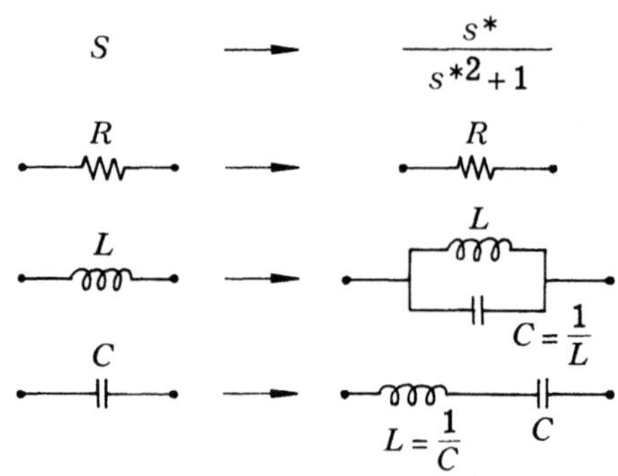


Abb. 8.25

Wir brauchen die Variablentransformation nicht in die Übertragungsfunktion einsetzen, da sich alle theoretischen Überlegungen an Hand des Tiefpaßprototyps von vorhin anstellen lassen. Die Transformation erfordert lediglich, daß wir eine Induktivität von $1/C$ Henry in Serie mit der ursprünglichen Kapazität $C$ schalten, und daß wir parallel zur ursprünglichen Induktivität $L$ eine Kapazität von $1/L$ Farad einführen. Diese Feststellungen sind zur besseren Einprägung in Abb. 8.25 veranschaulicht.

## 8.11. ANGEPASSTE TIEFPASSFILTER

In den theoretischen Untersuchungen über Tiefpaßfilter nehmen wir üblicherweise an, daß die Quelle die Impedanz 0 besitzt und daß eine Ausgangsbelastung von unendlicher Impedanz vorhanden ist. In der Praxis ist es jedoch möglich, daß man nahezu den umgekehrten Fall vor sich hat. Ein Filternetzwerk, das direkt vom Kollektor eines Transistors gespeist wird, besitzt eine Quelle mit äußerst hoher Impedanz. Dieses Netzwerk könnte sodann selbst wieder den Emitter eines Transistorverstärkers in geerdeter Basisschaltung speisen, wobei die Netzwerkbelastung sehr gering wäre.

Wir sehen also, daß beide Fälle, einzeln oder gemeinsam betrachtet, eine Modifikation des Netzwerkes erfordern, will man die Form der Frequenzcharakteristik aufrecht erhalten.

Wir können hier sicherlich nicht die unendliche Vielfalt von Möglichkeiten besprechen, aber es wird gut sein, wenn wir wenigstens einen Fall diskutieren, um den Gedanken klar herauszustellen.

Als Beispiel wählen wir sowohl für die Belastung als auch für die Quelle einen ohmschen Widerstand von 1 Ω. Nehmen wir ein Butterworth-Filter zweiter Ordnung, so ist unser gesamtes Netzwerk einschließlich Quelle und Belastung durch Abb. 8.26 gegeben.

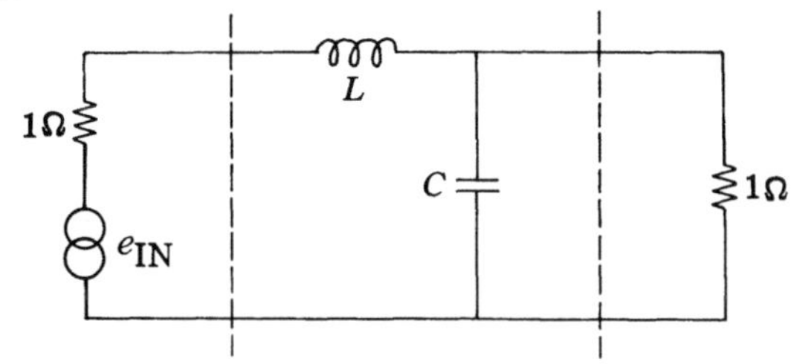


Abb. 8.26

Das ist ein Beispiel für ein angepaßtes Filter. Wir vermuten, daß wir als beste Variante jene erhalten, bei der die Hälfte der Leistung auf die Belastung übergeht, oder anders ausgedrückt, bei der im Falle $s = 0$, also bei Gleichstrom, längs der Belastung eine Spannung auftritt, die halb so groß ist wie $e_{IN}$.

Schreiben wir die gesamte Übertragungsfunktion des Netzwerkes mit dem ohmschen Widerstand der Quelle als erstes Reihenelement, so erhalten wir

$$Z_T(s) = \frac{1}{s^2LC + (L + C)s + 2} . \tag{8.73}$$

Durch Multiplikation mit $\frac{1}{2}$ geht dieser Ausdruck über in die Form

$$Z_T(s) = \frac{\frac{1}{2}}{s^2\frac{LC}{2} + \left(\frac{L + C}{2}\right)s + 1} . \tag{8.74}$$

Wählen wir die Koeffizienten im Nenner so, daß sie der Funktion zweiter Ordnung angepaßt werden, so erhalten wir die Polkonfiguration eines Butterworth-Filters

$$Z_T(s) = \frac{K}{s^2 + \sqrt{2}s + 1} \tag{8.75}$$

oder mit anderen Worten

$$\left.\begin{aligned} \frac{LC}{2} &= 1 \\ \frac{L + C}{2} &= \sqrt{2} \end{aligned}\right\} \tag{8.76}$$

Als Lösung ergibt sich

$$L = C = \sqrt{2}\ . \tag{8.77}$$

Setzen wir diese Werte in die Schaltung von Abb. 8.26 ein, so ergibt sich der Frequenzgang eines Butterworth-Filters zweiter Ordnung mit der Grundfrequenz $\omega = 1$. Wir sehen, daß in (8.74) der konstante Faktor $\frac{1}{2}$ auftritt, wie wir aus der Betrachtung des Netzwerkes für die Frequenz $\omega = 0$ zu schließen haben.

Wenn der Leser will, so kann er für ein Butterworth-Filter dritter Ordnung mit ohmscher Quelle und ohmscher Belastung von 1 Ω zeigen, daß dafür die in Abb. 8.27 angegebenen Werte nötig sind.

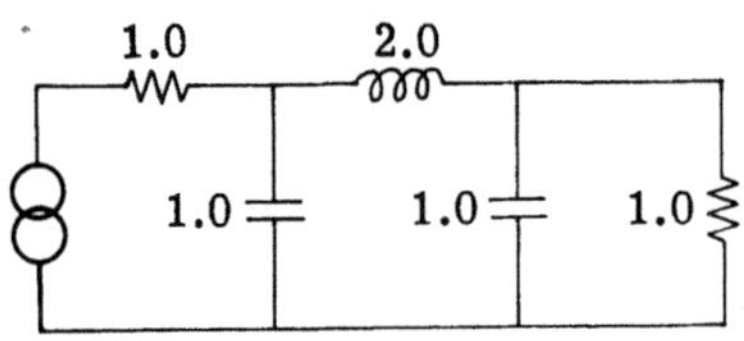


Abb. 8.27

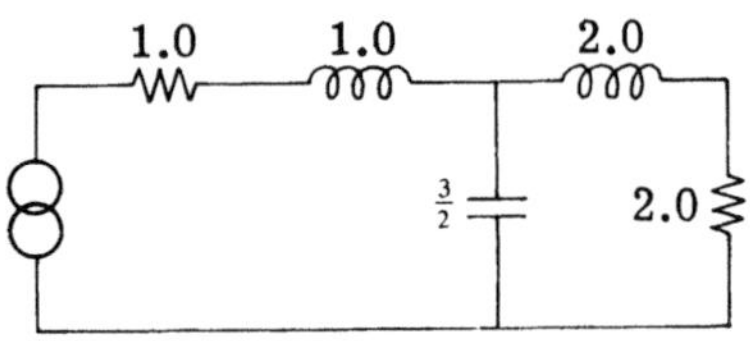


Abb. 8.28

Als Alternative betrachten wir den Fall, in dem die Belastung auf 2 Ω erhöht wird, während die Quelle auf 1 Ω bleibt. Eine einfache Lösung wäre es, der 2 Ω-Belastung weitere 2 Ω parallel zu schalten und die 1 Ω-Kombinationen aus Abb. 8.27 einzusetzen. So eine Vorgangsweise würde jedoch die Verluste unnötigerweise erhöhen. In diesem Fall ist es weitaus besser, das Netzwerk vollkommen neu zu konstruieren und die neuen Werte für $C$ und für $L$ zu verwenden. Eine der vielen Möglichkeiten ist in Abb. 8.28 dargestellt, woraus wir ersehen, daß bei Gleichstrom die Ausgangsspannung $\frac{2}{3}$ der Eingangsspannung beträgt, im Gegensatz zum Wert $\frac{1}{2}$ bei der einfachen Lösung, bei der wir einen zweiohmigen Blindwiderstand parallel zur Belastung gehabt hätten.

## 8.12. BETRAG UND PHASENFUNKTION EINER FUNKTION VON $s$

In den nächsten zwei Abschnitten wollen wir die maximal geebneten *Zeitverzögerungsfilter* besprechen. In der Entwicklung dieses Begriffes werden wir gewisse Definitionen und Beziehungen benötigen, für die wir am besten eine gesonderte Darstellung bieten. Wir schlagen daher vor, einige neue Gedanken und Definitionen hier anzuführen, sodaß wir später so wenig als möglich vom eigentlichen Thema abschweifen müssen. Auf diese Weise halten wir die Ergebnisse für die Anwendung in den folgenden Abschnitten bereit.

Angenommen, gegeben sei die Spannungsübertragungsfunktion $Z_T(s)$, die als Quotient von Ausgangs- und Eingangsspannung definiert ist. Da das im allgemeinen eine komplexwertige Funktion ist, können wir $Z_T(s)$ durch den Betrag $F(s)$ und die Phasenfunktion $\Phi_1(s)$ darstellen als

$$Z_T(s) = F(s)\epsilon^{\Phi_1(s)}\ . \tag{8.78}$$

Man beachte, daß $\Phi_1(s)$ nicht der Winkel von $Z_T(s)$, sondern eine Phasen*funktion* ist. Es ist eine *ungerade* Funktion von $s$, die sich auf $j\Phi(j\omega)$ reduziert, wenn $s = j\omega$ gesetzt wird.

Für eine beliebige Funktion $Z_T(s)$ können wir die konjugierte Funktion $Z_T(-s)$ bilden. Wir definieren nun eine neue Funktion $A(s)$ als

$$A(s) = \frac{Z_T(s)}{Z_T(-s)} \tag{8.80}$$

oder

$$A(s) = \epsilon^{2\Phi_1(s)} . \tag{8.81}$$

Es ist leicht einzusehen, daß gilt

$$\epsilon^{2\Phi_1(s)} = \frac{\epsilon^{\Phi_1(s)}}{\epsilon^{-\Phi_1(s)}} = \frac{\cosh \Phi_1(s) + \sinh \Phi_1(s)}{\cosh \Phi_1(s) - \sinh \Phi_1(s)} \tag{8.82}$$

oder

$$\frac{1 + \tanh \Phi_1(s)}{1 - \tanh \Phi_1(s)} = A(s) . \tag{8.83}$$

Wenn $\Phi_1(s)$ irgendwie gegeben ist, so finden wir daraus unmittelbar $A(s)$ mit Hilfe von (8.83).

Zähler und Nenner der ursprünglichen Übertragungsfunktion sind im allgemeinen ebenfalls Funktionen von $s$. Bezeichnen wir den Zähler mit $P_1$ und den Nenner mit $P_2$, so erhalten wir

$$Z_T(s) = \frac{P_1(s)}{P_2(s)} . \tag{8.84}$$

In ähnlicher Weise wird

$$Z_T(-s) = \frac{P_1(-s)}{P_2(-s)} . \tag{8.85}$$

Kennen wir somit $P_1(s)$ oder $P_1(-s)$, so folgt daraus die andere Funktion. Ebenso, wenn wir $P_2(s)$ oder $P_2(-s)$ kennen.

Unter Verwendung der Zähler und Nenner aus (8.84) und (8.85) findet man für den Quotienten $A(s)$ aus (8.80)

$$A(s) = \frac{P_1(s)P_2(-s)}{P_2(s)P_1(-s)} . \tag{8.86}$$

Angenommen, es sei uns die Phasenfunktion $\Phi_1(s)$ gegeben und wir sollten die entsprechende Übertragungsfunktion $Z_T(s)$ finden, von der die Phasenfunktion stammt. Mit Hilfe von (8.83) finden wir zuerst $A(s)$. In $A(s)$ zerlegen wir dann Zähler und Nenner in geeignete Faktoren und weisen sie den vier Funktionen in (8.86) zu. Dieses Vorgehen erfordert natürlich seine Rechtfertigung, jedoch ist diese leicht zu geben, wenn wir alle Faktoren, die den Polstellen in der rechten Halbebene entsprechen, der Funktion $P_1(-s)$ zuweisen. Die restlichen Faktoren müssen dann zu $P_2(s)$ gehören.

Mit $P_2(s)$ folgt dann $P_2(-s)$, indem wir $s$ durch $-s$ ersetzen.

Ist $P_2(s)$ gefunden, so sehen wir auch, welche Faktoren im Zähler von (8.86) zu $P_1(s)$ gehören müssen. Nachdem wir nun alle vier $P$-Funktionen gesondert angegeben haben, fassen wir $P_1(s)$ und $P_2(s)$ heraus und schreiben

$$Z_T(s) = \frac{P_1(s)}{P_2(s)} . \tag{8.87}$$

Als Übung möge der Leser die Entwicklung bis zu diesem Punkt wiederholen und dabei an Stelle von $s$ die Größe $j\omega$ verwenden. Dann läßt sich nachweisen, daß die folgenden Beziehungen gelten

$$A(j\omega) = \frac{1 + j \tan \Phi(\omega)}{1 - j \tan \Phi(\omega)} \tag{8.88}$$

$$A(j\omega) = \frac{Z_T(j\omega)}{Z_T(-j\omega)} = \epsilon^{j2\Phi(\omega)} \tag{8.89}$$

$$Z_T(j\omega) = |Z_T(\omega)|\, \epsilon^{j\Phi(\omega)} . \tag{8.90}$$

Wir sehen aus (8.89), daß die Funktion $A(j\omega)$ den Betrag 1 hat, und daß zu ihr ein Winkel gehört, der zweimal so groß ist wie der von $Z_T(j\omega)$.

Als Anwendungsbeispiel für dieses Ergebnis nehmen wir die Phasenfunktion $\Phi(\omega)$, oder noch spezieller $\tan \Phi(\omega)$, als gegeben an.

$$\tan \Phi(\omega) = \frac{\omega^3 - 2\omega}{1 - 2\omega^2} . \tag{8.91}$$

Gesucht ist $Z_T(s)$. Mit Hilfe von (8.88) schreiben wir

$$A(j\omega) = \frac{1 - 2\omega^2 + j\omega^3 - j2\omega}{1 - 2\omega^2 - j\omega^3 + j2\omega} . \tag{8.92}$$

Wir ersetzen nun $j\omega$ durch $s$ und schreiben

$$A(s) = \frac{1 + 2s^2 - s^3 - 2s}{1 + 2s^2 + s^3 + 2s} . \tag{8.93}$$

Diesen Ausdruck zerlegen wir in Faktoren und schreiben $A(s)$ in der Form (8.86). Dabei erhält man

$$A(s) = \frac{(1 - s)(s^2 - s + 1)}{(1 + s)(s^2 + s + 1)} . \tag{8.94}$$

Da beide Faktoren im Nenner Polstellen in der linken $s$-Halbebene darstellen, ordnen wir sie beide der Funktion $P_2(s)$ zu. Es gilt also

$$P_2(s) = (1 + s)(s^2 + s + 1) \tag{8.95}$$

und daher

$$P_1(-s) = 1 \tag{8.96}$$

woraus folgt

$$P_1(s) = 1\ . \tag{8.97}$$

Aus (8.84) folgt schließlich die Lösung

$$Z_T(s) = \frac{1}{(1+s)(s^2+s+1)}\ . \tag{8.98}$$

Multipliziert man die Faktoren im Nenner aus, so erkennt man hier die Butterworth-Funktion dritter Ordnung

$$Z_T(s) = \frac{1}{s^3+2s^2+2s+1}\ . \tag{8.99}$$

Wir haben $P_2(-s)$ aus dem Zähler entfernt. Diese Funktion besitzt Nullstellen in der rechten Halbebene. Grundsätzlich sind Nullstellen in der rechten Halbebene zugelassen, aber nicht für unsymmetrische Kettenleiter, wie wir sie hier vorliegen haben. Netzwerke ohne Nullstellen in der rechten Halbebene heißen mit *minimaler Phasenverschiebung*.

Man beachte, daß (8.99) nur bis auf einen konstanten Faktor eindeutig ist. Man darf ja den Zähler mit einer beliebigen Konstanten multiplizieren, ohne dadurch die Phase zu beeinflussen.

In der folgenden Untersuchung über maximal geebnete Zeitverzögerungsfilter werden wir uns hierauf beziehen und eine Reihe von Definitionen und Ergebnissen aus diesem Abschnitt verwenden.

Aufgabe. Man zeige, daß die Phasenfunktion

$$\tan\Phi(\omega) = \frac{\omega^3 - 4\omega}{2 - 3\omega^2} \tag{8.100}$$

zur folgenden Übertragungsfunktion gehört

$$Z_T(s) = \frac{1}{s^3+3s^2+4s+2}\ . \tag{8.101}$$

## 8.13. MAXIMAL GEEBNETE ZEITVERZÖGERUNGSFILTER

Bisher haben wir das Butterworth-Filter stets hinsichtlich seiner maximal geebneten *Amplitude* betrachtet, als ob dies seine einzige wünschenswerte Eigenschaft wäre. Der Leser weiß wahrscheinlich, daß es in Wirklichkeit oft wesentlich wichtiger ist, daß eine bestimmte Schwingungs*form* erhalten bleibt, als daß das Tiefpaßfilter eine absolut flache Amplitudencharakteristik hat. Dies trifft besonders für Schwingungsformen zu, wie sie bei der Television verwendet werden, bei der Zeit-Multiplex Fernmeßtechnik, bei Musikverstärkern mit hoher Wiedergabetreue und bei anderen Anwendungen. Eine maximal geebnete Zeitverzögerung kann man wie in Abb. 8.29 illustrieren.

Eine typische Schwingungsform eines Breitbandsignals der Television enthält Frequenzkomponenten, die sich über ein breites Spektrum verteilen. Wenn das *normierte* Frequenzspektrum wie in Abb. 8.29 in den Bereich von 0 bis 1 fällt, so sagen wir, daß alle Frequenzkomponenten um denselben Betrag von $T_D$ sec verzögert werden sollten und daß die Schwingung am Ausgang eine getreue Wiedergabe der Eingangsschwingung sein sollte. Der ideale Zeitverzögerer hat dasselbe Aussehen wie das ideale Butterworth-Filter, mit der einzigen Abänderung, daß wir die Abszisse als Zeitverzögerung $T_D$ gekennzeichnet haben und nicht als Amplitude $A$. Unser Ziel in den nächsten Abschnitten wird eine Untersuchung sein, wie man solche Filter beschreibt und wie gut die Näherungskonstruktionen sind, die man bauen kann.

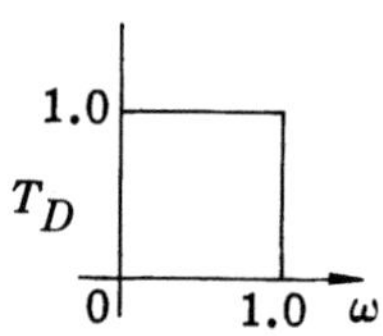


Abb. 8.29

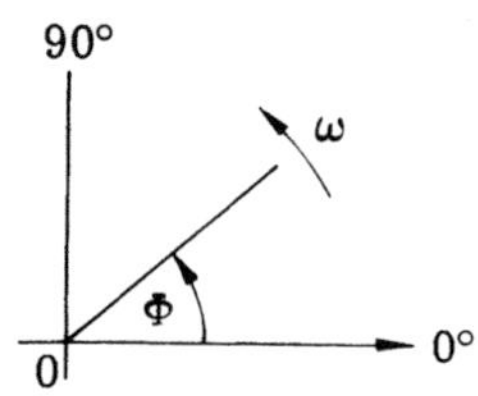


Abb. 8.30

Aus Abb. 8.30 ersehen wir folgendes: Wenn wir eine Sinusschwingung durch einen Vektor beschreiben, der mit der Kreisfrequenz $\omega$ um den Ursprung rotiert, und wenn dieser Vektor die positive reelle Achse in $t = 0$ kreuzt, dann läßt sich die Phase zu einer beliebigen Zeit $t$ innerhalb der Periode beschreiben durch

$$\Phi(\omega) = t\omega \,. \tag{8.102}$$

Wir differenzieren (8.102) und schreiben

$$T_D(\omega) = -\frac{d\Phi(\omega)}{d\omega} \,. \tag{8.103}$$

Das Vorzeichen von $T_D(\omega)$ ist noch nicht festgelegt. Es hängt davon ab, ob wir die Zeit von $t = 0$ ausgehend bis zur Vektorlage in $\Phi$ als positiv bezeichnen oder ob wir die Zeitverzögerung von der Vektorlage $\Phi$ zurück bis zum Ursprung messen. Dieser Punkt ist trivial. Wir wählen das Vorzeichen je nach der speziellen Phasenfunktion in (8.103) so, daß $T_D$ eine positive Größe wird.

Die konstante Zeitverzögerung für das ideale Filter in Abb. 8.29 läßt erkennen, daß das Filter als Phasencharakteristik eine Gerade haben muß, eine lineare Phasencharakteristik also, da nur eine Gerade als Ableitung eine Konstante hat, wie es durch (8.103) gefordert ist. Wir erwarten natürlich, daß diese lineare Phasenbeziehung nur für solche Komponenten des Eingangssignals gilt, deren Frequenzen in den Bereich zwischen 0 und 1 fallen.

$\Phi(\omega)$ ist eine analytische Funktion. Ausgehend von Abb. 8.31 werden wir uns dazu entschließen, den Definitionsbereich von $\Phi(\omega)$ nicht länger auf die $j\omega$-Achse einzuschränken. Die analytische Fortsetzung der Phasenfunktion schreiben wir als

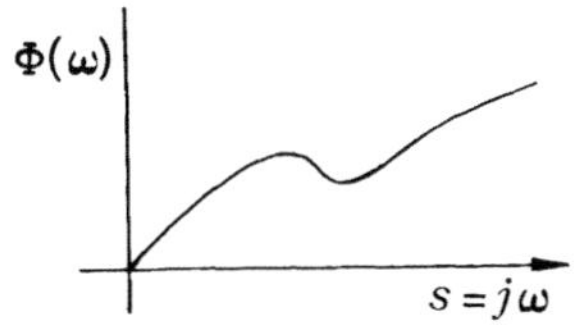


Abb. 8.31

$$T_D(s) = -\frac{d\Phi_1(s)}{ds}\,. \qquad (8.104)$$

Wenn $s$ auf $j\omega$ eingeschränkt wird, so reduziert sich $\Phi_1(s)$ auf $\Phi(\omega)$. Gemäß (8.80) und (8.81) schreiben wir

$$\epsilon^{2\Phi_1(s)} = \frac{Z_T(s)}{Z_T(-s)}\,. \qquad (8.105)$$

Durch Logarithmieren ergibt sich nach einer kleinen Umformung

$$\Phi_1(s) = \tfrac{1}{2}\,ln\left[\frac{Z_T(s)}{Z_T(-s)}\right]. \qquad (8.106)$$

Unsere Tiefpaßfunktionen hatten die Form

$$Z_T(s) = \frac{1}{1 + a_1 s + a_2 s^2 + a_3 s^3 + \ldots + a_n s^n}\,. \qquad (8.107)$$

Wir haben damals schon das Polynom im Nenner der Bequemlichkeit halber mit $P(s)$ bezeichnet

$$Z_T(s) = \frac{1}{P(s)}\,. \qquad (8.108)$$

Benutzen wir nochmals diese Schreibweise, so wird aus (8.106)

$$\Phi_1(s) = \tfrac{1}{2}\,ln\left[\frac{P(-s)}{P(s)}\right]. \qquad (8.109)$$

Mit Hilfe der Ableitung dieses Ausdruckes findet man für (8.104)

$$T_D(s) = \tfrac{1}{2}\left[\frac{P'(s)}{P(s)} - \frac{P'(-s)}{P(-s)}\right]. \qquad (8.110)$$

An diesem Punkt könnten wir nun dazu übergehen, eine *allgemeine* Beziehung zwischen den $P$-Termen in (8.110) und den Koeffizienten $a_k$ in (8.107) herzuleiten. Wir wollen jedoch lieber ein spezielles Beispiel betrachten, das viel weniger kompliziert ist und das genauso geeignet ist, den gewünschten Sachverhalt aufzuzeigen.

Wir betrachten die Übertragungsfunktion dritter Ordnung mit allgemeinen Polynomkoeffizienten

$$Z_T(s) = \frac{1}{1 + a_1 s + a_2 s^2 + a_3 s^3}\,. \qquad (8.111)$$

Mit Hilfe von (8.110) berechnen wir daraus leicht die Zeitverzögerung $T_D(s)$. Vorerst schreiben wir die einzelnen $P$-Funktionen an:

$$\left.\begin{aligned} P(s) &= 1 + a_1 s + a_2 s^2 + a_3 s^3 \\ P'(s) &= a_1 + 2a_2 s + 3a_3 s^2 \\ P(-s) &= 1 - a_1 s + a_2 s^2 - a_3 s^3 \\ P'(-s) &= -a_1 + 2a_2 s - 3a_3 s^2 \end{aligned}\right\} \tag{8.112}$$

Setzt man diese vier Ausdrücke in (8.110) ein, so ergibt sich

$$T_D(s) = \frac{a_1 + (3a_3 - a_1 a_2)s^2 + a_2 a_3 s^4}{1 + (2a_2 - a_1^2)s^2 + (a_2^2 - 2a_1 a_3)s^4 - a_3^2 s^6}\,. \tag{8.113}$$

Wir sind nun in der Lage, die Koeffizienten von (8.113) so zu wählen, daß der Ausdruck $T_D(s)$ in maximal geebneter Form approximiert wird. Es gibt viele Möglichkeiten, um dies zu erreichen. Der einfachste Weg ist der, daß man die Gleichheit der Koeffizienten im Zähler und im Nenner für alle vorkommenden Potenzen von $s$ verlangt. Das Verfahren ist allgemein. Der Autor möchte jedoch den Beweis nicht führen da er außerhalb des Rahmens dieses Buches liegt. Setzt man die entsprechenden Koeffizienten einander gleich, so erhält man

$$\left.\begin{aligned} a_1 &= 1 \\ 2a_2 - a_1^2 &= 3a_3 - a_1 a_2 \\ a_2^2 - 2a_1 a_3 &= a_2 a_3 \end{aligned}\right\} \tag{8.114}$$

mit der Lösung

$$\left.\begin{aligned} a_1 &= 1 \\ a_2 &= \frac{2}{5} \\ a_3 &= \frac{1}{15} \end{aligned}\right\} \tag{8.115}$$

Die geforderte Übertragungsfunktion (8.111) ist daher

$$Z_T(s) = \frac{1}{1 + s + \frac{2s}{5} + \frac{s^3}{15}} \tag{8.116}$$

die man natürlich auch in der von uns bevorzugten Form schreiben kann

$$Z_T(s) = \frac{15}{s^3 + 6s^2 + 15s + 15}\,. \tag{8.117}$$

Mit der Kenntnis der geforderten Übertragungsfunktion läßt sich das physikalische Netzwerk nun nach der in Abschn. 8.6 besprochenen Methode konstruieren. Benützen wir das Modell aus Abb. 8.17, so dürfen wir die Koeffizienten $a$, $b$, $c$ aus (8.43) den entsprechenden Koeffizienten in (8.116) gleichsetzen, nach $a$, $b$ und $c$ auflösen und das Netzwerk ist fertig. Ein mehr formales Verfahren zur Lösung des Problems werden wir in Kapitel X behandeln.

## 8.14. APPROXIMATION EINER LINEAREN PHASE

In diesem Abschnitt wollen wir einen weiteren Zugang zum selben maximal geebneten *Zeitverzögerungsfilter* oder *linearem Phasen-Filter* beschreiben. Wir hoffen, daß wir dabei auf einige interessante theoretische Aspekte und auf praktische Konstruktionsverfahren stoßen. Zu Beginn betrachten wir $Z_T(s)$ in der Form

$$Z_T(s) = \frac{G(s)}{m(s) + n(s)} \tag{8.118}$$

wo $G(s)$ das vollständige Zählerpolynom bedeutet und wo mit $m(s)$ und $n(s)$ der gerade und der ungerade Anteil des Nennerpolynoms bezeichnet wurden. In manchen Fällen darf $G(s)$ natürlich 1.0 sein.

Wir möchten nun $Z_T(-s)$ bestimmen. Den Nenner findet man leicht. Man braucht nur das Vorzeichen des ungeraden Anteils ändern. Jedoch ist, was das Vorzeichen von $G(s)$ betrifft, Achtung geboten. Man beachte, daß das Vorzeichen von $G(-s)$ Plus oder Minus ist, je nachdem, ob $G(s)$ eine gerade Funktion ist oder eine ungerade.

$$\left.\begin{aligned} G(-s) &= G(s), \quad G(s) \text{ gerade} \\ G(-s) &= -G(s), \quad G(s) \text{ ungerade} \end{aligned}\right\} \tag{8.119}$$

Bei der Bestimmung von $A(s)$ müssen wir daher auf das Vorzeichen achten und unterscheiden, ob das Zählerpolynom gerade ist oder ungerade. Wie früher haben wir

$$A(s) = \frac{Z_T(s)}{Z_T(-s)} . \tag{8.120}$$

Schreibt man $Z_T(s)$ wie in (8.118) und (8.119), so führt das zu den Ausdrücken

$$A(s) = \frac{m(s) - n(s)}{m(s) + n(s)}, \quad G(s) \text{ gerade} \tag{8.121}$$

oder

$$A(s) = \frac{n(s) - m(s)}{m(s) + n(s)}, \quad G(s) \text{ ungerade} . \tag{8.122}$$

Aus (8.88) haben wir

$$A(j\omega) = \frac{1 + j \tan \Phi(\omega)}{1 - j \tan \Phi(\omega)} \tag{8.123}$$

woraus sich für tan $\Phi(\omega)$ ergibt

$$j \tan \Phi(\omega) = \frac{A - 1}{A + 1} . \tag{8.124}$$

Benützen wir (8.121) und (8.122), so geht dieser Ausdruck über in

$$j \tan \Phi = -\frac{n}{m} , \; G(s) \text{ gerade} \tag{8.125}$$

und

$$j \tan \Phi = -\frac{m}{n} , \; G(s) \text{ ungerade} . \tag{8.126}$$

Wir werden diese beiden Gleichungen später noch in Betracht ziehen.

Um zum Hauptthema dieses Abschnittes zurückzukommen, betrachten wir einen Einheitssprung als Spannungsfunktion, dessen Laplace-Transformierte gegeben ist durch

$$U(t) \to \frac{1}{s} . \tag{8.127}$$

In Kapitel V, Abb. 5.10 und Gleichung (5.46) fanden wir, daß die Laplace-Transformierte der *verschobenen*, oder in diesem Falle *verzögerten* Sprungfunktion lautet

$$U(t - T_D) \to \frac{\epsilon^{-T_D s}}{s} \tag{8.128}$$

sodaß die Übertragungsfunktion des ideal geebneten Verzögerungsfilters wie immer einfach der Quotient aus Ausgangs- und Eingangsspannung ist, hier also

$$Z_T(s) = \epsilon^{-T_D s} \tag{8.129}$$

oder

$$Z_T(s) = \frac{1}{\epsilon^{T_D s}} . \tag{8.130}$$

Es ist naheliegend, den Nenner von (8.130) in eine Reihe zu entwickeln und nur die ersten Terme beizubehalten. Die so erhaltene Näherung für eine auf 1.0 normierte Zeitvergrößerung $T_D$ schreiben wir

$$Z_T(s) = \frac{1}{1 + s + \frac{s^2}{2} + \frac{s^3}{6} + \ldots} . \tag{8.131}$$

Wir lassen alle Terme von höherer als dritter Ordnung weg. Das liefert zwar eine Approximation, aber keine gute, wie man durch Vergleich mit den optimal gewählten Koeffizienten in (8.118) ersieht.

Die Vernachlässigung der restlichen Terme bewirkt offensichtlich eine derartige Modifikation, daß diese Methode der Approximation wertlos ist.

Mit Hilfe eines einfachen Testbeispieles aus der formalen Netzwerksynthese findet man, daß die Näherungspolynome von vierter und höherer Ordnung nicht einmal Hurwitzsche Polynome sind, sodaß der Ausdruck unbrauchbar ist, unabhängig von der Güte der Approximation.

Um einen anderen Zugang zu finden, normieren wir $T_D$ auf 1 und benützen eine elementare Identität

$$Z_T(s) = \frac{1}{\cosh s + \sinh s} \,. \tag{8.132}$$

Für den Nenner setzen wir

$$\cosh s + \sinh s = m(s) + n(s) \,. \tag{8.133}$$

Man muß sich darüber im Klaren sein, daß diese Gleichung eine Näherung ist und nicht eine exakte Beziehung. Wir haben doch $m(s)$ und $n(s)$ stets als Polynome von endlicher Ordnung betrachtet und nicht als unendliche Reihen. Sobald wir jedoch ein geeignetes Paar von endlichen Polynomen für eine echte Approximation gefunden haben, ist es erlaubt, (8.133) zwar nicht als *exakte*, aber als eine *ideale* oder *optimale* Beziehung aufzufassen.

Auf Grund der wenig genauen Beziehung zwischen der algebraischen Funktion $m(s)$ und dem transzendenten Ausdruck $\cosh s$, dürfen wir weder (8.125) noch (8.126) zur Bestimmung der Phasenfunktion benützen. Wir können jedoch auf experimenteller Basis zwischen den einzelnen Bestandteilen von (8.133) geeignete Beziehungen finden. Betrachten wir den Quotienten

$$\coth s = \frac{m(s)}{n(s)} \,. \tag{8.134}$$

Natürlich besitzen wir bis jetzt keine Gewähr, daß unser Vorgehen einen Erfolg bringen wird. Aus früheren Überlegungen wissen wir jedoch, daß die Phasenfunktion der Quotient aus den geraden und ungeraden Bestandteilen der Übertragungsfunktion ist. Wenn sich für $m(s)$ und $n(s)$ solche Ausdrücke finden lassen, daß (8.134) genügend genau dargestellt wird, so werden wir sagen, daß (8.134) optimal ist, und werden für die Übertragungsfunktion schreiben

$$Z_T(s) = \frac{1}{m(s) + n(s)} \,. \tag{8.135}$$

Der Leser ist sicher mit der Entwicklung transzendenter Funktionen in unendliche Reihen vertraut. Weniger bekannt dürfte sein, daß es ebenso Entwicklungen in unendliche *Produkte* gibt. Die *Produktentwicklung* von $\coth s$ wird uns hier mehr interessieren, da wir daraus leicht die Lage der Pole der exakten Funktion erkennen können.

Die Nullstellen von $\coth s$ fallen mit den Nullstellen von $\cosh s$ zusammen, da $\coth s$ der Quotient aus $\cosh s$ und $\sinh s$ ist. Aus der Exponentialform von $\cosh s$ sehen wir, daß Nullstellen von $\cosh s$ in den folgenden Punkten vorhanden sind:

$$s = \pm j(k + \tfrac{1}{2})\pi \,; \qquad k = 0,\ 1,\ 2,\ 3 \ldots \infty \,. \tag{8.136}$$

Es ist daher

$$\cosh s = \left(1 + \frac{s}{j\frac{\pi}{2}}\right)\left(1 - \frac{s}{j\frac{\pi}{2}}\right)\left(1 + \frac{s}{j\frac{3\pi}{2}}\right)\left(1 - \frac{s}{j\frac{3\pi}{2}}\right)\cdots \tag{8.137}$$

Kombiniert man konjugierte Paare, so ist das Ergebnis das unendliche Produkt

$$\cosh s = \prod_{k=0}^{\infty}\left[1 + \frac{s^2}{(k+\frac{1}{2})^2\pi^2}\right]. \tag{8.138}$$

In ähnlicher Weise entsprechen die Polstellen von coth $s$ den Nullstellen von sinh $s$. Sie treten bei $s = 0$ und $s = \pm jk\pi$ auf. Damit gilt

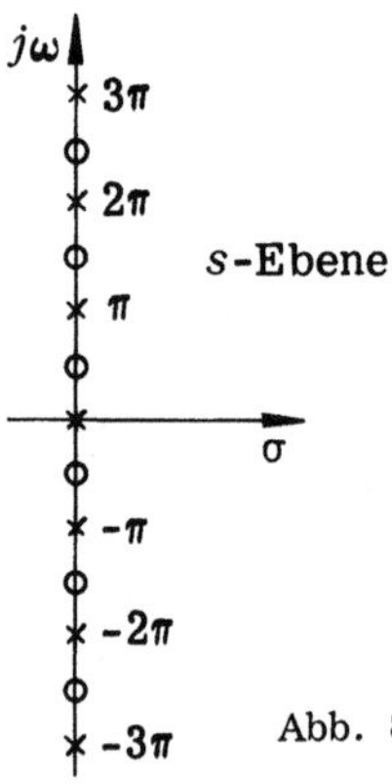

Abb. 8.32

$$\sinh s = \prod_{k=1}^{\infty}\left[s\left(1 + \frac{s^2}{k^2\pi^2}\right)\right]. \tag{8.139}$$

Die Phasenfunktion coth $s$ besitzt daher die exakte Pol-Nullstellen-Darstellung

$$\coth s = \frac{\prod_{k=0}^{\infty}\left[1 + \frac{s^2}{(k+\frac{1}{2})^2\pi^2}\right]}{\prod_{k=1}^{\infty}\left[s\left(1 + \frac{s^2}{k^2\pi^2}\right)\right]}. \tag{8.140}$$

Das Pol-Nullstellen-Schema der exakten Funktion coth $s$ ist in Abb. 8.32 dargestellt. Die Polstellen wie die Nullstellen alternieren von $-\infty$ bis $\infty$. Eine Funktion mit alternierenden Polstellen und Nullstellen, die sämtliche auf der imaginären Achse liegen, heißt reaktiv.

Wir haben früher festgestellt, daß man für jede Pol- oder Nullstelle einer Funktion ein reaktives Element benötigt. Wir sehen somit, daß wir hier das Linear-Phasen-Filter nicht durch eine endliche Kombination von Impedanzelementen erzeugen können.

Es ist jedoch klar, wie wir eine ausgezeichnete Approximation finden, die in einem beschränkten Bereich der $s$-Ebene jeden gewünschten Genauigkeitsgrad erreicht. Ziehen wir zum Beispiel in Abb. 8.32 um den Ursprung einen Kreis mit dem Radius $3.2\pi$. Für Schwingungen, bei denen die Frequenz der höchsten noch interessanten Komponente innerhalb des Kreises liegt, darf man die Pol- und Nullstellen außerhalb davon ohne wesentliche Beeinflussung der Güte weglassen.

Wir sehen also klar, daß wir für die Näherungsfunktion $m(s)/n(s)$ Polstellen und Nullstellen wählen müssen, die möglichst mit denen in Abb. 8.32 in der Nähe von $s = 0$ übereinstimmen und auch möglichst weit längs der $j\omega$-Achse hinausreichen, zumindest solange wir $m(s)$ und $n(s)$ in Faktorform schreiben wollen. Wir sind dabei nur durch die Anzahl der verfügbaren Spulen und Kondensatoren beschränkt und durch unser eigenes Maß an Geduld, diese zu geeigneten Netzwerken aneinander zu reihen.

Die beste Behandlung des Problems an diesem Punkt geht von der Tatsache aus, daß man coth $s$ als reaktive Funktion wie irgendein $L$-$C$-Netzwerk in einen Kettenbruch entwickeln kann. Wir können von der unendlichen Reihe ausgehen und immer wieder Divisionen ausführen. Oder wir entnehmen den Kettenbruch für coth $s$ aus einem Handbuch

$$\coth s = \frac{1}{s} + \cfrac{1}{\frac{3}{s} + \cfrac{1}{\frac{5}{s} + \cfrac{1}{\frac{7}{s} + \cfrac{1}{\frac{2n-1}{s}}}}} \tag{8.141}$$

Angenommen, wir wollen ein Filter dritter Ordnung konstruieren. Mit $n = 3$ haben wir dann

$$\coth s = \frac{1}{s} + \cfrac{1}{\frac{3}{s} + \frac{5}{s}} = \frac{m(s)}{n(s)} . \tag{8.142}$$

Nach Umformung ergibt sich

$$\frac{m(s)}{n(s)} = \frac{15 + 6s^2}{15s + s^3} . \tag{8.143}$$

Da die Summe von $m(s)$ und $n(s)$ den Nenner von $Z_T(s)$ ergibt, haben wir

$$Z_T(s) = \frac{15}{s^3 + 6s^2 + 15s + 15} \tag{8.144}$$

wobei wir den freien konstanten Faktor so gewählt haben, daß man für $s = 0$ die Überhöhung 1 erhält. Da nun die Übertragungsfunktion bekannt ist, findet man ein geeignetes Netzwerk leicht nach derselben Methode, die wir beim Butterworth-Filter angewandt haben. Ein mehr formales Verfahren wird dafür ebenfalls in Kapitel X entwickelt werden.

## 8.15. BESSELSCHE POLYNOME ODER ERLEICHTERTE KONSTRUKTION VON LINEAREN PHASEN-FILTERN

Wir wollen nun die Übertragungsfunktion (8.144), die wir gerade abgeleitet haben, mit dem Resultat unseres ersten Verfahrens vergleichen, das sich in (8.117) ergab. Wir sehen, daß beide Übertragungsfunktionen identisch sind. Diese Feststellung soll uns ermutigen, da ja beide Verfahren einen Versuch darstellen, eine Näherung für einen linearen Phasen-Filter zu optimieren.

Der Leser mag sich fragen, was wir durch diese langen und in allen Einzelheiten gehenden Untersuchungen gewonnen haben und ob die Ergebnisse so interessant und nützlich sind, daß sie den Zeitaufwand rechtfertigen. Wir werden in diesem Abschnitt versuchen zu zeigen, daß die lineare Phasen-Übertragungsfunktion eng mit einer großen Klasse von Problemen verknüpft ist.

Wir werden den Abschnitt sehr kurz halten. Damit die Beziehungen, die wir darstellen wollen, für die Praxis brauchbar werden, müssen sie in klarer, einfacher Form geboten werden, frei von langen und abstrakten Ableitungen. Wir haben das Problem der linearen Phase in genügend Einzelheiten studiert, sodaß wir jetzt sicher eine Vorstellung von seiner Kompliziertheit gewonnen haben. Wir wollen nun einige Bemerkungen festhalten.

Zu Beginn definieren wir ein neuen Polynom $B_n(x)$

$$P_n(x) = \sum_{k=0}^{n} \frac{(n+k)!\,x^k}{(n-k)!\,k!\,2^k} \tag{8.145}$$

Die Werte dieses Polynoms für die ersten vier Ordnungen sind

$$\left.\begin{aligned} P_1(x) &= 1 + x \\ P_2(x) &= 1 + 3x + 3x^2 \\ P_3(x) &= 1 + 6x + 15x^2 + 15x^3 \\ P_4(x) &= 1 + 10x + 45x^2 + 105x^3 + 105x^4 \end{aligned}\right\} \tag{8.146}$$

Man erkennt leicht durch Einsetzen, daß das Polynom $P_n(x)$ eine exakte Lösung der folgenden speziellen Besselschen Differentialgleichung ist:

$$x^2 \frac{d^2y}{dx^2} + 2(x+1)\frac{dy}{dx} - n(n+1)y = 0\,. \tag{8.147}$$

Durch Substitution, Variablentransformationen und andere Transformationen läßt sich die Besselsche Gleichung auf viele verschiedene modifizierte Formen bringen. Unser Beispiel hier entspricht den Besselschen Funktionen halbzahliger Ordnung. Denn mit $x = -j/\omega$ haben wir

$$P_n\left(\frac{1}{j\omega}\right) = \frac{\epsilon^{j\omega}}{jn}\sqrt{\frac{\pi\omega}{2}}\left[(-1)^n J_{-(n+\frac{1}{2})}(\omega) - jJ_{n+\frac{1}{2}}(\omega)\right]\,. \tag{8.148}$$

Wir decken hier nur die Zusammenhänge auf; die Einzelheiten sind in zahlreichen Mathematikbüchern zu finden und sind bei der Konstruktion von Filtern nicht weiter interessant.

Wir ändern die Variable in (8.145) so ab, daß wir ein Besselsches Polynom in $1/s$ erhalten und nicht in $x$. Diese Substitution läßt sich unmittelbar an Hand des gegebenen Ausdruckes ausführen, und wir haben

$$P_n\left(\frac{1}{s}\right) = \sum_{k=0}^{\infty} \frac{(n+k)!}{(n-k)!\,k!\,2^k s^k}\,. \tag{8.149}$$

Wir bilden nun den Nenner der Linear-Phasen-Übertragungsfunktion $Z_T(s)$, indem wir das Besselsche Polynom in (8.149) mit $s^n$ multiplizieren. Unsere vollständige Übertragungsfunktion ist dann

$$Z_T(s) = \frac{K}{s^n P_n\left(\frac{1}{s}\right)} \tag{8.150}$$

Die Konstante $K$ wollen wir für alle Ordnungen so wählen, daß im Falle $s = 0$ gilt $Z_T(s) = 1$. Der Nenner von (8.150) ist für die ersten fünf Ordnungen in Tabelle 8.1 angegeben.

TABELLE 8.1

| $n$ | $s^n P_n\left(\frac{1}{n}\right)$ |
|---|---|
| 1 | $1 + s$ |
| 2 | $3 + 3s + s^2$ |
| 3 | $15 + 15s + 6s^2 + s^3$ |
| 4 | $105 + 105s + 45s^2 + 10s^3 + s^4$ |
| 5 | $945 + 945s + 420s^2 + 105s^3 + 15s^4 + s^5$ |

Bei der Konstruktion passiver Filter ist es nicht notwendig, diese Polynome in Faktoren zu zerlegen. Im Falle aktiver Filter benötigt man jedoch die Faktoren, die zu den einfachen und zu den konjugierten Polstellen gehören. Der Bequemlichkeit halber sind auch diese in Tabelle 8.2 zusammengefaßt.

TABELLE 8.2

| $n$ | Faktoren von $s^n P_n\left(\frac{1}{n}\right)$ |
|---|---|
| 3 | $(s + 2.3222)(s^2 + 3.6678s + 6.4595)$ |
| 4 | $(s^2 + 5.7924s + 9.1401)(s^2 + 4.2076s + 11.488)$ |
| 5 | $(s + 3.6467)(s^2 + 6.7039s + 14.272)(s^2 + 4.6493s + 18.156)$ |

Der Autor ist der Meinung, daß man im allgemeinen nicht die kleinsten Einzelheiten eines Verfahrens wissen muß, um es mit Nutzen anwenden zu können. Kaum einer von uns wird über die Einzelheiten beim Fahrzeugbau Bescheid wissen. Das hält uns aber nicht ab, von den Produkten dieser Technik Gebrauch zu machen. Nachdem wir nun eine ziemlich eingehende Untersuchung über Butterworth- und Besselpolynom-Filter hinter uns gebracht haben, werden die meisten Leser die tabellierten Ergebnisse in Zukunft zu gebrauchen wissen, ohne dabei spitzfindige Details der Herleitung in Erinnerung zu haben. Wir werden sogar einige normierte Butterworth-Filter in den Anhang aufnehmen, sodaß man in diesen Fällen nicht einmal die Übertragungsfunktion zu bestimmen braucht.

## 8.16. BESTIMMUNG DER ÜBERTRAGUNGSFUNKTION, WENN DER BETRAG GEGEBEN IST

In diesem Abschnitt wollen wir ein Verfahren angeben, daß uns die vollständige Übertragungsfunktion $Z_T(s)$ liefert, wenn ihr Betrag bekannt ist. Wir haben zum Beispiel bei der Butterworth-Übertragungsfunktion gesehen, daß ihr Betrag nur von $\omega^2$ abhängt und einer maximal flachen Amplitude entspricht. Bei der Angabe des Betrages einer Übertragungsfunktion war stets die Quadratwurzel aus einer Summe von quadratischen Gliedern zu bilden. Eine gegebene Amplitudenfunktion enthält also nur Terme der Form $\omega^m$, wobei $m$ eine gerade Zahl ist.

Als ersten Schritt bilden wir

$$Z_T(j\omega) = |Z_T(j\omega)|\,\epsilon^{j\Phi(\omega)} . \tag{8.151}$$

Der konjugiert komplexe Wert ist

$$Z_T(-j\omega) = |Z_T(j\omega)|\,\epsilon^{-j\Phi(\omega)} . \tag{8.152}$$

Als organisatorisch wertvolle Hilfsfunktion definieren wir $B(j\omega)$ als das Produkt dieser beiden konjugierten Größen. Es wird dann

$$B(j\omega) = Z_T(j\omega)Z_T(-j\omega) = |Z_T(j\omega)|^2 . \tag{8.153}$$

Man beachte, daß sich der Winkel auf 0 reduziert, wenn man (8.151) mit (8.152) multipliziert. Es ist bequemer, mit dem Amplitudenquadrat weiter zu rechnen. Eine geebnete Amplitude können wir natürlich immer quadrieren. Was den Faktor $B(j\omega)$ betrifft, so besteht dafür keine Einschränkung auf die $j\omega$-Achse. Wir dürfen auch schreiben

$$B(s) = Z_T(s)Z_T(-s) \tag{8.154}$$

und diese Beziehung gilt in der gesamten $s$-Ebene. Wir müssen nur bei der Deutung der Funktion vorsichtig sein. $B(s)$ ist nur auf der imaginären Achse gleich dem Quadrat des Betrages von $Z_T(s)$.

Unser Verfahren wird nun sehr einfach. Vom Quadrat des Betrages auf der $j$-Achse ausgehend, ersetzen wir zuerst $\omega^2$ durch $-s^2$ und erhalten $B(s)$. Aus (8.154) wissen wir, daß $B(s)$ gleich dem Produkt von $Z_T(s)$ mit $Z_T(-s)$ ist. Wir müssen nur mehr $B(s)$ in Faktoren zerlegen. Sobald das getan ist, findet man leicht die Polstellen und die Nullstellen in der rechten Halbebene. Diese gehören zu $Z_T(-s)$. Die restlichen Faktoren gehören zu $Z_T(s)$, bilden also die gesuchte Übertragungsfunktion.

Die vorausgehende wörtliche Beschreibung mag ein wenig obskur erscheinen. Wir veranschaulichen daher das Verfahren am besten an Hand eines vertrauten Beispiels. Gegeben sei die Betragsfunktion

$$|Z_T(j\omega)| = \frac{1}{\sqrt{1 + \omega^{2n}}} \tag{8.155}$$

in der wir die Charakteristik der Butterworth-Amplitude erkennen. Wir quadrieren vorerst

$$| Z_T(j\omega) |^2 = \frac{1}{1 + \omega^{2n}} \,. \tag{8.156}$$

Jetzt ersetzt man $\omega^2$ durch $-s^2$, dann gilt wegen (8.153)

$$B(s) = \frac{1}{1 + (-s^2)^n} \,. \tag{8.157}$$

Im allgemeinen Fall würde $B(s)$ ein Zähler- und ein Nennerpolynom enthalten, die man beide in Faktoren zerlegen müßte. In diesem Fall haben wir nur die Faktoren des einfachen Nenners zu bestimmen. Man erkennt, daß die Nullstellen des Nenners bei

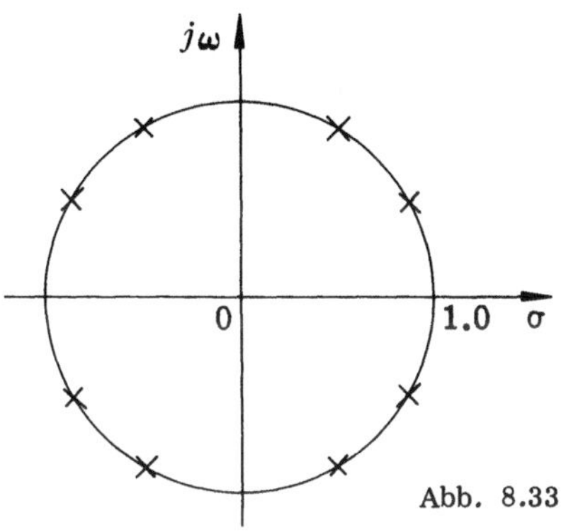


Abb. 8.33

$$(-s^2)^n = -1 \tag{8.158}$$

liegen, also bei

$s^{2n} = 1$ ; $n$ ungerade

$s^{2n} = -1$ ; $n$ gerade .

Für $n = 4$ zum Beispiel haben wir die acht Wurzeln

$$s = \sqrt[8]{-1} \tag{8.159}$$

die alle auf dem Einheitskreis liegen, durch gleiche Abstände getrennt, wie aus Abb. 8.33 zu ersehen ist.

Wir teilen die vier Polstellen in der rechten Halbachse der Funktion $Z_T(-s)$ zu und behalten wie gefordert in $Z_T(s)$ die Polstellen in der linken Halbebene bei. Das Produkt aller vier Polstellen gibt

$$Z_T(s) = \frac{1}{s^4 + 2.6131\, s^3 + 3.4142\, s^2 + 2.6131\, s + 1} \,. \tag{8.160}$$

Der Leser sieht somit, daß sich die vollständige Übertragungsfunktion praktischer Filter leicht aus ihrem Betrag berechnen läßt. Mit Hilfe der Übertragungsfunktion folgt dann das Filter auf synthetischem Wege.

## 8.17. FILTER, DIE TSCHEBYSCHEFFSCHEN UND LEGENDRESCHEN POLYNOMEN ENTSPRECHEN

Obwohl wir hier nicht näher darauf eingehen wollen, seien doch auch einige andere Filtertypen erwähnt, die allgemein gebräuchlich sind. Die Grundlagen des Lesers für die Anwendung der Laplace-Transformierten sind nun breit genug, daß er einige zusätzliche Begriffe, die wir in diesem Abschnitt einführen wollen, mit Vorteil zu gebrauchen weiß. Die Darstellung der Herkunft dieser Begriffe liegt allerdings außerhalb des Rahmens unseres Buches.

Das Tiefpaßfilter kann stets in der Form

$$|Z_T(j\omega)| = \frac{K}{\sqrt{1 + f(\omega^2)}} \tag{8.161}$$

beschrieben werden, wobei $K$ wie üblich so gewählt ist, daß die Überhöhung im Gleichstromfall gleich 1 wird, und wobei $f(\omega^2)$ ein Polynom in $\omega^2$ bezeichnet. Im Falle eines Butterworth-Filters gilt

$$f(\omega^2) = \omega^{2n} . \tag{8.162}$$

Wir haben die Butterworth- und Besselpolynom-Filter nur in Abhängigkeit von $s$ untersucht und nicht in Abhängigkeit von $\omega^2$. Aber der Leser weiß, daß (8.161) für beide Fälle zutrifft.

Ein oft benütztes Polynom, mit dem der Leser früher oder später Bekanntschaft schließen wird, ist das Tschebyscheffsche Polynom $T_n(\omega)$, definiert durch

$$T_n(\omega) = \cos(n \cos^{-1}\omega) ; \qquad -1 \leq \omega \leq 1 . \tag{8.163}$$

Die ersten sechs Polynome sind in Tabelle 8.3 zusammengefaßt.

TABELLE 8.3

| $n$ | $T_n(\omega) = \cos(n \cos^{-1}\omega)$ |
|---|---|
| 0 | $1$ |
| 1 | $\omega$ |
| 2 | $2\omega^2 - 1$ |
| 3 | $4\omega^3 - 3\omega$ |
| 4 | $8\omega^4 - 8\omega^2 + 1$ |
| 5 | $16\omega^5 - 20\omega^3 + 5\omega$ |
| 6 | $32\omega^6 - 48\omega^4 + 18\omega^2 - 1$ |

Wir sehen aus (8.163), daß $T_n(\omega)$ im $\omega$-Bereich zwischen $-1$ und $+1$ zwischen $-1$ und $+1$ oszilliert. Die Polynome aus Tabelle 8.3 sind jedoch sicherlich für alle $\omega$-Werte definiert. Wir bemerken, daß im Falle $\omega > 1$ das Polynom nicht mehr oszilliert und mit wachsendem $\omega$ stetig ansteigt. Die Steigung nimmt bei großen Werten von $n$ rasch zu.

Wir können die Schwankung der oszillierenden Funktion reduzieren, indem wir das Polynom mit einer Konstanten $\epsilon$ multiplizieren. Verwenden wir das Ergebnis als Funktion $f(\omega^2)$ in der allgemeinen Form (8.161), so haben wir

$$|Z_T(\omega)|^2 = \frac{1}{1 + \epsilon^2 T_n^2(\omega^2)} . \tag{8.164}$$

Wenn $\epsilon$ sehr klein ist, so gilt im Frequenzbereich $-1 \leq \omega \leq +1$ nahezu $Z_T(\omega) = 1$. Für größere $\omega$ nähert sich die Funktion rasch dem Wert 0.

Eine geeignete Wahl von $\epsilon$ kann dazuführen, daß gleiche Unebenheiten im Paßband zwischen beliebig wählbaren Pegeln liegen, während die Wahl von $n$ festlegt, wie rasch die Filterschwingung außerhalb $\omega = 1$ abfällt.

Man kann nun einen passenden $\epsilon$-Wert wählen, ein Polynom mit einer geeigneten Ordnung annehmen und die entsprechende Funktion $Z_T(s)$ bestimmen, wie wir es früher immer getan haben. Da man für $\epsilon$ eine unendliche Auswahl zur Verfügung hat, werden wir hier nicht ein vollständiges System von Filtern beschreiben. Man wählt oft $\epsilon$ so, daß man Unebenheiten von höchstens 1 db, 2 db oder sogar nur $\frac{1}{2}$ db im Durchlaßbereich erhält.

Unabhängig von $\epsilon$ und $n$ liegen die Pole des Tschebyscheffschen Filters stets auf einer Ellipse mit dem Zentrum im Ursprung der $s$-Ebene und mit einer vertikalen Hauptachse. Einzelheiten darüber findet man in den meisten Lehrbüchern über Netzwerktheorie.

Das Tschebyscheffsche Filter hat einen großen Vorteil gegenüber dem Butterworth-Filter. Dieses hat in der Nähe des Ursprungs zwar eine flachere Charakteristik, das Tschebyscheffsche Filter hat jedoch dafür einen kleineren *totalen* Fehler, und der Fehler ist gleichmäßig über den Durchlaßbereich verteilt.

Will man für einen gegebenen Verlauf innerhalb des Durchlaßbereiches den maximalen Dämpfungsfaktor erst hinter der Bandkante erreichen, so ist dafür unter allen möglichen Filtern das Tschebyscheffsche Filter optimal.

Ein anderes Kriterium für die Güte eines Filters könnte sein, daß er den größtmöglichen Dämpfungsfaktor erst hinter der Bandkante erreicht und daß er innerhalb des Durchlaßbereiches keine Unebenheiten aufweist. Bei Erfüllung dieser Forderungen könnten wir kleine, glatte, nach unten führende Stufen in Intervallen innerhalb des Durchlaßbereiches zulassen. Es dürften nur keine nach oben führenden Stufen auftreten, und zwischen den einzelnen Schritten sollte die Funktion maximal flach sein. So ein Verhalten ist in Abb. 8.34 dargestellt.

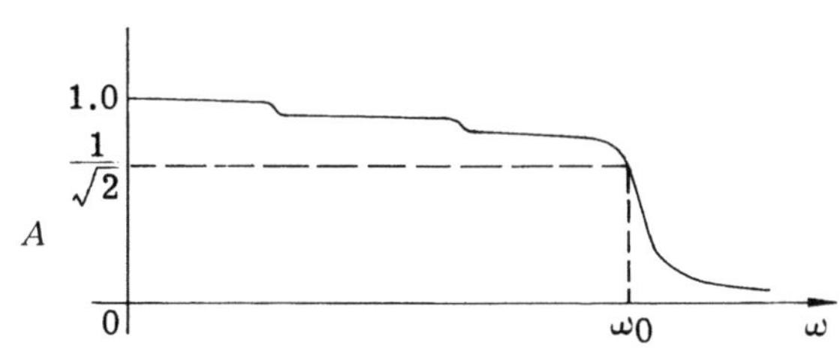


Abb. 8.34

Es läßt sich zeigen, daß dieser Typ einer monoton abnehmenden Filterfunktion durch Verwendung eines Legendreschen Polynoms für $f(\omega^2)$ in (8.161) erhältlich ist.

Legendresche Polynome treten beim Studium der Legendreschen Differentialgleichung auf, ähnlich wie die Besselschen Polynome bei der Besselschen Differentialgleichung. Die Besselsche Differentialgleichung ist bei der Arbeit mit Filtern sonst nicht von Interesse. Die Besselschen Polynome jedoch lassen sich mit Vorteil bei der Konstruktion von Linear-Phasen-Filtern verwenden. In derselben Weise benutzen wir auch die Legendreschen Polynome zu einem bestimmten Zweck, ohne dabei ihre Geschichte in der Mathematik bis zurück zu ihrem Ursprung verfolgen zu müssen. Es liegt uns ferne, die Bedeutung der rein mathematischen Grundlagen für diese Funktionen zu schmälern. Für deren Studium ist nur hier nicht der geeignete Augenblick. Dieses Studium gehört in ein anderes Lehrbuch.

In Tabelle 8.4 sind die Legendreschen Polynome der Ordnungen 3 bis 6 in einer Form zusammengefaßt, welche die unmittelbare Anwendung auf Filterprobleme erlaubt.

TABELLE 8.4

| $n$ | $L_n(\omega^2)$ |
|---|---|
| 3 | $3\omega^6 - 3\omega^4 + \omega^2$ |
| 4 | $6\omega^8 - 8\omega^6 + 3\omega^4$ |
| 5 | $20\omega^{10} - 40\omega^8 + 28\omega^6 - 8\omega^4 + \omega^2$ |
| 6 | $50\omega^{12} - 120\omega^{10} + 105\omega^8 - 40\omega^6 + 6\omega^4$ |

Nebenbei bemerkt kommt in den Polynomen von geraden Ordnung kein Term in $\omega^2$ vor.

Benützt man das Verfahren aus Abschn. 8.16, so findet man relativ leicht die entsprechende normierte Übertragungsfunktion von $s$. Für $n = 3$ zum Beispiel haben wir

$$Z_T(s) = \frac{0.577}{s^3 + 1.31s^2 + 1.359s + 0.577} . \tag{8.165}$$

Für $n = 4$

$$Z_T(s) = \frac{0.408}{s^4 + 1.563s^3 + 1.888s^2 + 1.242s + 0.408} . \tag{8.166}$$

Für $n = 5$

$$Z_T(s) = \frac{0.224}{s^5 + 1.551s^4 + 2.203s^3 + 1.693s^2 + 0.898s + 0.224} . \tag{8.167}$$

Für $n = 6$

$$Z_T(s) = \frac{0.141}{s^6 + 1.726s^5 + 2.69s^4 + 2.434s^3 + 1.633s^2 + 0.689s + 0.141} \tag{8.168}$$

## 8.18. AKTIVE TIEFPASSFILTER $n$-TER ORDNUNG

Die Übertragungsfunktion des aktiven Tiefpaßfilters $n$-ter Ordnung läßt sich in Faktoren zerlegen, die entweder zu einem Pol auf der negativen reellen Achse gehören oder zu konjugierten komplexen Polstellen in der linken Halbebene. In diesem Abschnitt wollen wir die Butterworth-Funktion diskutieren. Das Verfahren ist jedoch auf alle Tiefpaßfilter anwendbar.

Der Leser wird bereits erkannt haben, daß irgendein passives Netzwerk, das nur aus ohmschen Widerständen und Kondensatoren besteht, Polstellen *nur* auf der negativen $\sigma$-Achse besitzt. Wenn keine Induktivitäten vorhanden sind, so darf irgendein *passives* Netzwerk Polstellen nur auf der negativen $\sigma$-Achse besitzen. Wir könnten diese Aussage noch dahingehend spezifizieren, daß wir sagen, wenn irgendein passives Netzwerk Polstellen hat, die nicht auf der negativen $\sigma$-Achse liegen, dann müssen sowohl $C$- als auch $L$-Glieder im Netzwerk vorhanden sein.

Wie aus unseren vorhergehenden Betrachtungen folgt, sind die Polstellen der meisten brauchbaren Übertragungsfunktionen in der gesamten $s$-Ebene verteilt. Es ist klar, daß wir kein Butterworth-Filter herstellen können, das nur ohmsche Widerstände und Kondensatoren enthält (außer trivialerweise das Filter erster Ordnung).

Oft ist es jedoch wünschenswert, die Induktivitäten aus elektronischen Stromkreisen zu eliminieren und nur mit $R$- und $C$-Komponenten zu arbeiten. Wenn wir uns dazu entschließen, das Filter ohne Induktivitäten zu bauen, so müssen wir aktive Elemente berücksichtigen, die uns die Polstellen von der negativen $\sigma$-Achse wegschaffen und in die komplexe Ebene hinein verlegen.

Das wirkliche Problem ist nun die Herstellung elektronischer Stromkreise, die uns die Terme für die konjugierten komplexen Paare von Polstellen in der Übertragungsfunktion liefern. Wir wollen an Hand eines Beispieles ein entsprechendes Verfahren entwickeln.

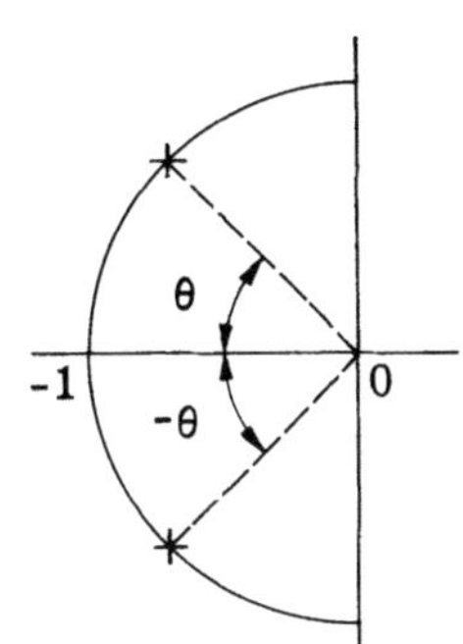


Abb. 8.35

Wir betrachten das Butterworth-Filter zweiter Ordnung, das die in Abb. 8.35 eingetragenen Polstellen besitzt, wobei $\theta = 45°$ gilt, gemessen von der negativen Achse aus.

Wir sehen, daß diese Konfiguration ein Polstellenpaar erzeugt, zu dem die folgende Übertragungsfunktion gehört:

$$Z_T(s) = \frac{1}{s^2 + 2s \cos \theta + 1} . \tag{8.169}$$

Da wir jedes konjugierte komplexe Polstellenpaar so normieren können, daß sein Radius gleich 1 und sein Winkel gleich $\theta$ wird wie in Abb. 8.35, gilt (8.169) für ein allgemeines Polstellenpaar und ist zudem nicht auf Butterworth-Filter beschränkt.

Im Beispiel des Butterworth-Filters geht die Form über in

$$Z_T(s) = \frac{1}{s^2 + \sqrt{2}s + 1} . \tag{8.170}$$

Wir wollen hier ein wenig verweilen und betrachten Abb. 8.36.

Die beiden ohmschen Widerstände sind auf 1 Ω normiert worden, die Überhöhung des Verstärkers ist ebenfalls 1, seine Phasenverschiebung ist 0. Der Verstärker ist besonders einfach. Man erkennt in ihm einen Kathodenverstärker oder einen Emitterverstärker. Die einzigen Forderungen sind, daß der Verstärker eine niedrige Ausgangsimpedanz liefert und eine hohe Eingangsimpedanz besitzt, damit die Spannung längs $C_2$ von der Ausgangsspannung möglichst isoliert wird.

Weiters sehen wir, daß eine passende Gleichstromvorspannung besonders einfach auf einen Emitterverstärker anzuwenden ist, dessen Netzwerk die Anordnung 8.36 besitzt. Aus der Analyse des Netzwerkes finden wir für

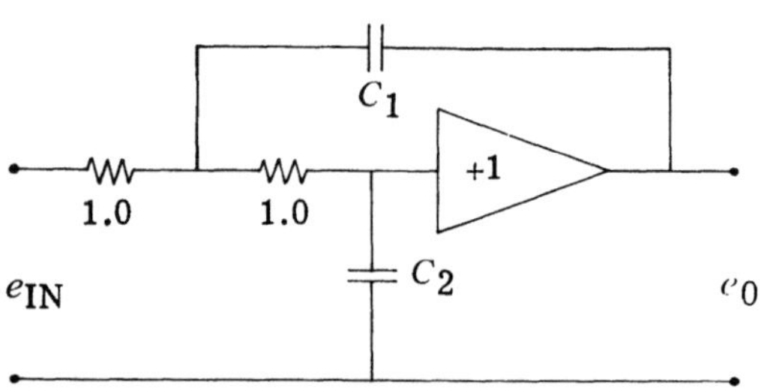


Abb. 8.36

die Übertragungsfunktion

$$Z_T(s) = \frac{1}{s^2C_1C_2 + s2C_2 + 1} \tag{8.171}$$

durch Vergleich von (8.171) mit (8.169), daß dieses aktive Netzwerk das geforderte konjugierte komplexe Polstellenpaar erzeugt, wenn

$$C_1C_2 = 1 \tag{8.172}$$

$$2C_2 = 2 \cos \theta \tag{8.173}$$

oder wir fordern

$$C_1 = \sec\theta \tag{8.174}$$

$$C_2 = \cos\theta\ . \tag{8.175}$$

Zur Konstruktion des Butterworth-Filters zweiter Ordnung wählen wir

$$\left.\begin{aligned} C_1 &= \sqrt{2} \\ C_2 &= 1/\sqrt{2} \end{aligned}\right\} \tag{8.176}$$

sodaß dem Netzwerk die Übertragungsfunktion (8.170) entspricht.

Da der Ausgang niederohmig ist, können wir mit solchen Netzwerken eine Kette bilden und damit eine beliebige Anzahl von konjugierten Paaren von komplexen Polstellen erzeugen, ohne daß sich die Paare untereinander beeinflussen. Wenn man zur Herstellung eines Filters *ungerader* Ordnung einen einzelnen Pol auf der negativen $\sigma$-Achse benötigt, so erzeugen wir ihn, indem wir ein einzelnes $R$-$C$-Glied am Ende des aktiven Netzwerkes anfügen.

Wir sehen, daß man für die Übertragungsfunktion zweiter Ordnung einen Transistor braucht. Für die dritte Ordnung braucht man einen Transistor und ein zusätzliches $R$-$C$-Glied am Ausgang, für die vierte Ordnung braucht man wieder zwei Transistoren allein usw. Pro Paar konjugierter Polstellen in der Übertragungsfunktion benötigt man also einen Transistorverstärker.

Oft ist es allerdings einfacher und billiger, ein oder zwei Transistoren und eine kleine Gleichstromquelle zu verwenden, anstatt das Filter ganz passiv zu bauen und Induktivitäten zu nehmen.

Zur Bequemlichkeit für den Leser haben wir aktive Butterworth-Filter verschiedener Ordnungen in normierter Form in Anhang I(c) aufgenommen.

Der Autor kennt nur zwei Fälle, in denen solche Typen von aktiven Filtern nicht brauchbar sind. Der eine Fall tritt ein, wenn der Signalpegel des Filters extrem niedrig ist, sodaß seine Höhe nur Bruchteile von Mikrovolt beträgt. In diesem Falle könnte das Rauschen des Transistors den Betrieb unmöglich machen. Der zweite Fall tritt ein, wenn das Signal einen Gleichstrompegel und ein niederfrequentes Signalspektrum enthält. Der Transistorverstärker hat nämlich eine niedrige Gleichstromspannung als Regelabweichung, die infolge der Drift unter Umständen störend wirken kann, wenn auch diese Regelabweichung durch günstige Konstruktion nahezu zum Verschwinden gebracht wird.

## 8.19. $N$-GLIEDRIGE OPTIMALE $R$-$C$-FILTER FÜR DIE HOCHFREQUENZ-STROMVERSORGUNG

In manchen Stromversorgungsquellen für Kathodenstrahlröhren, Fotomultiplier usw. sind die Ströme so niedrig und die Impedanzen so hoch, daß es oft nicht praktisch ist, wenn man bei Filternetzwerken Induktivitäten benützt. Wir müssen uns daher mit $R$-$C$-Filtern behelfen.

Die Verluste im Stromkreis und der verfügbare Raum sind meist die Faktoren, die das Ausmaß der verwendbaren $R$- und $C$-Bestandteile nach oben begrenzen. Der maximal zulässige ohmsche Widerstand zum Beispiel wird sich aus dem zulässigen Spannungsabfall bei Gleichstrombetrieb ergeben, während die maximale Kapazität begrenzt ist durch den Spannungsnennwert, durch die Kosten oder durch den verfügbaren Raum.

Wenn einmal der zulässige Wert des *gesamten* ohmschen Reihenwiderstandes und der *gesamten* Parallelkapazität bestimmt ist, so wird in allen Fällen unsere Aufgabe die Entscheidung darüber sein, ob es wünschenswert ist, den gesamten ohmschen Widerstand $R$ und die gesamte Kapazität $C$ in einem großen Abschnitt zu konzentrieren, oder ob es nicht günstiger ist, die gegebenen $R$- und $C$-Werte auf eine Reihe von $n$-Gliedern aufzuteilen. Sollte die Entscheidung zu Gunsten des zweiten Falles lauten, so ergibt sich die Frage, wie man dann die günstigste Anzahl von Gliedern bestimmt.

Betrachten wir das $n$-gliedrige Filter in Abb. 8.37.

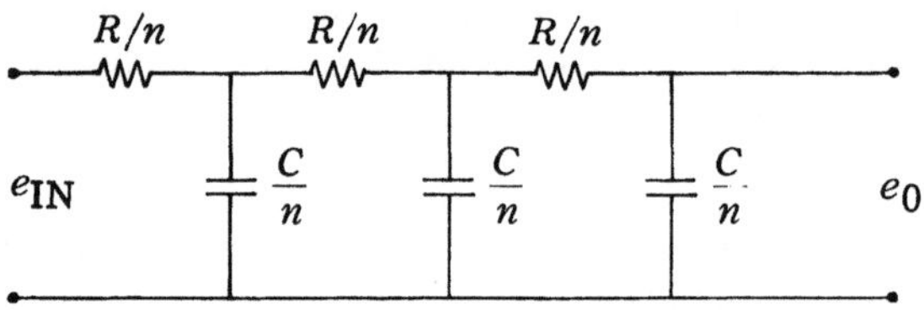


Abb. 8.37

Die Amplitude der Übertragungsfunktion dieses Netzwerkes ist

$$A = \frac{1}{\sqrt{1 + \ldots + \left(\frac{\omega R}{n}\frac{C}{n}\right)^{2n}}} . \tag{8.177}$$

Wir setzen vorläufig

$$\omega RC = x \tag{8.178}$$

und beachten, daß in allen praktischen Fällen $\omega RC$ so groß ist, daß im Nenner nur der letzte Term ins Gewicht fällt. Wir dürfen daher alles andere weglassen und schreiben

$$A = \frac{1}{\left(\frac{\omega R}{n}\frac{C}{n}\right)^{n}} = \frac{n^{2n}}{x^n} \tag{8.179}$$

oder

$$A = \left(\frac{n^2}{x}\right)^n . \tag{8.180}$$

Nehmen wir davon den natürlichen Logarithmus

$$\ln A = 2n \ln n - n \ln x \tag{8.181}$$

und differenzieren wir nach $n$, so haben wir

$$\frac{d \ln A}{dn} = 2 + 2 \ln n - \ln x . \tag{8.182}$$

Zur Bestimmung des Minimums setzen wir die Ableitung gleich 0 und erhalten

$$\ln n = \frac{\ln(x) - 2}{2} \tag{8.183}$$

oder $$ln\, n = \frac{ln(\omega RC) - 2}{2} \,. \tag{8.184}$$

Betrachten wir nun den folgenden Fall:

Gesamtwiderstand $R$ = 1.0 Megohm

Gesamtkapazität $C$ = 1.0 mF

$f$ = 60 Hz

dann ergibt sich

$$\omega RC = 378 \,. \tag{8.185}$$

Setzt man diesen Wert in (8.184) ein, so findet man für den nächstgelegenen ganzzahligen Wert $n = 7$. Wir reduzieren somit die Unebenheiten auf ein Minimum, wenn wir unser gesamtes $R$ und unser gesamtes $C$ auf sieben gleiche Glieder verteilen.

Wir prüfen diesen Schluß, indem wir $x = 378$ in (8.180) einsetzen und die Überhöhung für $n = 1$ bis $n = 10$ berechnen. Die Ergebnisse sind in Tabelle 8.5 zusammengestellt.

TABELLE 8.5

| $n$ | $\frac{e_0}{e_{IN}} = \left(\frac{n^2}{x}\right)^n$ | |
|---|---|---|
| 1 | $\frac{1}{378}$ | |
| 2 | $\frac{1}{8930}$ | |
| 3 | $\frac{1}{74000}$ | |
| 4 | $\frac{1}{310\,000}$ | |
| 5 | $\frac{1}{780\,000}$ | |
| 6 | $\frac{1}{1\,360\,000}$ | |
| 7 | $\frac{1}{1\,630\,000}$ | ⟵ kleinster Wert |
| 8 | $\frac{1}{1\,500\,000}$ | |
| 9 | $\frac{1}{1\,050\,000}$ | |
| 10 | $\frac{1}{593\,000}$ | |

Wir erkennen, daß die Unebenheit im Falle des optimalen siebengliedrigen Filters 4310 mal kleiner ist als die Konzentration derselben Größen $R$ und $C$ in einem einzigen Glied.

Bei der Konstruktion von $R$-$C$-Filtern für die Stromversorgung gibt es immer eine optimale Anzahl von Gliedern. Man findet in vielen Fällen, daß der optimale Wert, auf analytischem Wege oder durch Experimente bestimmt, die Unebenheiten oft ganz beträchtlich reduziert. Um die Eigenschaft des hier diskutierten siebengliedrigen Filters mit Vorteil auf die Reduzierung der Unebenheiten anzuwenden, ist es im allgemeinen notwendig, einige der Filterglieder untereinander abzuschirmen.

# KAPITEL IX

# SPEZIELLE ANWENDUNGEN DER LAPLACE-TRANSFORMIERTEN

## 9.1. FUNKTIONEN VON $\sqrt{s}$

Zu Beginn des Buches haben wir bemerkt, daß die Vereinfachung von Gleichungen einer der Gründe für die Anwendung der Laplace-Transformation ist. In den meisten Fällen, in denen trigonometrische und logarithmische Ausdrücke sowie Exponentialfunktionen auftreten, erhalten die transformierten Gleichungen eine einfachere Form. Ihre Lösung erfordert nur die Ausführung gewöhnlicher algebraischer Operationen.

Bis jetzt deutete nichts darauf hin, daß die Funktionen von $s$ gleich kompliziert werden können wie die ursprünglichen Funktionen, die wir zu vereinfachen wünschen. Wir wollen hier auch nicht versuchen, die Dinge komplizierter zu gestalten. Wir möchten nur ein oder zwei Probleme untersuchen, bei denen Potenzen von $s$ auftreten, deren Exponent ein Bruch ist. Die meisten Leser werden bemerkt haben, daß in unserer Tabelle der Laplace-Transformierten Formen enthalten sind, in denen die Quadratwurzel von $s$ aufscheint. Es wäre interessant zu sehen, ob wir solchen Funktionen in der Elektronik eine Bedeutung geben können, und wenn ja, welche Bedeutung dies ist.

Die meisten Leser werden bereits in der Theorie, oder in der Praxis, oder in beiden Fällen mit Übertragungsleitungen vertraut geworden sein. Wir denken üblicherweise an eine Übertragungsleitung, wenn es sich um eine räumliche Verteilung der Größen $R$, $L$ und $C$ handelt, im Gegensatz zu den an gewissen Orten konzentrierten $R$-, $L$- und $C$-Elementen der gewöhnlichen Schaltungen. Wir brauchen hier nicht auf nähere Einzelheiten einzugehen. Wir wollen nur ein oder zwei Ergebnisse aus der Theorie der Übertragungsleitungen benutzen.

Den meisten Lesern wird der Begriff der charakteristischen Impedanz einer Übertragungsleitung mehr oder weniger vertraut sein. Der Leitgedanke ist etwa der folgende: Angenommen, wir haben eine gleichförmige Leitung mit einer charakteristischen Impedanz von 600 Ohm. Legen wir an das Ende der Leitung eine Belastung von 600 Ohm, so ist auch am Eingang der Leitung ein ohmscher Widerstand von derselben Größe, unabhängig von der Länge der Leitung.

In Standardwerken über Übertragungsleitungen finden wir zu Beginn die Leitung meist durch ein Elementarglied einer Kette von Schaltungen repräsentiert, in der eine gewisse Reihenimpedanz und ein gewisser Shunt-Leitwert auftreten. Reihenimpedanz und Shunt-Leitwert dürfen natürlich vollkommen allgemeine Größen sein.

Zur echten Unterscheidung verwenden wir den Ausdruck *Impedanz pro Längeneinheit*, wenn wir vom differentiellen Abschnitt einer Leitung sprechen, deren elektrische Eigenschaften in echt kontinuierlicher Verteilung gegeben sind. Wir sagen dazu *Impedanz pro Abschnittseinheit*, wenn die Leitung durch eine große Anzahl kleiner Abteilungen simuliert wird, in denen die elektrischen Größen konzentriert sind. In Abb. 9.1 wird $Z$ in der Richtung nach *vorne* gemessen, $Y$ dagegen in der Richtung *quer* zum differentiellen Abschnitt.

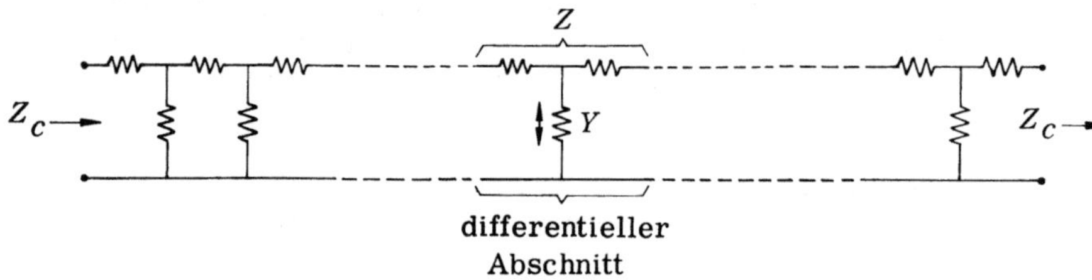


Abb. 9.1

Die Theorie der Übertragungsleitung liefert uns die Aussage, daß die charakteristische Impedanz einer derartigen Übertragungsleitung gegeben ist durch

$$Z_C = \sqrt{\frac{Z}{Y}} . \tag{9.1}$$

Im Falle einer Leitung mit konzentrierten Schaltelementen bedeuten $Z$ und $Y$ die Werte für jeden $T$-Abschnitt. In einer Leitung mit echter Verteilung, wie zum Beispiel einer Hochfrequenz-Übertragungsleitung, die eine Antenne speist, wird die Reihenimpedanz meist stark induktiv, der Shunt-Leitwert dagegen meist stark kapazitiv sein, sodaß

$$Z = sL/l \tag{9.2}$$

$$Y = sC/l . \tag{9.3}$$

Die charakteristische Impedanz einer derartigen Leitung ist daher

$$Z_C = \sqrt{\frac{sL/l}{sC/l}}$$

oder

$$Z_C = \sqrt{\frac{L}{C}} . \tag{9.4}$$

Da sich der Faktor $s$ weghebt, ergibt sich eine rein ohmsche Leitung. Damit diese Aussage richtig ist, muß natürlich auch die Belastung durch einen rein ohmschen Widerstand von der Größe $Z_C$ gegeben sein.

Wir wollen uns nun mit der etwas fremdartig aussehenden Übertragungsleitung in Abb. 9.2 befassen. Die Reihenimpedanzen sind dort ohmsche Widerstände, die Shunt-Leitwerte sind kapazitiver Art.

Für die Charakteristische Impedanz, die zugleich die Eingangsimpedanz der abgeschlossenen Leitung ist, haben wir aus (9.2) und (9.3)

$$Z = R \tag{9.5}$$

$$Y = sC\ . \tag{9.6}$$

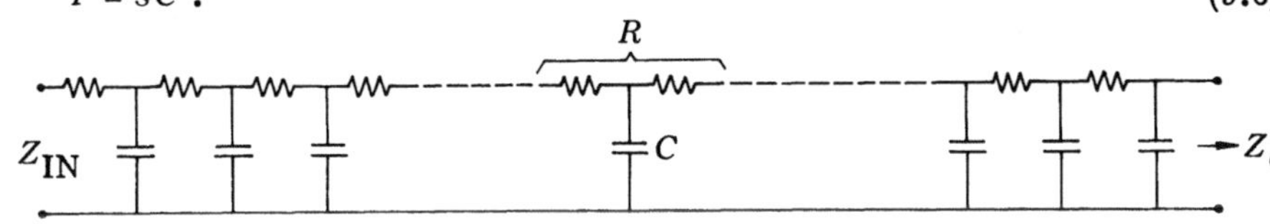


Abb. 9.2

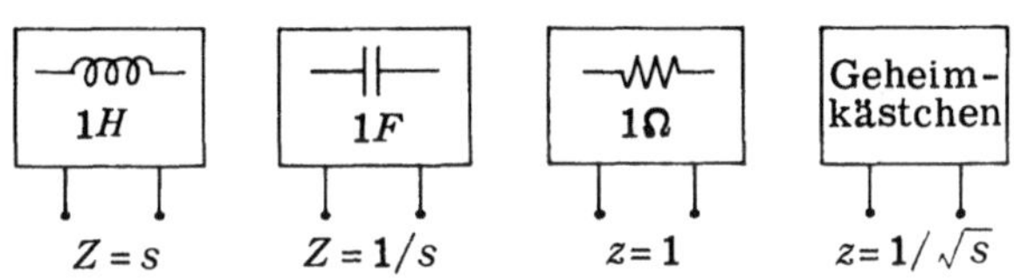


Abb. 9.3

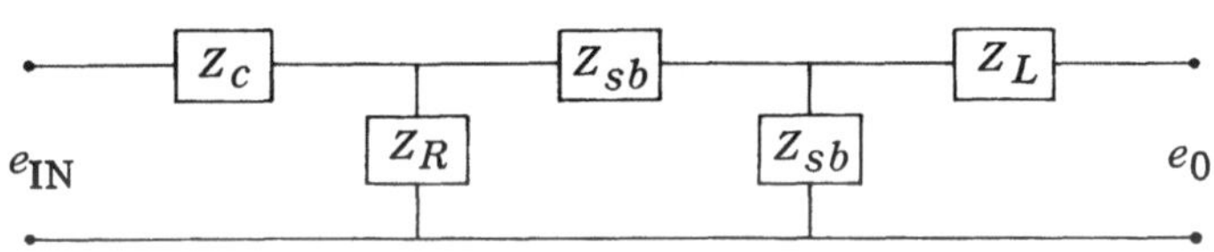


Abb. 9.4

Wir haben uns bereits mit *normierten* Schaltungen vertraut gemacht. Wir werden auch hier $R$ auf 1 Ω und $C$ auf 1 F normieren. Aus (9.1) erhält man dann die Impedanz zu

$$Z_{IN} = \frac{1}{\sqrt{s}}\ . \tag{9.7}$$

Wir wollen diese Leitung durch eine Anzahl von Elementen realisieren und jedes davon in ein Kästchen einschließen, an denen nur die beiden Eingangsklemmen sichtbar sind. Wenn wir den Inhalt eines Kästchens geheimhalten wollen, so werden wir dieses Kästchen nur als Impedanz mit zwei Eingängen kennzeichnen, die den unüblichen Wert $1/\sqrt{s}$ besitzt, wie in Abb. 9.3 angedeutet ist. Dieses Kästchen steht gleichberechtigt neben den anderen drei Bestandteilen; nämlich dem Kondensator von der Kapazität 1 F, dem ohmschen Widerstand von der Größe 1 Ω und der Induktivität von 1 H. Wir haben somit vier passive Grundbestandteile der Schaltung.

Da der Uneingeweihte nicht weiß, was sich in dem Geheimkästchen befindet, werden wir dieses einfach mit $Z^{sb}$ bezeichnen und als beliebige Impedanz in einer beliebigen Schaltung verwenden, z. B. in Abb. 9.4.

Der Meinung, so ein Kästchen müßte Tausende von $R$-$C$-Gliedern enthalten, dürfen wir entgegenhalten, daß jedes dieser Glieder sehr verlustbehaftet ist und daß ein Signal von den Eingangsklemmen her somit sehr bald absorbiert wird - praktisch bereits von vier oder fünf Gliedern. Aus diesem Grund wird unsere Impedanz durch einige wenige Glieder ziemlich genau angenähert. Aus demselben Grund brauchen wir uns auch nicht um den richtigen Abschlußwiderstand des Netzwerkes kümmern. Wenn wir es als Gleichstromkreis benützen wollen, so schließen wir die Leitung kurz. Soll es dagegen keinen Gleichstrom durchlassen, so lassen wir das Ende frei. Der Leser wird imstande sein, passende Werte für eine gute Leistungsübertragung in einem weiten Frequenzbereich zu wählen.

## 9.2. ANWENDUNG DER IMPEDANZ $1/\sqrt{s}$ BEI DER KONSTRUKTION VON OSZILLATOREN

Nachdem wir uns nun diese eigenartige Impedanz $1/\sqrt{s}$ verfügbar gemacht haben, wollen wir sehen, welche Dienste sie in der praktischen Anwendung leistet. Der Leser wird sich an die Untersuchung in Abschn. 6.4 erinnern, wo wir den Wienschen Brückenoszillator und das $R$-$C$-Glied betrachtet haben, das der Frequenz bestimmende Teil des Systems ist. Wir haben in (6.43) gefunden, daß die Frequenz der Schwingung durch

$$\omega = \frac{1}{RC} \tag{9.8}$$

gegeben ist. Mit anderen Worten, die Frequenz ist umgekehrt proportional der ersten Potenz von $C$. Wir erinnern weiters daran, daß im Falle eines Resonanzkreises aus einer Spule und einem Kondensator die Frequenz umgekehrt proportional der Wurzel aus $C$ ist

$$\omega = \frac{1}{\sqrt{LC}}\,. \tag{9.9}$$

Wir wollen nun in der Wienschen Brücke aus Abb. 6.8 die ohmschen Widerstände der Schaltung durch unsere neue Impedanz $1/\sqrt{s}$ ersetzen. Wir können diesen Teil auf 1 normieren. Wir wollen jedoch die Kapazität allgemein halten, um sie später variieren zu lassen. Die Schaltung ist in Abb. 9.5 wiedergegeben.

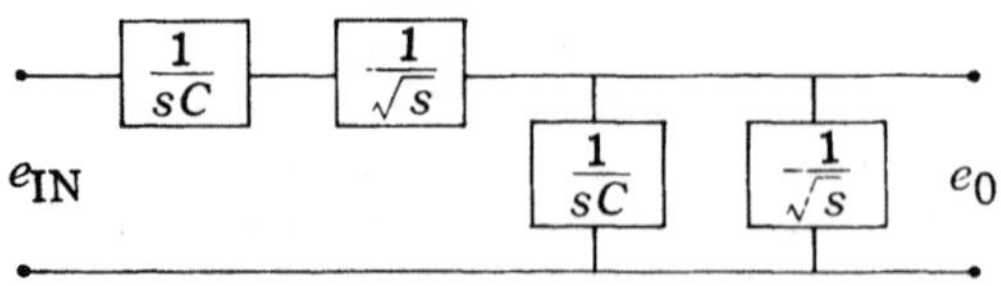


Abb. 9.5

Man findet die Übertragungsfunktion mit Hilfe einer der üblichen Methoden. In diesem einfachen Fall kombinieren wir die Elemente derart, daß die Schaltung durch ein Reihenelement $Z$ und ein Shunt-Element $Y$ beschrieben wird. Es gilt dann

$$Z = \frac{1 + C\sqrt{s}}{sC} \tag{9.10}$$

und

$$Y = sC + \sqrt{s}\ . \tag{9.11}$$

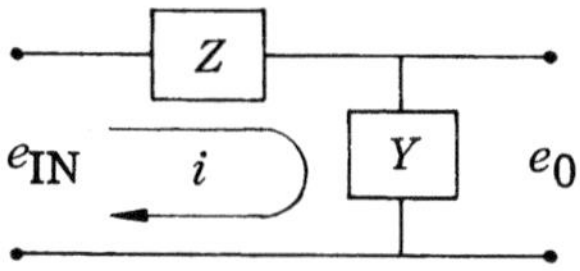


Abb. 9.6

Abb. 9.6 veranschaulicht den Fall. Wir dürfen nun schreiben

$$i = e_0 Y \tag{9.12}$$

$$e_{IN} = e_0 + iZ \tag{9.13}$$

oder

$$e_{IN} = e_0 + e_0 YZ \tag{9.14}$$

$$\frac{e_{IN}}{e_0} = 1 + YZ \tag{9.15}$$

und unter Verwendung von (9.10) und (9.11)

$$\frac{e_{IN}}{e_0} = 1 + (sC + \sqrt{s})\left(\frac{1 + C\sqrt{s}}{sC}\right)\ . \tag{9.16}$$

Das ist nun der reziproke Wert der Übertragungsfunktion $e_0/e_{IN}$, jedoch spielt diese Tatsache hier keine Rolle.

$$\frac{e_{IN}}{e_0} = 1 + \frac{sC + \sqrt{s} + sC^2\sqrt{s} + sC}{sC} \tag{9.17}$$

$$\frac{e_{IN}}{e_0} = 1 + \frac{sC}{sC} + \frac{\sqrt{s}}{sC} + C\sqrt{s} + \frac{sC}{sC} \tag{9.18}$$

$$\frac{e_{IN}}{e_0} = 3 + \frac{1}{C\sqrt{s}} + C\sqrt{s}\ . \tag{9.19}$$

Wir erhalten also ein äußerst einfaches Ergebnis.

Bei diesem Stand ist es günstig, auf die Schreibweise mit $j\omega$ überzugehen

$$s = j\omega \tag{9.20}$$

oder

$$\sqrt{s} = \sqrt{j\omega} \tag{9.21}$$

$$\sqrt{s} = \sqrt{\frac{\omega}{2}} + j\sqrt{\frac{\omega}{2}}\ . \tag{9.22}$$

Durch diese Substitution geht (9.19) über in

$$\frac{e_{IN}}{e_0} - 3 + \frac{1}{C\left(\sqrt{\frac{\omega}{2}} + j\sqrt{\frac{\omega}{2}}\right)} + C\left(\sqrt{\frac{\omega}{2}} + j\sqrt{\frac{\omega}{2}}\right) . \tag{9.23}$$

Der Leser möge die einfachen algebraischen Operationen selber ausführen und diesen Ausdruck auf die gewöhnliche Form $A + jB$ einer komplexen Zahl bringen

$$\frac{e_{IN}}{e_0} = \left[3 + \frac{1}{C\sqrt{2\omega}} + C\sqrt{\frac{\omega}{2}}\right] + j\left[C\sqrt{\frac{\omega}{2}} - \frac{1}{C\sqrt{2\omega}}\right] . \tag{9.24}$$

Bei der Resonanzfrequenz muß die Phasenverschiebung durch das Netzwerk auch im Falle des Wienschen Brückenoszillators null sein. Das ist dann erreicht, wenn wir den $j$-Term in (9.24) null setzen. Aus (9.24) schliessen wir also

$$C\sqrt{\frac{\omega}{2}} - \frac{1}{C\sqrt{2\omega}} = 0 \tag{9.25}$$

$$C^2\sqrt{\frac{\omega}{2}} = \frac{1}{\sqrt{2\omega}} . \tag{9.26}$$

Durch Quadrieren ergibt sich

$$\frac{C^4\omega}{2} = \frac{1}{2\omega} \tag{9.27}$$

$$\omega^2 = \frac{1}{C^4} \tag{9.28}$$

und schließlich

$$\omega = \frac{1}{C^2} \tag{9.29}$$

oder wenn gewünscht

$$f = \frac{1}{2\pi C^2} . \tag{9.30}$$

Wir hoffen, daß dieses Ergebnis für viele Leser neu und interessant ist. Hier haben wir einen Oszillator, dessen Resonanzfrequenz umgekehrt proportional ist dem Quadrat der Kapazität, im Gegensatz zum $R$-$C$-Kreis, wo die Variation proportional dem Reziprokwert der Quadratwurzel ist. Eine Änderung der Kapazität im Verhältnis 10 zu 1 ergibt hier eine Frequenzänderung im Verhältnis 100 zu 1. Wir stoßen hier somit auf die Möglichkeit der Konstruktion eines Breitbandoszillators, der den gesamten Bereich ohne Bandumschaltung überdeckt.

Im letzten Schritt erhalten wir aus (9.29)

$$\sqrt{\omega} = \frac{1}{C} . \tag{9.31}$$

Setzen wir diesen Ausdruck in den Realteil von (9.24) ein, so erhalten wir

$$\frac{e_{IN}}{e_0} = 3 + \sqrt{2} \; . \tag{9.32}$$

Damit ist für den Betrieb des Oszillators eine Verstärkung von 4.414 erforderlich.

## 9.3. ITERATIONSSCHALTUNGEN

Der Leser, der bis zu diesem Punkt alle Probleme studiert hat, wird bemerken, daß die klassischen Lösungen für Maschennetze dritter oder höherer Ordnung, wie wir sie in den vorhergehenden Abschnitten behandelt haben, beträchtlichen Arbeitsaufwand erfordern. Der Autor nimmt an, daß die Zumutung, Übertragungsfunktionen für Maschennetze fünfter oder sechster Ordnung zu bestimmen, den Leser höchstens dazu bewegen könnte, sein Interesse der Medizin zuzuwenden oder das Zimmermannshandwerk zu lernen, um für seinen Lebensunterhalt zu sorgen. Um diesen Ausgang der Ereignisse zu vermeiden, wollen wir nun einige leichtere Wege zur Bestimmung der Übertragungsfunktionen betrachten, die uns diese Funktionen liefern soll, wenn das Netzwerk aus vielen $L$-förmigen Gliedern einer Kette besteht.

Wir befassen uns in diesem Buch mit der Laplace-Transformierten und mit dem Umgang mit Funktionen von $s$. Aus diesem Grund versuchen wir zweckentsprechend eher eine Vielfalt von Wissenswertem anzuführen, und halten es für weniger wichtig, Einzelfälle bis in alle Details zu verfolgen. Der Autor hat sich bemüht, einige wenige neuartige und noch nicht allzu bekannte Begriffe in die Untersuchung einzuführen. Er möchte das Risiko einer strengen Kritik eingehen und behaupten, daß er zum Beispiel die Theorie der "Signalflußdiagramme" noch nie besonders wertvoll in der Praxis gefunden hat. Da jedoch eine große Zahl von praktischen Schaltungen aus Ketten von $L$-Gliedern bestehen, ist es sicher nützlich, wenn wir einige einfache Methoden kennenlernen, die man an Stelle der Kirchhoffschen Gleichungen und an Stelle der Determinanten höherer Ordnung verwenden kann.

Eine dieser Methoden, die bereits viele Jahre hindurch in Verwendung steht, erfordert, daß die Reihenelemente der Schaltung als Impedanzen, die Shunt-Elemente dagegen als Leitwerte geschrieben sind. In Abb. 9.7 ist dieser Umstand berücksichtigt.

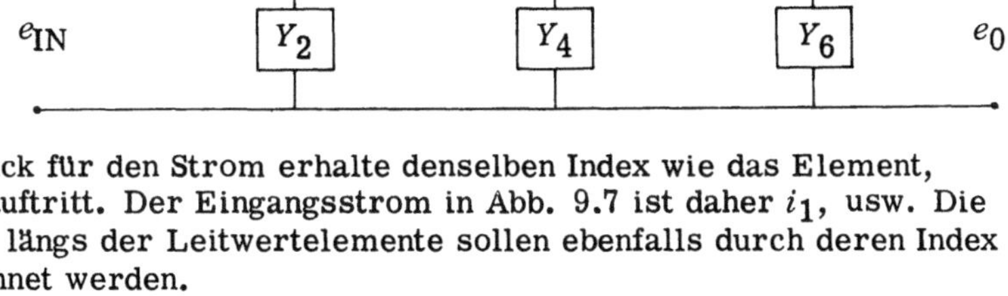


Abb. 9.7

Der Ausdruck für den Strom erhalte denselben Index wie das Element, in dem er auftritt. Der Eingangsstrom in Abb. 9.7 ist daher $i_1$, usw. Die Spannungen längs der Leitwertelemente sollen ebenfalls durch deren Index gekennzeichnet werden.

Wir können am Ausgang des Netzwerkes beginnen und zurück rechnen. Wir schreiben also

$$i_6 = e_0 Y_6 = i_5 \,. \tag{9.33}$$

Der nächste Spannungsknoten links davon ist $e_4$. Dafür gilt

$$e_4 = e_0 + i_5 Z_5 \tag{9.34}$$

$$e_4 = e_0 + e_0 Y_6 Z_5 \,. \tag{9.35}$$

Wir haben somit den inneren Knoten $e_4$ durch die Ausgangsspannung $e_0$ und die Parameter des Netzwerkes $Y_6$ und $Z_5$ ausgedrückt. Wir finden nun für $i_4$

$$i_4 = e_4 Y_4 \,. \tag{9.36}$$

Setzen wir aus (9.35) für $e_4$ ein, so folgt

$$i_4 = (e_0 + e_0 Y_6 Z_5) Y_4 \tag{9.37}$$

$$i_4 = e_0 Y_4 + e_0 Y_6 Z_5 Y_4 \,. \tag{9.38}$$

Für den Strom $i_3$ als Summe von $i_4$ und $i_5$ erhält man aus (9.33) und (9.38)

$$i_3 = e_0 Y_4 + e_0 Y_6 Z_5 Y_4 + e_0 Y_6 \,. \tag{9.39}$$

Die nächste Spannungskomponente links ist $e_2$. Sie ergibt sich als Summe von $e_4$ und der Spannung $iZ$ längs $Z_3$. Mit (9.35) und (9.39) haben wir

$$e_2 = e_0 + e_0 Y_6 Z_5 + e_0 Y_4 Z_3 + e_0 Y_6 Z_5 Y_4 Z_3 + e_0 Y_6 Z_3 \,. \tag{9.40}$$

Der Strom $i_2$ ist natürlich $e_2 Y_2$. Multiplikation von (9.40) mit $Y_2$ gibt

$$i_2 = e_0 Y_2 + e_0 Y_6 Z_5 Y_2 + e_0 Y_4 Z_3 Y_2 + e_0 Y_6 Z_5 Y_4 Z_3 Y_2 + e_0 Y_6 Z_3 Y_2 \tag{9.41}$$

und schließlich

$$i_1 = i_2 + i_3 \tag{9.42}$$

$$i_1 = e_0 Y_2 + e_0 Y_6 Z_5 Y_2 + e_0 Y_4 Z_3 Y_2 + e_0 Y_6 Z_5 Y_4 Z_3 Y_2 + \\ + e_0 Y_6 Z_3 Y_2 + e_0 Y_4 + e_0 Y_6 Z_5 Y_4 + e_0 Y_6 \tag{9.43}$$

oder wenn wir $e_{IN}$ berechnen wollen

$$e_{IN} = e_2 + i_1 Z_1 \tag{9.44}$$

und aus (9.40) und (9.43)

$$e_{IN} = e_0 + e_0 Y_6 Z_5 + e_0 Y_4 Z_3 + e_0 Y_6 Z_5 Y_4 Z_3 + e_0 Y_6 Z_3 + \\ + e_0 Y_2 Z_1 + e_0 Y_6 Z_5 Y_2 Z_1 + e_0 Y_4 Z_3 Y_2 Z_1 + e_0 Y_6 Z_5 Y_4 Z_3 Y_2 Z_1 + \\ + e_0 Y_6 Z_3 Y_2 Z_1 + e_0 Y_4 Z_1 + e_0 Y_6 Z_5 Y_4 Z_1 + e_0 Y_6 Z_1 \,. \tag{9.45}$$

Wir können natürlich rechts aus jedem Term den Faktor $e_0$ herausheben und auf die linke Seite in den Nenner unter $e_{IN}$ bringen. Die rechte Seite von (9.45) gibt uns daher die Übertragungsfunktion, wenn wir von dem Ausdruck noch den reziproken Wert nehmen.

Das Verfahren ist wohl etwas umständlich. Wir erinnern aber daran, daß wir alle Impedanzen und Leitwerke vollkommen allgemein gehalten haben, sodaß keine Kombinationen von Ausdrücken möglich waren, wie es in den früher behandelten Beispielen oft vorgekommen ist. Der Hauptteil der Arbeit besteht aus der wiederholten Anwendung einer einzigen Formulierung. Dabei ist wenig Denkarbeit notwendig.

Ein besonderer Vorteil dieses Verfahrens ist aber, daß man durch Bildung weiterer Quotienten andere praktische Größen bestimmen kann. Zum Beispiel ergibt sich für die Eingangsimpedanz $Z_{IN}$

$$Z_{IN} = \frac{e_{IN}}{i_1} = \frac{(9.45)}{(9.43)} \,. \tag{9.46}$$

Es ist auch möglich, daß man den Übertragungswiderstand der Leitung wissen möchte

$$Z_{21} = \frac{e_0}{i_1} = \frac{e_0}{(9.43)} \,. \tag{9.47}$$

Wie wir sehen, ist das der Reziprokwert des Ausdruckes (9.43), wenn wir dort den gemeinsamen Faktor $e_0$ herausheben und streichen. Je nach Wunsch kann man auch andere Quotienten betrachten. Wir wollen ein System im nächsten Abschnitt ableiten.

## 9.4. BESTIMMUNG VON ÜBERTRAGUNGSFUNKTIONEN DURCH TABELLIERMETHODEN

Wir betrachten die allgemeine Kettenschaltung der $L$-Glieder in Abb. 9.8 mit den Reihenelementen $Z$ und den Shuntelementen $Y$. Wir verwenden hier eine etwas abweichende Art der Numerierung. Aber diese Tatsache ist ohne Bedeutung.

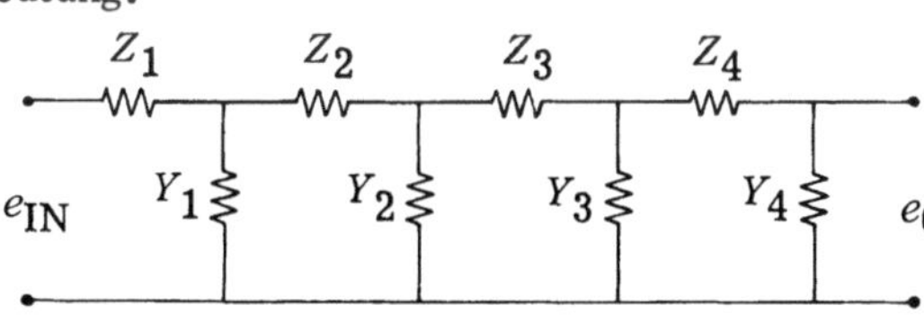

Abb. 9.8

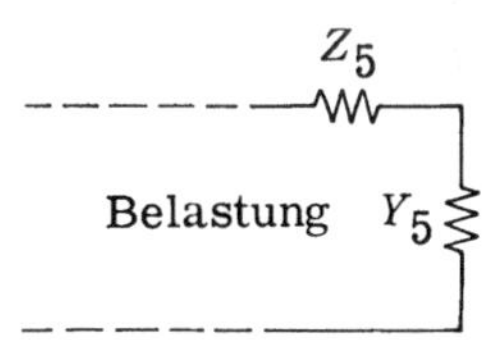

Abb. 9.9

Die Schaltung verallgemeinern wir noch insofern, als wir eine Belastung $Y_5$ in Gestalt eines zusätzlichen $L$-Gliedes anfügen (siehe Abb. 9.9), in dem wir $Z_5$ in dem nun folgenden Prozeß gegen 0 gehen lassen. Wir wollen jedoch Abb. 9.8 allein zur Illustration des Verfahrens verwenden. Wir fassen vorerst gewisse Tatsachen zusammen, die unsere Übertragungsfunktion betreffen:

A. Mit der benutzten $Z$-$Y$-Schreibweise ist der Zähler der Übertragungsfunktion 1.

B. Der Nenner setzt sich aus mehreren Termen zusammen. Der erste davon hat ebenfalls den Wert 1.

C. Die restlichen Terme des Nenners enthalten jeweils eine gerade Anzahl von Faktoren. Sie sind also von der Form

$Z_1Y_1$; $Z_1Y_1Z_2Y_4$; $Z_3Y_3$, usw.

D. Kein Term enthält eine ungerade Anzahl von Termen, wie etwa der Ausdruck

$Z_1 Y_2 Z_4$, usw.

E. Alle Terme beginnen mit $Z$, keiner mit $Y$.

F. Der Term höchster Ordnung im Nenner ist das Produkt aus allen $Z$ und aus allen $Y$. Sein Koeffizient ist 1.

G. Der Term von zweithöchster Ordnung ist das Produkt aus den Elementen $Z$ und $Y$, in dem zwei Faktoren weniger auftreten, da kein Term eine ungerade Anzahl von Faktoren hat.

H. In einer allgemeinen Schaltung tritt eine unbekannte Anzahl von Termen mit zwei Faktoren auf, eine unbekannte Anzahl von Termen mit vier Faktoren usw., je nach der Zahl der Elemente in der Schaltung.

Unsere Aufgabe ist jetzt, die Anzahl der Terme und die Kombinationen ihrer Faktoren zu finden, die im Nenner auftreten. Wir beginnen mit einer Aufstellung aller Elemente der Schaltung, die wir in Tabelle 9.1 in einer Reihe anordnen, von links nach rechts in wachsender Ordnung.

TABELLE 9.1

| $Z_1$ | $Y_1$ | $Z_2$ | $Y_2$ | $Z_3$ | $Y_3$ | $Z_4$ | $Y_4$ |
|---|---|---|---|---|---|---|---|
| | | | | | | | |

bis $Y_n$
(Wenn die Schaltung länger ist wie in Abb. 9.8)

Wir bestimmen nun alle Terme aus zwei Faktoren auf die folgende Art:

Mit Hilfe von Tabelle 9.1 schreiben wir alle Permutationen von $Z$ und $Y$ an, wobei der Index von $Y$ größer oder gleich dem Index von $Z$ sein muß. Wir schreiben zuerst $Z$ und fügen dann $Y$ rechts daneben an. Aus Abb. 9.8 erhalten wir dann

TABELLE 9.2

| | $Z_1$ | $Y_1$ | $Z_2$ | $Y_2$ | $Z_3$ | $Y_3$ | $Z_4$ | $Y_4$ |
|---|---|---|---|---|---|---|---|---|
| 1 | $Z_1$ | $Y_1$ | | | | | | |
| 2 | $Z_1$ | | | $Y_2$ | | | | |
| 3 | $Z_1$ | | | | | $Y_3$ | | |
| 4 | $Z_1$ | | | | | | | $Y_4$ |
| 5 | | | $Z_2$ | $Y_2$ | | | | |
| 6 | | | $Z_2$ | | | $Y_3$ | | |
| 7 | | | $Z_2$ | | | | | $Y_4$ |
| 8 | | | | | $Z_3$ | $Y_3$ | | |
| 9 | | | | | $Z_3$ | | | $Y_4$ |
| 10 | | | | | | | $Z_4$ | $Y_4$ |

Die Terme mit zwei Faktoren für die Übertragungsfunktion sind

$$Z_1 Y_1 + Z_1 Y_2 + Z_1 Y_3 + Z_1 Y_4 + Z_2 Y_2 + Z_2 Y_3 + Z_2 Y_4 + Z_3 Y_3 + Z_3 Y_4 + Z_4 Y_4$$

Insgesamt ergeben sich also zehn Terme mit zwei Faktoren.

TABELLE 9.3

| | $Z_1$ | $Y_1$ | $Z_2$ | $Y_2$ | $Z_3$ | $Y_3$ | $Z_4$ | $Y_4$ |
|---|---|---|---|---|---|---|---|---|
| 1 | $Z_1$ | $Y_1$ | $Z_2$ | $Y_2$ | | | | |
| 2 | $Z_1$ | $Y_1$ | $Z_2$ | | | $Y_3$ | | |
| 3 | $Z_1$ | $Y_1$ | $Z_2$ | | | | | $Y_4$ |
| 4 | $Z_1$ | $Y_1$ | | | $Z_3$ | $Y_3$ | | |
| 5 | $Z_1$ | $Y_1$ | | | $Z_3$ | | | $Y_4$ |
| 6 | $Z_1$ | $Y_1$ | | | | | $Z_4$ | $Y_4$ |
| 7 | $Z_1$ | | | $Y_2$ | $Z_3$ | $Y_3$ | | |
| 8 | $Z_1$ | | | $Y_2$ | $Z_3$ | | | $Y_4$ |
| 9 | $Z_1$ | | | $Y_2$ | | | $Z_4$ | $Y_4$ |
| 10 | $Z_1$ | | | | | $Y_3$ | $Z_4$ | $Y_4$ |
| 11 | | | $Z_2$ | $Y_2$ | $Z_3$ | $Y_3$ | | |
| 12 | | | $Z_2$ | $Y_2$ | $Z_3$ | | | $Y_4$ |
| 13 | | | $Z_2$ | $Y_2$ | | | $Z_4$ | $Y_4$ |
| 14 | | | $Z_2$ | | | $Y_3$ | $Z_4$ | $Y_4$ |
| 15 | | | | | $Z_3$ | $Y_3$ | $Z_4$ | $Y_4$ |

Die Terme aus vier Faktoren sind die Produkte aus den Größen in den verschiedenen Zeilen

$$Z_1 Y_1 Z_2 Y_2 + Z_1 Y_1 Z_2 Y_3 + Z_1 Y_1 Z_2 Y_4 + Z_1 Y_1 Z_3 Y_3 + \dots\dots\dots$$

usw.

Insgesamt sind das fünfzehn Terme.

Mit Hilfe desselben Verfahrens finden wir auch die Terme mit sechs Faktoren.

TABELLE 9.4

| | $Z_1$ | $Y_1$ | $Z_2$ | $Y_2$ | $Z_3$ | $Y_3$ | $Z_4$ | $Y_4$ |
|---|---|---|---|---|---|---|---|---|
| 1 | $Z_1$ | $Y_1$ | $Z_2$ | $Y_2$ | $Z_3$ | $Y_3$ | | |
| 2 | $Z_1$ | $Y_1$ | $Z_2$ | $Y_2$ | $Z_3$ | | | $Y_4$ |
| 3 | $Z_1$ | $Y_1$ | $Z_2$ | $Y_2$ | | | $Z_4$ | $Y_4$ |
| 4 | $Z_1$ | $Y_1$ | $Z_2$ | | | $Y_3$ | $Z_4$ | $Y_4$ |
| 5 | $Z_1$ | $Y_1$ | | | $Z_3$ | $Y_3$ | $Z_4$ | $Y_4$ |
| 6 | $Z_1$ | | | $Y_2$ | $Z_3$ | $Y_3$ | $Z_4$ | $Y_4$ |
| 7 | | | $Z_2$ | $Y_2$ | $Z_3$ | $Y_3$ | $Z_4$ | $Y_4$ |

Die sieben Terme mit sechs Faktoren sind

$$Z_1 Y_1 Z_2 Y_2 Z_3 Y_3 + Z_1 Y_1 Z_2 Y_2 Z_3 Y_4 + Z_1 Y_1 Z_2 Y_2 Z_4 Y_4 + \dots\dots\dots\dots\dots$$

usw.

Die Terme mit acht Faktoren treten nur in einer einzigen Permutation auf. Dem obigen Verfahren entsprechend haben wir

$$Z_1 Y_1 Z_2 Y_2 Z_3 Y_3 Z_4 Y_4 .$$

Damit lautet das Ergebnis für die Übertragungsfunktion schließlich

$$Z_T(s) = \frac{1}{1 + \begin{bmatrix}\text{Summe der}\\ \text{Terme aus}\\ \text{2 Faktoren}\end{bmatrix} + \begin{bmatrix}\text{Summe der}\\ \text{Terme aus}\\ \text{4 Faktoren}\end{bmatrix} + \begin{bmatrix}\text{Summe der}\\ \text{Terme aus}\\ \text{6 Faktoren}\end{bmatrix} + \begin{bmatrix}\text{ein Term}\\ \text{aus 8}\\ \text{Faktoren}\end{bmatrix}} \qquad (9.48)$$

Unter der Annahme, daß alle Elemente in Abb. 9.8 untereinander verschieden sind, lassen sich keine Kombinationen von Termen bilden. Der Nenner besteht dann aus

$1 + 10 + 15 + 7 + 1 = 34$ Termen.

Das ist sicherlich eine beträchtliche Zahl. Der Leser dürfte daher überzeugt sein, daß die angegebene Methode in solchen Fällen vorteilhaft ist.

## 9.5. VEREINFACHUNG MIT HILFE VON TABELLIERMETHODEN

Wenn alle aufeinander folgenden Glieder identisch sind, so ist die Methode des Pascalschen Dreieckes aus Abschn. 9.6 leichter anzuwenden. Wenn jedoch nur einige der Elemente $Z$ bzw. $Y$ identisch sind, so ist es möglich, einige Terme zusammenzufassen und dadurch das Endergebnis für die Übertragungsfunktion zu vereinfachen.

**Beispiel 1.** Angenommen, alle $Z$ und alle $Y$ wären untereinander gleich. Dann brauchen wir nur die Indizes von $Z$ und $Y$ in den Tabellen 9.2, 9.3 und 9.4 weglassen und die entsprechenden Terme addieren. Wir erhalten so

$$Z_T(s) = \frac{1}{1 + 10ZY + 15Z^2Y^2 + 7Z^3Y^3 + Z^4Y^4}\,. \qquad (9.49)$$

Dieser Ausdruck enthält nur mehr fünf Terme an Stelle der vierunddreißig Terme des allgemeinen Falles.

**Beispiel 2.** Angenommen, die ursprüngliche Schaltung enthalte nur drei Maschen mit den Elementen $Z_1Y_1Z_2Y_2Z_3Y_3$. Nehmen wir weiters an, daß wir $Y_4$ als Belastung angefügt haben. Den Term $Z_4$ nehmen wir auf, um die Struktur gleichförmig zu halten. Schließlich seien alle $Z$ und alle $Y$ mit Ausnahme von $Z_4$ und $Y_4$ untereinander gleich.

Bei der Zusammenfassung der Terme aus den Tabellen 9.2, 9.3 und 9.4 setzen wir $Z_4 = 0$. Es verschwinden somit alle Terme, die $Z_4$ enthalten.

Aus Tabelle 9.2 folgt: Die Zeilen 1, 2, 3, 5, 6, 8 enthalten $Y_4$ nicht. Diese Zeilen ergeben zusammen $6ZY$. Zeile 10 fällt weg, da $Z_4$ null ist. Die Zeilen 4, 7, 9 geben zusammen $3ZY_4$. Die Terme aus zwei Faktoren sind also:

$$[6ZY + 3ZY_4]\,. \qquad (9.50)$$

Aus Tabelle 9.3 folgt: Die Produkte aus den Zeilen 6, 9, 10, 13, 14, 15 ergeben null, da $Z_4$ null ist. Die Zeilen 1, 2, 4, 7, 11 ergeben $5Z^2Y^2$. Die Zeilen 3, 5, 8, 12 ergeben $4Z^2Y_4^2$. Also erhält man die folgenden Terme aus vier Faktoren:

$$[5Z^2Y^2 + 4Z^2Y_4^2]\,. \qquad (9.51)$$

Aus Tabelle 9.4 folgt: Die Zeilen 3, 4, 5, 6, 7 fallen weg, da $Z_4$ null ist. Die Zeilen 1 und 2 liefern

$$[Z^3Y^3 + Z^3Y_4^3]\,. \qquad (9.52)$$

Der Term aus acht Faktoren ist null, da er $Z_4$ enthält. Der Nenner der Übertragungsfunktion ist daher die Summe aus 1 und den Ausdrücken (9.50), (9.51) und (9.52).

$$Z_T(s) = \frac{1}{1 + 6ZY + 3ZY_4 + 5Z^2Y^2 + 4Z^2Y_4^2 + Z^3Y^3 + Z^3Y_4^3}\,. \qquad (9.53)$$

Die Schaltung mit der äußeren Belastung $Y_4$ ist in Abb. 9.10 dargestellt.

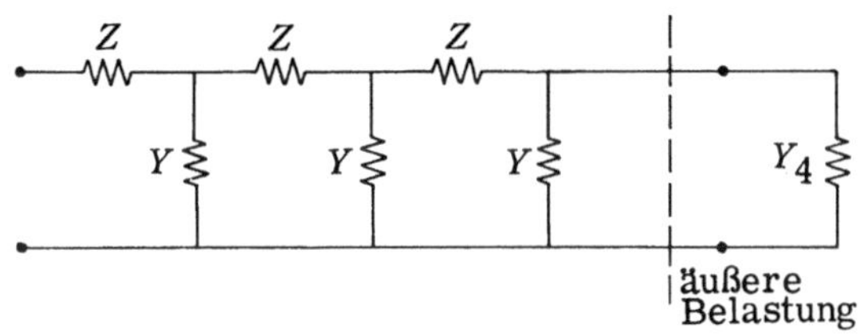


Abb. 9.10

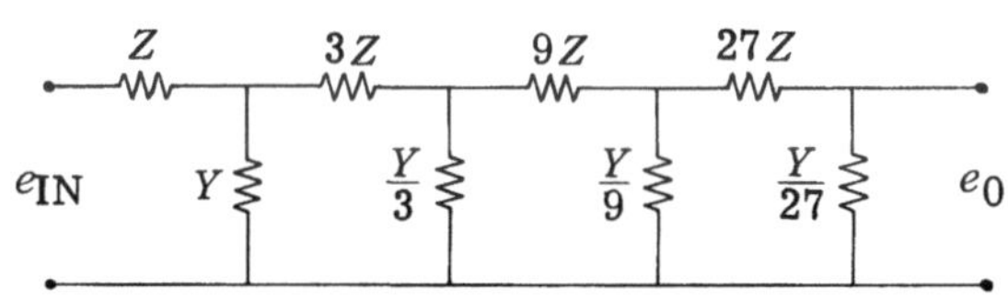


Abb. 9.11

Die Anzahl der Zeilen in den Tabellen 9.2, 9.3 und 9.4 läßt sich auf unabhängigem Wege aus dem Pascalschen Dreieck bestimmen. Auf diese Weise kann man prüfen, ob nicht eine Permutation übersehen wurde.

Beispiel 3. Schaltungen, wie wir sie hier diskutieren, werden oft verjüngt, sodaß kein Abschnitt den vorhergehenden belastet. Eine derartige Anordnung bietet praktische und theoretische Vorteile. Betrachten wir die viergliedrige Schaltung in Abb. 9.11, aus der wir den Verjüngungsfaktor 3 ablesen. Jeder Abschnitt enthält eine Impedanz, die dreimal so groß ist wie die vorhergehende.

Mit diesem Verjüngungsfaktor ergibt sich

$$Z_2 = 3Z_1\,; \qquad Z_3 = 3Z_2$$

$$Y_2 = \frac{Y_1}{3}\,; \qquad Y_3 = \frac{Y_2}{3} \quad \text{usw.}$$

Die verjüngte Anordnung bewirkt unter Umständen eine wesentliche Vereinfachung im Ausdruck für die Übertragungsfunktion.

Wir beginnen bei den numerierten Zeilen der Tabelle 9.2 und erhalten

1. $Z_1 Y_1 = Z_1 Y_1$
2. $Z_1 Y_2 = \frac{Z_1 Y_1}{3}$
3. $Z_1 Y_3 = \frac{Z_1 Y_1}{9}$
4. $Z_1 Y_4 = \frac{Z_1 Y_1}{27}$
5. $Z_2 Y_2 = \frac{3 Z_1 Y_1}{3} = Z_1 Y_1$
6. $Z_2 Y_3 = \frac{3 Z_1 Y_1}{9} = \frac{Z_1 Y_1}{3}$
7. $Z_2 Y_4 = \frac{3 Z_1 Y_1}{27} = \frac{Z_1 Y_1}{9}$
8. $Z_3 Y_3 = \frac{9 Z_1 Y_1}{9} = Z_1 Y_1$
9. $Z_3 Y_4 = \frac{9 Z_1 Y_1}{27} = \frac{Z_1 Y_1}{3}$
10. $Z_4 Y_4 = \frac{Z_1 27 Y_1}{27} = Z_1 Y_1$

Wir fassen jetzt zusammen. Das gibt

$$4ZY + 3\left(\frac{ZY}{3}\right) + 2\left(\frac{ZY}{9}\right) + \frac{ZY}{27}\,.$$

Aus Tabelle 9.2 folgt daher das Ergebnis:

$$\begin{bmatrix}\text{Summe der Terme}\\ \text{aus zwei Faktoren}\end{bmatrix} = \left[\frac{142\,ZY}{27}\right]. \tag{9.54}$$

Aus Tabelle 9.4 folgt

1. $Z_1 Y_1 3 \frac{Z_1 Y_1}{3} 9 \frac{Z_1 Y_1}{9} = Z_1^3 Y_1^3$
2. $Z_1 Y_1 3 \frac{Z_1 Y_1}{3} 9 \frac{Z_1 Y_1}{27} = \frac{Z_1^3 Y_1^3}{3}$
3. $Z_1 Y_1 3 \frac{Z_1 Y_1}{3} 27 \frac{Z_1 Y_1}{27} = Z_1^3 Y_1^3$
4. $Z_1 Y_1 3 \frac{Z_1 Y_1}{9} 27 \frac{Z_1 Y_1}{27} = \frac{Z_1^3 Y_1^3}{3}$
5. $Z_1 Y_1 9 \frac{Z_1 Y_1}{9} 27 \frac{Z_1 Y_1}{27} = Z_1^3 Y_1^3$
6. $\frac{Z_1 Y_1}{3} 9 \frac{Z_1 Y_1}{9} 27 \frac{Z_1 Y_1}{27} = \frac{Z_1^3 Y_1^3}{3}$
7. $3 \frac{Z_1 Y_1}{3} 9 \frac{Z_1 Y_1}{9} 27 \frac{Z_1 Y_1}{27} = Z_1^3 Y_1^3$

Die Kombination der Terme gibt

$$4 Z_1^3 Y_1^3 + 3\left(\frac{Z_1^3 Y_1^3}{3}\right)$$

und schließlich

$$\begin{bmatrix}\text{Summe der Terme}\\ \text{aus sechs Faktoren}\end{bmatrix} = [5 Z_1^3 Y_1^3]\,. \tag{9.55}$$

Aus Tabelle 9.3 erhalten wir die folgenden Terme:

1. $Z_1 Y_1 \frac{3 Z_1 Y_1}{3} = Z_1^2 Y_1^2$

2. $Z_1 Y_1 \frac{3 Z_1 Y_1}{9} = \frac{Z_1^2 Y_1^2}{3}$

3. $Z_1 Y_1 \frac{3 Z_1 Y_1}{27} = \frac{Z_1^2 Y_1^2}{9}$

4. $Z_1 Y_1 \frac{9 Z_1 Y_1}{9} = Z_1^2 Y_1^2$

5. $Z_1 Y_1 \frac{9 Z_1 Y_1}{27} = \frac{Z_1^2 Y_1^2}{3}$

6. $Z_1 Y_1 \frac{27 Z_1 Y_1}{27} = Z_1^2 Y_1^2$

7. $\frac{Z_1 Y_1}{3} \frac{9 Z_1 Y_1}{9} = \frac{Z_1^2 Y_1^2}{3}$

8. $\frac{Z_1 Y_1}{3} \frac{9 Z_1 Y_1}{27} = \frac{Z_1^2 Y_1^2}{9}$

9. $\frac{Z_1 Y_1}{3} \frac{27 Z_1 Y_1}{27} = \frac{Z_1^2 Y_1^2}{3}$

10. $\frac{Z_1 Y_1}{9} \frac{27 Z_1 Y_1}{27} = \frac{Z_1^2 Y_1^2}{9}$

11. $\frac{3 Z_1 Y_1}{3} \frac{9 Z_1 Y_1}{9} = Z_1^2 Y_1^2$

12. $\frac{3 Z_1 Y_1}{3} \frac{9 Z_1 Y_1}{27} = \frac{Z_1^2 Y_1^2}{3}$

13. $\frac{3 Z_1 Y_1}{3} \frac{27 Z_1 Y_1}{27} = Z_1^2 Y_1^2$

14. $\frac{3 Z_1 Y_1}{9} \frac{27 Z_1 Y_1}{27} = \frac{Z_1^2 Y_1^2}{3}$

15. $\frac{9 Z_1 Y_1}{9} \frac{27 Z_1 Y_1}{27} = Z_1^2 Y_1^2$

Die Kombination der obigen Terme ergibt nach Vereinfachung

$$\begin{bmatrix}\text{Summe der Terme}\\ \text{aus acht Faktoren}\end{bmatrix} = \left[\frac{25 Z_1^2 Y_1^2}{3}\right]. \tag{9.56}$$

Der Nenner des Resultates hat dann den Wert 1 plus die Summe aus (9.54), (9.55) und (9.56). Die Übertragungsfunktion lautet daher

$$Z_T(s) = \frac{1}{1 + \frac{142 ZY}{27} + \frac{25 Z^2 Y^2}{3} + 5 Z^3 Y^3 + Z^4 Y^4}. \tag{9.57}$$

## 9.6. KETTENLEITER UND DIE METHODE DES PASCALSCHEN DREIECKES

In Kapitel VI haben wir bereits das Pascalsche Dreieck kurz besprochen und als Mittel zur Bestimmung der Übertragungsfunktionen von Kettenleitern eingeführt. Im vorliegenden Abschnitt wollen wir diese Methode in Einzelheiten untersuchen. Das Verfahren ist so einfach und so nützlich, daß der Autor den Versuch gemacht hat, die Aufnahme des Verfahrens als wesentlichen Lehrgegenstand in alle Vorlesungen über Analyse und Synthese von Stromkreisen zu fördern.

Vom Gegenstand des letzten Abschnittes, wo wir Produktfolgen tabelliert und verschiedene Terme zur Bildung der Übertragungsfunktion aufsummiert haben, dürfte man erwarten, daß er sich auch als festes, gebundenes Verfahren darstellen ließe. Das ist besonders leicht, wenn alle Glieder einer langen Kette identisch sind. Wir wollen unsere Untersuchungen mit einem kurzen Seitenblick auf die elementaren Schaltmatrizen beginnen.

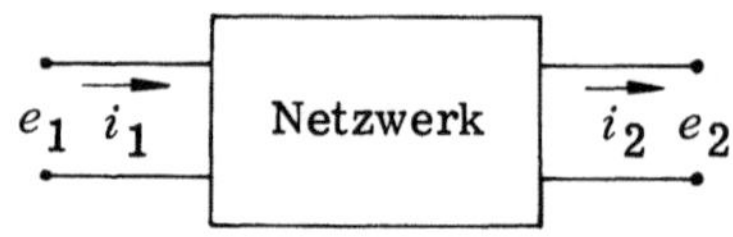


Abb. 9.12

Die meisten Leser werden mit den Grundbegriffen einer Matrix vertraut sein. Will man zum Beispiel die einfachen Gleichungen für die Schaltung innerhalb des Kästchens in Abb. 9.12 anschreiben, so gibt es viele Möglichkeiten, die vier äußeren Variablen untereinander in Beziehung zu setzen. Eine der gebräuchlichsten Formen ist die $ABCD$-Form, in diesem Fall

$$e_1 = Ae_2 + Bi_2 \tag{9.58}$$

$$i_1 = Ce_2 + Di_2 \, . \tag{9.59}$$

Die Koeffizienten $A$, $B$, $C$ und $D$ bilden die Elemente der Schaltmatrix. Die beiden Gleichungen können auf die folgende Art in eine einzige vereint werden:

$$\begin{bmatrix} e_1 \\ i_1 \end{bmatrix} + \begin{bmatrix} A & B \\ C & D \end{bmatrix} \begin{bmatrix} e_2 \\ i_2 \end{bmatrix} . \tag{9.60}$$

Wir wollen die Matrixschreibweise nur flüchtig erwähnen, da es wirklich nicht notwendig ist, irgendetwas über Matrizen zu wissen, um die Ergebnisse dieses Abschnittes anwenden zu können.

Die Matrix $ABCD$ in (9.60) beschreibt die Schaltung der Abb. 9.12 vollständig, was die im Äußeren meßbaren Größen betrifft. Ist zum Beispiel das Netzwerk ein Filter und ist der Ausgang unbelastet, dann ist $i_2$ null und an Stelle von (9.58) erhält man

$$\frac{e_2}{e_1} = \frac{1}{A} \, . \tag{9.61}$$

Unsere altvertraute Übertragungsfunktion ist daher nichts weiter als der Reziprokwert des Elementes $A$ der allgemeinen Schaltmatrix. Für dasselbe Filter erhält man im Falle $i_2 = 0$ die Eingangsimpedanz durch Bildung des Quotienten aus (9.58) und (9.59)

$$Z_{IN} = \frac{e_1}{i_1} = \frac{A}{C} \, . \tag{9.62}$$

Schließen wir die Ausgangsklemmen kurz und messen $i_2$, so ergibt sich für den Leitwert der Stromübertragung, die Steilheit, der Ausdruck

$$\frac{i_2}{e_1} = \frac{1}{B} \, . \tag{9.63}$$

Wir erhalten diese Form natürlich aus (9.58), wo $e_2$ null wird, wenn wir für die Messung von $i_2$ den Ausgang kurz schließen. Aus (9.59) folgt noch

$$\frac{i_2}{i_1} = \frac{1}{D}. \tag{9.64}$$

Wir wollen nun auch das Innere des Kästchens in Betracht ziehen und eine spezielle Schaltung untersuchen. Als besonders einfachen Fall nehmen wir den einer einzigen Reihenimpedanz $Z$, wie es in Abb. 9.13 angedeutet ist.

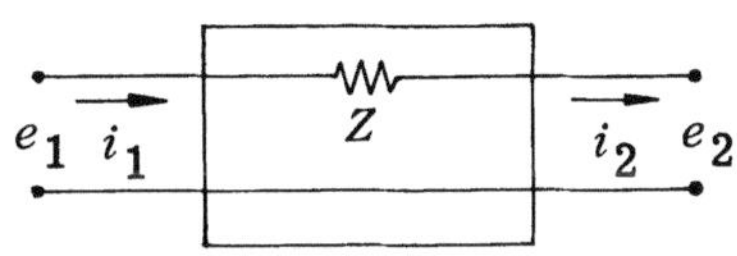


Abb. 9.13

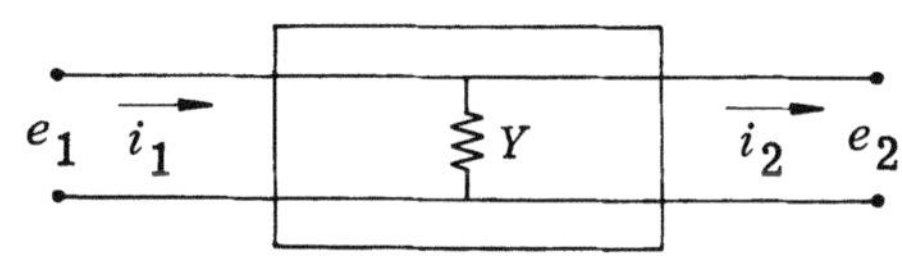


Abb. 9.14

(9.58) und (9.59) erhalten dann die Werte

$$e_1 = 1e_2 + Zi_2 \tag{9.65}$$

$$i_1 = 0e_2 + 1i_2\,. \tag{9.66}$$

sodaß man für die Schaltmatrix der ausgearbeiteten Schaltung findet

$$\begin{bmatrix} 1 & Z \\ 0 & 1 \end{bmatrix}. \tag{9.67}$$

Wir betrachten als zweite Art eines Kästchens das der Abb. 9.14. Nach demselben Verfahrens finden wir für diesen einzelnen Parallel-Leitwert die Matrix

$$\begin{bmatrix} 1 & 0 \\ Y & 1 \end{bmatrix}. \tag{9.68}$$

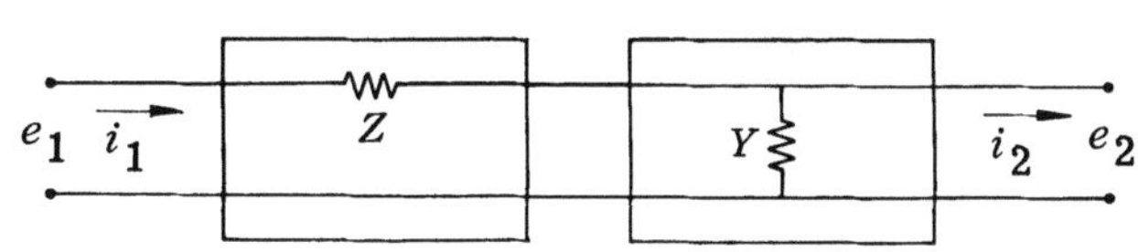


Abb. 9.15

Eine der bequemen Eigenschaften des $ABCD$-Systems ist es nun, daß der Reihenschaltung der beiden Netzwerke eine Matrix entspricht, die man durch Multiplikation der beiden ursprünglichen Matrizen gewinnt. Schaltet man zum Beispiel die beiden Netzwerke in Abb. 9.13 und 9.14 in Serie wie in Abb. 9.15 so entspricht dem Ergebnis die Produktmatrix

$$\begin{bmatrix} 1 & Z \\ 0 & 1 \end{bmatrix}\begin{bmatrix} 1 & 0 \\ Y & 1 \end{bmatrix} = \begin{bmatrix} (1+ZY) & Z \\ Y & 1 \end{bmatrix}. \tag{9.69}$$

Man muß bei der Multiplikation der Matrizen dieselbe Reihenfolge wie bei der Reihenschaltung der Netzwerke beibehalten. Man beachte, daß in Abb. 9.15 die Größen $e_2$ und $i_2$ nicht identisch sind mit den früher so bezeichneten Größen. $e_2$ ist die neue Ausgangsspannung der kombinierten Schaltung.

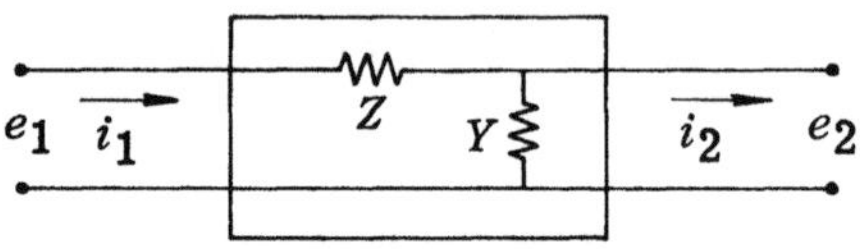


Abb. 9.16

Unser Ziel war nun die Tatsache, daß im Falle eines einzigen $L$-Gliedes einer Schaltung von Reihenimpedanz $Z$ und Parallel-Leitwert $Y$ (Abb. 9.16) die Schaltmatrix wie in (9.69) gegeben ist durch

$$\begin{bmatrix} (1+ZY) & Z \\ Y & 1 \end{bmatrix}. \tag{9.70}$$

In der $ABCD$-Schreibweise

$$\begin{bmatrix} A & B \\ C & D \end{bmatrix} \tag{9.71}$$

gilt nun

$$\left.\begin{aligned} A &= 1 + ZY \\ B &= Z \\ C &= Y \\ D &= 1 \end{aligned}\right\} \tag{9.72}$$

Wir sind nun soweit, daß wir den Leitgedanken dieses Abschnittes formulieren können. Nehmen wir an, wir hätten eine große Anzahl von hintereinander geschaltenen $L$-Gliedern. Die Schaltmatrix der gesamten Kette läßt sich dann einfach durch die $n$-te Potenz von (9.70) oder (9.71) ausdrücken

$$\begin{bmatrix} (1+ZY) & Z \\ Y & 1 \end{bmatrix}^n \tag{9.73}$$

oder

$$\begin{bmatrix} A & B \\ C & D \end{bmatrix}^n . \tag{9.74}$$

Unser Problem ist nun die Bestimmung einer beliebigen Potenz einer Matrix. Bei dieser Aufgabe wird uns schließlich die Idee des Pascalschen Dreieckes zu Hilfe kommen.

Wir nehmen das Pascalsche Dreieck, das wir schon in Kapitel VI benutzt haben, und stellen es in Form einer Tabelle dar, wie zum Beispiel in Tabelle 9.5. Bei dieser Anordnung ist $n$ die Anzahl der inneren Glieder, oder auch die Ordnung der Potenz, zu der wir die Matrizen (9.73) oder (9.74) erheben möchten. Unter jedem Wert von $n$ haben wir zwei Spalten $a$ und $b$. Wo es notwendig ist, können wir $a$ oder $b$ durch den Index $n$ kennzeichnen, wie beispielsweise bei $a_3$ oder $b_7$. Wir geben dadurch die Spalte an, in der $a$ und $b$ angeführt sind, die Spalte $n = 3$ also bzw. $n = 7$. Jedoch ist es nicht immer notwendig, solche Indizes bei $a$ und $b$ zu verwenden.

Die Indizierung verwenden wir auch, um die $ABCD$-Werte der ursprünglichen Einzelglieder von den entsprechenden $ABCD$-Werten der $n$-reihigen Kette zu unterscheiden. Das Element des einzelnen $L$-Gliedes ist demnach $A_1$, während für das Element der endgültigen Schaltung aus sieben Gliedern $A_7$ zu schreiben ist. Formal dürfen wir somit schreiben

$$\begin{bmatrix} A_1 & B_1 \\ C_1 & D_1 \end{bmatrix}^n = \begin{bmatrix} A_n & B_n \\ C_n & D_n \end{bmatrix}. \tag{9.75}$$

Anstatt langwierige und abstrakte Regeln aufzustellen, wollen wir lieber den Gebrauch der Tabelle 9.5 erklären, und zwar an Hand eines allgemeinen Beispiels oder Modells. Es wäre sicher verlorene Zeit, wollte man versuchen, sich das Verfahren auswendig zu merken. Sofern das Buch in Reichweite ist, kann man sich stets auf dieses allgemeine Modell beziehen, wenn in Zukunft solche Probleme auftreten.

TABELLE 9.5

| $n$ 1 | | 2 | | 3 | | 4 | | 5 | | 6 | | 7 | |
|---|---|---|---|---|---|---|---|---|---|---|---|---|---|
| $a_1$ | $b_1$ | $a_2$ | $b_2$ | $a_3$ | $b_3$ | $a_4$ | $b_4$ | $a_5$ | $b_5$ | $a_6$ | $b_6$ | $a_7$ | $b_7$ |
| | 1 | | 1 | | 1 | | 1 | | 1 | | 1 | | 1 |
| 1 | | 2 | | 3 | | 4 | | 5 | | 6 | | 7 | |
| | 1 | | 3 | | 6 | | 10 | | 15 | | 21 | | 28 |
| | | 1 | | 4 | | 10 | | 20 | | 35 | | 56 | |
| | | | 1 | | 5 | | 15 | | 35 | | 70 | | 126 |
| | | | | 1 | | 6 | | 21 | | 56 | | 126 | |
| | | | | | 1 | | 7 | | 28 | | 84 | | 210 |
| | | | | | | 1 | | 8 | | 36 | | 120 | |
| | | | | | | | 1 | | 9 | | 45 | | 165 |
| | | | | | | | | 1 | | 10 | | 55 | |
| | | | | | | | | | 1 | | 11 | | 66 |
| | | | | | | | | | | 1 | | 12 | |
| | | | | | | | | | | | 1 | | 13 |
| | | | | | | | | | | | | 1 | |
| | | | | | | | | | | | | | 1 |

Für das Beispiel wählen wir $n = 4$.

Wir schreiben nun die vier *ABCD*-Werte der *vollständigen* viermaschigen Schaltung in der folgenden Form

$$A_4 = 1 + 10ZY + 15Z^2Y^2 + 7Z^3Y^3 + Z^4Y^4 \,. \tag{9.76}$$

(Wir haben die numerischen Koeffizienten direkt aus Spalte $b_4$ der Tabelle 9.5 entnommen.)

Das Element $B$ der Matrix lautet

$$B_4 = Z(4 + 10ZY + 6Z^2Y^2 + Z^3Y^3) \,. \tag{9.77}$$

(Man beachte, daß auch hier alle numerischen Koeffizienten direkt aus Spalte $a_4$ der Tabelle 9.5 abgelesen wurden. Das Element $B$ wird immer wie oben mit dem Faktor $Z$ multipliziert.)

Als nächstes Element der Gesamtschaltung schreiben wir $C_4$ an

$$C_4 = Y(4 + 10ZY + 6Z^2Y^2 + Z^3Y^3) \,. \tag{9.78}$$

(Man beachte. daß das Element $C$, abgesehen vom Faktor $Y$ an Stelle von $Z$, stets mit dem Element $B$ übereinstimmt. Die numerischen Koeffizienten stammen aus Spalte $a_4$.)

Schließlich schreiben wir für das Element $D_4$ der Schaltung

$$D_4 = 1 + 6ZY + 5Z^2Y^2 + Z^3Y^3 \,. \tag{9.79}$$

(Hier ist Achtung geboten. Man beachte, daß die Koeffizienten von $D$ stets von der Gruppe $b$ unter der Spalte $n - 1$ genommen werden und nicht aus der Spalte $n$. Die Koeffizienten in (9.79) stammen daher aus Spalte $b_3$.)

Da die Parameter *ABCD* das Netzwerk vollständig beschreiben, erhält man daraus die üblichen Funktionen in der folgenden Weise. Die Übertragungsfunktion $Z_T$ ist

$$Z_T = \frac{e_0}{e_{IN}} = \frac{1}{A} \,. \tag{9.80}$$

Die Eingangsimpedanz der Kette ist

$$Z_{IN} = \frac{e_{IN}}{i_{IN}} = \frac{A}{C} \,. \tag{9.81}$$

Die Gleichungen (9.58) und (9.59) lassen sich auf Wunsch leicht nach einem beliebigen Quotienten auflösen. Anschließend benützt man die Elemente *ABCD* wie in den Gleichungen des vorhergehenden Modells.

B e i s p i e l. Für die Kurzschluß-Stromüberhöhung $i_0/i_{IN}$ findet man aus (9.59)

$$\frac{i_0}{i_{IN}} = \frac{1}{C} \,. \tag{9.82}$$

Daher ergibt sich für das als Modell benützte viermaschige Netzwerk

$$\left.\frac{i_0}{i_{IN}}\right|_{e_0=0} = \frac{1}{1 + 6ZY + 5Z^2Y^2 + Z^3Y^3} \,. \tag{9.83}$$

B e i s p i e l. Die Übertragungsfunktion des Netzwerkes bei offenem Ausgang ist

$$Z_T = \frac{1}{1 + 10ZY + 15Z^2Y^2 + 7Z^3Y^3 + Z^4Y^4} . \tag{9.84}$$

Der Leser kann das Beispiel von hier aus zu Ende verfolgen. Wir bemerken noch, daß zur Erweiterung der Tabelle 9.5 einzig und allein die Kenntnis der Tatsache nötig ist, daß für drei beliebige, in der folgenden Art angeordnete Elemente der Tabelle

| | | |
|---|---|---|
| | B | |
| A | | C |

stets gilt

$$C = A + B . \tag{9.85}$$

Diese Beziehung gilt für das gesamte Pascalsche Dreieck.

## 9.7. FORMELN FÜR DIE KOEFFIZIENTEN VON KETTENLEITERN

Der Vollständigkeit halber und um dem Leser entgegen zu kommen, der lieber mit analytischen Ausdrücken arbeitet als mit Tabellen, werden wir in diesem Abschnitt kurz ausführen, wie die Parameter $ABCD$ in geschlossener Form, nämlich als Quotienten von Fakultäten, darstellbar sind. Für den allgemeinen Kettenleiter der Abb. 9.17 schreiben wir das Modell für die Übertragungsfunktion in der folgenden Form

$$\frac{e_0}{e_{IN}} = \frac{1}{A} = \frac{1}{1 + a_1ZY + a_2Z^2Y^2 + \ldots + a_mZ^mY^m + \ldots + Z^nY^n} . \tag{9.86}$$

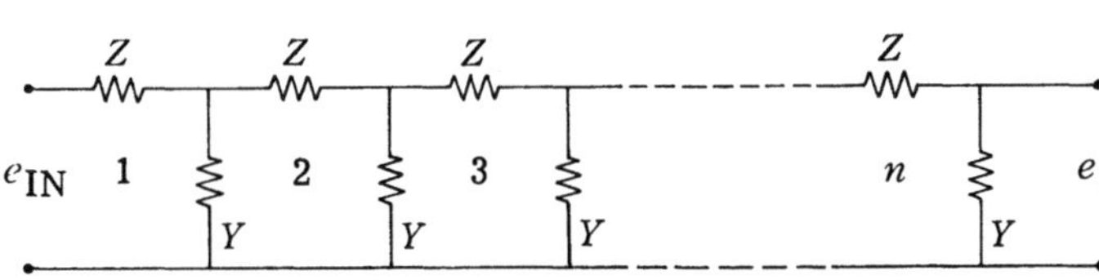


Abb. 9.17

$n$ ist die Ordnung der Schaltung. $a_m$ ist ein beliebiger Koeffizient des Polynoms $n$-ter Ordnung. Der $m$-te Koeffizient eines Polynoms $n$-ter Ordnung ist daher durch das Verhältnis der Fakultäten gegeben

$$a_{m,n} = \frac{(m+n)!}{(2m)!\,(n-m)!} . \tag{9.87}$$

Das Element $C_n$ in (9.78) können wir so schreiben:

$$C_n = Y(n + c_1ZY + c_2Z^2Y^2 + \ldots + c_mZ^mY^m + \ldots + Z^{n-1}Y^{n-1}) . \tag{9.88}$$

Die Koeffizienten lauten

$$c_{m,n} = \frac{(m+n)!}{(n-m-1)!\,(2m+1)!} \; . \tag{9.89}$$

Wie zuvor gilt für die Eingangsimpedanz

$$Z_{\mathrm{IN}} = \frac{A_n}{C_n} \; . \tag{9.90}$$

Unternehmungslustige Instruktoren werden ohne Zweifel Studenten in ihrer Klasse finden, die die Ausdrücke $b_{m,n}$ und $d_{m,n}$ durch die entsprechenden Quotienten aus den Fakultäten beschreiben und die sich diese Arbeit als Übung während der Weihnachtsfeiertage vornehmen wollen. Nach dieser Zeit allerdings werden die meisten dieser Studenten wünschen, sie hätten nie etwas über die Koeffizienten $d_{m,n}$ gehört.

## 9.8. EIN ANDERER WEG ZUM LAPLACE-INTEGRAL

Als zusätzlichen Diskussionsstoff möchte der Autor noch einen anderen Zugang zum Laplace-Integral bieten, der von der Potenzreihenentwicklung einer Funktion Gebrauch macht. Oft benutzt man eine Potenzreihe zur Darstellung einer Zeitfunktion. Wenn diese Zeitfunktion mit $f(t)$ bezeichnet wird, so haben wir

$$f(t) = a_0 + a_1 t + a_2 t^2 + a_3 t^3 + \dots a_n t^n \; . \tag{9.91}$$

Man beachte, daß hier der Koeffizient $a$ als Funktion von $n$ aufgefaßt werden kann. Dann gilt:

$$f(t) = \sum_{n=0}^{\infty} a(n) t^n \; . \tag{9.92}$$

Als Funktion von $n$ nimmt $a$ aller Wahrscheinlichkeit nach für die meisten Funktionen aus der Praxis nicht ganzzahlige Werte an. Wir wollen daher $a$ in eine beliebige allgemeine Variable übergehen lassen, die alle entsprechenden Werte annehmen darf. Wir wählen vielleicht am besten zwei neue Variable $u$ und $v$ zusammen mit einer neuen Funktion $G$ und schreiben in Anlehnung an (9.91)

$$G(v) = u_0 + u_1 v + u_2 v^2 + u_3 v^3 + \dots u_n v^n \tag{9.93}$$

oder

$$G(v) = \sum_{n=0}^{\infty} u(n) v^n \; . \tag{9.94}$$

Wenn wir in jedem Glied der Summe den Faktor $\Delta n$ herausheben, so bleibt $n$ weiterhin eine (in der Bedeutung etwas abgeänderte) Funktion von $n$, und es ist daher

$$G(v) = \sum_{n=0}^{\infty} u(n) v^n \Delta n \; . \tag{9.95}$$

In (9.95) versteht man unter $n$ noch eine beliebige natürliche Zahl zwischen 0 und $\infty$. Um jedoch allgemeiner zu werden, lassen wir $n$ nun in eine allgemeine Variable $w$ übergehen, die jeden beliebigen Wert annehmen darf. Dann erhält man

$$G(v) = \sum_{w=0}^{\infty} u(w) v^{w} \Delta w \ . \tag{9.96}$$

Zu einem beliebigen $v$ gibt es immer eine Variable $s$, sodaß

$$v = \epsilon^{-s} \tag{9.97}$$

gilt, woraus wir folgern

$$G(v) = F(s) \ . \tag{9.98}$$

Wir dürfen daher für (9.96) das folgende Integral setzen

$$F(s) = \int_{0}^{\infty} u(w) \epsilon^{-sw} \, dw \ . \tag{9.99}$$

Wählen wir speziell für die Variable $w$ die Zeit $t$, dann wird $u(w)$ zu einer Funktion der Zeit $f(t)$ und (9.99) geht über in

$$F(s) = \int_{0}^{\infty} f(t) \epsilon^{-st} \, dt \ . \tag{9.100}$$

Dieses Ergebnis dürfte jetzt bereits bekannt sein.

Der Autor hofft, daß ihm der Mathematiker (oder wenigstens der Ingenieur unter den Lesern) die wenig rigorosen Manipulationen verzeihen wird, die zum Ergebnis (9.100) geführt haben. Das Buch ist ja in jedem Falle auf den Praktiker unter den Elektronikern zugeschnitten, und diese beschuldigt man oft, daß sie sich manchem Ziele auf ähnlich unkonventionelle Weise zu nähern suchen. Der Hauptgrund für die obige Ableitung ist der, daß sie dem Leser gestatten möge, die enge Verbindung der vertrauten Laplace-Transformation mit den Operationen zu erkennen, die bei der Bildung unendlicher Reihen auftreten.

Der Leser, der den Begriff der Laplace-Transformation weit über den Rahmen dieses Buches hinaus verfolgt, wird viele Anwendungsgebiete entdecken, die wenig Beziehung zur Elektronik oder zur Funktechnik haben. Nachdem in diesem Kapitel die enge Verbindung der unendlichen Reihen mit dem Laplace-Integral gezeigt wurde, werden wir nun Wege diskutieren, die auf die Verwendung der Laplace-Transformierten zur Summierung einer unendlichen Anzahl von Gliedern einer Reihe führen, wodurch der Wert der Reihe in geschlossener Form darstellbar wird. Eine geschlossene Form liefert uns dann jeden speziellen Wert der Reihe wie zum Beispiel die Form (9.101)

$$\sum_{n=1}^{\infty} \frac{1}{2^{n}} = 1 \ . \tag{9.101}$$

## 9.9. ANWENDUNG DES LAPLACE-INTEGRALS ZUR DARSTELLUNG UNENDLICHER REIHEN IN GESCHLOSSENER FORM

Für jeden Elektroniker ist zeitweise die Verwendung unendlicher Reihen unumgänglich. Es gibt zahlreiche Funktionen, die sich praktisch nur in Form unendlicher Reihen ausdrücken lassen. Viele der großen Computer berechnen die Werte von Funktionen durch Aufsummieren einer großen Zahl von Gliedern der entsprechenden Reihe. Dieses Verfahren ist praktischer als die Speicherung von Funktionstabellen im Computer. Im allgemeinen kann man sagen, daß in jeder technischen Analyse, die bis in die Einzelheiten vordringt, die Berechnung von unendlichen Reihen in irgendeinem Punkt auftritt.

Es ist ungünstig, daß die meisten Reihen, die bei der praktischen Anwendung in der Technik vorkommen, sehr langsam konvergieren. Hätte man den Wert solcher Reihen manuell zu ermitteln, so hätte man sehr viel Zeit darauf zu verwenden. Würde man die Berechnung der Reihen in dieser Form programmieren und die Arbeit dadurch einem Computer übertragen, so hätte man dabei eine große Anzahl von Speicherplätzen für die einzelnen Terme vorzusehen. Es ist daher in jedem Falle wünschenswert, eine unendliche Reihe, wenn möglich in geschlossener Form darzustellen.

Unter geschlossener Form versteht man eine einfache, vollständig bestimmte Funktion, welche die Reihe darstellt. Zum Beispiel schreiben wir für

$$f(x) = x - \frac{x^3}{(3)!} + \frac{x^5}{(5)!} - \frac{x^7}{(7)!} + \dots \qquad (9.102)$$

einfacher

$$f(x) = \sin x \qquad (9.103)$$

und sagen, der Ausdruck $\sin x$ sei die geschlossene Form der unendlichen Reihe in (9.102).

Der Leser wird sich aus früherer Beschäftigung mit unendlichen Reihen an die zahlreichen Kriterien für die Konvergenz von Reihen erinnern. Solche Kriterien beinhalten meist Aussagen über das allgemeine $n$-te Glied der gegebenen Reihe.

Damit die Reihe zur Gänze bekannt ist, muß das $n$-te Glied gegeben sein; es existieren nämlich Reihen, deren Glieder sich systematisch ändern, dann aber plötzlich nach einer bestimmten Anzahl unregelmäßig werden.

Wenn das allgemeine $n$-te Glied der Reihe bekannt ist, wäre es günstig, ein Verfahren zu kennen, das die geschlossene Form der Reihe liefert, wenn eine solche existiert. Die Laplace-Transformierte wird uns den Grundstein für ein derartiges Verfahren liefern.

Angenommen, es ist uns das allgemeine Glied einer Reihe gegeben, deren Wert wir nicht wissen. Dieses allgemeine Glied ist eine Funktion von $n$, also

$$F(n) = n\text{-tes Glied} . \qquad (9.104)$$

$(n)$ heißt Summationsindex. Er durchläuft alle aufeinander folgenden Werte von einer gewissen Grenze an bis ins Unendliche. Verknüpfen wir nun den Summationsindex $n$ mit einer komplexen Variablen $s$ und definieren eine Funktion von $s$ durch

$$F(s) = \int_0^\infty f(t)\,\epsilon^{-st}\,dt \tag{9.105}$$

wobei (9.105) darüber hinaus die Definitionsgleichung für die Laplace-Transformierte darstellt, wie wir sie im gesamten Text benützt haben. Stellen wir also das $n$-te Glied der Reihe als Funktion von $s$ dar, so müssen wir noch auf beiden Seiten von (9.104) über $n$ summieren, von der besagten unteren Grenze an. Dementsprechend schreiben wir an Stelle von (9.105)

$$F(s) = \sum \int_0^\infty f(t)\,\epsilon^{-st}\,dt\ . \tag{9.106}$$

Die Reihenfolge der Bildung von Summe und Integral kann vertauscht werden. Das Summenzeichen wirkt auf $s$ und $s$ ist keine Funktion von $t$, (9.106) geht daher über in

$$F(s) = \int_0^\infty f(t)\,dt \sum (\epsilon^{-t})^s\ . \tag{9.107}$$

Gleichung (9.107) ist nun die geeignete Form zur Summierung der unendlichen Reihe. Vorerst wollen wir noch zwei Hilfsbeziehungen in Erinnerung rufen, die jedem Elektroniker bekannt sein dürften. Wir führen sie lediglich zur leichteren Bezugnahme an:

$$\text{(A)} \qquad \sum_{s=0}^{\infty} a^s = \frac{1}{1-a}\,, \qquad |s| < 1.0 \tag{9.108}$$

und

$$\text{(B)} \qquad \sum_{s=0}^{\infty} \frac{a^s}{(s)!} = \epsilon^a\,, \qquad |a| \text{ endlich}\ . \tag{9.109}$$

Wenig abgeänderte Formen erhält man, wenn man die Summation bei verschiedenen unteren Grenzen beginnt, etwa bei $s = 1$, $s = 2$, $s = 3$, usw. Aus (A) erhält man z. B.

$$\sum_{s=1}^{\infty} a^s = \frac{a}{1-a} \tag{9.110}$$

$$\sum_{s=2}^{\infty} a^s = \frac{a^2}{1-a} \tag{9.111}$$

und

$$\sum_{s=3}^{\infty} a^s = \frac{a^3}{1-a}\,, \text{ usw.} \tag{9.112}$$

Nachdem wir (9.107) als allgemeine Form zur Summierung abgeleitet und die bekannten Relationen (9.108) bis (9.112) zusammengefaßt haben, wollen wir nun das Verfahren auf die Berechnung der geschlossenen Form verschiedener unendlicher Reihen anwenden. Es ist zu erwarten, daß der Leser das Verfahren klarer erfaßt, wenn er es an Hand einiger Beispiele verfolgt, als wenn er eine abstrakte Beschreibung davon liest.

Beispiel 1. Wir wählen die Reihe

$$F(n) = \frac{1}{2} + \frac{1}{6} + \frac{1}{12} + \frac{1}{20} + \ldots + \frac{1}{n(n+1)} \tag{9.113}$$

und ersetzen $n$ durch die Laplace-Variable $s$. Das $n$-te Glied geht dann über in

$$F(s) = \frac{1}{s(s+1)} \,. \tag{9.114}$$

Diese Schreibweise versetzt uns in den vertrauten Bereich der $s$-Ebene. Wir ersehen aus Anhang III, daß $F(s)$ der folgenden Zeitfunktion entspricht:

$$\frac{1}{s(s+1)} \leftrightarrow (1 - \epsilon^{-t}) \,. \tag{9.115}$$

Mit anderen Worten, es gilt:

$$\frac{1}{s(s+1)} = \int_0^\infty (1 - \epsilon^{-t})\epsilon^{-st}\, dt \,. \tag{9.116}$$

Um über diesen allgemeinen Term zu summieren, etwa von 1 bis $\infty$, benützen wir die allgemeine Form (9.107) und schreiben

$$\sum_{s=1} \frac{1}{s(s+1)} = \int_0^\infty (1 - \epsilon^{-t})\, dt \sum_{s=1}^\infty (\epsilon^{-t})^s \tag{9.117}$$

oder wenn wir die rechte Seite in zwei Integrale aufspalten

$$\sum_{s=1}^\infty \frac{1}{s(s+1)} = \int_0^\infty \sum_{s=1}^\infty (\epsilon^{-t})^s\, dt - \int_0^\infty \epsilon^{-t} \sum_{s=1}^\infty (\epsilon^{-t})^s\, dt \,. \tag{9.118}$$

Zur Vereinfachung setzen wir

$$\left.\begin{aligned} \epsilon^{-t} &= a \\ t &= -\ln a \\ dt &= -\frac{da}{a} \end{aligned}\right\} \tag{9.119}$$

Damit ergeben sich die neuen Grenzen

$$\left.\begin{aligned} t &= 0\,, \quad & a &= 1 \\ t &= \infty\,, \quad & a &= 0 \end{aligned}\right\} \tag{9.120}$$

Mit diesen Substitutionen geht (9.118) über in

$$\sum_{s=1}^{\infty} \frac{1}{s(s+1)} = -\int_1^0 \sum_{s=1}^{\infty} a^s \frac{da}{a} + \int_1^0 a \sum_{s=1}^{\infty} a^s \frac{da}{a} . \tag{9.121}$$

Aus (9.110) haben wir

$$\sum_{s=1}^{\infty} a^s = \frac{a}{1-a} \tag{9.122}$$

unter Benutzung dieser Form wird (9.121) zu

$$\sum_{s=1}^{\infty} \frac{1}{s(s+1)} = \int_0^1 \frac{da}{1-a} - \int_0^1 \frac{a\,da}{1-a} \tag{9.123}$$

wobei der Vorzeichenwechsel nur durch das Vertauschen von oberer und unterer Grenze bedingt ist. Dieser Wechsel ist somit bedeutungslos.

Die beiden Teile in (9.123) fassen wir nun zu einem einzigen Integral zusammen. Es folgt:

$$\sum_{s=1}^{\infty} \frac{1}{s(s+1)} = \int_0^1 \frac{(1-a)\,da}{(1-a)} \tag{9.124}$$

oder

$$\sum_{s=1}^{\infty} \frac{1}{s(s+1)} = \int_0^1 da = 1.0 . \tag{9.125}$$

Kehren wir nun zum $n$-ten Glied der durch (9.113) gegebenen Reihe zurück. Wir sehen, daß die unendliche Folge von Gliedern 1 zur Summe hat. Die geschlossene Form ist daher gegeben durch:

$$\sum_{n=1}^{\infty} \frac{1}{n(n+1)} = 1.0 . \tag{9.126}$$

Das ist ein Ergebnis, das nicht unmittelbar aus der Betrachtung von (9.113) folgt.

B e i s p i e l 2. Wir wollen die Folge

$$\frac{1}{3} + \frac{1}{8} + \frac{1}{15} + \frac{1}{24} + \ldots + \frac{1}{n^2-1} \tag{9.127}$$

untersuchen. Im Gegensatz zu früher wollen wir hier von $n = 2$ an bis $\infty$ summieren. Ersetzen wir $n$ durch $s$, sodaß wir unsere Aufgabe in der $s$-Ebene erledigen können, so finden wir aus den Tabellen die Transformierte

$$\frac{1}{s^2-1} = \int_0^{\infty} \sinh t\,\epsilon^{-st}\,dt . \tag{9.128}$$

Nebenbei bemerkt hat diese Funktion von $s$ zwei relle konjugierte Pole, die bezüglich der $\sigma$-Achse symmetrisch liegen. Der hyperbolische Sinus läßt sich in Exponentialform auf die folgende Art schreiben:

$$\sinh t = \frac{\epsilon^t}{2} - \frac{\epsilon^{-t}}{2} . \tag{9.129}$$

Damit wird (9.128) zu

$$\frac{1}{s^2 - 1} = \tfrac{1}{2} \int_0^\infty \epsilon^t \epsilon^{-st}\, dt - \tfrac{1}{2} \int_0^\infty \epsilon^{-t} \epsilon^{-st}\, dt . \tag{9.130}$$

Mit Hilfe der allgemeinen Summationsformel (9.107) erhält man

$$\sum_{s=2}^{\infty} \frac{1}{s^2 - 1} = \tfrac{1}{2} \int_0^\infty \epsilon^t\, dt \sum_{s=2}^{\infty} (\epsilon^{-t})^s - \tfrac{1}{2} \int_0^\infty \epsilon^{-t}\, dt \sum_{s=2}^{\infty} (\epsilon^{-t})^s . \tag{9.131}$$

Wir verwenden die folgenden Substitutionen

$$\left.\begin{aligned} \epsilon^{-t} &= a \\ t &= -\ln a \\ dt &= -\frac{da}{a} \end{aligned}\right\} \tag{9.132}$$

und berücksichtigen (9.111), also die Form

$$\sum_{s=2}^{\infty} a^s = \frac{a^2}{1 - a} . \tag{9.133}$$

Die neuen Grenzen sind dann

$$\left.\begin{aligned} t &= 0 , & a &= 1 \\ t &= \infty , & a &= 0 \end{aligned}\right\} \tag{9.134}$$

Setzen wir diese Ausdrücke in (9.131) ein, so ergibt sich

$$\sum_{s=2}^{\infty} \frac{1}{s^2 - 1} = \tfrac{1}{2} \int_1^0 \frac{1}{a} \frac{a^2(-\,da)}{(1 - a)a} - \tfrac{1}{2} \int_1^0 \frac{aa^2(-\,da)}{(1 - a)a} \tag{9.135}$$

und diese Beziehung lautet einfacher

$$\sum_{s=2}^{\infty} \frac{1}{s^2 - 1} = \tfrac{1}{2} \int_0^1 \frac{(1 - a^2)\, da}{1 - a} \tag{9.136}$$

oder

$$\sum_{s=2}^{\infty} \frac{1}{s^2 - 1} = \tfrac{1}{2} \int_0^1 (1 + a)\, da \tag{9.137}$$

und schließlich

$$\sum_{s=2}^{\infty} \frac{1}{s^2 - 1} = \tfrac{1}{2} \left[ \frac{(1 + a)^2}{2} \right]_0^1 . \tag{9.138}$$

Wir setzen die Grenzen ein und schreiben an Stelle von $s$ wieder $n$. Die Summe der Reihe ist dann

$$\sum_{n=2}^{\infty} \frac{1}{n^2 - 1} = \frac{3}{4} . \tag{9.139}$$

B e i s p i e l 3. Wir betrachten als Variation der obigen Aufgaben einen allgemeinen Term, dessen Analogfunktion von $s$ Pole zweiter Ordnung besitzt. Eine typische Funktion dieser Art ist

$$F(n) = \frac{4n}{(n^2 - 1)^2} . \tag{9.140}$$

Die entsprechende Reihe geht von $n = 2$ bis $n = \infty$. Ihre Summe ist zu berechnen.

Wir suchen vorerst die Analogfunktion $F(s)$ in Anhang III. Man findet die gewünschte Form oft mit etwas anderer Bezeichnungsweise. In unserem Fall dient Form Nr. 86, wenn man $\alpha$ durch $j$ ersetzt. Es gilt dann:

$$\frac{4s}{(s^2 - 1)^2} = 2 \int_0^{\infty} t \sinh t \epsilon^{-st}\, dt . \tag{9.141}$$

Der Integrand läßt sich in Exponentialform setzen

$$\frac{4s}{(s^2 - 1)^2} = \int_0^{\infty} t \epsilon^{t} \epsilon^{-st}\, dt - \int_0^{\infty} t \epsilon^{-t} \epsilon^{-st}\, dt . \tag{9.142}$$

Wir machen hier die folgenden Substitutionen:

$$\left.\begin{aligned} \epsilon^{-t} &= a \\ t &= -\ln a \\ dt &= -\frac{da}{a} \end{aligned}\right\} \tag{9.143}$$

Die neuen Grenzen sind

$$\left.\begin{aligned} t &= 0 , \quad a = 1 \\ t &= \infty , \quad a = 0 \end{aligned}\right\} \tag{9.144}$$

Mit diesen neuen Größen geht (9.142) über in

$$\frac{4s}{(s^2 - 1)^2} = \int_1^0 \frac{a^s \ln a\, da}{a^2} - \int_1^0 a^s \ln a\, da . \tag{9.145}$$

Die Standard-Summenformel (9.107) liefert dann

$$\sum_{s=2}^{\infty} \frac{4s}{(s^2 - 1)^2} = \int_1^0 \sum_{s=2}^{\infty} \frac{a^s \ln a\, da}{a^2} - \int_1^0 \sum_{s=2}^{\infty} a^s \ln a\, da . \tag{9.146}$$

Aus (9.111) sieht man, daß gilt

$$\sum_{s=2}^{\infty} a^s = \frac{a^2}{1-a} . \tag{9.147}$$

(9.146) wird damit zu

$$\sum_{s=2}^{\infty} \frac{4s}{(s^2-1)^2} = \int_1^0 \frac{\ln a \, da}{1-a} - \int_1^0 \frac{a^2 \ln a \, da}{1-a} \tag{9.148}$$

und beide Integrale zusammen ergeben

$$\sum_{s=2}^{\infty} \frac{4s}{(s^2-1)^2} = \int_1^0 \frac{(1-a^2) \ln a \, da}{1-a} \tag{9.149}$$

$$= \int_1^0 (1+a) \ln a \, da \tag{9.150}$$

$$= \int_1^0 \ln a \, da + \int_1^0 a \ln a \, da . \tag{9.151}$$

Beide Integrale sind Standardformen

$$\sum_{s=2}^{\infty} \frac{4s}{(s^2-1)^2} = \left[\left(1+\frac{a^2}{2}\right) \ln a - a - \frac{a^2}{4}\right]_1^0 . \tag{9.152}$$

Nach Einsetzen der Grenzen und Vertauschen von $s$ mit $n$ haben wir

$$\sum_{n=2}^{\infty} \frac{4n}{(n^2-1)^2} = \frac{5}{4} . \tag{9.153}$$

B e i s p i e l 4. Als nächstes Beispiel untersuchen wir, ob die Reihe

$$F(n) = 1 + \frac{1}{4} + \frac{1}{9} + \frac{1}{16} + \dots + \frac{1}{n^2} \tag{9.154}$$

von $n = 1$ bis $n = \infty$ summiert werden kann. Wie gewöhnlich suchen wir die Analogfunktion in $s$ für das allgemeine $n$-te Glied. Aus Anhang III findet man

$$\frac{1}{s^2} = \int_0^{\infty} t \epsilon^{-st} \, dt . \tag{9.155}$$

Mit derselben Methode, mit der wir (9.107) ableiteten, erhält man nach Aufsummierung beider Seiten

$$\sum_{s=1}^{\infty} \frac{1}{s^2} \int_0^{\infty} t \, dt \sum_{s=1}^{\infty} (\epsilon^{-t})^s . \tag{9.156}$$

Mit den Substitutionen

$$\left.\begin{aligned} \epsilon^{-t} &= a \\ t &= -\ln a \\ dt &= -\frac{da}{a} \end{aligned}\right\} \qquad (9.157)$$

und den neuen Grenzen

$$\left.\begin{aligned} t &= 0\,, \quad a = 1 \\ t &= \infty\,, \quad a = 0 \end{aligned}\right\} \qquad (9.158)$$

wird aus (9.156)

$$\sum_{s=1}^{\infty} \frac{1}{s^2} = \int_1^0 \frac{\ln a\, da}{1 - a}\,. \qquad (9.159)$$

Dies ist wieder ein Standardintegral. Ersetzt man noch $s$ durch $n$ und schlägt in einer Tafel für bestimmte Integrale nach, so findet man

$$\sum_{n=1}^{\infty} \frac{1}{n^2} = \frac{\pi^2}{6}\,. \qquad (9.160)$$

Beispiel 5. Als letztes Beispiel zur Illustration einiger neuer Gesichtspunkte wollen wir die geschlossene Form der Reihe

$$F(n) = \sum_{n=1}^{\infty} \frac{1}{2^n} \qquad (9.161)$$

bestimmen. Das allgemeine Glied kann man auch so schreiben

$$\frac{1}{2^n} = \frac{1}{\epsilon^{an}} \qquad (9.162)$$

wobei

$$\epsilon^a = 2\,. \qquad (9.163)$$

Wir gehen nun durch den einfachen Prozeß der Zuordnung von $s$ zu $n$ über in die $s$-Ebene und stellen dort die Funktion von $s$ dar durch

$$\frac{1}{\epsilon^{as}} = \int_0^{\infty} \delta(t - a)\,\epsilon^{-st}\, dt\,. \qquad (9.164)$$

Das Analogon zum $n$-ten Glied ist somit eine Deltafunktion. Führt man die Summation in der früheren Form aus, so haben wir

$$\sum_{s=1}^{\infty} \frac{1}{\epsilon^{as}} = \int_0^{\infty} \delta(t - a) \sum_{s=1}^{\infty} (\epsilon^{-t})^s\, dt\,. \qquad (9.165)$$

Berücksichtigt man (9.110), so findet man

$$\sum_{s=1}^{\infty} \epsilon^{-ts} = \frac{\epsilon^{-t}}{1 - \epsilon^{-t}} = \frac{1}{\epsilon^{t} - 1} \tag{9.166}$$

und Einsetzen dieser Form in (9.165) liefert

$$\sum_{s=1}^{\infty} \frac{1}{\epsilon^{as}} = \int_0^{\infty} \frac{\delta(t - a)\, dt}{\epsilon^{t} - 1} . \tag{9.167}$$

Wir erinnern nun daran, daß sich in Abschn. 7.5 von Kapitel VII für das Integral über das Produkt einer Deltafunktion mit einer zweiten Funktion einfach der Wert dieser zweiten Funktion an jener Stelle des Argumentbereiches ergab, an der sie von der Deltafunktion abgetastet wird (siehe Abb. 7.27). Das Integral (9.167) reduziert man daher leicht auf den Ausdruck

$$\sum_{s=1}^{\infty} \frac{1}{\epsilon^{as}} = \frac{1}{\epsilon^{a} - 1} . \tag{9.168}$$

Ersetzen wir im letzten Schritt $s$ wieder durch $n$ und benützen (9.163), so lautet die endgültige Antwort

$$\sum_{n=1}^{\infty} \frac{1}{2^{n}} = 1 . \tag{9.169}$$

Der hier veranschaulichte Prozeß hat natürlich einerseits zur Voraussetzung, daß die Reihe, die durch das allgemeine $n$-te Glied repräsentiert wird, konvergiert, andererseits, daß wir eine Analogfunktion für das $n$-te Glied finden und daß sich das Integral in (9.107) berechnen läßt.

# KAPITEL X

# SYNTHESE VON ÜBERTRAGUNGSFUNKTIONEN DURCH MODELLE

## 10.1. EINFÜHRUNG

In den Kapiteln VI und VIII arbeiteten wir mit Übertragungsfunktionen von Oszillatoren und Siebschaltungen und fanden, daß es in einigen Fällen möglich war, Werte für einzelne Elemente durch ein umgekehrtes Analyseverfahren zu bestimmen. Im vorliegenden letzten Kapitel wollen wir nun einige Begriffe aus formalen Syntheseverfahren für Schaltungen untersuchen. Wir sollten hier festhalten, daß die Synthesetheorie viele Bände füllen würde; wir möchten nur einige Themen streifen, welche die Verwendung der von uns besprochenen Laplace-Transformation erläutern werden. Der Verfasser glaubt jedoch, daß sorgfältig ausgewählte Beispiele eine gute Einführung zu einem Thema geben, selbst wenn man in den Gegenstand nicht tiefer eindringt. Dementsprechend ist zu hoffen, daß die wenigen hier gebrachten Gedanken sich als nützlich erweisen mögen und dafür ausreichen, daß der Leser ein gutes Verständnis der Grundprinzipien der formalen Schaltungssynthese gewinnen kann.

## 10.2. VERLUSTFREIE SCHALTUNGSMODELLE

Wir wollen hier die spezielle Übertragungsfunktion als Verhältnis der Ausgangsspannung $e_0$ zur Eingangsspannung $e_{IN}$ definieren und annehmen, daß wir eine Schaltung finden sollen, deren Übertragungsfunktion $Z_T(s)$ gegeben ist.

$$Z_T(s) = \frac{e_0}{e_{IN}}(s) . \tag{10.1}$$

Es gibt viele Schaltungen, die man verwenden könnte, doch betrachten wir hier die Entwicklung von $Z_T(s)$ als Kaskadenschaltung eines einfachen Widerstandsgliedes und einer einfachen *verlustfreien* Kettenschaltung, wobei die beiden Glieder in Abb. 10.1 teilweise getrennt gezeigt werden.

Wir verwenden die Parameter $ABCD$, sodaß die Gesamtmatrix leicht und direkt durch Multiplikation der Matrizen der beiden Teile der Schaltung zu finden ist. Daher lautet die Gesamtmatrix

$$\begin{bmatrix} 1 & 1 \\ 0 & 1 \end{bmatrix} \begin{bmatrix} A & B \\ C & D \end{bmatrix} = \begin{bmatrix} (A+C) & (B+D) \\ C & D \end{bmatrix} \tag{10.2}$$

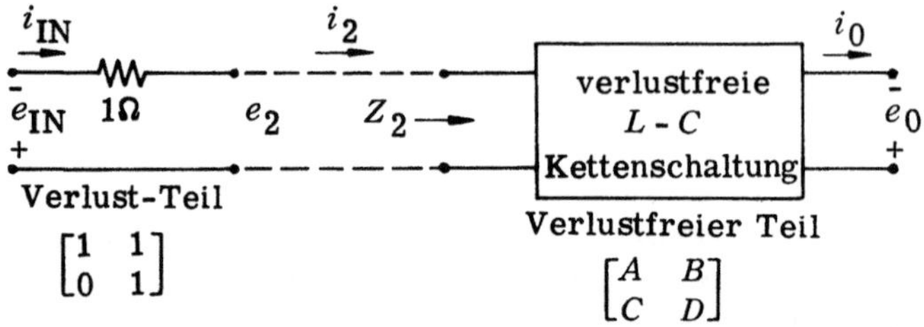


Abb. 10.1

Die Eingangs- und Ausgangsgrößen stehen daher in folgenden Relationen:

$$e_{IN} = (A + C)e_0 + (B + D)i_0 \tag{10.3}$$

$$i_{IN} = Ce_0 + Di_0 \, . \tag{10.4}$$

Nun wollen wir annehmen, daß auf die Schaltung keine Belastung angewandt wird, d.h. wir gehen direkt in einen Verstärker mit sehr hohem Scheinwiderstand; unter dieser Bedingung wird $i_0$ immer gleich null sein. So erhalten wir aus (10.3)

$$e_{IN} = (A + C)e_0$$

oder unter Verwendung von (10.1)

$$Z_T(s) = \frac{e_0}{e_{IN}} = \frac{1}{A + C} \, . \tag{10.5}$$

Sowohl $A$ als auch $C$ sind Funktionen von $s$.

Nun untersuchen wir das verlustfreie Kettenglied selbst. Seine Eingangs- und Ausgangsleistung (vgl. Abb. 10.1) ist

$$e_2 = Ae_0 + Bi_0 \tag{10.6}$$

$$i_2 = Ce_0 + Di_0 \, . \tag{10.7}$$

Da $i_0$ immer null ist, erhalten wir

$$e_2 = Ae_0 \tag{10.8}$$

$$i_2 = Ce_0 \, . \tag{10.9}$$

Das Verhältnis ist durch

$$Z_2 = \frac{e_2}{i_2} = \frac{A}{C} \tag{10.10}$$

gegeben, wobei $Z_2$ der zweipolige Eingangswiderstand in bezug auf das zweite (verlustfreie) Glied ist.

Die einzigen interessanten Ergebnisse sind bisher die Gleichungen (10.5) und (10.10). Diese beiden Gleichungen sind alles, was wir behalten müssen, um das Modell der Abb. 10.1 zu verwenden.

B e i s p i e l. An dieser Stelle ist ein Beispiel für das Verfahren angebracht, um die Anwendung von (10.5) und (10.10) zu erläutern.

Es möge die Synthese einer Tiefpaßschaltung verlangt werden; die Übertragungsfunktion laute

$$Z_T(s) = \frac{1}{s^3 + 2s^2 + 2s + 1} \, . \tag{10.11}$$

Wir erkennen ein Butterworth-Filter dritter Ordnung, wobei die Größenordnung der Verstärkung

$$\left| \frac{e_0}{e_{IN}} \right| = \frac{1}{\sqrt{1 + \omega^6}} \, . \tag{10.12}$$

Wir beginnen mit dem Gleichsetzen von (10.11) mit (10.5), woraus

$$s^3 + 2s^2 + 2s + 1 = A(s) + C(s) \, . \tag{10.13}$$

Nun bleibt nur noch 10.10 zu befriedigen. Bei diesem Beispiel sehen wir, daß (10.10) befriedigt wird, wenn wir die geraden Glieder $A$ und alle ungeraden Glieder $C$ zuordnen. (10.10) wird dann zu

$$Z_2 = \frac{A}{C} = \frac{2s^2 + 1}{s^3 + 2s} \tag{10.14}$$

oder

$$Y_2 = \frac{s^3 + 2s}{2s^2 + 1} \, . \tag{10.15}$$

Die Umkehrung führen wir lediglich durch, um sicher zu gehen, daß das erste Element in der verlustfreien Schaltung ein Parallelkondensator ist. Wir entwickeln (10.15) als Kettenbruch.

$$2s^2 + 1 \,/\, s^3 + 2s \quad \frac{s}{2} \longrightarrow$$ erstes Element (Parallelleitwert)

$$\underline{s^3 + \frac{s}{2}}$$

$$\frac{3s}{2} \,/\, 2s^2 + 1 \quad \frac{4s}{3} \longrightarrow$$ zweites Element (Serienwiderstand)

$$\underline{2s^2}$$

$$1 \,/\, \frac{3s}{2} \quad \frac{3s}{2} \longrightarrow$$ letztes Element (Parallelleitwert)

$$\underline{\frac{3s}{2}}$$

$$0 \tag{10.16}$$

Falls der Leser nicht erkennt, was wir in (10.16) gemacht haben: wir haben lediglich begonnen, unser (10.15) zu dividieren, und das erste, was wir entfernt haben, war ein Element $s/2$. Dies entspricht einem 1/2 Farad-Kondensator. Wir invertieren nun den Rest, um wieder einen *Scheinwiderstand* zu bilden. Wir dividieren wieder und nehmen ein *Scheinwiderstands-*Element $4s/3$ heraus, welches wir als 4/3-Henry-Induktivität erkennen.

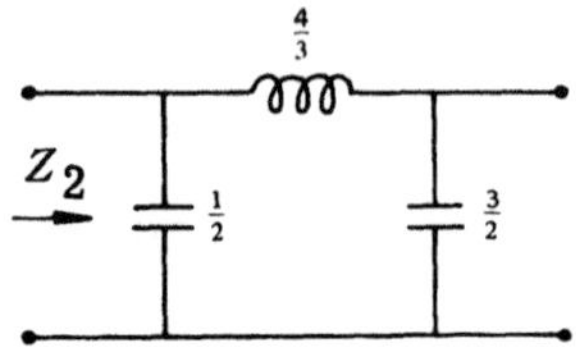


Abb. 10.2

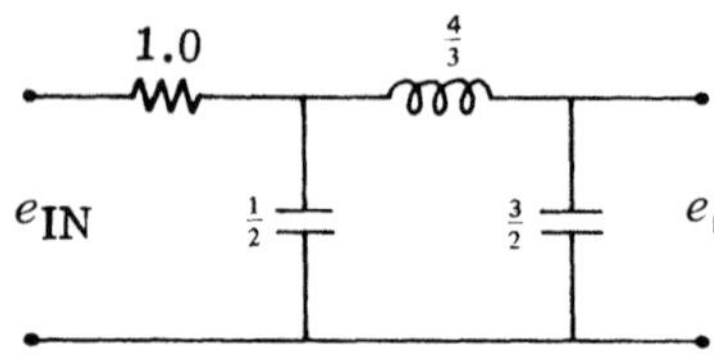


Abb. 10.3

Nun invertieren wir nochmals den Rest und machen eine letzte Division, um den *Leitwert* $3s/2$ herauszunehmen, welchen wir als Kondensator mit 3/2 Farad Kapazität erkennen.

Der Scheinwiderstand $Z_2$ entspricht demnach der in Abb. 10.2 gezeigten *verlustfreien* Schaltung.

Nachdem wir die beiden Glieder wieder zusammengesetzt haben, vervollständigen wir schließlich das Modell für das Butterworth-Filter dritter Ordnung, vgl. Abb. 10.3.

## 10.3. UNGERADE UND GERADE TEILE DER ÜBERTRAGUNGSFUNKTION

$Z_T(s)$ kann bedeutend komplizierter sein als in diesem einfachen Beispiel und daher ist es angebracht, ein allgemeines Verfahren für die Zuordnung von Teilen von $Z_T(s)$ zu $A$ und $C$ zu entwickeln. Wir können

$$Z_T = \frac{m_1 + n_1}{m_2 + n_2} \tag{10.17}$$

anschreiben, wobei $m_1$ der *gerade* Teil des Zählers ist, $n_1$ der *ungerade* Teil des Zählers usw. Wenn wir mit dem Zähler durchdividieren und (10.5) verwenden, erhalten wir

$$\frac{m_2}{m_1 + n_1} + \frac{n_2}{m_1 + n_1} = A + C\ . \tag{10.18}$$

Wir können durch Multiplikation mit $m_1 - n_1$ umformen und bekommen

$$\frac{m_2(m_1 - n_1)}{m_1^2 - n_1^2} + \frac{n_2(m_1 - n_1)}{m_1^2 - n_1^2} = A + C \tag{10.19}$$

was leicht umzuordnen ist in

$$\frac{m_1 m_2 - n_1 n_2}{m_1^2 - n_1^2} + \frac{m_1 n_2 - n_1 m_2}{m_1^2 - n_1^2} = A + C\ . \tag{10.20}$$

Wir sehen, daß das erste Glied immer gerade und das zweite immer ungerade ist.

Wir machen nun die Zuordnungen

$$A = \frac{m_1 m_2 - n_1 n_2}{m_1^2 - n_1^2} \tag{10.21}$$

$$C = \frac{m_1 n_2 - n_1 m_2}{m_1^2 - n_1^2} \tag{10.22}$$

und (10.10) wird

$$Z_2(s) = \frac{m_1 m_2 - n_1 n_2}{m_1 n_2 - n_1 m_2}\,. \tag{10.23}$$

Beispiel. Erläutern wir nun die Butterworth-Funktion dritter Ordnung durch Verwendung desselben Beispiels wie zuvor. Wir sehen, daß

$$Z_T(s) = \frac{1}{s^3 + 2s^2 + 2s + 1}\,. \tag{10.24}$$

Wir ordnen nun die geraden und ungeraden Teile zu:

$$\left.\begin{aligned} m_1 &= 1 \\ n_1 &= 0 \\ m_2 &= 1 + 2s^2 \\ n_2 &= 2s + s^3 \end{aligned}\right\} \tag{10.25}$$

sodaß

$$Z_2 = \frac{m_2}{n_2} = \frac{2s^2 + 1}{s^3 + 2s} \tag{10.26}$$

und

$$Y_2 = \frac{s^3 + 2s}{2s^2 + 1}\,. \tag{10.27}$$

Unter Verwendung der vorhin geschilderten Kettenbruchentwicklung folgt

$$\begin{array}{l}
\qquad\qquad\quad \frac{s}{2} \longrightarrow \text{Leitwerk}\\
2s^2 + 1 \,/\, s^3 + 2s\\
\qquad\quad s^3 + \frac{s}{2} \qquad \frac{4s}{3} \longrightarrow \text{Scheinwiderstand}\\
\qquad\qquad\quad \frac{3s}{2} \,/\, 2s^2 + 1\\
\qquad\qquad\qquad\quad 2s^2 \qquad \frac{3s}{2} \longrightarrow \text{Leitwerk}\\
\qquad\qquad\qquad\qquad\quad 1 \,/\, \frac{3s}{2}
\end{array} \tag{10.28}$$

Wir erhalten dieselbe Schaltung wie im letzten Abschnitt.

## 10.4. SYNTHESE VON EINGEKOPPELTEN WIDERSTÄNDEN

Nehmen wir an, wir sollen den eingekoppelten Widerstand

$$Z_{12} = \frac{e_0}{i_{IN}} \tag{10.29}$$

darstellen. Wir könnten wie in Abschnitt 10.2 vorgehen und selbständige Ergebnisse ableiten. Wir können jedoch den Theveninschen Satz von der Ersatzstromquelle anwenden und den ersten *vorgeschalteten* Widerstand der Abb. 10.1 durch einen *Parallel*widerstand zu 1.0 Ohm ersetzen. Wenn wir nun den Eingang als Strom $i_{IN}$ und den Ausgang als Spannung $e_0$ auffassen, so ist der eingekoppelte Widerstand dieselbe Funktion von $s$ wie die Spannungsübertragungsfunktionen, die wir normalerweise betrachtet haben.

Es wäre eine gute Übung, dieses Verfahren formal zu entwickeln. Wir geben daher lediglich die Schaltung laut Abb. 10.4 an, zusammen mit der Formel für den Eingangswiderstand des verlustfreien $L$-$C$-Teiles. Es handelt sich um dasselbe $Z_2$ wie früher

$$Z_2 = \frac{m_1 m_2 - n_1 n_2}{m_1 n_2 - n_1 m_2} \tag{10.30}$$

und die geraden und ungeraden Glieder haben dieselbe Bedeutung wie zuvor.

Der eingekoppelte Widerstand dritter Ordnung nach Butterworth ist in Abb. 10.5 gezeigt.

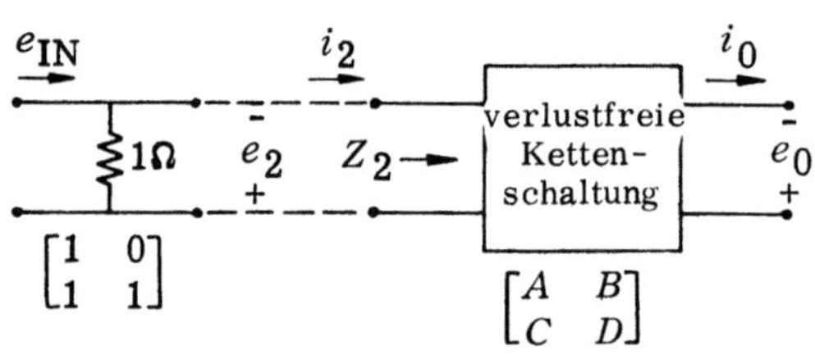

Abb. 10.4

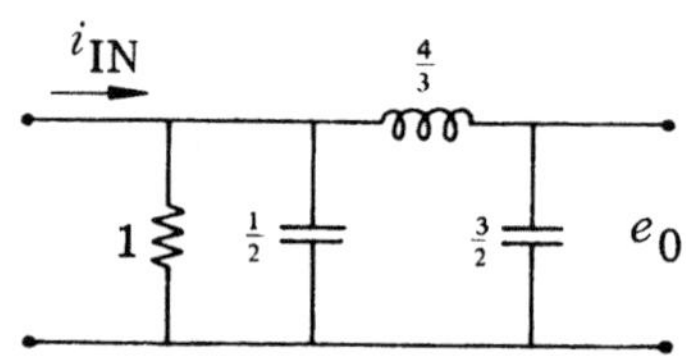

Abb. 10.5

## 10.5. WEITERE METHODE ZUR SYNTHESE VON ÜBERGANGSFUNKTIONEN

Betrachten wir nun eine unabhängige Methode ähnlich der in Abschnitt 10.2 besprochenen. Diesmal geben wir den Abschlußwiderstand an den Ausgang statt an den Eingang. Wie üblich stehen die Parameter $ABCD$ für die Schaltung laut Abb. 10.6 in folgender Beziehung:

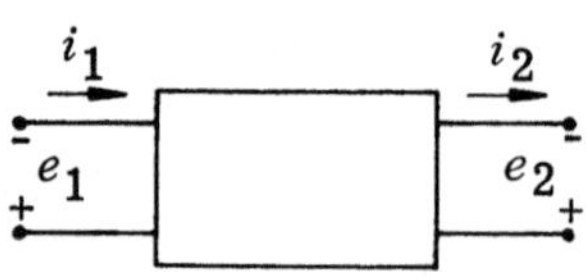

Abb. 10.6

$$e_1 = Ae_2 + Bi_2 \tag{10.31}$$

$$i_1 = Ce_2 + Di_2 \, . \tag{10.32}$$

Im besonderen lautet die Matrix für die in Abb. 10.7 gezeigte Schaltung

$$\begin{bmatrix} A & B \\ C & D \end{bmatrix} = \begin{bmatrix} 1 & 0 \\ 1 & 1 \end{bmatrix} \tag{10.33}$$

Nun betrachten wir die Kaskadenschaltung eines allgemeinen *verlustfreien* $L$-$C$-Netzwerkes und die 1-Ohm-Belastung laut Abb. 10.8.

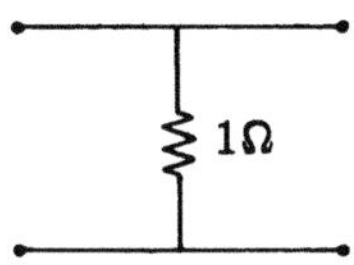


Abb. 10.7

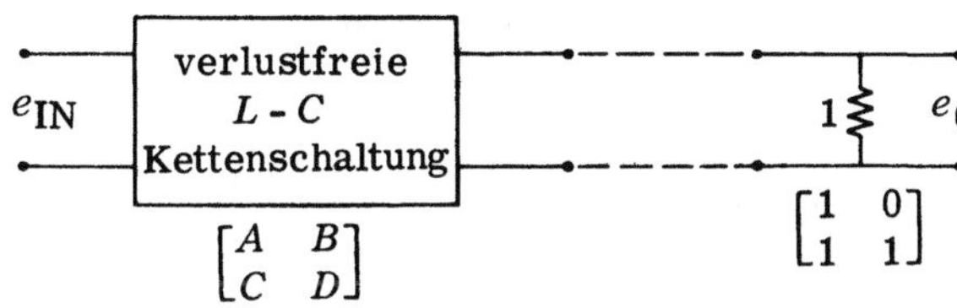


Abb. 10.8

Die Matrix $ABCD$ für die Kombination des 1-Ohm-Abschlußwiderstandes mit dem verlustfreien Glied ist daher

$$\begin{bmatrix} A & B \\ C & D \end{bmatrix}\begin{bmatrix} 1 & 0 \\ 1 & 1 \end{bmatrix} = \begin{bmatrix} (A+B) & B \\ (C+D) & D \end{bmatrix} \tag{10.34}$$

Ohne weitere Belastung am Ausgang $i_2 = 0$ folgt aus (10.31)

$$\frac{e_0}{e_{IN}} = \frac{1}{A+B} \, . \tag{10.35}$$

Auch für die Gesamtschaltung entspricht $e_0/e_{IN}$ der Übertragungsfunktion $Z_T(s)$, daher ist

$$Z_T(s) = \frac{1}{A(s) + B(s)} \, . \tag{10.36}$$

Wir bemerken, daß $A$ und $B$ nur Parameter der *verlustfreien* Schaltung sind. Nun betrachten wir den verlustfreien Teil selbst. Nehmen wir an, wir schließen den Eingang laut Abb. 10.9 kurz.

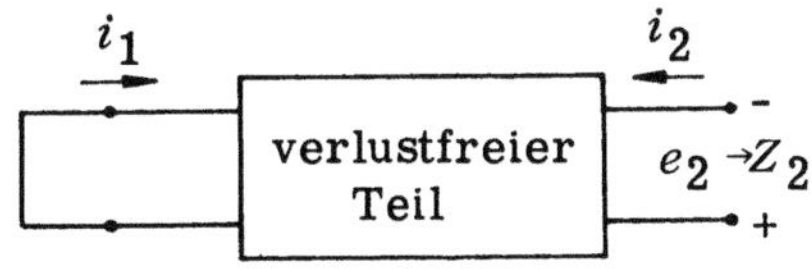


Abb. 10.9

Wenn wir (10.31) auf die kurzgeschlossene, verlustfreie Schaltung der Abb. 10.9 anwenden, wobei $e_1 = 0$, so erhalten wir

$$Ae_2 - Bi_2 = 0 \, . \tag{10.37}$$

Die Richtung $i_2$ wurde gemäß der Definition für Abb. 10.6 umgekehrt. Dies erklärt das Minuszeichen in (10.37). (10.37) wird daher zu

$$\frac{e_2}{i_2} = \frac{B}{A} \, . \tag{10.38}$$

Wir sehen nun, daß $e_2/i_2$ der Eingangswiderstand des kurzgeschlossenen, verlustfreien Teiles in Abb. 10.9 ist, und zwar von der *rechten Seite zurück zur linken* gesehen. Daher

$$Z_2 = \frac{B}{A} \,. \tag{10.39}$$

Wählen wir nun eine bestimmte Übertragungsfunktion wie z. B. die Butterworth-Funktion dritter Ordnung:

$$Z_T(s) = \frac{1}{s^3 + 2s^2 + 2s + 1} \,. \tag{10.40}$$

Aus (10.36) erhalten wir

$$\frac{1}{s^3 + 2s^2 + 2s + 1} = \frac{1}{A(s) + B(s)} \,. \tag{10.41}$$

Wenn wir uns (10.41) ansehen, so ergeben sich von selbst verschiedene Gruppierungen für $A(s)$ und $B(s)$. (10.39) verlangt jedoch, daß das Verhältnis $B/A$ ein Scheinwiderstand ist. Da die Schaltung verlustfrei ist, muß das Verhältnis $B/A$ außerdem rein induktiv sein.

Nehmen wir an, wir ordnen alle geraden Glieder im Polynom $A(s)$ zu und die verbleibenden ungeraden Glieder $B(s)$. Dann gilt für unser Beispiel:

$$B(s) = s^3 + 2s \tag{10.42}$$

$$A(s) = 2s^2 + 1 \,. \tag{10.43}$$

Man beachte, daß $A(s)$ nie induktiv sein kann, da es nur gerade Potenzen von $s$ enthält, d. h.

$$s^2 = (j\omega)^2 = -\omega^2$$

$$s^4 = (j\omega)^4 = +\omega^2 \text{ usw.},$$

daß jedoch $B(s)$ immer induktiv ist, da wir aus den ungeraden Gliedern immer ein $s$ herausheben können.

$$B(s) = s^3 + 2s = s(s^2 + 2) \,.$$

Das $(s^2 + 2)$-Glied ist immer reell: $(1 - \omega^2)$, doch das $s$ ist immer komplex $(s = j\omega)$. Daher ist das Verhältnis $B/A$ immer imaginär, wie es für den Scheinwiderstand $Z_2$ einer verlustfreien Schaltung nötig ist. Aus (10.39) ergibt sich daher der Scheinwiderstand $Z_2$ zu

$$Z_2 = \frac{s^3 + 2s}{2s^2 + 1} \,. \tag{10.44}$$

Die Aufgabe, eine Schaltung zu finden, die die ursprüngliche Übertragungsfunktion $Z_T(s)$ repräsentiert, reduziert sich demnach auf das Suchen einer Schaltung zur Darstellung des einfachen Scheinwiderstandes $Z_2$. $Z_2$ ist nun durch Kettenbruchentwicklung leicht zu finden.

$2s^2 + 1 \,/\, s^3 + 2s \quad \frac{s}{2}$ ⟶ erstes Element (Scheinwiderstand)

$\underline{s^3 + \frac{s}{2}}$

$\frac{3s}{2} \,/\, 2s^2 + 1 \quad \frac{4s}{3}$ ⟶ zweites Element (Leitwerk)

$\underline{2s^2}$

$1 \,/\, \frac{3s}{2} \quad \frac{3s}{2}$ ⟶ drittes Element (Scheinwiderstand) (10.45)

Abb. 10.9 wird mit diesen Werten als Abb. 10.10 neu gezeichnet.

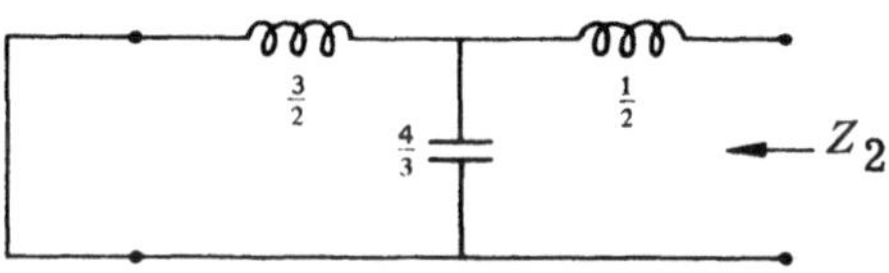


Abb. 10.10

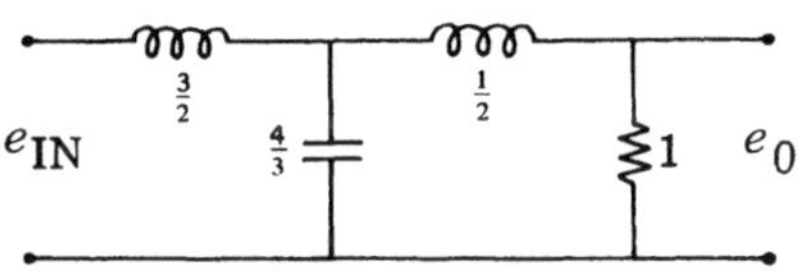


Abb. 10.11

Wir beseitigen nun den Kurzschluß, schließen den 1-Ohm-Abschlußwiderstand wieder an und zeigen das endgültige Filter in Abb. 10.11.

Ein weiteres Beispiel:

$$Z_T(s) = \frac{1}{s^2 + \sqrt{2}s + 1} = \frac{1}{A + B} \tag{10.46}$$

$$Z_2 = \frac{A}{B} = \frac{\sqrt{2}s}{s^2 + 1}\,. \tag{10.47}$$

Hier können wir nicht direkt entwickeln; wir müssen die Brüche umkehren und erhalten

$$Y_2 = \frac{s^2 + 1}{\sqrt{2}s} = \frac{s}{\sqrt{2}} + \frac{1}{\sqrt{2}s}\,. \tag{10.48}$$

Wir erkennen die Elemente der Abb. 10.12.

Wenn wir den zeitweiligen Kurzschluß beseitigen und den 1-Ohm-Abschlußwiderstand wieder anschließen, so erhalten wir das Butterworth-Filter zweiter Ordnung laut Abb. 10.13.

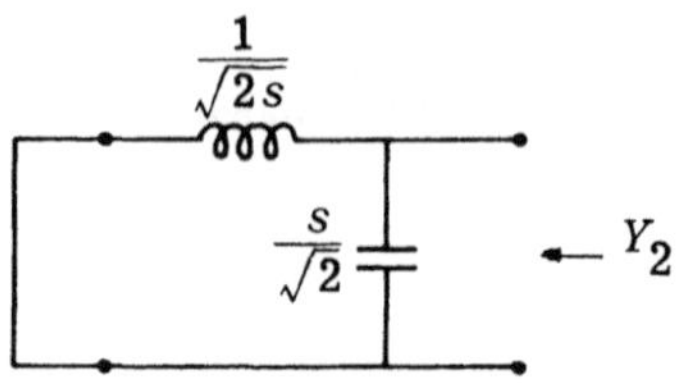


Abb. 10.12

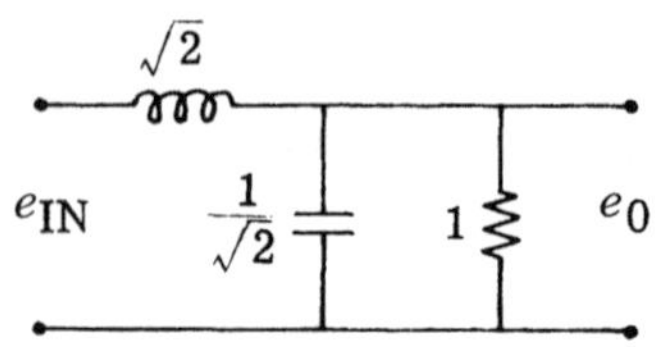


Abb. 10.13

Wir haben hier alle Beispiele aus der Gattung der Tiefpässe gewählt. Der Verfasser hält es für gerechtfertigt, den größten Teil der verfügbaren theoretischen Zeit für Tiefpaßfunktionen aufzuwenden, da man diese als Prototypen verwenden kann, aus welchen die Hochpässe, Bandpässe und Bandsperren durch einfache, bereits besprochene Transformationen abgeleitet werden können. Obwohl unsere Abhandlung kurzgefaßt war - eher in der Art einer Einführung als einer eingehenden Studie - wird der Leser, der das gesamte Material verarbeitet hat, in der Lage sein, Tiefpässe, Bandpässe, Hochpässe und Bandsperren jeder Art zu konstruieren. Das ist wirklich ein praktischer Erfolg, besonders wenn man bedenkt, daß viele Leute ein volles Semester formale Schaltungssynthese hören und dennoch nicht imstande sind, diese sehr einfachen Konstruktionen auszuführen. Der Verfasser meint, daß dieses Material in allen akademischen Synthesekursen das absolute Minimum bilden sollte.

## 10.6. SCHLUSSWORT

Nun ist es für den Verfasser Zeit, dem Leser Lebewohl zu sagen. Der Verfasser möchte seinen besonderen Dank jenen Ausdauernden aussprechen, die den Härten des Buches bis zum Ende standhielten. Er hofft, Sie werden Ihr Interesse an Studien der Laplace-Transformierten behalten. Sie werden Anwendungen auf elektrische Schaltungsprobleme faszinierend finden, und die Verwendung der Theorie, die wir entwickelt haben, kann sich ebenfalls auf anderen Gebieten der Wissenschaft als lohnend erweisen. Ein Gebiet, auf dem sich die Laplace-Transformation als unschätzbar erweisen dürfte, ist die physikalische Ozeanographie, wo die Transformierten dazu verwendet werden könnten, die Differentialgleichungen von Meereswellen und die Fortpflanzung seismischer Störungen zu studieren. Anwendungen auf viele andere Gebiete sind eben erst berührt worden, und sehr wahrscheinlich werden einige Leser selbst eigene Beiträge dazu leisten. Aus diesen und anderen Gründen war es für den Verfasser eine angenehme Aufgabe, das Buch für Sie geschrieben zu haben.

# Anhang I

## (a) Die Transformierten des Speisepunktes

| | | |
|---|---|---|
| 1 | $Z = R$ |  |
| 2 | $Z = Ls$ | 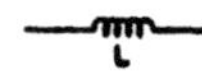 |
| 3 | $Z = \dfrac{1}{Cs}$ |  |
| 4 | $Z = R + Ls$ |  |
| 5 | $Z = \dfrac{RCs + 1}{Cs}$ | 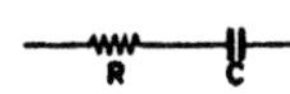 |
| 6 | $Z = \dfrac{LCs^2 + 1}{Cs}$ |  |
| 7 | $Z = \dfrac{R}{RCs + 1}$ | 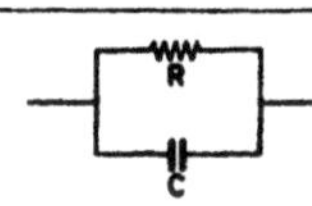 |
| 8 | $Z = \dfrac{RLs}{Ls + R}$ | 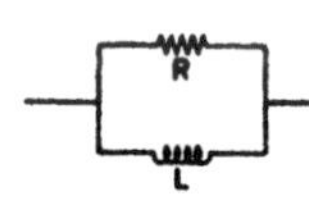 |
| 9 | $Z = \dfrac{Ls}{LCs^2 + 1}$ | 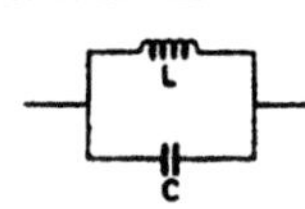 |
| 10 | $Z = \dfrac{(R_1 + R_2)Ls + R_1R_2}{Ls + R_2}$ | 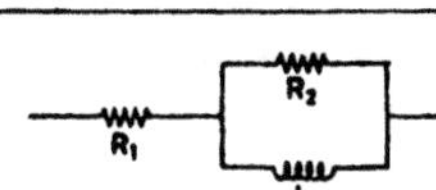 |
| 11 | $Z = \dfrac{(R_1 + R_2) + R_1R_2Cs}{R_2Cs + 1}$ | 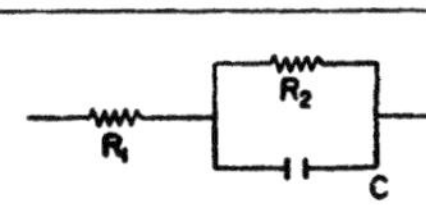 |

| | | |
|---|---|---|
| 12 | $Z = \frac{RLCs^2 + Ls + R}{LCs^2 + 1}$ | 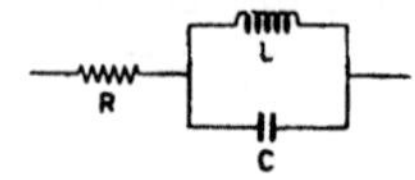 |
| 13 | $Z = \frac{RLs^2 + Ls + R}{s(Ls + R)}$ | 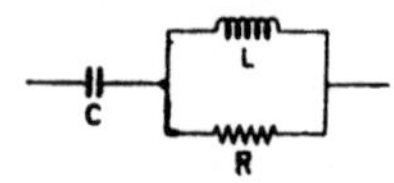 |
| 14 | $Z = \frac{R(C_1 + C_2)s + 1}{s(RC_1C_2s + C_1)}$ | 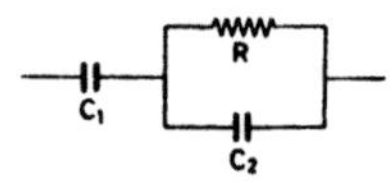 |
| 15 | $Z = \frac{L(C_1 + C_2)s^2 + 1}{s(LC_1C_2s^2 + C_1)}$ | 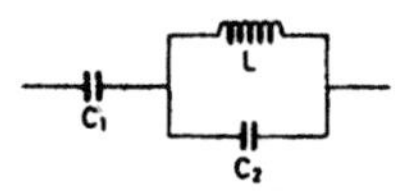 |
| 16 | $Z = \frac{LRCs^2 + Ls + R}{RCs + 1}$ | 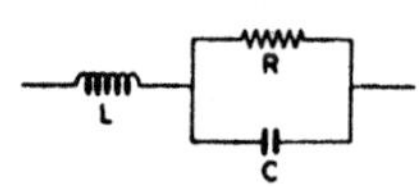 |
| 17 | $Z = \frac{s(L_1L_2s + R[L_1 + L_2])}{L_2s + R}$ | 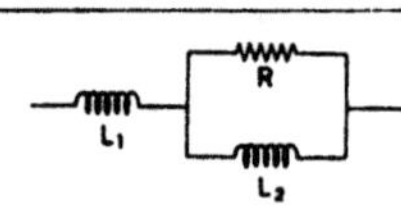 |
| 18 | $Z = \frac{s[L_1L_2Cs^2 + (L_1 + L_2)]}{L_2Cs^2 + 1}$ | 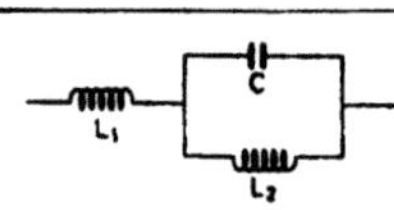 |
| 19 | $Z = \frac{Ls + R}{LCs^2 + RCs + 1}$ | 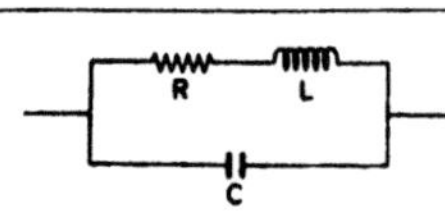 |
| 20 | $Z = \frac{s(RLCs + L)}{LCs^2 + RCs + 1}$ | 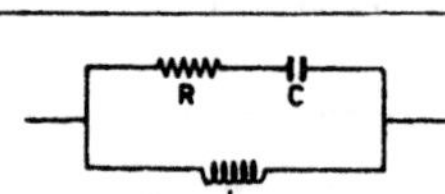 |
| 21 | $Z = \frac{R_1R_2C_1C_2s^2 + (R_1C_1 + R_2C_1 + R_2C_2)s + 1}{s(R_2C_1C_2s + C_1)}$ | 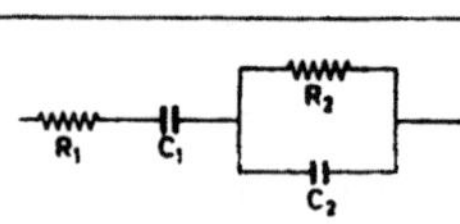 |
| 22 | $Z = \frac{R_1R_2C_1C_2s^2 + (R_1C_1 + R_2C_2)s + 1}{s[(R_1 + R_2)C_1C_2s + (C_1 + C_2)]}$ | 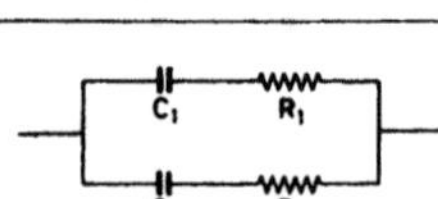 |

(b) Übertragungsfunktionen

| | Netzwerk | $Z_T(s) = \frac{E_0(s)}{E_{IN}(s)}$; $T = RC$; $T_1 = R_1C_1$; etc. |
|---|---|---|
| 1 | 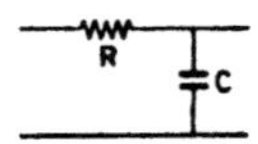 | $Z_T(s) = \frac{1}{RCs + 1}$ |
| 2 | 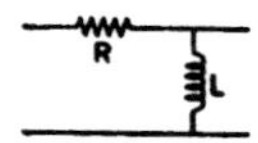 | $Z_T(s) = \frac{Ls}{Ls + R}$ |
| 3 | 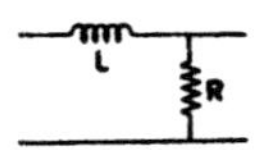 | $Z_T(s) = \frac{R}{Ls + R}$ |
| 4 | 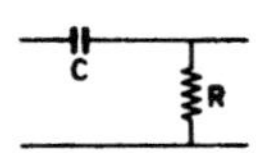 | $Z_T(s) = \frac{RCs}{RCs + 1}$ |
| 5 | 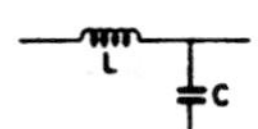 | $Z_T(s) = \frac{1}{LCs^2 + 1}$ |
| 6 | 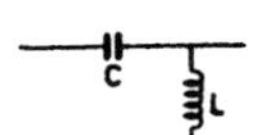 | $Z_T(s) = \frac{LCs^2}{LCs^2 + 1}$ |

| | Netzwerk | $Z_T(s) = \frac{E_0(s)}{E_{IN}(s)}$; $T = RC$; $T_1 = R_1C_1$; etc. |
|---|---|---|
| 7 | 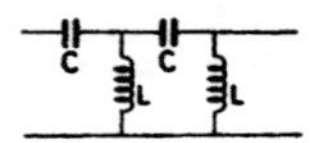  | $Z_T(s) = \frac{L^2C^2s^4 + LCs^2}{L^2C^2s^4 + 3LCs^2 + 1}$ |
| 8 | 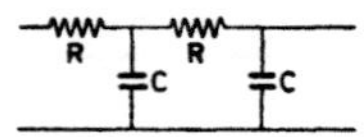  | $Z_T(s) = \frac{1}{R^2C^2s^2 + 3RCs + 1}$ |
| 9 | 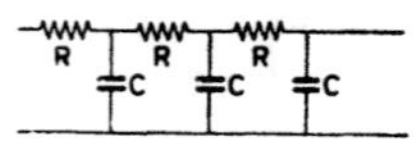  | $Z_T(s) = \frac{1}{T^3s^3 + 5T^2s^2 + 6Ts + 1}$ |
| 10 | 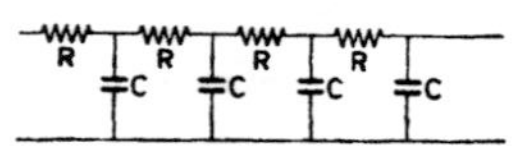  | $Z_T(s) = \frac{1}{T^4s^4 + 7T^3s^3 + 15T^2s^2 + 10Ts + 1}$ |
| 11 | 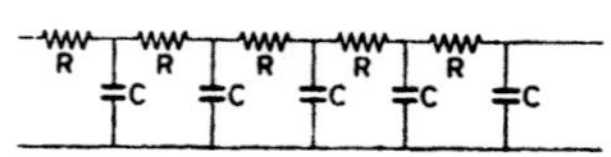  | $Z_T(s) = \frac{1}{T^5s^5 + 9T^4s^4 + 28T^3s^3 + 35T^2s^2 + 15Ts + 1}$ |
| 12 | 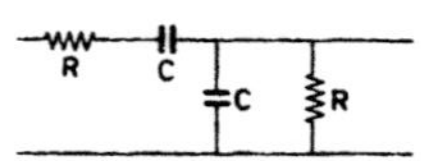  | $Z_T(s) = \frac{Ts}{T^2s^2 + 3Ts + 1}$ |

| | | |
|---|---|---|
| 13 | 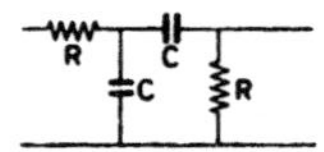 | $Z_T(s) = \dfrac{Ts}{T^2s^2 + 3Ts + 1}$ (dieselbe Übertragungsfunktion wie in Nr. 12) |
| 14 | 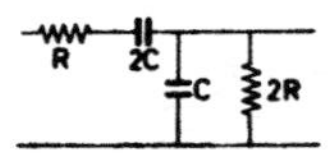 | $Z_T(s) = \dfrac{4RCs}{4R^2C^2s^2 + 8RCs + 1}$ |
| 15 | Ein Abschnitt isoliert (einer von beiden) 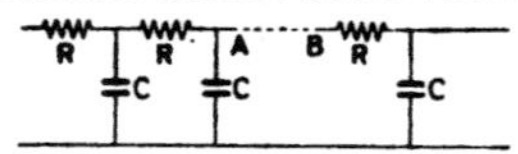 Kathodenverstärker zwischen A und B | $Z_T(s) = \dfrac{1}{(Ts + 1)(T^2s^2 + 3Ts + 1)}$ |
| 16 | 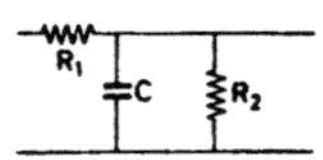 | $Z_T(s) = \dfrac{R_2}{R_1R_2Cs + R_1 + R_2}$ |
| 17 | 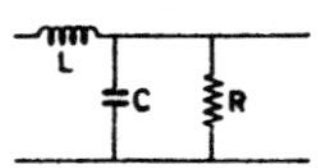 | $Z_T(s) = \dfrac{1}{LC}\left(\dfrac{1}{s^2 + \dfrac{s}{RC} + \dfrac{1}{LC}}\right)$ |
| 18 | 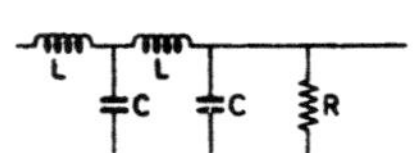 | $Z_T(s) = \dfrac{1}{L^2C^2s^4 + \dfrac{L^2C^2s^3}{R} + 3LCs^2 + \dfrac{2Ls}{R} + 1}$ |

| | Netzwerk | $Z_T(s) = \frac{E_0(s)}{E_{IN}(s)}$; $T = RC$; $T_1 = R_1C_1$; etc. |
|---|---|---|
| 19 | 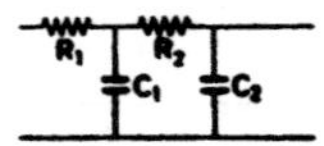 | $Z_T(s) = \frac{1}{T_1T_2s^2 + (T_1 + T_2 + R_1C_2)s + 1}$ |
| 20 | 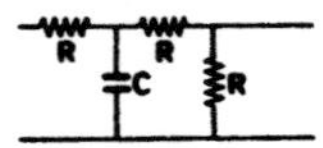 | $Z_T(s) = \frac{1}{2Ts + 3}$ |
| 21 | 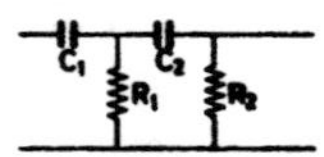 | $Z_T(s) = \frac{T_1T_2s^2}{T_1T_2s^2 + (T_1 + T_2 + R_1C_2)s + 1}$ |
| 22 | 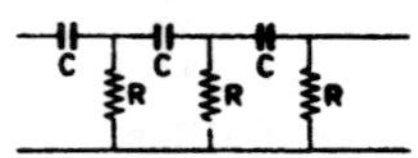 | $Z_T(s) = \frac{T^3s^3}{T^3s^3 + 6T^2s^2 + 5Ts + 1}$ |
| 23 | 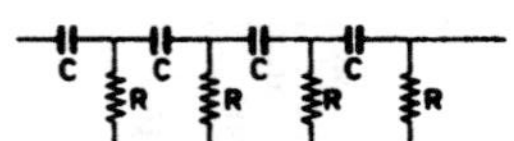 | $Z_T(s) = \frac{T^4s^4}{T^4s^4 + 10T^3s^3 + 15T^2s^2 + 7Ts + 1}$ |
| 24 | 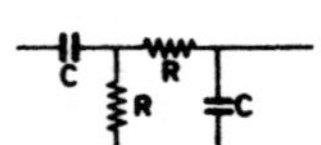 | $Z_T(s) = \frac{Ts}{T^2s^2 + 3Ts + 1}$ (dieselbe Form wie in Nr. 12 und Nr. 13) |

| | | |
|---|---|---|
| 25 | 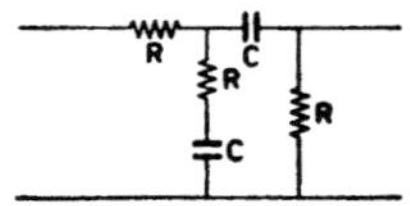 | $Z_T(s) = \dfrac{Ts}{3Ts + 1}$ |
| 26 | 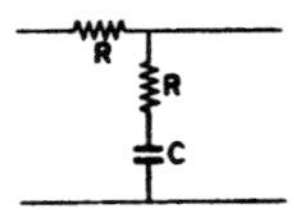 | $Z_T(s) = \dfrac{Ts + 1}{2Ts + 1}$ |
| 27 | 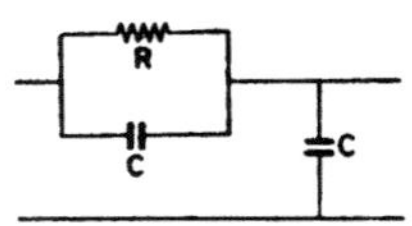 | $Z_T(s) = \dfrac{Ts + 1}{2Ts + 1}$ (dieselbe Form wie in Nr. 26) |
| 28 | 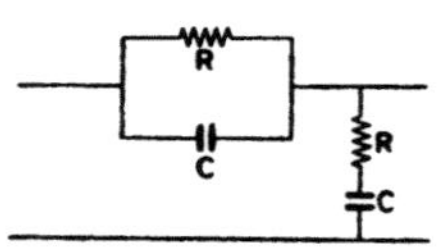 | $Z_T(s) = \dfrac{(Ts + 1)^2}{T^2s^2 + 3Ts + 1}$ |
| 29 | 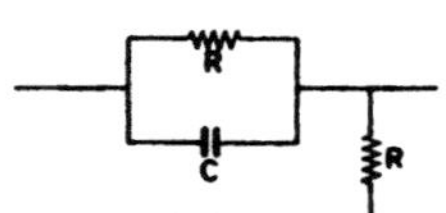 | $Z_T(s) = \dfrac{Ts + 1}{Ts + 2}$ |

| | Netzwerk | $Z_T(s) = \frac{E_0(s)}{E_{IN}(s)}$; $T = RC$; $T_1 = R_1C_1$; etc. |
|---|---|---|
| 30 | 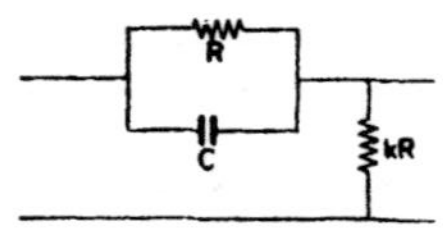 | $Z_T(s) = \frac{k(Ts+1)}{kTs+(1+k)}$ |
| 31 | 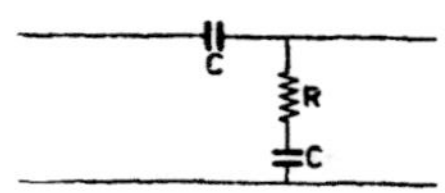 | $Z_T(s) = \frac{Ts+1}{Ts+2}$<br>(dieselbe Form wie Nr. 29) |
| 32 | 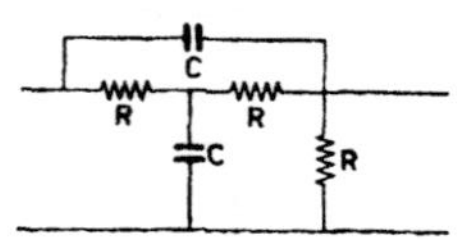 | $Z_T(s) = \frac{Ts+1}{Ts+3}$ |
| 33 | 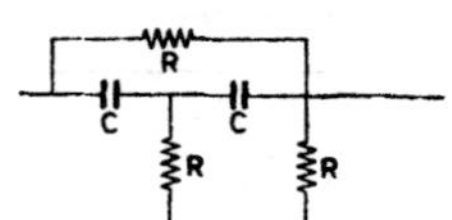 | $Z_T(s) = \frac{(Ts+1)^2}{T^2s^2+5Ts+2}$ |

| | | |
|---|---|---|
| 34 | 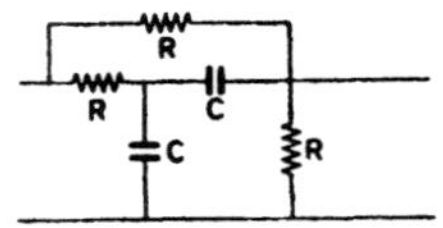 | $Z_T(s) = \dfrac{3Ts + 1}{T^2s^2 + 5Ts + 2}$ |
| 35 | 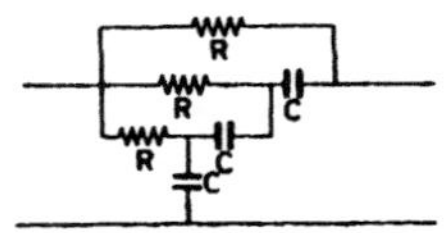 | $Z_T(s) = \dfrac{6T^2s^2 + 5Ts + 1}{T^3s^3 + 6T^2s^2 + 5Ts + 1}$ |
| 37 | 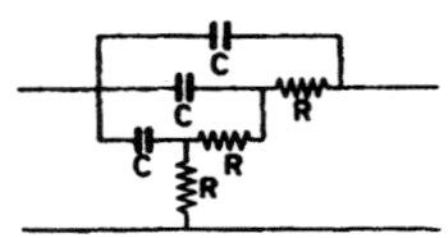 | $Z_T(s) = \dfrac{T^3s^3 + 5T^2s^2 + 6Ts}{T^3s^3 + 5T^2s^2 + 6Ts + 1}$ |
| 38 | 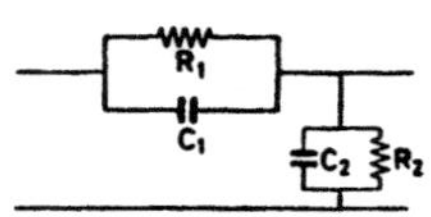 | $Z_T(s) = \dfrac{R_2(T_1s + 1)}{(R_1T_2 + R_2T_1)s + (R_1 + R_2)}$ |
| 39 | 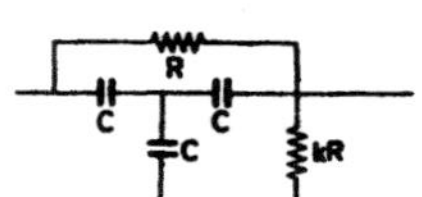 | $Z_T(s) = \dfrac{k(Ts + 3)}{2kTs + 3(1 + k)}$ |

| | Netzwerk | $Z_T(s) = \frac{E_0(s)}{E_{IN}(s)}$; $T = RC$; $T_1 = R_1C_1$; etc. |
|---|---|---|
| 40 | 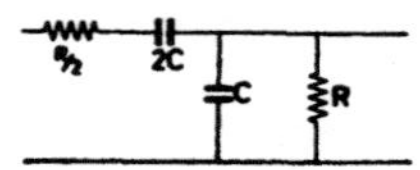 | $Z_T(s) = \frac{2Ts}{T^2s^2 + 4Ts + 1}$ |
| 41 | 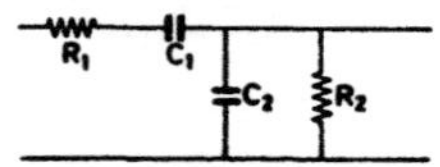 | $Z_T(s) = \frac{R_2C_1s}{R_1R_2C_1C_2s^2 + (R_1C_1 + R_2C_2 + R_2C_1)s + 1}$ |
| 42 | 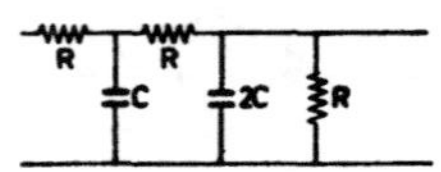 | $Z_T(s) = \frac{1}{2T^2s^2 + 6Ts + 3}$ |
| 43 | 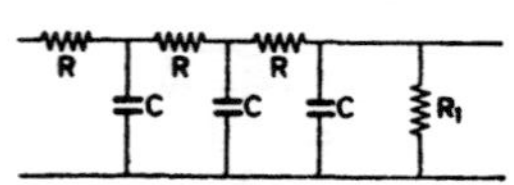 | $Z_T(s) = \frac{1}{R^3C^3s^3 + \frac{R^3C^2s^2}{R_1} + 5R^2C^2s^2 + \frac{4R^2Cs}{R_1} + 6RCs + \frac{3R}{R_1} + 1}$ |
| 44 | 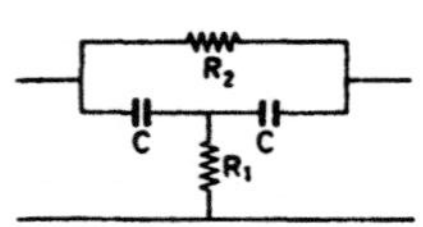 | $Z_T(s) = \frac{R_1R_2C^2s^2 + 2R_1Cs + 1}{R_1R_2C^2s^2 + (2R_1 + R_2)Cs + 1}$ |

| | | |
|---|---|---|
| 45 | (normale Serien) 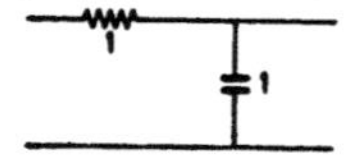 | $Z_T(s) = \frac{1}{s+1}$ |
| 46 | 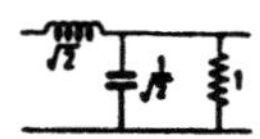 | $Z_T(s) = \frac{1}{s^2 + (\sqrt{2})s + 1}$ |
| 47 | 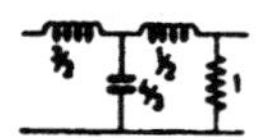 | $Z_T(s) = \frac{1}{s^3 + 2s^2 + 2s + 1}$ |
| 48 | 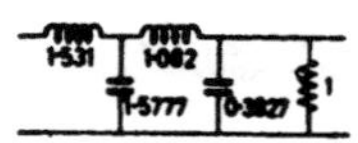  | $Z_T(s) = \frac{1}{s^4 + 2.6131s^3 + 3.4142s^2 + 2.6131s + 1}$ |
| 49 | 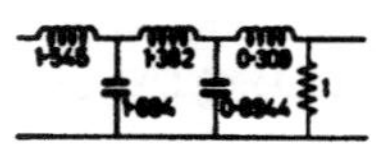  | $Z_T(s) = \frac{1}{s^5 + 3.236s^4 + 5.236s^3 + 5.236s^2 + 3.236s + 1}$ |

| | Netzwerk | $Z_T(s) = \frac{E_0(s)}{E_{IN}(s)}$; $T = RC$; $T_1 = R_1C_1$; etc. |
|---|---|---|
| 50 | 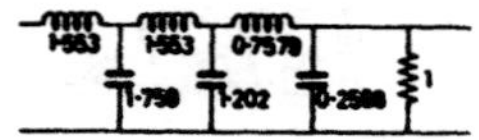 | $Z_T(s) = \frac{1}{s^6 + 3.8637s^5 + 7.4641s^4 + 9.1416s^3 + 7.4641s^2 + 3.8637s + 1}$ |
| 51 | 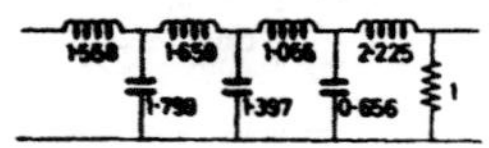 | $Z_T(s) = \frac{1}{s^7 + 4.4939s^6 + 10.0978s^5 + 14.5918s^4 + 14.5918s^3 + 10.0978s^2 + 4.4939s + 1}$ |
| 52 | 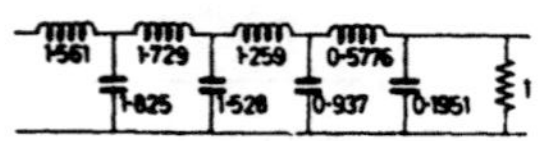 | $Z_T(s) = \frac{1}{s^8 + 5.126s^7 + 13.14s^6 + 21.85s^5 + 25.69s^4 + 21.85s^3 + 13.14s^2 + 5.126s + 1}$ |
| 53 | 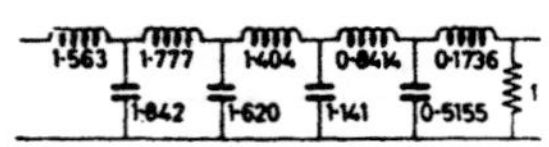 | $Z_T(s) = \frac{1}{s^9 + 5.759s^8 + 16.58s^7 + 31.16s^6 + 41.99s^5 + 41.99s^4 + 31.16s^3 + 16.58s^2 + 5.759s + 1}$ |
| 54 | 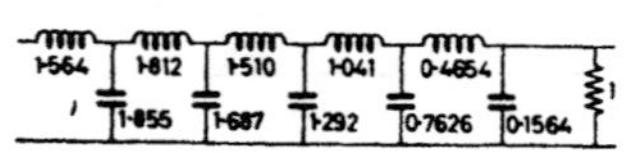 | $Z_T(s) = \frac{1}{s^{10} + 6.392s^9 + 20.43s^8 + 42.80s^7 + 64.88s^6 + 74.23s^5 + 64.88s^4 + 42.80s^3 + 20.43s^2 + 6.392s + 1}$ |

(c) Übertragungsfunktionen aktiver Netzwerke

| | | |
|---|---|---|
| | 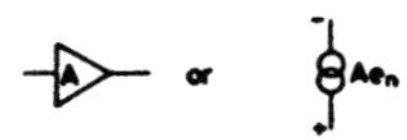 | Verstärker sind durch die Symbole gekennzeichnet, wobei $e_n$ die Eingangsspannung am Verstärker bedeutet |
| 1 | 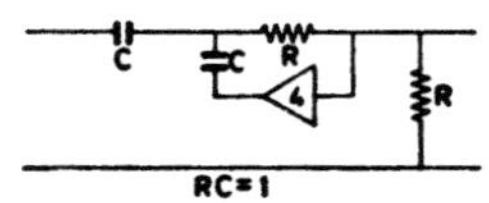 | $Z_T(s) = s$ |
| 2 | 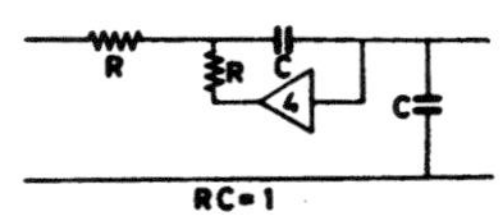 | $Z_T(s) = \frac{1}{s}$ |
| 3 | 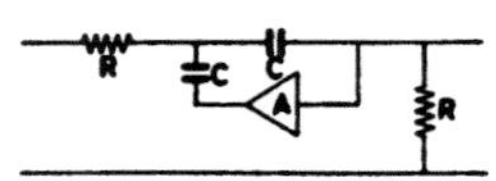 | $Z_T(s) = \frac{RCs}{(1-A)R^2C^2s^2 + 3RCs + 1}$ |
| 4 | 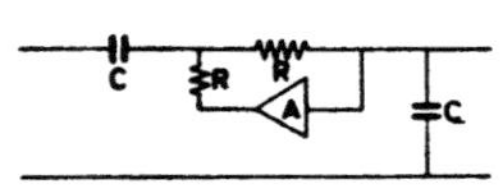 | $Z_T(s) = \frac{RCs}{R^2C^2s^2 + 3RCs + 1 - A}$ |

| | | |
|---|---|---|
| 5 | 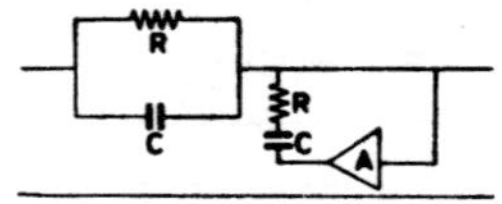 | $Z_T(s) = \dfrac{(RCs + 1)^2}{R^2C^2s^2 + (3 - A)RCs + 1}$ |
| 6 | 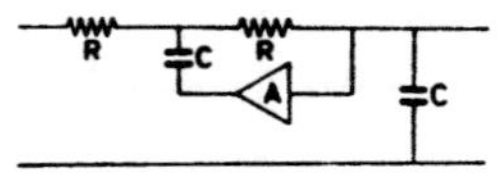 | $Z_T(s) = \dfrac{1}{R^2C^2s^2 + (3 - A)RCs + 1}$ |
| 7 | 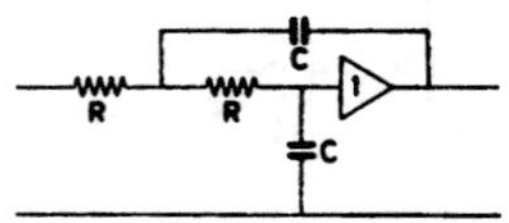 | $Z_T(s) = \dfrac{1}{(RCs + 1)^2}$ |
| 8 | 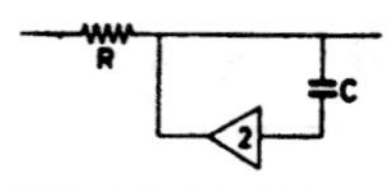 | $Z_T(s) = \dfrac{1}{1 - RCs}$ |
| 9 | 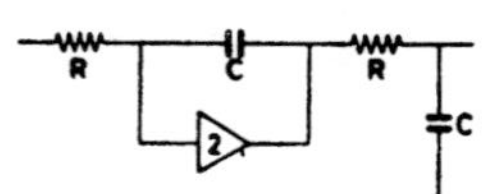 | $Z_T(s) = \dfrac{2}{R^2C^2s^2 + 1}$ |

| | | |
|---|---|---|
| 10 | 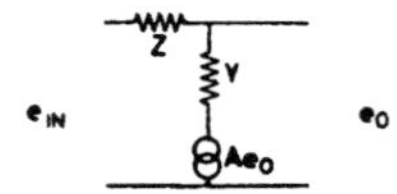 | $ZY = Z(s)Y(s)$ <br> $Z_T(s) = \dfrac{1}{(1-A)ZY+1}$ |
| 11 | 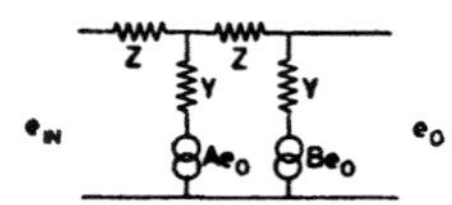 | $Z_T(s) = \dfrac{1}{(1-B)Z^2Y^2+(3-4B-A)ZY+1-2B}$ |
| 12 | 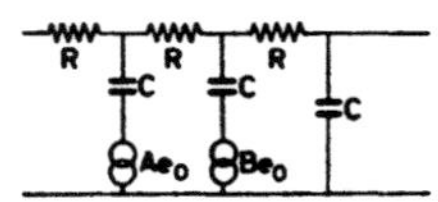 | $Z_T(s) = \dfrac{1}{R^3C^3s^3+(5-B)R^2C^2s^2+(6-2B-A)RCs+1}$ |
| 13 | 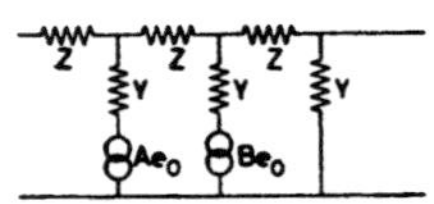 | $Z_T(s) = \dfrac{1}{Z^3Y^3+(5-B)Z^2Y^2+(6-2B-A)ZY+1}$ |
| 14 | 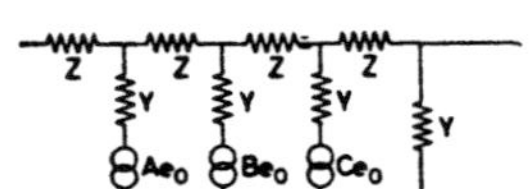 | $Z_T(s) = \dfrac{1}{Z^4Y^4+(7-C)Z^3Y^3+(12-B)Z^2Y^2+(10-2C-2B-A)ZY+1}$ |

Aktive Butterworth-Filter – Gleichung in I-b

15

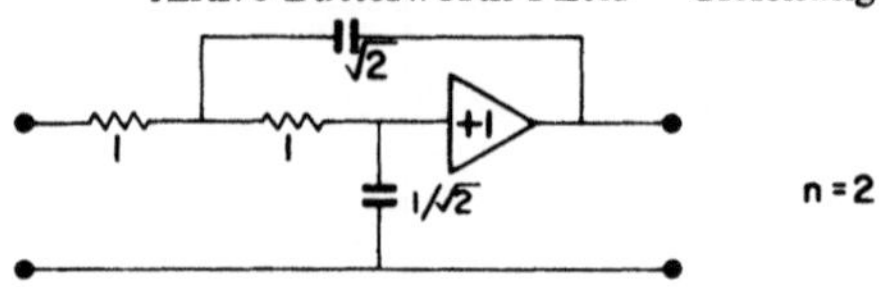


16

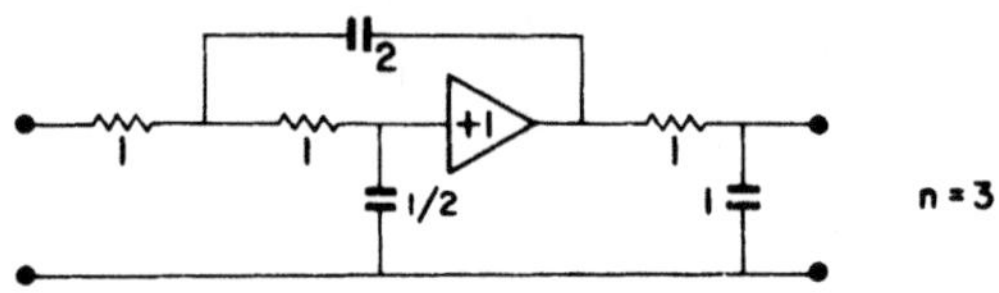


17

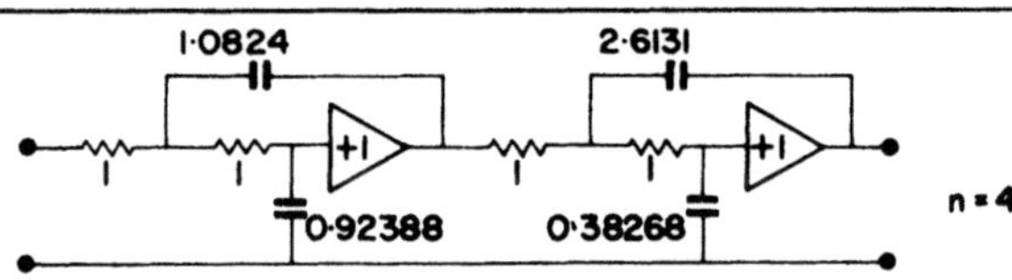


18

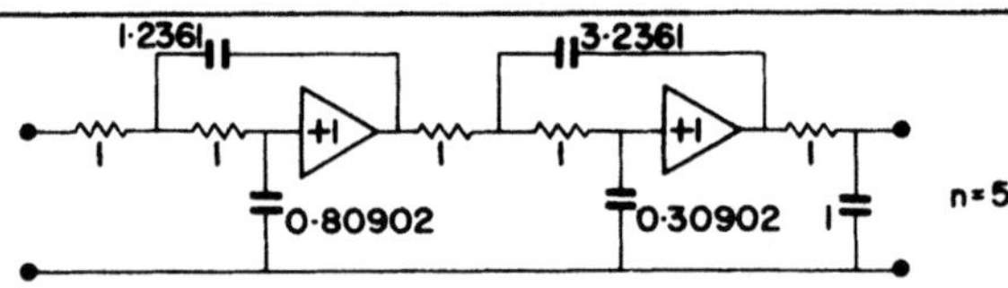


19

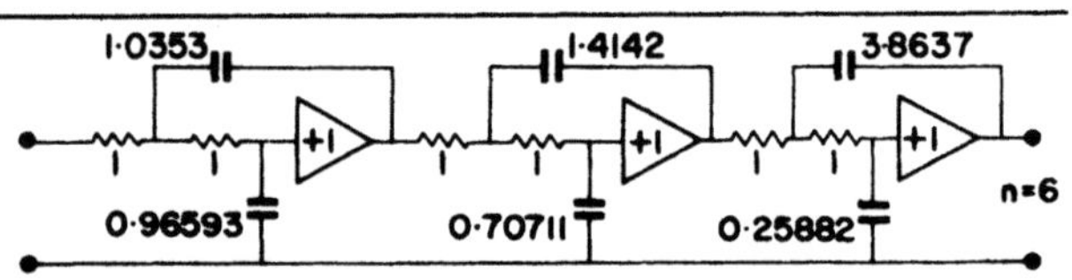

# Anhang II

## Operationen mit Laplace-Transformierten

| No. | $f(t)$ | $F(s)$ |
|---|---|---|
| 1 | $af(t)$ | $aF(s)$ |
| 2 | $\varepsilon^{at}f(t)$ | $F(s-a)$ |
| 3 | $-tf(t)$ | $\frac{dF(s)}{ds}$ |
| 4 | $f\left(\frac{t}{a}\right)$ | $aF(as)$ |
| 5 | $\int_0^t f(t)dt$ | $\frac{F(s)}{s}$ |
| 6 | $f^n(t)$ | $s^nF(s) - s^{n-1}f(0) - s^{n-2}f'(0) - \cdots - f^{n-1}(0)$ |
| 7 | $(t-a)U(t-a)$ | $\varepsilon^{-as}F(s)$ |
| 8 | $f(t) = f(t-a)$ | $\frac{1}{1-\varepsilon^{-as}} \int_0^a f(t)\varepsilon^{-st}\,dt$ |
| 9 | $\lim\limits_{t\to 0} f(t)$ | $\lim\limits_{s\to\infty} sF(s)$ |
| 10 | $\lim\limits_{t\to\infty} f(t)$ | $\lim\limits_{s\to 0} sF(s)$ |
| 11 | $\int_0^t f_1(t-\tau)f_2(\tau)d\tau$ | $F_1(s)\cdot F_2(s)$ |
| 12 | $f'(t)$ | $sF(s) - f(0)$ |

# Anhang III

## Tabelle der Laplace-Transformierten

| No. | $F(s)$ | $f(t)$ |
|---|---|---|
| 1 | $1$ | $U_1(t) = \lim\limits_{a\to 0} \dfrac{U(t) - U(t-a)}{a}$, Einheitsimpuls |
| 2 | $s$ | $U_2(t) = \lim\limits_{a\to 0} \dfrac{U(t) - 2U(t-a) + U(t-2a)}{a^2}$, Einheitsimpulsdublett |
| 3 | $\dfrac{1}{s}$ | $U(t)$, Einheitssprungfunktion |
| 4 | $\dfrac{1}{s^2}$ | $t$ |
| 5 | $\dfrac{1}{s^n}(n = 1, 2, 3 \cdots)$ | $\dfrac{t^{n-1}}{(n-1)!}$ |
| 6 | $\dfrac{1}{s^n}\ (n > 0)$ | $\dfrac{t^{n-1}}{\Gamma(n)}$ |
| 7 | $\dfrac{1}{s^{1/2}}$ | $\dfrac{1}{\sqrt{(\pi t)}}$ |
| 8 | $\dfrac{1}{s^{3/2}}$ | $\sqrt{\left(\dfrac{4t}{\pi}\right)}$ |

| | | |
|---|---|---|
| 9 | $\frac{1}{s+\alpha}$ | $\varepsilon^{-\alpha t}$ |
| 10 | $\frac{1}{(s+\alpha)^n}$ | $\frac{t^{n-1}\varepsilon^{-\alpha t}}{(n-1)!}$ |
| 11 | $\frac{1}{(s+\alpha)(s+\beta)}$ | $\frac{\varepsilon^{-\alpha t}-\varepsilon^{-\beta t}}{\beta-\alpha}$ |
| 12 | $\frac{1}{s(s+\alpha)(s+\beta)}$ | $\frac{1}{\alpha\beta}+\frac{\beta\varepsilon^{-\alpha t}-\alpha\varepsilon^{-\beta t}}{\alpha\beta(\alpha-\beta)}$ |
| 13 | $\frac{1}{(s+\alpha)(s+\beta)(s+\nu)}$ | $\frac{\varepsilon^{-\alpha t}}{(\beta-\alpha)(\nu-\alpha)}+\frac{\varepsilon^{-\beta t}}{(\alpha-\beta)(\nu-\beta)}+\frac{\varepsilon^{-\nu t}}{(\alpha-\nu)(\beta-\nu)}$ |
| 14 | $\frac{1}{s(s+\alpha)(s+\beta)(s+\nu)}$ | $\frac{1}{\alpha\beta\nu}-\frac{\varepsilon^{-\nu t}}{\nu(\alpha-\nu)(\beta-\nu)}-\frac{\varepsilon^{-\beta t}}{\beta(\alpha-\beta)(\nu-\beta)}-\frac{\varepsilon^{-\alpha t}}{\alpha(\beta-\alpha)(\nu-\alpha)}$ |
| 15 | $\frac{1}{s^2(s+\alpha)}$ | $\frac{1}{\alpha^2}(\varepsilon^{-\alpha t}+\alpha t-1)$ |
| 16 | $\frac{1}{s^2(s+\alpha)(s+\beta)}$ | $\frac{1}{\alpha^2\beta^2}\left[\frac{1}{(\alpha-\beta)}(\alpha^2\varepsilon^{-\beta t}-\beta^2\varepsilon^{-\alpha t})+\alpha\beta t-\alpha-\beta\right]$ |
| 17 | $\frac{1}{s^2(s+\alpha)(s+\beta)(s+\nu)}$ | $\frac{\alpha\beta(\nu t-1)-\alpha\nu-\beta\nu}{(\alpha\beta\nu)^2}+\frac{\varepsilon^{-\alpha t}}{\alpha^2(\nu-\alpha)(\beta-\alpha)}+\frac{\varepsilon^{-\beta t}}{\beta^2(\nu-\beta)(\alpha-\beta)}+\frac{\varepsilon^{-\nu t}}{\nu^2(\beta-\nu)(\alpha-\nu)}$ |
| 18 | $\frac{1}{s^2+\alpha^2}$ | $\frac{\sin\alpha t}{\alpha}$ |
| 19 | $\frac{1}{s^2-\alpha^2}$ | $\frac{\sinh\alpha t}{\alpha}$ |

| No. | $F(s)$ | $f(t)$ |
|---|---|---|
| 20 | $\frac{1}{s(s^2+\alpha^2)}$ | $\frac{1-\cos\alpha t}{\alpha^2}$ |
| 21 | $\frac{1}{s^2(s^2+\alpha^2)}$ | $\frac{t}{\alpha^2}-\frac{\sin\alpha t}{\alpha^3}$ |
| 22 | $\frac{1}{(s+\alpha)(s^2+\beta^2)}$ | $\frac{1}{\alpha^2+\beta^2}\left(\varepsilon^{-\alpha t}+\frac{\alpha}{\beta}\sin\beta t-\cos\beta t\right)$ |
| 23 | $\frac{1}{s(s+\alpha)(s^2+\beta^2)}$ | $\frac{1}{\alpha\beta^2}-\frac{1}{\alpha^2+\beta^2}\left(\frac{\sin\beta t}{\beta}+\frac{\alpha\cos\beta t}{\beta^2}+\frac{\varepsilon^{-\alpha t}}{\alpha}\right)$ |
| 24 | $\frac{1}{s^2(s+\alpha)(s^2+\beta^2)}$ | $\frac{t}{\alpha\beta^2}-\frac{1}{\alpha^2\beta^2}+\frac{\varepsilon^{-\alpha t}}{\alpha^2(\alpha^2+\beta^2)}+\frac{\cos(\beta t+\phi)}{\beta^3\sqrt{(\alpha^2+\beta^2)}},\quad \phi=\tan^{-1}\left(\frac{\alpha}{\beta}\right)$ |
| 25 | $\frac{1}{(s+\alpha)(s+\beta)(s^2+\nu^2)}$ | $\frac{\varepsilon^{-\alpha t}}{(\beta-\alpha)(\alpha^2+\nu^2)}+\frac{\varepsilon^{-\beta t}}{(\alpha-\beta)(\beta^2+\nu^2)}+\frac{\sin(\nu t-\phi)}{\nu\sqrt{\{\nu^2(\alpha+\beta)^2+(\alpha\beta-\nu^2)^2\}}},$ <br> $\phi=\tan^{-1}\left(\frac{\nu}{\alpha}\right)+\tan^{-1}\left(\frac{\nu}{\beta}\right)$ |
| 26 | $\frac{1}{s(s+\alpha)(s+\beta)(s^2+\nu^2)}$ | $\frac{1}{\alpha\beta\nu^2}+\frac{\varepsilon^{-\alpha t}}{\alpha(\alpha-\beta)(\alpha^2+\nu^2)}+\frac{\varepsilon^{-\beta t}}{\beta(\beta-\alpha)(\beta^2+\nu^2)}+\frac{\cos(\nu t+\phi)}{\nu^2\sqrt{\{(\alpha\beta-\nu^2)+\nu^2(\alpha+\beta)^2\}}}$ <br> $\phi=\tan^{-1}\left(\frac{\beta}{\nu}\right)+\tan^{-1}\left(\frac{\alpha}{\nu}\right)$ |
| 27 | $\frac{1}{s^2(s+\alpha)(s+\beta)(s^2+\nu^2)}$ | $\frac{1}{\alpha\beta\nu^2}\left(t-\frac{1}{\alpha}-\frac{1}{\beta}\right)+\frac{\varepsilon^{-\alpha t}}{\alpha^2(\beta-\alpha)(\alpha^2+\nu^2)}+\frac{\varepsilon^{-\beta t}}{\beta^2(\alpha-\beta)(\beta^2+\nu^2)}$ <br> $+\frac{\cos(\nu t+\phi)}{\nu^3\sqrt{\{(\alpha\beta-\nu^2)^2+(\alpha+\beta)^2\nu^2\}}},\quad \phi=\tan^{-1}\left(\frac{\beta}{\nu}\right)-\tan^{-1}\left(\frac{\nu}{\alpha}\right)$ |

| | | |
|---|---|---|
| 28 | $\dfrac{1}{(s^2+\alpha^2)(s^2+\beta^2)}$ | $\dfrac{1}{\beta^2-\alpha^2}\left(\dfrac{\sin\alpha t}{\alpha}-\dfrac{\sin\beta t}{\beta}\right)$ |
| 29 | $\dfrac{1}{(s+\alpha)^2+\beta^2}$ | $\dfrac{\varepsilon^{-\alpha t}\sin\beta t}{\beta}$ |
| 30 | $\dfrac{1}{s^2[(s+\alpha)^2+\beta^2]}$ | $\dfrac{1}{\alpha^2+\beta^2}\left(t-\dfrac{2\alpha}{\alpha^2+\beta^2}\right)+\dfrac{\varepsilon^{-\alpha t}\sin(\beta t+\phi)}{\beta(\alpha^2+\beta^2)},\qquad \phi=2\tan^{-1}\left(\dfrac{\beta}{\alpha}\right)$ |
| 31 | $\dfrac{1}{(s+\nu)[(s+\alpha)^2+\beta^2]}$ | $\dfrac{\varepsilon^{-\nu t}}{\beta^2+(\nu-\alpha)^2}+\dfrac{\varepsilon^{-\alpha t}\sin(\beta t-\phi)}{\beta\sqrt{\{(\nu-\alpha)^2+\beta^2\}}},\qquad \phi=\tan^{-1}\left(\dfrac{\beta}{\nu-\alpha}\right)$ |
| 32 | $\dfrac{1}{s(s+\nu)[(s+\alpha)^2+\beta^2]}$ | $\dfrac{1}{\nu(\alpha^2+\beta^2)}-\dfrac{\varepsilon^{-\nu t}}{\nu[(\alpha-\nu)^2+\beta^2]}+\dfrac{\varepsilon^{-\alpha t}\sin(\beta t+\phi)}{\beta\sqrt{(\alpha^2+\beta^2)[(\alpha-\nu)^2+\beta^2]}},$ $\phi=\tan^{-1}\left(\dfrac{\beta}{\alpha}\right)+\tan^{-1}\left(\dfrac{\beta}{\alpha-\nu}\right)$ |
| 33 | $\dfrac{1}{s^2(s+\nu)[(s+\alpha)^2+\beta^2]}$ | $\dfrac{1}{\nu(\alpha^2+\beta^2)}\left(t-\dfrac{1}{\nu}-\dfrac{2\alpha}{\alpha^2+\beta^2}\right)+\dfrac{\varepsilon^{-\nu t}}{\nu^2[(\nu-\alpha)^2+\beta^2]}+\dfrac{\varepsilon^{-\alpha t}\sin(\beta t+\phi)}{\beta(\alpha^2+\beta^2)\sqrt{\{(\nu-\alpha)^2+\beta^2\}}},$ $\phi=2\tan^{-1}\left(\dfrac{\beta}{\alpha}\right)-\tan^{-1}\left(\dfrac{\beta}{\nu-\alpha}\right)$ |
| 34 | $\dfrac{1}{(s+\nu)(s+\delta)[(s+\alpha)^2+\beta^2]}$ | $\dfrac{\varepsilon^{-\nu t}}{(\delta-\nu)[(\alpha-\nu)^2+\beta^2]}+\dfrac{\varepsilon^{-\delta t}}{(\nu-\delta)[(\alpha-\delta)^2+\beta^2]}+\dfrac{\varepsilon^{-\alpha t}\cos(\beta t+\phi)}{\beta\sqrt{[(\alpha-\delta)^2+\beta^2][(\alpha-\nu)^2+\beta^2]}},$ $\phi=\tan^{-1}\left(\dfrac{\beta}{\alpha-\delta}\right)-\tan^{-1}\left(\dfrac{\alpha-\nu}{\beta}\right)$ |
| 35 | $\dfrac{1}{(s^2+\nu^2)[(s+\alpha)^2+\beta^2]}$ | $\dfrac{\beta\sin(\nu t+\phi_1)+\nu\varepsilon^{-\alpha t}\sin(\beta t+\phi_2)}{\beta\nu\sqrt{\{4\alpha^2\nu^2+(\alpha^2+\beta^2-\nu^2)^2\}}},\qquad \phi_1=\tan^{-1}\left(\dfrac{2\alpha\nu}{\nu^2-\alpha^2-\beta^2}\right)$ $\phi_2=\tan^{-1}\left[\dfrac{2\alpha\beta}{(\alpha^2-\beta^2+\nu^2)}\right]$ |

| No. | $F(s)$ | $f(t)$ |
|---|---|---|
| 36 | $\dfrac{1}{s(s^2+\nu^2)[(s+\alpha)^2+\beta^2]}$ | $\dfrac{1}{\nu^2(\alpha^2+\beta^2)}+\dfrac{\sin(\nu t-\phi_1)}{\beta\sqrt{(\alpha^2+\beta^2)[4\alpha^2\nu^2+(\alpha^2+\beta^2-\nu^2)^2]}}-\dfrac{\sin(\nu t+\phi_2)}{\nu^2\sqrt{4\alpha^2\nu^2+(\alpha^2+\beta^2-\nu^2)^2}}$ <br> $\phi_1=\tan^{-1}\left(\dfrac{\alpha}{\beta}\right)+\tan^{-1}\left(\dfrac{\alpha^2-\beta^2+\nu^2}{2\alpha\beta}\right),\quad \phi_2=\tan^{-1}\left(\dfrac{\alpha^2+\beta^2-\nu^2}{2\alpha\beta}\right)$ |
| 37 | $\dfrac{1}{(s+\nu)(s^2+\delta^2)[(s+\alpha)^2+\beta^2]}$ | $\dfrac{\varepsilon^{-\nu t}}{(\nu^2+\delta^2)[(\alpha-\nu)^2+\beta^2]}+\dfrac{\varepsilon^{-\alpha t}\sin(\beta t+\phi_1)}{\beta\sqrt{[(\nu-\alpha)^2+\beta^2][4\alpha^2\delta^2+(\alpha^2+\beta^2-\delta^2)^2]}}$ <br> $-\dfrac{\sin(\delta t+\phi_2)}{\delta\sqrt{(\nu^2+\delta^2)[4\alpha^2\delta^2+(\alpha^2+\beta^2-\delta^2)^2]}}$ <br> $\phi_1=\tan^{-1}\left(\dfrac{\nu-\alpha}{\beta}\right)-\tan^{-1}\left(\dfrac{\alpha^2-\beta^2+\delta^2}{2\alpha\beta}\right),\quad \phi_2=\tan^{-1}\left(\dfrac{\nu}{\delta}\right)+\tan^{-1}\left(\dfrac{\alpha^2+\beta^2-\delta^2}{2\alpha\delta}\right)$ |
| 38 | $\dfrac{1}{s(s+\alpha)^2}$ | $\dfrac{1-\varepsilon^{-\alpha t}-\alpha t\varepsilon^{-\alpha t}}{\alpha^2}$ |
| 39 | $\dfrac{1}{s^2(s+\alpha)^2}$ | $\dfrac{t}{\alpha^2}-\dfrac{2}{\alpha^3}+\dfrac{t\varepsilon^{-\alpha t}}{\alpha^2}+\dfrac{2\varepsilon^{-\alpha t}}{\alpha^3}$ |
| 40 | $\dfrac{1}{(s+\alpha)(s+\beta)^2}$ | $\dfrac{\varepsilon^{-\alpha t}}{(\alpha-\beta)^2}+\dfrac{[(\alpha-\beta)t-1]\varepsilon^{-\beta t}}{(\alpha-\beta)^2}$ |
| 41 | $\dfrac{1}{s(s+\alpha)(s+\beta)^2}$ | $\dfrac{1}{\alpha\beta^2}-\dfrac{\varepsilon^{-\alpha t}}{\alpha(\alpha-\beta)^2}-\left[\dfrac{t}{\beta(\alpha-\beta)}+\dfrac{\alpha-2\beta}{\beta^2(\alpha-\beta)^2}\right]\varepsilon^{-\beta t}$ |
| 42 | $\dfrac{1}{s^2(s+\alpha)(s+\beta)^2}$ | $\dfrac{\varepsilon^{-\alpha t}}{\alpha^2(\beta-\alpha)^2}+\dfrac{1}{\alpha\beta^2}\left(t-\dfrac{1}{\alpha}-\dfrac{2}{\beta}\right)+\left[\dfrac{t}{\beta^2(\alpha-\beta)}+\dfrac{2(\alpha-\beta)-\beta}{\beta^3(\beta-\alpha)^2}\right]\varepsilon^{-\beta t}$ |

| | | |
|---|---|---|
| 43 | $\frac{1}{(s+\beta)(s+\nu)(s+\alpha)^2}$ | $\left[\frac{t}{(\alpha-\beta)(\alpha-\nu)}+\frac{2\alpha-\beta-\nu}{(\alpha-\beta)^2(\alpha-\nu)^2}\right]\varepsilon^{-\alpha t}+\frac{\varepsilon^{-\beta t}}{(\nu-\beta)(\alpha-\beta)^2}+\frac{\varepsilon^{-\nu t}}{(\beta-\nu)(\alpha-\nu)^2}$ |
| 44 | $\frac{1}{s(s+\beta)(s+\nu)(s+\alpha)^2}$ | $\frac{1}{\beta\nu\alpha^2}+\frac{\varepsilon^{-\beta t}}{\beta(\beta-\nu)(\alpha-\beta)^2}+\frac{\varepsilon^{-\nu t}}{\nu(\nu-\beta)(\alpha-\nu)^2}$ $+\left[\frac{t}{\alpha(\alpha-\nu)(\beta-\alpha)}-\frac{(\alpha-\nu)(\alpha-\beta)+\alpha(2\alpha-\nu-\beta)}{\alpha^2(\alpha-\nu)^2(\alpha-\beta)^2}\right]\varepsilon^{-\alpha t}$ |
| 45 | $\frac{1}{s^2(s+\beta)(s+\nu)(s+\alpha)^2}$ | $\left[\frac{t}{\alpha^2(\alpha-\nu)(\alpha-\beta)}+\frac{2(\alpha-\nu)(\alpha-\beta)+\alpha(2\alpha-\nu-\beta)}{\alpha^3(\alpha-\nu)^2(\alpha-\beta)^2}\right]\varepsilon^{-\alpha t}+\frac{\varepsilon^{-\beta t}}{\beta^2(\nu-\beta)(\alpha-\beta)^2}$ $+\frac{1}{\beta\nu\alpha^2}\left(t-\frac{2}{\alpha}-\frac{1}{\beta}-\frac{1}{\nu}\right)+\frac{\varepsilon^{-\nu t}}{\nu^2(\beta-\nu)(\alpha-\nu)^2}$ |
| 46 | $\frac{1}{(s^2+\alpha^2)(s+\beta)^2}$ | $\frac{\sin(\alpha t+\phi)}{\alpha(\alpha^2+\beta^2)}+\left[\frac{t}{\alpha^2+\beta^2}+\frac{2\beta}{(\alpha^2+\beta^2)^2}\right]\varepsilon^{-\beta t},\quad \phi=2\tan^{-1}\left(\frac{\alpha}{\beta}\right)$ |
| 47 | $\frac{1}{s(s^2+\alpha^2)(s+\beta)^2}$ | $\frac{1}{\alpha^2\beta^2}-\frac{\sin(\alpha t+\phi)}{\alpha^2(\alpha^2+\beta^2)}-\left[\frac{t}{\beta(\alpha^2+\beta^2)}+\frac{3\beta^2+\alpha^2}{\beta^2(\alpha^2+\beta^2)^2}\right]\varepsilon^{-\beta t},\quad \phi=\tan^{-1}\left(\frac{\beta}{\alpha}\right)-\tan^{-1}\left(\frac{\alpha}{\beta}\right)$ |
| 48 | $\frac{1}{s^2(s^2+\alpha^2)(s+\beta)^2}$ | $\frac{\sin(\alpha t+\phi)}{\alpha^3(\alpha^2+\beta^2)}+\frac{t\varepsilon^{-\beta t}}{\beta^2(\alpha^2+\beta^2)}+\frac{2(\alpha^2+2\beta^2)\varepsilon^{-\beta t}}{\beta^3(\alpha^2+\beta^2)^2}+\frac{t}{\alpha^2\beta^2}-\frac{2}{\alpha^2\beta^3},\quad \phi=2\tan^{-1}\left(\frac{\beta}{\alpha}\right)$ |
| 49 | $\frac{1}{(s+\nu)(s^2+\alpha^2)(s+\beta)^2}$ | $\frac{\sin(\alpha t-\phi)}{\alpha(\alpha^2+\beta^2)\sqrt{(\alpha^2+\nu^2)}}+\frac{t\varepsilon^{-\beta t}}{(\nu-\beta)(\alpha^2+\beta^2)}+\left[\frac{2(\nu-\beta)\beta-(\alpha^2+\beta^2)}{(\nu-\beta)^2(\alpha^2+\beta^2)^2}\right]\varepsilon^{-\beta t}$ $+\frac{\varepsilon^{-\nu t}}{(\alpha^2+\nu^2)(\beta-\nu)^2},\quad \phi=2\tan^{-1}\left(\frac{\alpha}{\beta}\right)+\tan^{-1}\left(\frac{\alpha}{\nu}\right)$ |
| 50 | $\frac{1}{(s+\nu)^2[(s+\beta)^2+\alpha^2]}$ | $\frac{\varepsilon^{-\beta t}\sin(\alpha t-\phi)}{\alpha[\alpha^2+(\beta-\nu)^2]}+\frac{2(\nu-\beta)\varepsilon^{-\nu t}}{[(\beta-\nu)^2+\alpha^2]^2}+\frac{t\varepsilon^{-\nu t}}{\alpha^2+(\beta-\nu)^2},\quad \phi=2\tan^{-1}\left(\frac{\alpha}{\nu-\beta}\right)$ |

| No. | $F(s)$ | $f(t)$ |
|---|---|---|
| 51 | $\dfrac{1}{s(s+\nu)^2[(s+\beta)^2+\alpha^2]}$ | $\dfrac{\varepsilon^{-\beta t}\sin(\alpha t+\phi)}{\alpha[\alpha^2+(\beta-\nu)^2]\sqrt{(\alpha^2+\beta^2)}}-\left(\dfrac{[\alpha^2+(\beta-\nu)^2]-2\nu(\beta-\nu)}{\nu^2[\alpha^2+(\beta-\nu)^2]^2}\right)\varepsilon^{-\nu t}-\dfrac{t\varepsilon^{-\nu t}}{\nu[\alpha^2+(\beta-\nu)^2]}+\dfrac{1}{\nu^2(\alpha^2+\beta^2)},\quad \phi=2\tan^{-1}\left(\dfrac{\nu-\beta}{\alpha}\right)+\tan^{-1}\left(\dfrac{\alpha}{\beta}\right)$ |
| 52 | $\dfrac{1}{(s+\alpha)^2(s+\beta)^2}$ | $\dfrac{t\varepsilon^{-\alpha t}}{(\beta-\alpha)^2}-\dfrac{2\varepsilon^{-\alpha t}}{(\beta-\alpha)^3}+\dfrac{t\varepsilon^{-\beta t}}{(\alpha-\beta)^2}-\dfrac{2\varepsilon^{-\beta t}}{(\alpha-\beta)^3}$ |
| 53 | $\dfrac{1}{s(s+\alpha)^2(s+\beta)^2}$ | $\dfrac{(3\alpha-\beta)\varepsilon^{-\alpha t}}{\alpha^2(\beta-\alpha)^3}-\dfrac{t\varepsilon^{-\alpha t}}{\alpha(\beta-\alpha)^2}+\dfrac{(3\beta-\alpha)\varepsilon^{-\beta t}}{\beta^2(\alpha-\beta)^3}-\dfrac{t\varepsilon^{-\beta t}}{\beta(\alpha-\beta)^2}+\dfrac{1}{\alpha^2\beta^2}$ |
| 54 | $\dfrac{1}{s^2(s+\alpha)^2(s+\beta)^2}$ | $\dfrac{2(\beta-2\alpha)\varepsilon^{-\alpha t}}{\alpha^3(\beta-\alpha)^3}+\dfrac{t\varepsilon^{-\alpha t}}{\alpha^2(\beta-\alpha)^2}+\dfrac{2(\alpha-2\beta)\varepsilon^{-\beta t}}{\beta^3(\alpha-\beta)^3}+\dfrac{t\varepsilon^{-\beta t}}{\beta^2(\alpha-\beta)^2}+\dfrac{t}{\alpha^2\beta^2}-\dfrac{2(\alpha+\beta)}{\alpha^3\beta^3}$ |
| 55 | $\dfrac{1}{(s+\nu)(s+\alpha)^2(s+\beta)^2}$ | $\dfrac{\varepsilon^{-\nu t}}{(\alpha-\nu)^2(\beta-\nu)^2}+\dfrac{[3\beta-(\alpha+2\nu)]\varepsilon^{-\beta t}}{(\alpha-\beta)^3(\nu-\beta)^2}+\dfrac{t\varepsilon^{-\beta t}}{(\nu-\beta)(\alpha-\beta)^2}+\dfrac{[3\alpha-(\beta-2\nu)]\varepsilon^{-\alpha t}}{(\nu-\alpha)^2(\beta-\alpha)^3}+\dfrac{t\varepsilon^{-\alpha t}}{(\nu-\alpha)(\beta-\alpha)^2}+\dfrac{\varepsilon^{-\nu t}}{(\alpha-\nu)^2(\beta-\nu)^2}$ |
| 56 | $\dfrac{1}{(s^2+\nu^2)(s+\alpha)^2(s+\beta)^2}$ | $\dfrac{\sin(\nu t+\phi)}{\nu(\alpha^2+\nu^2)(\beta^2+\nu^2)}-2\left[\dfrac{(\alpha^2+\nu^2)-\alpha(\beta-\alpha)}{(\alpha^2+\nu^2)(\beta-\alpha)^3}\right]\varepsilon^{-\alpha t}+\dfrac{t\varepsilon^{-\alpha t}}{(\alpha^2+\nu^2)(\beta-\alpha)^2}-2\left[\dfrac{\beta^2+\nu^2-\beta(\alpha-\beta)}{(\beta^2+\nu^2)(\alpha-\beta)^3}\right]\varepsilon^{-\beta t}+\dfrac{t\varepsilon^{-\beta t}}{(\beta^2+\nu^2)(\alpha-\beta)^2},\quad \phi=2\tan^{-1}\left(\dfrac{\beta}{\nu}\right)+2\tan^{-1}\left(\dfrac{\alpha}{\nu}\right)$ |
| 57 | $\dfrac{1}{[\alpha^2+(s+\beta)^2]^2}$ | $\dfrac{\varepsilon^{-\beta t}(\sin\alpha t-\alpha t\cos\alpha t)}{2\alpha^3}$ |

| | | |
|---|---|---|
| 58 | $\dfrac{1}{(s^2+\alpha^2)^2}$ | $\dfrac{\sin \alpha t - \alpha t \cos \alpha t}{2\alpha^3}$ |
| 59 | $\dfrac{1}{s(s^2+\alpha^2)^2}$ | $\dfrac{(1-\cos \alpha t)}{\alpha^4} - \dfrac{t \sin \alpha t}{2\alpha^3}$ |
| 60 | $\dfrac{1}{s^2(s^2+\alpha^2)^2}$ | $\dfrac{3 \sin \alpha t}{2\alpha^5} + \dfrac{t \cos \alpha t}{2\alpha^4} + \dfrac{t}{\alpha^4}$ |
| 61 | $\dfrac{1}{(s+\beta)(s^2+\alpha^2)^2}$ | $\dfrac{\varepsilon^{-\beta t}}{(\alpha^2+\beta^2)^2} - \dfrac{t \sin(\alpha t+\phi_1)}{2\alpha^2\sqrt{(\alpha^2+\beta^2)}} - \dfrac{(\sqrt{\beta^2+4\alpha^2}) \cos(\alpha t+\phi_2)}{2\alpha^3(\alpha^2+\beta^2)}$ <br> $\phi_1 = \tan^{-1}\left(\dfrac{\beta}{\alpha}\right), \quad \phi_2 = \tan^{-1}\left[\dfrac{\beta(3\alpha^2+\beta^2)}{2\alpha^3}\right]$ |
| 62 | $\dfrac{1}{s(s+\beta)(s^2+\alpha^2)^2}$ | $\dfrac{t \cos(\alpha t+\phi_1)}{2\alpha^3\sqrt{(\alpha^2+\beta^2)}} - \dfrac{(\sqrt{9\alpha^2+4\beta^2}) \cos(\alpha t+\phi_2)}{2\alpha^4(\alpha^2+\beta^2)} - \dfrac{\varepsilon^{-\beta t}}{\beta(\alpha^2+\beta^2)^2} + \dfrac{1}{\alpha^4\beta}$ <br> $\phi_1 = \tan^{-1}\left(\dfrac{\beta}{\alpha}\right), \quad \phi_2 = \tan^{-1}\left(\dfrac{3\alpha}{2\beta}\right) + 2\tan^{-1}\left(\dfrac{\alpha}{\beta}\right)$ |
| 63 | $\dfrac{1}{s^2(s+\beta)(s^2+\alpha^2)^2}$ | $\dfrac{t \sin(\alpha t+\phi_1)}{2\alpha^4\sqrt{(\alpha^2+\beta^2)}} - \dfrac{(16\alpha^2+9\beta^2)^{1/2} \sin(\alpha t+\phi_2)}{4\alpha^5(\alpha^2+\beta^2)} + \dfrac{\varepsilon^{-\beta t}}{\beta^2(\alpha^2+\beta^2)^2} + \dfrac{t}{\alpha^4\beta} - \dfrac{1}{\alpha^4\beta^2}$ <br> $\phi_1 = \tan^{-1}\left(\dfrac{\beta}{\alpha}\right), \quad \phi_2 = \tan^{-1}\left(\dfrac{4\alpha}{3\beta}\right) - 2\tan^{-1}\left(\dfrac{\alpha}{\beta}\right)$ |
| 64 | $\dfrac{1}{s(s+\alpha)^3}$ | $\dfrac{1}{\alpha^3} - \left(\dfrac{t^2}{2\alpha} + \dfrac{t}{\alpha^2} + \dfrac{1}{\alpha^3}\right)\varepsilon^{-\alpha t}$ |
| 65 | $\dfrac{1}{s^3(s^2+\alpha^2)}$ | $\dfrac{t^2}{2\alpha^2} + \dfrac{(\cos \alpha t - 1)}{\alpha^4}$ |

| No. | $F(s)$ | $f(t)$ |
|---|---|---|
| 66 | $\dfrac{1}{s^2(s^2-\alpha^2)}$ | $\dfrac{\sinh \alpha t}{\alpha^3} - \dfrac{t}{\alpha^2}$ |
| 67 | $\dfrac{1}{s^3(s^2-\alpha^2)}$ | $\dfrac{(\cosh \alpha t - 1)}{\alpha^4} - \dfrac{t^2}{2\alpha^2}$ |
| 68 | $\dfrac{1}{s^4-\alpha^4}$ | $\dfrac{\sinh \alpha t - \sin \alpha t}{2\alpha^3}$ |
| 69 | $\dfrac{1}{s\sqrt{(s+1)}}$ | $\operatorname{erf}(\sqrt{t})$ |
| 70 | $\dfrac{1}{\sqrt{s^2+\alpha^2}\,(s+\sqrt{s^2+\alpha^2})}$ | $\dfrac{J_1(\alpha t)}{\alpha}$ |
| 71 | $\dfrac{1}{\{s+\sqrt{(s^2+\alpha^2)}\}^n}$ | $\dfrac{nJ_n(\alpha t)}{\alpha^n t}$ |
| 72 | $\dfrac{1}{s\{s+\sqrt{(s^2+\alpha^2)}\}^n}$ | $\dfrac{n}{\alpha^n}\displaystyle\int_0^t \dfrac{J_n(\alpha t)}{t}\,dt$ |
| 73 | $\dfrac{1}{\sqrt{s}(s-1)}$ | $\varepsilon^t \operatorname{erf}(\sqrt{t})$ |
| 74 | $\dfrac{1}{1+\sqrt{s}}$ | $\dfrac{1}{\sqrt{(\pi t)}} - \varepsilon^t - \varepsilon^t \operatorname{erf}(\sqrt{t})$ |
| 75 | $\dfrac{1}{\sqrt{(s^2+\alpha^2)}}$ | $J_0(\alpha t)$ |

| | | |
|---|---|---|
| 76 | $\dfrac{1}{\sqrt{(s^2 - \alpha^2)}}$ | $J_0(j\alpha t)$ |
| 77 | $\dfrac{1}{s + \sqrt{(s^2 + \alpha^2)}}$ | $\dfrac{J_1(\alpha t)}{\alpha t}$ |
| 78 | $\dfrac{1}{\sqrt{s^2 + \alpha^2}\,(s + \sqrt{s^2 + \alpha^2})^n}$ | $\dfrac{J_n(\alpha t)}{\alpha^n}$ |
| 79 | $\dfrac{1}{s\varepsilon^{\alpha/s}}$ | $J_0(2\sqrt{\alpha t})$ |
| 80 | $\dfrac{1}{\sqrt{s}\varepsilon^{\alpha/s}}$ | $\dfrac{\cos 2\sqrt{(\alpha t)}}{\sqrt{(\pi t)}}$ |
| 81 | $\dfrac{\varepsilon^{-as}}{s}$ | $U(t - a)$ |
| 82 | $\dfrac{s}{s^2 + \alpha^2}$ | $\cos \alpha t$ |
| 83 | $\dfrac{s}{s^2 - \alpha^2}$ | $\cosh \alpha t$ |
| 84 | $\dfrac{s}{(s^2 + \alpha^2)(s^2 + \beta^2)}$ | $\dfrac{\cos \alpha t - \cos \beta t}{\beta^2 - \alpha^2}, \qquad \alpha^2 \neq \beta^2$ |
| 85 | $\dfrac{s}{[s^2 + (\alpha + \beta)^2][s^2 + (\alpha - \beta)^2]}$ | $\dfrac{\sin \beta t \cdot \sin \alpha t}{2\alpha\beta}$ |
| 86 | $\dfrac{s}{(s^2 + \alpha^2)^2}$ | $\dfrac{t \sin \alpha t}{2\alpha}$ |

| No. | $F(s)$ | $f(t)$ |
|---|---|---|
| 87 | $\dfrac{s^2}{(s^2+\alpha^2)^2}$ | $\dfrac{\sin \alpha t + \alpha t \cos \alpha t}{2\alpha}$ |
| 88 | $\dfrac{s}{(s+\alpha)^2}$ | $\varepsilon^{-\alpha t}(1 - \alpha t)$ |
| 89 | $\dfrac{s}{s^4-\alpha^4}$ | $\dfrac{\cosh \alpha t - \cos \alpha t}{2\alpha^2}$ |
| 90 | $\dfrac{s^2}{s^4-\alpha^4}$ | $\dfrac{\sinh \alpha t + \sin \alpha t}{2\alpha}$ |
| 91 | $\dfrac{s^3}{s^4-\alpha^4}$ | $\dfrac{\cosh \alpha t + \cos \alpha t}{2}$ |
| 92 | $\dfrac{s}{s^4+4\alpha^4}$ | $\dfrac{\sinh \alpha t \cdot \sin \alpha t}{2\alpha^2}$ |
| 93 | $\dfrac{s}{(s-\alpha)(s-\beta)}$ | $\dfrac{\alpha\varepsilon^{-\alpha t} - \beta\varepsilon^{-\beta t}}{\alpha - \beta}, \quad \alpha \neq \beta$ |
| 94 | $\dfrac{8\alpha^3 s^2}{(s^2+\alpha^2)^3}$ | $(1 + \alpha^2 t^2) \sin \alpha t - \alpha t \cos \alpha t$ |
| 95 | $\dfrac{s}{(s-\alpha)^{3/2}}$ | $\dfrac{\varepsilon^{\alpha t}(1 + 2\alpha t)}{\sqrt{(\pi t)}}$ |
| 96 | $\dfrac{\sqrt{s}}{s-\alpha^2}$ | $\dfrac{1}{\sqrt{(\pi t)}} + \alpha\varepsilon^{\alpha^2 t} \operatorname{erf}(\alpha\sqrt{t})$ |

| | | |
|---|---|---|
| 97 | $\frac{s + a_0}{s(s + \alpha)}$ | $\frac{a_0 - (a_0 - \alpha)\varepsilon^{-\alpha t}}{\alpha}$ |
| 98 | $\frac{s + a_0}{(s + \alpha)(s + \beta)}$ | $\frac{(a_0 - \alpha)\varepsilon^{-\alpha t} + (\beta - a_0)\varepsilon^{-\beta t}}{\beta - \alpha}$ |
| 99 | $\frac{s + a_0}{s(s + \alpha)(s + \beta)}$ | $\frac{a_0}{\alpha\beta} + \frac{(\alpha - a_0)\varepsilon^{-\alpha t}}{\alpha(\beta - \alpha)} + \frac{(\beta - a_0)\varepsilon^{-\beta t}}{\beta(\alpha - \beta)}$ |
| 100 | $\frac{s + a_0}{s^2(s + \alpha)(s + \beta)}$ | $\frac{(1 + a_0 t)}{\alpha\beta} - \frac{(\alpha + \beta)a_0}{\alpha^2\beta^2} + \frac{1}{\beta - \alpha}\left[\frac{(a_0 - \alpha)\varepsilon^{-\alpha t}}{\alpha^2} - \frac{(a_0 - \beta)\varepsilon^{-\beta t}}{\beta^2}\right]$ |
| 101 | $\frac{s + a_0}{(s + \alpha)(s + \beta)(s + \nu)}$ | $\frac{(a_0 - \alpha)\varepsilon^{-\alpha t}}{(\nu - \alpha)(\beta - \alpha)} + \frac{(a_0 - \beta)\varepsilon^{-\beta t}}{(\alpha - \beta)(\nu - \beta)} + \frac{(a_0 - \nu)\varepsilon^{-\nu t}}{(\alpha - \nu)(\beta - \nu)}$ |
| 102 | $\frac{s + a_0}{s(s + \alpha)(s + \beta)(s + \nu)}$ | $\frac{a_0}{\alpha\beta\nu} + \frac{(\alpha - a_0)\varepsilon^{-\alpha t}}{\alpha(\beta - \alpha)(\nu - \alpha)} + \frac{(\beta - a_0)\varepsilon^{-\beta t}}{\beta(\alpha - \beta)(\nu - \beta)} + \frac{(\nu - a_0)\varepsilon^{-\nu t}}{\nu(\alpha - \nu)(\beta - \nu)}$ |
| 103 | $\frac{s + a_0}{s^2(s + \alpha)(s + \beta)(s + \nu)}$ | $\frac{1 + a_0 t}{\alpha\beta\nu} - \frac{a_0(\alpha\beta + \beta\nu + \alpha\nu)}{\alpha^2\beta^2\nu^2} + \frac{(a_0 - \alpha)\varepsilon^{-\alpha t}}{\alpha^2(\beta - \alpha)(\nu - \alpha)} + \frac{(a_0 - \beta)\varepsilon^{-\beta t}}{\beta^2(\alpha - \beta)(\nu - \beta)} + \frac{(a_0 - \nu)\varepsilon^{-\nu t}}{\nu^2(\alpha - \nu)(\beta - \nu)}$ |
| 104 | $\frac{s + a_0}{s^2 + \alpha^2}$ | $\frac{\sqrt{(a_0^2 + \alpha^2)}\sin(\alpha t + \phi)}{\alpha}, \qquad \phi = \tan^{-1}\left(\frac{\alpha}{a_0}\right)$ |
| 105 | $\frac{s + a_0}{s(s^2 + \alpha^2)}$ | $\frac{a_0}{\alpha^2} + \sqrt{\left(\frac{1}{\alpha^2} + \frac{a_0^2}{\alpha^4}\right)}\sin(\alpha t - \phi), \qquad \phi = \tan^{-1}\left(\frac{a_0}{\alpha}\right)$ |
| 106 | $\frac{s + a_0}{s^2(s^2 + \alpha^2)}$ | $\left[\frac{1}{\alpha^2} + \frac{a_0 t}{\alpha^2} - \sqrt{\left(\frac{1}{\alpha^4} + \frac{a_0^2}{\alpha^6}\right)} \cdot \sin(\alpha t + \phi)\right], \qquad \phi = \tan^{-1}\left(\frac{\alpha}{a_0}\right)$ |
| 107 | $\frac{s + a_0}{(s + \alpha)(s^2 + \beta^2)}$ | $\frac{(a_0 - \alpha)\varepsilon^{-\alpha t}}{\alpha^2 + \beta^2} + \sqrt{\left(\frac{a_0^2 + \beta^2}{\alpha^2\beta^2 + \beta^4}\right)} \cdot \sin(\beta t + \phi), \qquad \phi = \tan^{-1}\left(\frac{\alpha}{\beta}\right) - \tan^{-1}\left(\frac{a_0}{\beta}\right)$ |

| No. | $F(s)$ | $f(t)$ |
|---|---|---|
| 108 | $\dfrac{s+a_0}{s(s+\alpha)(s^2+\beta^2)}$ | $\dfrac{a_0}{\alpha\beta^2} - \dfrac{(a_0-\alpha)\varepsilon^{-\alpha t}}{\alpha(\alpha^2+\beta^2)} - \sqrt{\left(\dfrac{a_0^2+\beta^2}{\alpha^2\beta^4+\beta^6}\right)} \cdot \cos(\beta t+\phi), \quad \phi = \tan^{-1}\left(\dfrac{\alpha}{\beta}\right) - \tan^{-1}\left(\dfrac{a_0}{\beta}\right)$ |
| 109 | $\dfrac{s+a_0}{s^2(s+\alpha)(s^2+\beta^2)}$ | $\dfrac{1}{\alpha\beta^2} - \dfrac{a_0}{\alpha\beta^2}\left(\dfrac{1}{\alpha} - t\right) + \dfrac{a_0\alpha\varepsilon^{-\alpha t}}{\alpha^2(\alpha^2+\beta^2)} + \dfrac{1}{\beta^3}\sqrt{\left(\dfrac{a_0^2+\beta^2}{\alpha^2+\beta^2}\right)} \cdot \cos(\beta t+\phi)$ <br> $\phi = \tan^{-1}\left(\dfrac{\alpha}{\beta}\right) + \tan^{-1}\left(\dfrac{\beta}{a_0}\right)$ |
| 110 | $\dfrac{s+a_0}{(s+\alpha)(s+\beta)(s^2+\nu^2)}$ | $\dfrac{(a_0-\alpha)\varepsilon^{-\alpha t}}{(\beta-\alpha)(\alpha^2+\nu^2)} + \dfrac{(a_0-\beta)\varepsilon^{-\beta t}}{(\alpha-\beta)(\nu^2+\beta^2)} + \sqrt{\left(\dfrac{a_0^2+\nu^2}{\nu^2(\alpha^2+\nu^2)(\nu^2+\beta^2)}\right)} \cdot \sin(\nu t+\phi)$ <br> $\phi = \tan^{-1}\left(\dfrac{\beta}{\nu}\right) - \tan^{-1}\left(\dfrac{a_0}{\nu}\right) - \tan^{-1}\left(\dfrac{\nu}{\alpha}\right)$ |
| 111 | $\dfrac{s+a_0}{s(s+\alpha)(s+\beta)(s^2+\nu^2)}$ | $\dfrac{a_0}{\alpha\beta\nu^2} + \dfrac{(\alpha-a_0)\varepsilon^{-\alpha t}}{\alpha(\beta-\alpha)(\alpha^2+\nu^2)} + \dfrac{(\beta-a_0)\varepsilon^{-\beta t}}{\beta(\alpha-\beta)(\alpha^2+\nu^2)} + \dfrac{1}{\nu^2}\sqrt{\left(\dfrac{\nu^2+a_0^2}{\nu^2(\alpha+\beta)^2+(\alpha\beta-\nu^2)}\right)} \cdot \sin(\nu t+\phi)$ <br> $\phi = \tan^{-1}\dfrac{\nu}{\alpha} + \tan^{-1}\dfrac{\nu}{\beta} + \tan^{-1}\dfrac{a_0}{\nu}$ |
| 112 | $\dfrac{s+a_0}{s^2(s+\alpha)(s+\beta)(s^2+\nu^2)}$ | $\dfrac{1}{\alpha\beta\nu^2} + \dfrac{a_0\left(t-\dfrac{1}{\beta}-\dfrac{1}{\alpha}\right)}{\alpha\beta\nu^2} + \dfrac{(a_0-\alpha)\varepsilon^{-\alpha t}}{\alpha^2(\beta-\alpha)(\alpha^2+\nu^2)} + \dfrac{(a_0-\beta)\varepsilon^{-\beta t}}{\beta^2(\alpha-\beta)(\nu^2+\beta^2)}$ <br> $+\dfrac{1}{\nu^3}\sqrt{\left(\dfrac{a_0^2+\nu^2}{\nu^2(\alpha+\beta)^2+(\alpha\beta-\nu^2)^2}\right)} \cdot \cos(\nu t+\phi), \quad \phi = \tan^{-1}\dfrac{\beta}{\nu} - \tan^{-1}\dfrac{\nu}{\alpha} + \tan^{-1}\dfrac{\nu}{a_0}$ |
| 113 | $\dfrac{s+a_0}{(s^2+\alpha^2)(s^2+\beta^2)}$ | $\dfrac{1}{\alpha^2-\beta^2}\left[\sqrt{\left(1+\dfrac{a_0^2}{\beta^2}\right)} \cdot \cos(\beta t-\phi_1) - \sqrt{\left(1+\dfrac{a_0^2}{\alpha^2}\right)} \cdot \cos(\alpha t-\phi_2)\right]$ <br> $\phi_1 = \tan^{-1}\dfrac{a_0}{\beta}, \quad \phi_2 = \tan^{-1}\dfrac{a_0}{\alpha}$ |

| | | |
|---|---|---|
| 114 | $\dfrac{s + a_0}{(s+\alpha)^2 + \beta^2}$ | $\sqrt{\left(1 + \dfrac{(a_0-\alpha)^2}{\beta^2}\right)} \cdot \varepsilon^{-\alpha t} \cdot \sin(\beta t + \phi), \qquad \phi = \tan^{-1}\left(\dfrac{\beta}{a_0 - \alpha}\right)$ |
| 115 | $\dfrac{s + a_0}{s[(s+\alpha)^2 + \beta^2]}$ | $\dfrac{a_0}{\alpha^2+\beta^2} - \sqrt{\left(\dfrac{\beta^2 + (a_0-\alpha)^2}{\beta^2(\alpha^2+\beta^2)}\right)} \cdot \varepsilon^{-\alpha t} \cdot \sin(\beta t + \phi), \qquad \phi = \tan^{-1}\dfrac{\beta}{\alpha} + \tan^{-1}\dfrac{\beta}{a_0 - \alpha}$ |
| 116 | $\dfrac{s + a_0}{s^2[(s+\alpha)^2 + \beta^2]}$ | $\dfrac{1 + a_0 t}{\alpha^2+\beta^2} - \dfrac{2\alpha a_0}{(\alpha^2+\beta^2)^2} + \dfrac{\sqrt{\{\beta^2 + (a_0-\alpha)^2\}}}{\beta(\alpha^2+\beta^2)} \cdot \varepsilon^{-\alpha t} \cdot \sin(\beta t + \phi), \qquad \phi = \tan^{-1}\dfrac{\beta}{a_0-\alpha} + 2\tan^{-1}\dfrac{\beta}{\alpha}$ |
| 117 | $\dfrac{s + a_0}{(s+\nu)[(s+\alpha)^2 + \beta^2]}$ | $\dfrac{(a_0-\nu)\varepsilon^{-\nu t}}{(\nu-\alpha)^2+\beta^2} + \dfrac{1}{\beta}\sqrt{\left(\dfrac{\beta^2 + (a_0-\alpha)^2}{\beta^2 + (\nu-\alpha)^2}\right)} \cdot \varepsilon^{-\alpha t} \cdot \sin(\beta t + \phi),$ <br> $\phi = \tan^{-1}\left(\dfrac{\beta}{a_0-\alpha}\right) - \tan^{-1}\left(\dfrac{\beta}{\nu-\alpha}\right)$ |
| 118 | $\dfrac{s + a_0}{s(s+\nu)[(s+\alpha)^2 + \beta^2]}$ | $\dfrac{a_0}{\nu(\alpha^2+\beta^2)} + \dfrac{(\nu-a_0)\varepsilon^{-\nu t}}{\nu[\beta^2 + (\alpha-\nu)^2]} + \dfrac{1}{\beta\sqrt{(\alpha^2+\beta^2)}}\sqrt{\left(\dfrac{\beta^2 + (a_0-\alpha)^2}{\beta^2 + (\alpha-\nu)^2}\right)} \cdot \varepsilon^{-\alpha t} \cdot \sin(\beta t + \phi)$ <br> $\phi = \tan^{-1}\dfrac{\beta}{\alpha} + \tan^{-1}\dfrac{\beta}{a_0-\alpha} + \tan^{-1}\dfrac{\beta}{\alpha-\nu}$ |
| 119 | $\dfrac{s + a_0}{s^2(s+\nu)[(s+\alpha)^2 + \beta^2]}$ | $\dfrac{a_0}{\nu(\alpha^2+\beta^2)}\left[t + \dfrac{1}{a_0} - \dfrac{1}{\nu} - \dfrac{2\alpha}{(\alpha^2+\beta^2)}\right] + \dfrac{(a_0-\nu)\varepsilon^{-\nu t}}{\nu^2[\beta^2 + (\nu-\alpha)^2]}$ <br> $+ \dfrac{\varepsilon^{-\alpha t}}{\beta(\alpha^2+\beta^2)}\sqrt{\left(\dfrac{\beta^2 + (a_0-\alpha)^2}{\beta^2 + (\nu-\alpha)^2}\right)} \cdot \sin(\beta t + \phi),$ <br> $\phi = \tan^{-1}\dfrac{\beta}{a_0-\alpha} - \tan^{-1}\dfrac{\beta}{\nu-\alpha} + 2\tan^{-1}\dfrac{\beta}{\alpha}$ |
| 120 | $\dfrac{s + a_0}{(s+\delta)(s+\nu)[(s+\alpha)^2 + \beta^2]}$ | $\dfrac{(\nu-a_0)\varepsilon^{-\nu t}}{(\nu-\delta)[(\alpha-\nu)^2+\beta^2]} + \dfrac{(\delta-a_0)\varepsilon^{-\delta t}}{(\delta-\nu)[(\alpha-\nu)^2+\beta^2]}$ <br> $+ \sqrt{\left(\dfrac{\beta^2 + (a_0-\alpha)^2}{\beta^2[\beta^2 + (\alpha-\nu)^2][\beta^2 + (\alpha-\delta)^2]}\right)} \cdot \varepsilon^{-\alpha t} \cdot \cos(\beta t + \phi),$ <br> $\phi = \tan^{-1}\dfrac{\beta}{a_0-\alpha} - \tan^{-1}\dfrac{\alpha-\nu}{\beta} + \tan^{-1}\dfrac{\beta}{\alpha-\delta}$ |

| No. | $F(s)$ | $f(t)$ |
|---|---|---|
| 121 | $\frac{s+a_0}{(s+\alpha)^2}$ | $[1+(a_0-\alpha)t]\varepsilon^{-\alpha t}$ |
| 122 | $\frac{s+a_0}{s(s+\alpha)^2}$ | $\frac{a_0}{\alpha}+\left[\left(1-\frac{a_0}{\alpha}\right)t-\frac{a_0}{\alpha^2}\right]\varepsilon^{-\alpha t}$ |
| 123 | $\frac{s+a_0}{s^2(s+\alpha)^2}$ | $\frac{1}{\alpha^2}\left(1+a_0t-\frac{2a_0}{\alpha}\right)-\frac{1}{\alpha^2}\left(1-\frac{2a_0}{\alpha}+[\alpha-a_0]t\right)\varepsilon^{-\alpha t}$ |
| 125 | $\frac{s+a_0}{(s+\beta)(s+\alpha)^2}$ | $\frac{(a_0-\beta)\varepsilon^{-\beta t}}{(\beta-\alpha)^2}+\left[\frac{a_0-\alpha}{\beta-\alpha}+\frac{\beta-a_0}{(\beta-\alpha)^2}\right]\varepsilon^{-\alpha t}$ |
| 126 | $\frac{s+a_0}{s(s+\beta)(s+\alpha)^2}$ | $\frac{a_0}{\alpha^2\beta}+\frac{(\beta-a_0)\varepsilon^{-\beta t}}{\beta(\alpha-\beta)^2}+\left[\frac{(a_0-\alpha)t}{\alpha(\alpha-\beta)}-\frac{\alpha^2-a_0(2\alpha-\beta)}{\alpha^2(\alpha-\beta)^2}\right]\varepsilon^{-\alpha t}$ |
| 127 | $\frac{s+a_0}{s^2(s+\beta)(s+\alpha)^2}$ | $\frac{a_0}{\alpha^2\beta}\left(\frac{1}{a_0}-\frac{1}{\beta}-\frac{2}{\alpha}+t\right)-\frac{(\beta-a_0)\varepsilon^{-\beta t}}{\beta^2(\alpha-\beta)^2}-\left[\frac{\alpha-a_0}{\alpha^2(\beta-\alpha)}+\frac{(2a_0-\alpha)(2\alpha-\beta)-\alpha a_0}{\alpha^3(\alpha-\beta)^2}\right]\varepsilon^{-\alpha t}$ |
| 128 | $\frac{s+a_0}{(s+\beta)(s+\nu)(s+\alpha)^2}$ | $\frac{(a_0-\beta)\varepsilon^{-\beta t}}{(\nu-\beta)(\alpha-\beta)^2}+\frac{(a_0-\nu)\varepsilon^{-\nu t}}{(\beta-\nu)(\alpha-\nu)^2}+\left[\frac{a_0-\alpha}{(\alpha-\nu)(\alpha-\beta)^2}+\frac{a_0(2\alpha-\beta-\nu)-\alpha^2+\beta\nu}{(\alpha-\beta)^2(\alpha-\nu)^2}\right]\varepsilon^{-\alpha t}$ |
| 130 | $\frac{s+a_0}{s(s+\beta)(s+\nu)(s+\alpha)^2}$ | $\frac{a_0}{\alpha^2\beta\nu}-\frac{(a_0-\nu)\varepsilon^{-\nu t}}{\nu(\beta-\nu)(\alpha-\nu)^2}-\frac{(a_0-\beta)\varepsilon^{-\beta t}}{\beta(\nu-\beta)(\alpha-\beta)^2}$ $+\left[\frac{(\alpha-a_0)t}{\alpha(\alpha-\nu)(\alpha-\beta)}-\frac{a_0(\alpha-\nu)(\alpha-\beta)+\alpha(a_0-\alpha)(2\alpha-\beta-\nu)}{\alpha^2(\alpha-\nu)^2(\alpha-\beta)^2}\right]\varepsilon^{-\alpha t}$ |
| 131 | $\frac{s+a_0}{(s^2+\beta^2)(s+\alpha)^2}$ | $\left[\frac{2a_0\alpha-\alpha^2+\beta^2}{(\alpha^2+\beta^2)^2}-\frac{(\alpha-a_0)}{\alpha^2+\beta^2}\right]\varepsilon^{-\alpha t}+\frac{\sqrt{(\beta^2+a_0^2)}}{\beta(\alpha^2+\beta^2)}\cdot\sin(\beta t+\phi),\qquad \phi=\tan^{-1}\frac{\beta}{a_0}-\tan^{-1}\frac{\beta}{\alpha}$ |

| | | |
|---|---|---|
| 132 | $\dfrac{s + a_0}{s(s^2 + \beta^2)(s + \alpha)^2}$ | $\dfrac{a_0}{\alpha^2\beta^2} + \left[\dfrac{2\alpha^2(\alpha - a_0) - a_0(\alpha^2 + \beta^2)}{\alpha^2(\alpha^2 + \beta^2)^2} + \dfrac{(\alpha - a_0)t}{\alpha(\alpha^2 + \beta^2)^2}\right]\varepsilon^{-\alpha t} - \dfrac{\cos(\beta t + \phi)}{\beta^2(\alpha^2 + \beta^2)} \cdot \sqrt{(a_0^2 + \beta^2)},$ $\phi = \tan^{-1}\dfrac{\beta}{a_0} - 2\tan^{-1}\dfrac{\beta}{\alpha}$ |
| 133 | $\dfrac{s + a_0}{s^2(s^2 + \beta^2)(s + \alpha)^2}$ | $\dfrac{1 + a_0 t}{\alpha^2\beta^2} - \dfrac{2a_0}{\alpha^3\beta^2} + \left[\dfrac{(\alpha^2 + \beta^2)(2a_0 - \alpha) + 2\alpha^2(a_0 - \alpha)}{\alpha^3(\alpha^2 + \beta^2)^2} + \dfrac{(a_0 - \alpha)t}{\alpha^2(\alpha^2 + \beta^2)}\right]\varepsilon^{-\alpha t}$ $+ \dfrac{\sqrt{(a_0^2 + \beta^2)}\sin(\beta t + \phi)}{\beta^3(\alpha^2 + \beta^2)}, \quad \phi = \tan^{-1}\dfrac{\beta}{a_0} + 2\tan^{-1}\dfrac{\alpha}{\beta}$ |
| 134 | $\dfrac{s + a_0}{(s + \nu)(s^2 + \beta^2)(s + \alpha)^2}$ | $\dfrac{(a_0 - \nu)\varepsilon^{-\nu t}}{(\beta^2 + \nu^2)(\alpha - \nu)^2} + \left[\dfrac{\alpha^2(\alpha - a_0) + \beta^2(\nu - a_0) + \alpha(\nu - \alpha)(2a_0 - \alpha)}{(\alpha^2 + \beta^2)^2(\nu - \alpha)^2} + \dfrac{(a_0 - \alpha)t}{(\nu - \alpha)(\alpha^2 + \beta^2)}\right]\varepsilon^{-\alpha t}$ $+ \sqrt{\left(\dfrac{a_0^2 + \beta^2}{\beta^2 + \nu^2}\right)} \cdot \dfrac{\sin(\beta t + \phi)}{\beta(\alpha^2 + \beta^2)}, \quad \phi = \tan^{-1}\dfrac{\nu}{\beta} - \tan^{-1}\dfrac{a_0}{\beta} - 2\tan^{-1}\dfrac{\beta}{\alpha}$ |
| 135 | $\dfrac{s + a_0}{(s + \nu)^2[(s + \alpha)^2 + \beta^2]}$ | $\dfrac{(a_0 - \nu)t}{\beta^2 + (\alpha - \nu)^2} + \dfrac{[\alpha^2 + \beta^2 + 2a_0(\nu - \alpha) - \nu^2]\varepsilon^{-\nu t}}{[\beta^2 + (\alpha - \nu)^2]} + \dfrac{\sqrt{\beta^2 + (a_0 - \alpha)^2}}{\beta[\beta^2 + (\alpha - \nu)^2]} \cdot \varepsilon^{-\alpha t} \cdot \sin(\beta t + \phi),$ $\phi = \tan^{-1}\left(\dfrac{\beta}{a_0 - \alpha}\right) - 2\tan^{-1}\left(\dfrac{\beta}{\nu - \alpha}\right)$ |
| 136 | $\dfrac{s + a_0}{s(s + \nu)^2[(s + \alpha)^2 + \beta^2]}$ | $\dfrac{a_0}{\nu^2(\alpha^2 + \beta^2)} + \dfrac{\varepsilon^{-\alpha t}}{\beta[(\nu - \alpha)^2 + \beta^2]}\sqrt{\left(\dfrac{(\alpha - a_0)^2 + \beta^2}{\alpha^2 + \beta^2}\right)} \cdot \sin(\beta t + \phi) + \cdots$ $\cdots + \left[\dfrac{2\nu(a_0 - \nu)(\alpha - \nu) - a_0[(\nu - \alpha)^2 + \beta^2]}{\nu^2[(\nu - \alpha)^2 + \beta^2]} + \dfrac{(\nu - a_0)t}{\nu[(\nu - \alpha)^2 + \beta^2]}\right]\varepsilon^{-\nu t}$ $\phi = \tan^{-1}\dfrac{\beta}{\alpha} - 2\tan^{-1}\dfrac{\beta}{\nu - \alpha} - \tan^{-1}\dfrac{\beta}{\alpha - a_0}$ |

| No. | $F(s)$ | $f(t)$ |
|---|---|---|
| 137 | $\dfrac{s+a_0}{s^2(s+\nu)^2[(s+\alpha)^2+\beta^2]}$ | $\dfrac{a_0t}{\nu^2(\alpha^2+\beta^2)}+\dfrac{(\nu-2a_0)(\alpha^2+\beta^2)-2a_0\alpha\nu}{\nu^3(\alpha^2+\beta^2)^2}+\dfrac{\sqrt{\{(\alpha-a_0)^2+\beta^2\}}\varepsilon^{-\alpha t}}{\beta(\alpha^2+\beta^2)[(\alpha-\nu)^2+\beta^2]}\sin(\beta t+\phi)+\cdots$<br>$\cdots+\left[\dfrac{(2a_0-\nu)[(\nu-\alpha)^2+\beta^2]+2\nu(a_0-\nu)(\alpha-\nu)}{\nu^3[(\nu-\alpha)^2+\beta^2]}+\dfrac{(a_0-\nu)t}{\nu^2[(\nu-\alpha)^2+\beta^2]}\right]\varepsilon^{-\nu t}$<br>$\phi=\tan^{-1}\dfrac{\beta}{\alpha}-\tan^{-1}\dfrac{\alpha}{\beta}+\tan^{-1}\left(\dfrac{\nu-\alpha}{\beta}\right)-\tan^{-1}\left(\dfrac{\beta}{\nu-\alpha}\right)+\tan^{-1}\left(\dfrac{\beta}{a_0-\alpha}\right)$ |
| 138 | $\dfrac{s+a_0}{(s+\delta)(s+\nu)^2[(s+\alpha)^2+\beta^2]}$ | $\dfrac{(a_0-\delta)\varepsilon^{-\delta t}}{(\delta-\nu)^2[(\delta-\alpha)^2+\beta^2]}+\dfrac{\varepsilon^{-\alpha t}\sin(\beta t+\phi)}{\beta[(\alpha-\nu)^2+\beta^2]}\sqrt{\left(\dfrac{(\alpha-a_0)^2+\beta^2}{(\alpha-\delta)^2+\beta^2}\right)}+\cdots$<br>$\cdots+\left[\dfrac{(\delta-a_0)[(\nu-\alpha)^2+\beta^2]-2(\alpha-\nu)(\delta-\nu)(a_0-\nu)}{(\nu-\delta)^2[\beta^2+(\nu-\alpha)^2]}+\dfrac{(a_0-\nu)t}{(\delta-\nu)[(\nu-\alpha)^2+\beta^2]}\right]\varepsilon^{-\nu t}$<br>$\phi=\tan^{-1}\left(\dfrac{\beta}{a_0-\alpha}\right)-2\tan\left(\dfrac{\beta}{\nu-\alpha}\right)-\tan^{-1}\left(\dfrac{\beta}{\delta-\alpha}\right)$ |
| 139 | $\dfrac{s+a_0}{(s+\alpha)^2(s+\beta)^2}$ | $\left[\dfrac{(a_0-\beta)t}{(\alpha-\beta)^2}+\dfrac{\alpha+\beta-2a_0}{(\alpha-\beta)^3}\right]\varepsilon^{-\beta t}+\left[\dfrac{(a_0-\alpha)t}{(\beta-\alpha)^2}+\dfrac{\alpha+\beta-2a_0}{(\beta-\alpha)^3}\right]\varepsilon^{-\alpha t}$ |
| 140 | $\dfrac{s+a_0}{s(s+\alpha)^2(s+\beta)^2}$ | $\dfrac{a_0}{\alpha^2\beta^2}+\left[\dfrac{(\beta-a_0)t}{\beta(\alpha-\beta)^2}+\dfrac{3a_0\beta-a_0\alpha-2\beta^2}{\beta^2(\alpha-\beta)^3}\right]\varepsilon^{-\beta t}+\left[\dfrac{(\alpha-a_0)t}{\alpha(\beta-\alpha)^2}+\dfrac{3a_0\alpha-a_0\beta-2\alpha^2}{\alpha^2(\beta-\alpha)^3}\right]\varepsilon^{-\alpha t}$ |
| 141 | $\dfrac{s+a_0}{s^2(s+\alpha)^2(s+\beta)^2}$ | $\left[\dfrac{1+a_0t}{\alpha^2\beta^2}-\dfrac{2a_0(\alpha+\beta)}{\alpha^3\beta^3}\right]+\left[\dfrac{(a_0-\alpha)t}{\alpha^2(\beta-\alpha)^2}+\dfrac{2a_0(\beta-2\alpha)+\alpha(3\alpha-\beta)}{\alpha^3(\beta-\alpha)^3}\right]\varepsilon^{-\alpha t}$<br>$+\left[\dfrac{(a_0-\beta)t}{\beta^2(\alpha-\beta)^2}+\dfrac{2a_0(\alpha-2\beta)+\beta(3\beta-\alpha)}{\beta^3(\alpha-\beta)^3}\right]\varepsilon^{-\beta t}$ |

| | | |
|---|---|---|
| 142 | $\dfrac{s+a_0}{(s+\nu)(s+\alpha)^2(s+\beta)^2}$ | $\dfrac{(a_0-\nu)\varepsilon^{-\nu t}}{(\nu-\alpha)^2(\nu-\beta)^2}+\left[\dfrac{(\alpha-2a_0)(\nu-\alpha)+(\nu\beta-\alpha^2)-a_0(\beta-\alpha)}{(\alpha-\nu)^2(\alpha-\beta)^3}+\dfrac{(a_0-\alpha)t}{(\nu-\alpha)(\alpha-\beta)^2}\right]\varepsilon^{-\alpha t}+\cdots$ $+\left[\dfrac{(\beta-2a_0)(\nu-\beta)+(\nu\alpha-\beta^2)-a_0(\alpha-\beta)}{(\beta-\nu)^2(\alpha-\beta)^3}+\dfrac{(a_0-\beta)t}{(\nu-\beta)(\alpha-\beta)^2}\right]\varepsilon^{-\beta t}$ |
| 143 | $\dfrac{s+a_0}{(s^2+\nu^2)(s+\alpha)^2(s+\beta)^2}$ | $\left[\dfrac{(a_0-\alpha)t}{(\alpha-\beta)^2(\alpha^2+\nu^2)}+\dfrac{2\alpha(a_0-\alpha)}{(\beta-\alpha)^2(\alpha^2+\nu^2)^2}+\dfrac{\alpha+\beta-2a_0}{(\beta-\alpha)^3(\alpha^2+\nu^2)}\right]\varepsilon^{-\alpha t}+\dfrac{\sqrt{(a_0^2+\nu^2)}\sin(\nu t+\phi)}{\nu(\beta^2+\nu^2)(\alpha^2+\nu^2)}$ $+\cdots+\left[\dfrac{(a_0-\beta)t}{(\alpha-\beta)^2(\beta^2+\nu^2)}+\dfrac{2\beta(a_0-\beta)}{(\alpha-\beta)^2(\beta^2+\nu^2)^2}+\dfrac{\alpha+\beta-2a_0}{(\alpha-\beta)^3(\beta^2+\nu^2)}\right]\varepsilon^{-\beta t}$ $\phi=2\tan^{-1}\dfrac{\alpha}{\nu}+2\tan^{-1}\dfrac{\beta}{\nu}+\tan^{-1}\dfrac{\nu}{a_0}$ |
| 144 | $\dfrac{s+a_0}{[(s+\alpha)^2+\beta^2]^2}$ | $[(a_0-\alpha+\beta^2 t)\sin\beta t+(\alpha-a_0)\beta t\cos\beta t]\dfrac{\varepsilon^{-\alpha t}}{2\beta^3}$ |
| 145 | $\dfrac{s+a_0}{(s^2+\alpha^2)^2}$ | $\dfrac{(a_0+\alpha^2 t)\sin\alpha t-a_0\alpha t\cos\alpha t}{2\alpha^3}$ |
| 146 | $\dfrac{s+a_0}{s(s^2+\alpha^2)^2}$ | $\dfrac{a_0}{\alpha^4}+\dfrac{(1-a_0 t)\sin\alpha t}{2\alpha^3}-\dfrac{(2a_0+\alpha^2 t)\cos\alpha t}{2\alpha^4}$ |
| 147 | $\dfrac{s+a_0}{s^2(s^2+\alpha^2)^2}$ | $\dfrac{1+a_0 t}{\alpha^4}-\dfrac{\sqrt{(4\alpha^2+9a_0^2)}\sin(\alpha t+\phi_1)}{2\alpha^5}+\dfrac{(\sqrt{a_0^2+\alpha^4})t\cos(\alpha t+\phi_2)}{2\alpha^4}$ $\phi_1=\tan^{-1}\dfrac{2\alpha}{3a_0},\qquad \phi_2=\tan^{-1}\dfrac{\alpha^2}{a_0}$ |
| 148 | $\dfrac{s+a_0}{(s+\beta)(s^2+\alpha^2)^2}$ | $\dfrac{(a_0-\beta)\varepsilon^{-\beta t}}{(\alpha^2+\beta^2)^2}-\dfrac{t}{2\alpha^2}\sqrt{\left(\dfrac{a_0^2+\alpha^2}{\alpha^2+\beta^2}\right)}\sin(\alpha t+\phi_1)+\dfrac{\sqrt{\{(\alpha^2-\beta a_0)^2+4\beta^2 a_0^2\}}}{2\alpha^3(\alpha^2+\beta^2)}\cos(\alpha t+\phi_2)$ $\phi_1=\tan^{-1}\dfrac{\alpha}{a_0}+\tan^{-1}\dfrac{\beta}{\alpha},\qquad \phi_2=\tan^{-1}\left(\dfrac{\alpha^2-\beta a_0}{2\alpha a_0}\right)-2\tan^{-1}\dfrac{\alpha}{\beta}$ |

| No. | $F(s)$ | $f(t)$ |
|---|---|---|
| 149 | $\dfrac{s+a_0}{s(s+\beta)(s^2+\alpha^2)^2}$ | $\dfrac{a_0}{\beta\alpha^4}+\dfrac{(\beta-a_0)\varepsilon^{-\beta t}}{\beta(\alpha^2+\beta^2)^2}+\dfrac{t}{2\alpha^3}\sqrt{\left(\dfrac{\alpha^2+a_0^2}{\alpha^2+\beta^2}\right)}\cos(\alpha t+\phi_1)$ $-\dfrac{\sqrt{\{\alpha^2(3a_0+\beta)^2+4(\beta a_0-\alpha^2)^2\}}\cos(\alpha t+\phi_2)}{2\alpha^4(\alpha^2+\beta^2)}$ $\phi_1=\tan^{-1}\dfrac{\alpha}{a_0}+\tan^{-1}\dfrac{\beta}{\alpha},\quad \phi_2=\tan^{-1}\dfrac{\alpha(3a_0+\beta)}{2(\beta a_0-\alpha^2)}-2\tan^{-1}\dfrac{\alpha}{\beta}$ |
| 150 | $\dfrac{s+a_0}{s^2(s+\beta)(s^2+\alpha^2)^2}$ | $\dfrac{1-a_0/\beta+a_0t}{\alpha^4\beta}+\dfrac{(a_0-\beta)\varepsilon^{-\beta t}}{\beta^2(\alpha^2+\beta^2)^2}+\dfrac{t}{2\alpha^4}\sqrt{\left(\dfrac{\alpha^2+a_0^2}{\alpha^2+\beta^2}\right)}\sin(\alpha t+\phi_1)+\cdots$ $\cdots+\dfrac{\sqrt{\{4\alpha^2(2a_0+\beta)+9(a_0\beta-\alpha^2)^2\}}}{4\alpha^5(\alpha^2+\beta^2)}\sin(\alpha t+\phi_2),$ $\phi_1=\tan^{-1}\dfrac{\alpha}{a_0}+\tan^{-1}\dfrac{\beta}{\alpha},\quad \phi_2=\tan^{-1}\left[\dfrac{2\alpha(2a_0+\beta)}{3(a_0\beta-\alpha^2)}\right]-2\tan^{-1}\dfrac{\alpha}{\beta}$ |
| 151 | $\dfrac{s+a_0}{(s+\alpha)^3}$ | $\left[1+\left(\dfrac{a_0-\alpha}{2}\right)t\right]\varepsilon^{-\alpha t}$ |
| 152 | $\dfrac{s+a_0}{s(s+\alpha)^3}$ | $\dfrac{a_0}{\alpha^3}+\left[\dfrac{(\alpha-a_0)t^2}{2}-\dfrac{2a_0}{\alpha^2}-\dfrac{a_0t}{\alpha}\right]\varepsilon^{-\alpha t}$ |
| 153 | $\dfrac{s+a_0}{s^2(s+\alpha)^3}$ | $\dfrac{1+a_0t}{\alpha^3}-\dfrac{3a_0}{\alpha^4}+\left[\dfrac{1}{\alpha^3}+\dfrac{(a_0-\alpha)t^2}{2\alpha^2}+\dfrac{(2a_0-\alpha)t}{\alpha^3}\right]\varepsilon^{-\alpha t}$ |
| 154 | $\dfrac{s+a_0}{(s+\beta)(s+\alpha)^3}$ | $\dfrac{(a_0-\beta)\varepsilon^{-\beta t}}{(\alpha-\beta)^3}+\left[\dfrac{a_0-\beta}{(\beta-\alpha)^3}+\dfrac{(\beta-a_0)t}{(\alpha-\beta)^2}+\dfrac{(a_0-\alpha)t^2}{2(\beta-\alpha)}\right]\varepsilon^{-\alpha t}$ |
| 155 | $\dfrac{s^2+a_1s+a_0}{s^2(s+\alpha)}$ | $\dfrac{a_1\alpha-a_0+a_0\alpha t}{\alpha^2}+\dfrac{(\alpha^2-\alpha a_1+a_0)\varepsilon^{-\alpha t}}{\alpha^2}$ |

| | | |
|---|---|---|
| 156 | $\dfrac{s^2 + a_1 s + a_0}{s(s+\alpha)(s+\beta)}$ | $\dfrac{a_0}{\alpha\beta} + \dfrac{(a_1\alpha - a_0 - \alpha^2)\varepsilon^{-\alpha t}}{\alpha(\beta-\alpha)} + \dfrac{(\beta^2 - a_1\beta + a_0)\varepsilon^{-\beta t}}{\beta(\beta-\alpha)}$ |
| 157 | $\dfrac{s^2 + a_1 s + a_0}{s^2(s+\alpha)(s+\beta)}$ | $\dfrac{a_1 + a_0 t}{\alpha\beta} - \dfrac{a_0(\alpha+\beta)}{\alpha^2\beta^2} + \dfrac{1}{\beta-\alpha}\left[\left(1 + \dfrac{a_0}{\alpha^2} - \dfrac{a_1}{\alpha}\right)\varepsilon^{-\alpha t} - \left(1 + \dfrac{a_0}{\beta^2} - \dfrac{a_1}{\beta}\right)\varepsilon^{-\beta t}\right]$ |
| 158 | $\dfrac{s^2 + a_1 s + a_0}{(s+\alpha)(s+\beta)(s+\nu)}$ | $\dfrac{(\alpha^2 - a_1\alpha + a_0)\varepsilon^{-\alpha t}}{(\nu-\alpha)(\beta-\alpha)} + \dfrac{(\nu^2 - a_1\nu + a_0)\varepsilon^{-\nu t}}{(\alpha-\nu)(\beta-\nu)} + \dfrac{(\beta^2 - a_1\beta + a_0)\varepsilon^{-\beta t}}{(\alpha-\beta)(\nu-\beta)}$ |
| 159 | $\dfrac{s^2 + a_1 s + a_0}{s(s+\alpha)(s+\beta)(s+\nu)}$ | $\dfrac{a_0}{\alpha\beta\nu} + \dfrac{(\alpha^2 - a_1\alpha + a_0)\varepsilon^{-\alpha t}}{\alpha(\alpha-\beta)(\nu-\alpha)} + \dfrac{(\beta^2 - a_1\beta + a_0)\varepsilon^{-\beta t}}{\beta(\alpha-\beta)(\beta-\nu)} + \dfrac{(\nu^2 - a_1\nu + a_0)\varepsilon^{-\nu t}}{\nu(\alpha-\nu)(\nu-\beta)}$ |
| 160 | $\dfrac{s^2 + a_1 s + a_0}{s^2(s+\alpha)(s+\beta)(s+\nu)}$ | $\dfrac{a_1 + a_0 t}{\alpha\beta\nu} - \dfrac{a_0(\alpha\beta + \beta\nu + \alpha\nu)}{\alpha^2\beta^2\nu^2} + \dfrac{(\alpha^2 - a_1\alpha + a_0)\varepsilon^{-\alpha t}}{\alpha^2(\alpha-\beta)(\alpha-\nu)}$ $+ \dfrac{(\beta^2 - a_1\beta + a_0)\varepsilon^{-\beta t}}{\beta^2(\beta-\alpha)(\beta-\nu)} + \dfrac{(\nu^2 - a_1\nu + a_0)\varepsilon^{-\nu t}}{\nu^2(\nu-\alpha)(\nu-\beta)}$ |
| 161 | $\dfrac{s^2 + a_1 s + a_0}{s(s^2+\alpha^2)}$ | $\dfrac{a_0}{\alpha^2} + \sqrt{\left\{\left(\dfrac{a_1}{\alpha}\right)^2 + \left(\dfrac{a_0}{\alpha^2} - 1\right)^2\right\}}\cos(\alpha t + \phi), \qquad \phi = -\tan^{-1}\left(\dfrac{a_1\alpha}{\alpha^2 - a_0}\right)$ |
| 162 | $\dfrac{s^2 + a_1 s + a_0}{s^2(s^2+\alpha^2)}$ | $\dfrac{a_1 + a_0 t}{\alpha^2} - \dfrac{\sin(\alpha t + \phi)}{\alpha^2}\sqrt{\left\{a_1^2 + \left(\alpha - \dfrac{a_0}{\alpha}\right)^2\right\}}, \qquad \phi = \tan^{-1}\left(\dfrac{a_1\alpha}{a_0 - \alpha^2}\right)$ |
| 163 | $\dfrac{s^2 + a_1 s + a_0}{(s+\beta)(s^2+\alpha^2)}$ | $\dfrac{(\beta^2 - a_1\beta + a_0)\varepsilon^{-\beta t}}{\alpha^2+\beta^2} + \dfrac{\sin(\alpha t + \phi)}{\alpha}\sqrt{\left\{\dfrac{(\alpha^2 - a_0)^2 + a_1^2\alpha^2}{\alpha^2+\beta^2}\right\}}, \quad \phi = \tan^{-1}\left(\dfrac{\beta}{\alpha}\right) - \tan^{-1}\left(\dfrac{a_0 - \alpha^2}{a_1\alpha}\right)$ |
| 164 | $\dfrac{s^2 + a_1 s + a_0}{s(s+\beta)(s^2+\alpha^2)}$ | $\dfrac{a_0}{\alpha^2\beta} - \dfrac{(\beta^2 - a_1\beta + a_0)\varepsilon^{-\beta t}}{\beta(\alpha^2+\beta^2)} - \dfrac{\cos(\alpha t + \phi)}{\alpha^2}\sqrt{\left\{\dfrac{(\alpha^2 - a_0)^2 + a_1^2\alpha^2}{\alpha^2+\beta^2}\right\}},$ $\phi = \tan^{-1}\left(\dfrac{\beta}{\alpha}\right) - \tan^{-1}\left(\dfrac{a_0 - \alpha^2}{a_1\alpha}\right)$ |

| No. | $F(s)$ | $f(t)$ |
|---|---|---|
| 165 | $\dfrac{s^2 + a_1 s + a_0}{s^2(s+\beta)(s^2+\alpha^2)}$ | $\dfrac{1}{\alpha^2\beta}\left[a_1 - \dfrac{a_0}{\beta} + a_0 t\right] + \dfrac{(\beta^2 - a_1\beta + a_0)\varepsilon^{-\beta t}}{\beta^2(\alpha^2+\beta^2)} + \dfrac{\cos(\alpha t + \phi)}{\alpha^2}\sqrt{\left\{\dfrac{(\alpha^2 - a_0)^2 + a_1^2\alpha^2}{\alpha^2+\beta^2}\right\}}$ <br> $\phi = \tan^{-1}\left(\dfrac{\beta}{\alpha}\right) + \tan^{-1}\left(\dfrac{a_1\alpha}{a_0 - \alpha^2}\right)$ |
| 166 | $\dfrac{s^2 + a_1 s + a_0}{(s+\beta)(s+\nu)(s^2+\alpha^2)}$ | $\dfrac{(\beta^2 - a_1\beta + a_0)\varepsilon^{-\beta t}}{(\nu-\beta)(\alpha^2+\beta^2)} + \dfrac{(\nu^2 - a_1\nu + a_0)\varepsilon^{-\nu t}}{(\beta-\nu)(\alpha^2+\nu^2)} + \dfrac{\sin(\alpha t + \phi)}{\alpha}\sqrt{\left\{\dfrac{(\alpha^2 - a_0)^2 + a_1^2\alpha^2}{(\alpha^2+\beta^2)(\alpha^2+\nu^2)}\right\}}$, <br> $\phi = \tan^{-1}\left(\dfrac{a_1\alpha}{a_0 - \alpha^2}\right) - \tan^{-1}\left(\dfrac{\alpha}{\nu}\right) - \tan^{-1}\left(\dfrac{\alpha}{\beta}\right)$ |
| 167 | $\dfrac{s^2 + a_1 s + a_0}{s(s+\beta)(s+\nu)(s^2+\alpha^2)}$ | $\dfrac{a_0}{\alpha^2\beta\nu} + \dfrac{\left(\beta - a_1 + \dfrac{a_0}{\beta}\right)\varepsilon^{-\beta t}}{(\beta-\nu)(\alpha^2+\beta^2)} + \dfrac{\left(\nu - a_1 + \dfrac{a_0}{\nu}\right)\varepsilon^{-\nu t}}{(\nu-\beta)(\alpha^2+\nu^2)} + \dfrac{\sin(\alpha t - \phi)}{\alpha^2}\sqrt{\left\{\dfrac{(\alpha^2 - a_0)^2 + a_1^2\alpha^2}{\alpha^2(\beta+\nu)^2 + (\alpha^2 - \beta\nu)^2}\right\}}$ <br> $\phi = \tan^{-1}\left(\dfrac{\alpha}{\beta}\right) + \tan^{-1}\left(\dfrac{\alpha}{\nu}\right) + \tan^{-1}\left(\dfrac{a_0 - \alpha^2}{a_1\alpha}\right)$ |
| 168 | $\dfrac{s^2 + a_1 s + a_0}{s^2(s+\beta)(s+\nu)(s^2+\alpha^2)}$ | $\dfrac{a_1 + a_0\left(t - \dfrac{1}{\beta} - \dfrac{1}{\nu}\right)}{\alpha^2\beta\nu} + \dfrac{(\beta^2 - a_1\beta + a_0)\varepsilon^{-\beta t}}{\beta^2(\nu-\beta)(\alpha^2+\beta^2)} + \dfrac{(\nu^2 - a_1\nu + a_0)\varepsilon^{-\nu t}}{\nu^2(\beta-\nu)(\alpha^2+\nu^2)}$ <br> $+ \dfrac{\cos(\alpha t + \phi)}{\alpha^3}\sqrt{\left\{\dfrac{(\alpha^2 - a_0)^2 + a_1^2\alpha^2}{\alpha^2(\beta+\nu)^2 + (\alpha^2 - \beta\nu)^2}\right\}}$ <br> $\phi = \tan^{-1}\left(\dfrac{\nu}{\alpha}\right) + \tan^{-1}\left(\dfrac{a_1\alpha}{a_0 - \alpha^2}\right) - \tan^{-1}\left(\dfrac{\alpha}{\beta}\right)$ |
| 169 | $\dfrac{s^2 + a_1 s + a_0}{(s^2+\alpha^2)(s^2+\beta^2)}$ | $\dfrac{\cos(\alpha t + \phi_1)}{\beta^2 - \alpha^2}\sqrt{\left\{a_1^2 + \left(\dfrac{a_0 - \alpha^2}{\alpha}\right)^2\right\}} + \dfrac{\cos(\beta t + \phi_2)}{\alpha^2 - \beta^2}\sqrt{\left\{a_1^2 + \left(\dfrac{a_0 - \beta^2}{\beta}\right)^2\right\}}$ <br> $\phi_1 = \tan^{-1}\left(\dfrac{\alpha^2 - a_0}{a_1\alpha}\right), \quad \phi_2 = \tan^{-1}\left(\dfrac{\beta^2 - a_0}{a_1\beta}\right)$ |

| | | |
|---|---|---|
| 170 | $\dfrac{s^2 + a_1 s + a_0}{s[(s+\alpha)^2 + \beta^2]}$ | $\dfrac{a_0}{\alpha^2+\beta^2} - \dfrac{\varepsilon^{-\alpha t}\sin(\beta t + \phi)}{\beta}\sqrt{\left\{\dfrac{\beta^2(2\alpha - a_1)^2 + (\alpha^2 - \beta^2 + a_0 - a_1\alpha)^2}{\alpha^2+\beta^2}\right\}},$ <br> $\phi = \tan^{-1}\left(\dfrac{\beta}{\alpha}\right) + \tan^{-1}\left(\dfrac{\beta(a_1 - 2\alpha)}{\alpha^2 - \beta^2 + a_0 - a_1\alpha}\right)$ |
| 171 | $\dfrac{s^2 + a_1 s + a_0}{s^2[(s+\alpha)^2 + \beta^2]}$ | $\dfrac{a_1 + a_0 t}{\alpha^2+\beta^2} - \dfrac{2a_0\alpha}{(\alpha^2+\beta^2)^2} + \dfrac{\varepsilon^{-\alpha t}\sin(\beta t + \phi)}{\beta(\alpha^2+\beta^2)}\sqrt{\{\beta^2(2\alpha - a_1)^2 + (\alpha^2 - \beta^2 + a_0 - a_1\alpha)^2\}},$ <br> $\phi = 2\tan^{-1}\left(\dfrac{\beta}{\alpha}\right) - \tan^{-1}\left(\dfrac{\beta(2\alpha - a_1)}{\alpha^2 - \beta^2 + a_0 - a_1\alpha}\right)$ |
| 172 | $\dfrac{s^2 + a_1 s + a_0}{(s+\nu)[(s+\alpha)^2 + \beta^2]}$ | $\dfrac{(\nu^2 - a_1\nu + a_0)\varepsilon^{-\nu t}}{(\alpha-\nu)^2+\beta^2} + \dfrac{\varepsilon^{-\alpha t}\sin(\beta t + \phi)}{\beta}\sqrt{\left\{\dfrac{\beta^2(2\alpha - a_1)^2 + (\alpha^2 - \beta^2 + a_0 - a_1\alpha)^2}{(\alpha-\nu)^2+\beta^2}\right\}},$ <br> $\phi = \tan^{-1}\left[\dfrac{(a_1 - 2\alpha)\beta}{\alpha^2 - \beta^2 + a_0 - a_1\alpha}\right] - \tan^{-1}\left(\dfrac{\beta}{\nu - \alpha}\right)$ |
| 173 | $\dfrac{s^2 + a_1 s + a_0}{s(s+\nu)[(s+\alpha)^2 + \beta^2]}$ | $\dfrac{a_0}{(\alpha^2+\beta^2)\nu} + \dfrac{(a_1\nu - a_0 - \nu^2)\varepsilon^{-\nu t}}{\nu[(\alpha-\nu)^2+\beta^2]}$ <br> $+ \dfrac{\varepsilon^{-\alpha t}\sin(\beta t + \phi)}{\beta}\sqrt{\left[\dfrac{\beta^2(2\alpha - a_1)^2 + (\alpha^2 - \beta^2 - a_1\alpha + a_0)^2}{(\alpha^2+\beta^2)\{(\alpha-\nu)^2+\beta^2\}}\right]},$ <br> $\phi = \tan^{-1}\left(\dfrac{\beta}{\alpha}\right) + \tan^{-1}\left(\dfrac{\beta}{\alpha - \nu}\right) - \tan^{-1}\left(\dfrac{\beta(2\alpha - a_1)}{\alpha^2 - \beta^2 + a_0 - a_1\alpha}\right)$ |
| 174 | $\dfrac{s^2 + a_1 s + a_0}{s^2(s+\nu)[(s+\alpha)^2 + \beta^2]}$ | $\dfrac{a_0\left(t - \dfrac{1}{\nu} + \dfrac{a_1}{a_0}\right)}{\nu(\alpha^2+\beta^2)} - \dfrac{2\alpha a_0}{\nu(\alpha^2+\beta^2)^2} + \dfrac{(\nu^2 - a_1\nu + a_0)\varepsilon^{-\nu t}}{\nu^2[(\alpha-\nu)^2+\beta^2]}$ <br> $+ \dfrac{\varepsilon^{-\alpha t}\sin(\beta t + \phi)}{\beta(\alpha^2+\beta^2)}\sqrt{\left\{\dfrac{\beta^2(2\alpha - a_1)^2 + (\alpha^2 - \beta^2 - a_1\alpha + a_0)^2}{(\alpha-\nu)^2+\beta^2}\right\}}$ <br> $\phi = \tan^{-1}\left[\dfrac{\beta(a_1 - 2\alpha)}{\alpha^2 - \beta^2 - a_1\alpha + a_0}\right] - \tan^{-1}\left(\dfrac{\beta}{\nu - \alpha}\right) + 2\tan^{-1}\left(\dfrac{\beta}{\alpha}\right)$ |

| No. | $F(s)$ | $f(t)$ |
|---|---|---|
| 175 | $\dfrac{s^2 + a_1 s + a_0}{(s^2 + \nu^2)[(s + \alpha)^2 + \beta^2]}$ | $\dfrac{\varepsilon^{-\alpha t} \sin(\beta t + \phi_1)}{\beta} \sqrt{\left\{\dfrac{(\alpha^2 - \beta^2 + a_0 - a_1\alpha)^2 + (2\alpha - a_1)^2\beta^2}{(\alpha^2 + \beta^2 - \nu^2)^2 + (2\alpha\nu)^2}\right\}} + \dfrac{\sin(\nu t + \phi_2)}{\nu} \sqrt{\left\{\dfrac{(\nu^2 - a_0)^2 + a_1^2\nu^2}{(\alpha^2 + \beta^2 - \nu^2)^2 + (2\alpha\nu)^2}\right\}},$ <br> $\phi_1 = \tan^{-1}\left(\dfrac{2\alpha\beta}{\alpha^2 + \nu^2 - \beta^2}\right) + \tan^{-1}\left[\dfrac{\beta(a_1 - 2\alpha)}{\alpha^2 - \beta^2 + a_0 - a_1\alpha}\right],$ <br> $\phi_2 = \tan^{-1}\left(\dfrac{a_1\nu}{a_0 - \nu^2}\right) - \tan^{-1}\left(\dfrac{2\alpha\nu}{\alpha^2 + \beta^2 - \nu^2}\right),$ |
| 176 | $\dfrac{s^2 + a_1 s + a_0}{s(s^2 + \nu^2)[(s + \alpha)^2 + \beta^2]}$ | $\dfrac{a_0}{\nu^2(\alpha^2 + \beta^2)} - \dfrac{\varepsilon^{-\alpha t} \sin(\beta t + \phi_1)}{\beta} \sqrt{\left\{\dfrac{(\alpha^2 - \beta^2 + a_0 - a_1\alpha)^2 + \beta^2(2\alpha - a_1)^2}{(\alpha^2 + \beta^2)[(\alpha^2 + \beta^2 - \nu^2)^2 + (2\alpha\nu)^2]}\right\}} - \dfrac{\sin(\nu t + \phi_2)}{\nu^2} \sqrt{\left\{\dfrac{(\nu^2 - a_0)^2 + a_1^2\nu^2}{(\alpha^2 + \beta^2 - \nu^2)^2 + (2\alpha\nu)^2}\right\}},$ <br> $\phi_1 = \tan^{-1}\left(\dfrac{\beta}{\alpha}\right) - \tan^{-1}\left(\dfrac{\alpha^2 - \beta^2 + \nu^2}{2\alpha\beta}\right) + \tan^{-1}\left(\dfrac{\alpha^2 - \beta^2 + a_0 - a_1\alpha}{\beta(2\alpha - a_1)}\right),$ <br> $\phi_2 = \tan^{-1}\left(\dfrac{\alpha^2 + \beta^2 - \nu^2}{2\alpha\nu}\right) + \tan^{-1}\left(\dfrac{a_1\nu}{a_0 - \nu^2}\right)$ |
| 177 | $\dfrac{s^2 + a_1 s + a_0}{s(s + \alpha)^2}$ | $\dfrac{a_0}{\alpha^2} + \left[\dfrac{(a_1\alpha - a_0 - \alpha^2)t}{\alpha} + \dfrac{\alpha^2 - a_0}{\alpha^2}\right] \varepsilon^{-\alpha t}$ |
| 178 | $\dfrac{s^2 + a_1 s + a_0}{s^2(s + \alpha)^2}$ | $\dfrac{a_1 + a_0 t}{\alpha^2} - \dfrac{2a_0}{\alpha^3} + \dfrac{1}{\alpha^2}\left[\dfrac{2a_0}{\alpha} - a_1 + (\alpha^2 + a_0 - a_1\alpha)\right] \varepsilon^{-\alpha t}$ |
| 179 | $\dfrac{s^2 + a_1 s + a_0}{(s + \beta)(s + \alpha)^2}$ | $\dfrac{(\beta^2 + a_0 - a_1\beta)\varepsilon^{-\beta t}}{(\alpha - \beta)^2} + \left[\dfrac{(\alpha^2 - 2\alpha\beta - a_0 + a_1\beta)}{(\alpha - \beta)^2} + \dfrac{(\alpha^2 + a_0 - a_1\alpha)t}{\beta - \alpha}\right] \varepsilon^{-\alpha t}$ |

| | | |
|---|---|---|
| 180 | $\dfrac{s^2 + a_1 s + a_0}{s(s+\beta)(s+\alpha)^2}$ | $\dfrac{a_0}{\alpha^2\beta} + \dfrac{(a_1\beta - a_0 - \beta^2)\varepsilon^{-\beta t}}{\beta(\alpha-\beta)^2} + \dfrac{\varepsilon^{-\alpha t}}{\alpha(\alpha-\beta)}\left[(\alpha^2 - a_1\alpha + a_0)t + \dfrac{\alpha^2(\beta - a_1) + a_0(2\alpha - \beta)}{\alpha(\alpha-\beta)}\right]$ |
| 181 | $\dfrac{s^2 + a_1 s + a_0}{s^2(s+\beta)(s+\alpha)^2}$ | $\dfrac{a_0}{\alpha^2\beta}\left[\dfrac{a_1}{a_0} - \dfrac{1}{\beta} - \dfrac{2}{\alpha} + t\right] + \dfrac{\varepsilon^{-\alpha t}}{\alpha^2(\beta-\alpha)}\left[(\alpha^2 - a_1\alpha + a_0)t + \dfrac{2a_0\beta - \alpha(3a_0 + a_1\beta) + \alpha^2(2a_1 - \alpha)}{\alpha(\beta-\alpha)}\right] + \cdots + \dfrac{(\beta^2 - a_1\beta + a_0)\varepsilon^{-\beta t}}{\beta^2(\beta-\alpha)^2}$ |
| 182 | $\dfrac{s^2 + a_1 s + a_0}{(s+\beta)(s+\nu)(s+\alpha)^2}$ | $\dfrac{(\nu^2 - a_1\nu + a_0)\varepsilon^{-\nu t}}{(\beta-\nu)(\beta-\alpha)^2} + \dfrac{(\beta^2 - a_1\beta + a_0)\varepsilon^{-\beta t}}{(\nu-\beta)(\alpha-\beta)^2} + \dfrac{\varepsilon^{-\alpha t}}{(\alpha-\nu)(\alpha-\beta)}\left[(\alpha^2 - a_1\alpha + a_0)t + \dfrac{(\nu-\beta)(\alpha^2 - a_0) + \nu\beta(a_1 - 2\alpha) - \alpha(a_1\alpha - 2a_0)}{(\alpha-\nu)(\alpha-\beta)}\right]$ |
| 183 | $\dfrac{s^2 + a_1 s + a_0}{(s^2+\beta^2)(s+\alpha)^2}$ | $\dfrac{\sin(\beta t + \phi)}{\beta(\alpha^2+\beta^2)}\sqrt{\{(\beta^2 - a_0)^2 + a_1^2\beta^2\}} + \dfrac{\varepsilon^{-\alpha t}}{\alpha^2+\beta^2}\left[(\alpha^2 - a_1\alpha + a_0)t + \dfrac{2\alpha(\beta^2 - a_0)^2 + a_1(\beta^2 - \alpha^2)}{(\alpha^2+\beta^2)}\right]$<br>$\phi = \tan^{-1}\left(\dfrac{a_1\beta}{a_0 - \beta^2}\right) - 2\tan^{-1}\dfrac{\beta}{\alpha}$ |
| 184 | $\dfrac{s^2 + a_1 s + a_0}{s(s^2+\beta^2)(s+\alpha)^2}$ | $\dfrac{a_0}{\alpha^2\beta^2} - \dfrac{\sin(\beta t + \phi)\sqrt{\{\beta^2 a_1^2 + (\beta^2 - a_0)^2\}}}{\beta^2(\alpha^2+\beta^2)} - \left[\dfrac{\alpha^2[(\alpha^2 - \beta^2) + a_0(\alpha^2+\beta^2) + 2(a_0 - a_1\alpha)]}{\alpha^2(\alpha^2+\beta^2)^2} + \dfrac{(\alpha^2 - a_1\alpha + a_0)t}{\alpha(\alpha^2+\beta^2)}\right]\cdot\varepsilon^{-\alpha t}$<br>$\phi = \tan^{-1}\left(\dfrac{\alpha}{\beta}\right) - \tan^{-1}\left(\dfrac{\beta}{\alpha}\right) + \tan^{-1}\left(\dfrac{a_1\beta}{a_0 - \beta^2}\right)$ |

| No. | $F(s)$ | $f(t)$ |
|---|---|---|
| 185 | $\dfrac{s^2 + a_1 s + a_0}{s^2(s^2+\beta^2)(s+\alpha)^2}$ | $\dfrac{a_0 t + a_1 - 2a_0/\alpha}{\alpha^2\beta^2} + \left[\dfrac{(\alpha^2+\beta^2)(2a_0 - a_1\alpha) + 2\alpha^2(\alpha^2 - a_1\alpha + a_0)}{\alpha^3(\alpha^2+\beta^2)^2} + \dfrac{(\alpha^2 - a_1\alpha + a_0)t}{\alpha^2(\alpha^2+\beta^2)}\right]\varepsilon^{-\alpha t}$<br>$+ \dfrac{\sqrt{(\beta^2 - a_0)^2 + a_1^2\beta^2}\,\sin(\beta t + \phi)}{\beta^3(\alpha^2+\beta^2)}$<br>$\phi = \tan^{-1}\left(\dfrac{a_1\beta}{a_0 - \beta^2}\right) + 2\tan^{-1}\left(\dfrac{\alpha}{\beta}\right)$ |
| 186 | $\dfrac{s^2 + a_1 s + a_0}{(s+\beta)^2[(s+\alpha)^2 + \nu^2]}$ | $\dfrac{\varepsilon^{-\alpha t}\sin(\nu t + \phi)\sqrt{\{\nu^2(a_1 - 2\alpha)^2 + (\alpha^2 - \nu^2 - a_1\alpha + a_0)^2\}}}{\nu[\nu^2 + (\alpha-\beta)^2]}$<br>$+ \left[\dfrac{(\beta^2 - a_1\beta + a_0)t + (a_1 - 2\beta)[\nu^2 + (\alpha-\beta)^2] - 2(\alpha-\beta)(\beta^2 - a_1\beta + a_0)}{\nu^2 + (\alpha-\beta)^2}\right]\varepsilon^{-\beta t}$<br>$\phi = \tan^{-1}\left[\dfrac{\nu(a_1 - 2\alpha)}{\alpha^2 - \nu^2 - a_1\alpha + a_0}\right] - 2\tan^{-1}\left[\dfrac{\nu}{\beta - \alpha}\right]$ |
| 187 | $\dfrac{s^2 + a_1 s + a_0}{(s+\alpha)^2(s+\beta)^2}$ | $\left[\dfrac{a_1(\alpha+\beta) - 2(\alpha\beta + a_0)}{(\beta-\alpha)^3} + \dfrac{(\alpha^2 - a_1\alpha + a_0)t}{(\alpha-\beta)^2}\right]\varepsilon^{-\alpha t}$<br>$+ \left[\dfrac{(\beta^2 - a_1\beta + a_0)t}{(\alpha-\beta)^2} - \dfrac{a_1(\alpha+\beta) - 2(\alpha\beta + a_0)}{(\beta-\alpha)^3}\right]\varepsilon^{-\beta t}$ |
| 188 | $\dfrac{s^2 + a_1 s + a_0}{s(s+\alpha)^2(s+\beta)^2}$ | $\dfrac{a_0}{\alpha^2\beta^2} + \left[\dfrac{(a_1\alpha - a_0 - \alpha^2)t}{\alpha(\alpha-\beta)^2} + \dfrac{2\alpha(\alpha^2 - a_1\alpha + a_0) + (\alpha^2 - a_0)(\beta - \alpha)}{\alpha^2(\beta-\alpha)^3}\right]\varepsilon^{-\alpha t}$<br>$+ \left[\dfrac{(a_1\beta - a_0 - \beta^2)t}{\beta(\beta-\alpha)^2} + \dfrac{2\beta(\beta^2 - a_1\beta + a_0) + (\beta^2 - a_0)(\alpha - \beta)}{\beta^2(\alpha-\beta)^3}\right]\varepsilon^{-\beta t}$ |
| 189 | $\dfrac{s^2 + a_1 s + a_0}{s^2(s+\alpha)^2(s+\beta)^2}$ | $\dfrac{a_1 + a_0 t}{\alpha^2\beta^2} - \dfrac{2a_0(\alpha+\beta)}{\alpha^3\beta^3} + \left[\dfrac{(\alpha^2 - a_1\alpha + a_0)t}{\alpha^2(\alpha-\beta)^2} + \dfrac{2\alpha(a_1\alpha - a_0 - \alpha^2) + (2a_0 - a_1\alpha)(\beta-\alpha)}{\alpha^3(\beta-\alpha)^3}\right]\varepsilon^{-\alpha t}$<br>$+ \left[\dfrac{(\beta^2 - a_1\beta + a_0)t}{\beta^2(\alpha-\beta)^2} + \dfrac{2\beta(a_1\beta - a_0 - \beta^2) + (2a_0 - a_1\beta)(\alpha-\beta)}{\beta^3(\alpha-\beta)^3}\right]\varepsilon^{-\beta t}$ |

| | | |
|---|---|---|
| 190 | $\dfrac{s^2 + a_1 s + a_0}{[(s+\alpha)^2 + \beta^2]^2}$ | $\{[(\alpha^2 + \beta^2) + (a_0 - a_1\alpha) + (a_1 - 2\alpha)\beta^2 t] \sin \beta t + [(a_1\alpha - a_0) - (\alpha^2 - \beta^2)] \beta t \cos \beta t\} \dfrac{\varepsilon^{-\alpha t}}{2\beta^3}$ |
| 191 | $\dfrac{s^2 + a_1 s + a_0}{(s^2 + \alpha^2)^2}$ | $\dfrac{1}{2\alpha^3} \{[a_0 + \alpha^2(1 + a_1 t)] \sin \alpha t + (\alpha^2 - a_0)\alpha t \cos \alpha t\}$ |
| 192 | $\dfrac{s^2 + a_1 s + a_0}{s(s^2 + \alpha^2)^2}$ | $\dfrac{a_0}{\alpha^4} - \dfrac{t \sin(\alpha t + \phi_1)\sqrt{\{(\alpha^2 - a_0)^2 + a_1^2\alpha^2\}}}{2\alpha^3} - \dfrac{\cos(\alpha t + \phi_2)\sqrt{(a_1^2\alpha^2 + 4a_0^2)}}{2\alpha^4}$, $\phi_1 = \tan^{-1}\left(\dfrac{a_1\alpha}{a_0 - \alpha^2}\right)$, $\phi_2 = \tan^{-1}\left(\dfrac{a_1\alpha}{2a_0}\right)$ |
| 193 | $\dfrac{s^2 + a_1 s + a_0}{s^2(s^2 + \alpha^2)^2}$ | $\dfrac{a_1 + a_0 t}{\alpha^4} + \dfrac{t \cos(\alpha t + \phi_1)\sqrt{\{(\alpha^2 - a_0)^2 + a_1^2\alpha^2\}}}{2\alpha^4} - \dfrac{\sin(\alpha t + \phi_2)\sqrt{(\alpha^2 - 3a_0)^2 + 4a_1^2\alpha^2}}{2\alpha^5}$, $\phi_1 = \tan^{-1}\left(\dfrac{a_1\alpha}{a_0 - \alpha^2}\right)$, $\phi_2 = \tan^{-1}\left(\dfrac{2a_1\alpha}{3a_0 - \alpha^2}\right)$ |
| 194 | $\dfrac{s^2 + a_1 s + a_0}{(s+\alpha)^3}$ | $\left[2 + (a_1 - 2\alpha)t + \dfrac{(\alpha^2 + a_1\alpha + a_0)t^2}{2}\right] \varepsilon^{-\alpha t}$ |
| 195 | $\dfrac{s^2 + a_1 s + a_0}{s(s+\alpha)^3}$ | $\dfrac{a_0}{\alpha^3} - \dfrac{\varepsilon^{-\alpha t}}{\alpha}\left[\dfrac{2a_0}{\alpha^2} + \dfrac{(a_0 + \alpha^2)t}{\alpha} + \dfrac{(\alpha^2 - a_1\alpha + a_0)t^2}{2}\right]$ |
| 196 | $\dfrac{s^2 + a_1 s + a_0}{s^2(s+\alpha)^3}$ | $\dfrac{a_1\alpha - 3a_0}{\alpha^4} + \dfrac{a_0 t}{\alpha^3} + \left[\dfrac{3a_0 - a_1\alpha}{\alpha^4} + \dfrac{(2a_0 - a_1\alpha)t}{\alpha^3} + \dfrac{(\alpha^2 - a_1\alpha + a_0)t^2}{2\alpha^2}\right] \varepsilon^{-\alpha t}$ |
| 197 | $\dfrac{s^3 + a_2 s^2 + a_1 s + a_0}{s^2(s+\alpha)(s+\beta)}$ | $\dfrac{a_1 + a_0 t}{\alpha\beta} - \dfrac{a_0(\alpha+\beta)}{\alpha^2\beta^2} + \dfrac{1}{\alpha - \beta}\left[\left(\alpha + \dfrac{a_1}{\alpha} - a_2 - \dfrac{a_0}{\alpha^2}\right)\varepsilon^{-\alpha t} - \left(\beta + \dfrac{a_1}{\beta} - a_2 - \dfrac{a_0}{\beta^2}\right)\varepsilon^{-\beta t}\right]$ |
| 198 | $\dfrac{s^3 + a_2 s^2 + a_1 s + a_0}{s(s+\alpha)(s+\beta)(s+\nu)}$ | $\dfrac{a_0}{\alpha\beta\nu} + \dfrac{(\alpha^2 - a_2\alpha + a_1 - a_0/\alpha)\varepsilon^{-\alpha t}}{(\nu - \alpha)(\beta - \alpha)} + \dfrac{(\beta^2 - a_2\beta + a_1 - a_0/\beta)\varepsilon^{-\beta t}}{(\nu - \beta)(\alpha - \beta)} + \dfrac{(\nu^2 - a_2\nu + a_1 - a_0/\nu)\varepsilon^{-\nu t}}{(\beta - \nu)(\alpha - \nu)}$ |

| No. | $F(s)$ | $f(t)$ |
|---|---|---|
| 199 | $\dfrac{s^3 + a_2 s^2 + a_1 s + a_0}{s^2(s^2 + \alpha^2)}$ | $\dfrac{a_1 + a_0 t}{\alpha^2} - \dfrac{\sin(\alpha t + \phi)\sqrt{\{(a_2\alpha - a_0/\alpha)^2 + (\alpha^2 - a_1)^2\}}}{\alpha^2}, \quad \phi = \tan^{-1}\left[\dfrac{\alpha(a_1 - \alpha^2)}{a_0 - a_2\alpha^2}\right]$ |
| 200 | $\dfrac{s^3 + a_2 s^2 + a_1 s + a_0}{s(s + \beta)(s^2 + \alpha^2)}$ | $\dfrac{a_0}{\alpha^2\beta} + \dfrac{(\beta^3 - a_2\beta^2 + a_1\beta - a_0)\varepsilon^{-\beta t}}{\beta(\alpha^2 + \beta^2)} - \dfrac{\cos(\alpha t + \phi)}{\alpha^2}\sqrt{\left\{\dfrac{\alpha^2(\alpha^2 - a_1)^2 + (a_2\alpha^2 - a_0)^2}{(\alpha^2 + \beta^2)}\right\}},$ $\phi = \tan^{-1}\left(\dfrac{a_1 - \alpha^2}{a_0/\alpha - a_2\alpha}\right) - \tan^{-1}\left(\dfrac{\alpha}{\beta}\right)$ |
| 201 | $\dfrac{s^3 + a_2 s^2 + a_1 s + a_0}{s^2(s + \beta)(s^2 + \alpha^2)}$ | $\dfrac{a_1 + a_0 t}{\alpha^2\beta} - \dfrac{a_0}{\alpha^2\beta^2} + \dfrac{(a_0 - a_1\beta - \beta^3 + a_2\beta^2)\varepsilon^{-\beta t}}{\beta^2(\alpha^2 + \beta^2)} + \dfrac{\cos(\alpha t + \phi)}{\alpha^2}\sqrt{\left\{\dfrac{(a_2\alpha - a_0/\alpha)^2 + (\alpha^2 - a_1)^2}{\alpha^2 + \beta^2}\right\}}$ $\phi = \tan^{-1}\left[\dfrac{\alpha(a_1 - \alpha^2)}{a_0 - a_2\alpha^2}\right] + \tan^{-1}\left(\dfrac{\beta}{\alpha}\right)$ |
| 202 | $\dfrac{s^3 + a_2 s^2 + a_1 s + a_0}{(s + \beta)(s + \nu)(s^2 + \alpha^2)}$ | $\dfrac{(\beta^3 - a_2\alpha^2 + a_1\beta - a_0)\varepsilon^{-\beta t}}{(\beta - \nu)(\alpha^2 + \beta^2)} + \dfrac{(\nu^3 - a_2\nu^2 + a_1\nu - a_0)\varepsilon^{-\nu t}}{(\nu - \beta)(\alpha^2 + \nu^2)}$ $+ \dfrac{\sin(\alpha t + \phi)}{\alpha}\sqrt{\left\{\dfrac{\alpha^2(\alpha^2 - a_1)^2 + (a_2\alpha^2 - a_0)^2}{(\alpha^2 + \beta^2)(\alpha^2 + \nu^2)}\right\}},$ $\phi = \tan^{-1}\left[\dfrac{\alpha(a_1 - \alpha^2)}{a_0 - a_2\alpha^2}\right] - \tan^{-1}\left(\dfrac{\alpha}{\nu}\right) - \tan^{-1}\left(\dfrac{\alpha}{\beta}\right)$ |
| 203 | $\dfrac{s^3 + a_2 s^2 + a_1 s + a_0}{(s^2 + \alpha^2)(s^2 + \beta^2)}$ | $\dfrac{\cos(\beta t + \phi_1)}{\alpha^2 - \beta^2}\sqrt{\left\{(\beta^2 - a_1)^2 + \left(\dfrac{a_2\beta^2 - a_0}{\beta}\right)^2\right\}} - \dfrac{\cos(\alpha t + \phi_2)}{\alpha^2 - \beta^2}\sqrt{\left\{(\alpha^2 - a_1)^2 + \left(\dfrac{a_2\alpha^2 - a_0}{\alpha}\right)^2\right\}},$ $\phi_1 = \tan^{-1}\left[\dfrac{a_2\beta^2 - a_0}{\beta(a_1 - \beta^2)}\right], \quad \phi_2 = \tan^{-1}\left[\dfrac{a_2\alpha^2 - a_0}{\alpha(a_1 - \alpha^2)}\right]$ |
| 204 | $\dfrac{s^3 + a_2 s^2 + a_1 s + a_0}{s^2(s + \alpha)^2}$ | $\dfrac{a_1 + a_0 t}{\alpha^2} - \dfrac{2a_0}{\alpha^3} + \dfrac{\varepsilon^{-\alpha t}}{\alpha^2}\left[\alpha^3 - a_1 + \dfrac{2a_0}{\alpha} + (a_0 - a_1\alpha + a_2\alpha^2 - \alpha^3)t\right]$ |

| | | |
|---|---|---|
| 205 | $\dfrac{s^3 + a_2 s^2 + a_1 s + a_0}{s(s+\beta)(s+\alpha)^2}$ | $\dfrac{a_0}{\alpha^2\beta} + \dfrac{(\beta^3 - a_2\beta^2 + a_1\beta - a_0)\varepsilon^{-\beta t}}{\beta(\alpha-\beta)^2} + \left[\dfrac{\alpha^4 - 2\beta\alpha^3 + \alpha^2(a_2\beta - a_1) + a_0(2\alpha-\beta)}{\alpha^2(\alpha-\beta)^2} + \dfrac{(\alpha^3 - a_2\alpha^2 + a_1\alpha - a_0)t}{\alpha(\beta-\alpha)}\right]\varepsilon^{-\alpha t}$ |
| 206 | $\dfrac{s^3 + a_2 s^2 + a_1 s + a_0}{s^2(s+\beta)(s+\alpha)^2}$ | $\dfrac{a_0}{\alpha^2\beta}\left[\dfrac{a_1}{a_0} - \dfrac{2}{\alpha} - \dfrac{1}{\beta} + t\right] + \dfrac{(a_0 - a_1\beta + a_2\beta^2 - \beta^3)\varepsilon^{-\beta t}}{\beta^2(\alpha-\beta)^2} + \left[\dfrac{\alpha^3(\beta - a_2) + a_0(\beta-\alpha) - (a_1\alpha - a_0)(\beta - 2\alpha)}{\alpha^3(\alpha-\beta)^2} + \dfrac{(a_0 - a_1\alpha + a_2\alpha^2 - \alpha^3)t}{\alpha^2(\beta-\alpha)}\right]\varepsilon^{-\alpha t}$ |
| 207 | $\dfrac{s^3 + a_2 s^2 + a_1 s + a_0}{(s^2+\beta^2)(s+\alpha)^2}$ | $\dfrac{\sin(\beta t + \phi)\sqrt{\{\beta^2(a_1 - \beta^2)^2 + (a_0 - a_2\beta^2)^2\}}}{\beta(\alpha^2+\beta^2)} + \dfrac{\varepsilon^{-\alpha t}}{\alpha^2+\beta^2}\left[(a_0 - a_1\alpha + a_2\alpha^2 - \alpha^3)t + \dfrac{(\alpha^4 + 3\beta^2\alpha^2 - a_1\alpha^2 + a_1\beta^2 + 2a_0\alpha - 2a_2\alpha\beta^2)}{(\alpha^2+\beta^2)}\right]$<br>$\phi = \tan^{-1}\left[\dfrac{a_2\beta^2 - a_0}{\beta(a_1 - \beta^2)}\right] - \tan^{-1}\left(\dfrac{\beta}{\alpha}\right) + \tan^{-1}\left(\dfrac{\alpha}{\beta}\right)$ |
| 208 | $\dfrac{s^3 + a_2 s^2 + a_1 s + a_0}{s(s^2+\beta^2)(s+\alpha)^2}$ | $\dfrac{a_0}{\alpha^2\beta^2} + \dfrac{\varepsilon^{-\alpha t}}{\alpha(\alpha^2+\beta^2)}\left[(\alpha^3 - a_2\alpha^2 + a_1\alpha - a_0)t + \dfrac{2\alpha^3(a_1 - \beta^2) - \alpha^2(2a_0 + a_2\alpha^2 - a_2\beta^2) - a_0(\alpha^2+\beta^2)}{\alpha(\alpha^2+\beta^2)}\right] + \dfrac{\sin(\beta t + \phi)\sqrt{\{\beta^2(\beta^2 - a_1)^2 + (a_2\beta^2 - a_0)^2\}}}{\beta^2(\alpha^2+\beta^2)},$<br>$\phi = \tan^{-1}\left[\dfrac{\beta(\beta^2 - a_1)}{a_2\beta^2 - a_0}\right] - \tan^{-1}\left(\dfrac{\beta}{\alpha}\right) + \tan^{-1}\left(\dfrac{\alpha}{\beta}\right)$ |
| 209 | $\dfrac{s^3 + a_2 s^2 + a_1 s + a_0}{(s+\alpha)^2(s+\beta)^2}$ | $\left[\dfrac{(a_0 - a_1\alpha + a_2\alpha^2 - \alpha^3)t}{(\alpha-\beta)^2} + \dfrac{\alpha^2(3\beta-\alpha) - 2a_2\alpha\beta + a_1(\alpha+\beta) - 2a_0}{(\beta-\alpha)^3}\right]\varepsilon^{-\alpha t} + \left[\dfrac{(a_0 - a_1\beta + a_2\beta^2 - \beta^3)t}{(\alpha-\beta)^2} + \dfrac{\beta^2(3\alpha-\beta) - 2a_2\alpha\beta + a_1(\alpha+\beta) - 2a_0}{(\alpha-\beta)^3}\right]\varepsilon^{-\beta t}$ |

| No. | $F(s)$ | $f(t)$ |
|---|---|---|
| 210 | $\dfrac{s^3 + a_2 s^2 + a_1 s + a_0}{s(s+\alpha)^2(s+\beta)^2}$ | $\dfrac{a_0}{\alpha^2\beta^2} + \left[\dfrac{(\alpha^3 - a_2\alpha^2 + a_1\alpha - a_0)t}{\alpha(\beta-\alpha)^2} + \dfrac{\alpha^2[a_2(\alpha+\beta) - 2(a_1+\alpha\beta)] + a_0(3\alpha-\beta)}{\alpha^2(\beta-\alpha)^3}\right]\varepsilon^{-\alpha t} + \left[\dfrac{(\beta^3 - a_2\beta^2 + a_1\beta - a_0)t}{\beta(\alpha-\beta)^2} + \dfrac{\beta^2[a_2(\alpha+\beta) - 2(a_1+\alpha\beta)] + a_0(3\beta-\alpha)}{\beta^2(\alpha-\beta)^3}\right]\varepsilon^{-\beta t}$ |
| 211 | $\dfrac{s^3 + a_2 s^2 + a_1 s + a_0}{[(s+\alpha)^2 + \beta^2]^2}$ | $\dfrac{\varepsilon^{-\alpha t}\sin\beta t}{2\beta^3}[(a_2-\alpha)(\alpha^2+\beta^2) - \alpha(a_1 + 2\beta^2) + (3\alpha^2 - \beta^2 - 2a_2\alpha + a_1)\beta^2 t + a_0] + \dfrac{\varepsilon^{-\alpha t}\cos\beta t}{2\beta^3}[2\beta^3 - (a_0 - a_1\alpha + a_2[\alpha^2 - \beta^2] + \alpha[3\beta^2 - \alpha^2])\beta t]$ |
| 212 | $\dfrac{s^3 + a_2 s^2 + a_1 s + a_0}{s^2(s^2+\alpha^2)^2}$ | $\dfrac{a_1 + a_0 t}{\alpha^4} - \dfrac{\sin(\alpha t + \phi_1)}{2\alpha^5}\sqrt{\{4a_1{}^2\alpha^2 + (\alpha^2 a_2 - 3a_0)^2\}} + \dfrac{t\cos(\alpha t + \phi_2)}{2\alpha^4}\sqrt{\{\alpha^2(\alpha^2 - a_1)^2 + (\alpha^2 a_2 - a_0)^2\}}$<br>$\phi_1 = \tan^{-1}\left(\dfrac{2\alpha a_1}{3a_0 - \alpha^2 a_2}\right), \quad \phi_2 = \tan^{-1}\left(\dfrac{\alpha(a_1 - \alpha^2)}{a_0 - \alpha^2 a_2}\right)$ |
| 213 | $\dfrac{s^3 + a_2 s^2 + a_1 s + a_0}{s(s+\alpha)^3}$ | $\dfrac{a_0}{\alpha^3} + \left[\dfrac{(\alpha^3 - a_2\alpha^2 + a_1\alpha - a_0)t^2}{2\alpha} - \dfrac{(a_0 - a_2\alpha^2 + 2\alpha^3)t}{\alpha^2} - \dfrac{2(a_0 - \alpha^3)}{\alpha^3}\right]\varepsilon^{-\alpha t}$ |
| 214 | $\dfrac{s^3 + a_2 s^2 + a_1 s + a_0}{s^2(s+\alpha)^3}$ | $\dfrac{a_1 + a_0 t}{\alpha^3} - \dfrac{3a_0}{\alpha^4} + \left[\dfrac{(6a_0 - 2\alpha a_1)}{\alpha^4} + \dfrac{(2a_0 - a_1\alpha + \alpha^3)t}{\alpha^3} + \dfrac{(a_0 - a_1\alpha + a_2\alpha^2 - \alpha^3)t^2}{2\alpha^2}\right]\varepsilon^{-\alpha t}$ |
| 215 | $\sqrt{(s-\alpha)} - \sqrt{(s-\beta)}$ | $\dfrac{\varepsilon^{\beta t} - \varepsilon^{\alpha t}}{2\sqrt{(\pi t^3)}}$ |
| 216 | $\dfrac{\omega\left(\varepsilon^{\frac{\pi s}{2\omega}} + \varepsilon^{-\frac{\pi s}{2\omega}}\right)}{2(s^2+\omega^2)}$ | $\|\sin\omega t\|$ |

| | | |
|---|---|---|
| 217 | $\dfrac{\varepsilon^{-\frac{a}{s}}}{s}$ | $J_0(2\sqrt{(at)})$ |
| 218 | $\dfrac{\varepsilon^{-\frac{a}{s}}}{\sqrt{s}}$ | $\dfrac{\cos 2\sqrt{(at)}}{\sqrt{(\pi t)}}$ |
| 219 | $\dfrac{\varepsilon^{\frac{a}{s}}}{\sqrt{s}}$ | $\dfrac{\cosh 2\sqrt{(at)}}{\sqrt{(\pi t)}}$ |
| 220 | $\ln\left(\dfrac{s+\alpha}{s+\beta}\right)$ | $\dfrac{\varepsilon^{-\beta t} - \varepsilon^{-\alpha t}}{t}$ |
| 221 | $\dfrac{\ln s}{s}$ | $-0.5772 - \ln t$ |
| 222 | $\dfrac{\ln s}{s^2+1}$ | $Si(t)\cos t - Ci(t)\sin t$ |
| 223 | $\dfrac{s\ln s}{s^2+1}$ | $-Si(t)\sin t - Ci(t)\cos t$ |
| 224 | $\ln\left(\dfrac{s^2+a^2}{s^2}\right)$ | $\dfrac{2(1-\cos at)}{t}$ |
| 225 | $\tan^{-1}\left(\dfrac{a}{s}\right)$ | $\dfrac{\sin at}{t}$ |
| 226 | $\varepsilon^{-as}$ | $\delta(t-a)$ |

| No. | $F(s)$ | $f(t)$ |
|---|---|---|
| 227 | $\dfrac{\varepsilon^{-as}}{s}$ | $U(t-a)$ |
| 228 | $\dfrac{\varepsilon^{-as}}{s^2}$ | $(t-a)U(t-a)$ |
| 229 | $\dfrac{\varepsilon^{-as}}{(s+\alpha)}$ | $\varepsilon^{-\alpha(t-a)}U(t-a)$ |
| 230 | $\dfrac{\varepsilon^{-as}}{(s+\alpha)^2}$ | $(t-a)\varepsilon^{-\alpha(t-a)}U(t-a)$ |
| 231 | $\dfrac{\varepsilon^{-as}}{(s+\alpha)(s+\beta)}$ | $\left[\dfrac{\varepsilon^{-\alpha(t-a)}-\varepsilon^{-\beta(t-a)}}{\beta-\alpha}\right]U(t-a)$ |
| 232 | $\dfrac{1-\varepsilon^{-as}}{s}$ | $U(t)-U(t-a)$ |
| 233 | $\dfrac{(s+a)\varepsilon^{-as}}{as^2}$ | $\left(t+\dfrac{1}{a}-a\right)U(t-a)$ |
| 234 | $\dfrac{\varepsilon^{-as}}{s(s+\alpha)(s+\beta)}$ | $\left[\dfrac{1}{\alpha\beta}-\dfrac{\varepsilon^{-\alpha(t-a)}}{\alpha(\beta-\alpha)}-\dfrac{\varepsilon^{-\beta(t-a)}}{\beta(\alpha-\beta)}\right]U(t-a)$ |

## Sachwortverzeichnis

**Boolesche Algebra und ihre Anwendungen**
von J. E. Whitesitt DM 10,80

**Grundlagen der Regelungstechnik**
von E. Pestel / E. Kollmann DM 19,80

**Hochschuldidaktik**
von H. Seiffert DM 8,80

**Über mehrwertige Logik**
von A. A. Sinowjew DM 9,80

**Programmierte Einführung in die Wahrscheinlichkeitsrechnung**
von D. Stempell DM 14.80

**Was ist Wissenschaft?**
von R. Wohlgenannt DM 16,80

# Studienausgaben

**Abriß der Geschichte der Mathematik**
von D. J. Struik DM 10,80

**Atomare Struktur und Festigkeit der Metalle**
von N. F. Mott DM 3,80

**Atomphysik und menschliche Erkenntnis I**
von N. Bohr DM 9,80

**Atomphysik und menschliche Erkenntnis II**
von N. Bohr DM 12,80

**Aufgabensammlung zur Vektorrechnung**
von A. Wittig DM 6,40

**Bildungsaufgaben des physikalischen Unterrichts**
von E. Hunger DM 9,80

**Die biologischen Grundlagen des Lebens**
von C. H. Waddington DM 10,80

**Denkweisen großer Mathematiker**
von H. Meschkowski DM 6,80

**Differentialgeometrie in Vektorräumen**
von D. Laugwitz DM 13,80

**Der dritte Hauptsatz der Thermodynamik**
von J. Wilks DM 10,80

**Einführung in die diskreten Markoff-Prozesse und ihre Anwendungen**
von H. Lahres DM 9,80

**Einführung in die formale Logik**
von G. Harbeck DM 6,80

**Einführung in die Vektorrechnung**
von A. Wittig DM 6,40

**Elementare Wellenmechanik**
von W. H. Heitler DM 10,80

**Erscheinungsformen und Gesetze des Zufalls**
von W. Böhme DM 9,80

**Geist und Materie**
von E. Schrödinger DM 9,00

**Grundgesetze der Physik**
von A. Haendel DM 8,20

**Die Grundlagen des physikalischen Begriffssystems**
von W. H. Westphal DM 5,60

**Vom Haushalt der Zelle**
von J. A. V. Butler DM 12,80

**Klassische Wahrscheinlichkeitsrechnung**
von K. Wellnitz DM 4,80

**Kleines Lehrbuch der Elektrotechnik**
herausgegeben von G. K. M. Pfestorf

**Band I: Gleichstrom** DM 6,80

**Band II: Wechselstrom** DM 6.80

**Band III: Elektrische und magnetische Felder als Grundlage der Elektrotechnik** DM 12,80

**Band IV: Wechselstromlehre I** DM 6,80

**Band V: Wechselstromlehre II** DM 6,80

**Band VI: Lichttechnik** DM 7,90

**Kombinatorik**
von K. Wellnitz DM 3,90

**Mathematische Leckerbissen**
von C. S. Ogilvy DM 9,80

**Mathematische Rätsel und Probleme**
von M. Gardner DM 10,80

**Der Mensch und die naturwissenschaftliche Erkenntnis**
von W. H. Heitler DM 8,80

**Moderne Wahrscheinlichkeitsrechnung**
von K. Wellnitz DM 6,80

**Die naturwissenschaftliche Erkenntnis:**
von E. Hunger

**Band 1 – Begriff und Methode** DM 4,90

**Band 2 – Der Mensch und die Naturwissenschaft** DM 4,90

**Band 3 – Prinzipienfragen der naturwissenschaftlichen Erkenntnis** DM 4,90

**Nichteuklidische Geometrie**
von H. Meschkowski DM 4,80

**Die physikalische Erkenntnis und ihre Grenzen**
von A. March DM 10,80

**Physikalische Kernchemie**
von U. Schindewolf DM 10,80

**Symbole, Einheiten und Nomenklatur in der Physik**
Document U.I.P. (IUPAP) DM 3,50

**Unterhaltsame Mathematik**
von R. Sprague DM 6,80

**Vektoren in der analytischen Geometrie**
von A. Wittig DM 6,80

**Was sind und was sollen die Zahlen?**
**Stetigkeit und irrationale Zahlen**
von R. Dedekind DM 5,80

**Wendepunkte in der Physik**
von D. ter Haar u. A. C. Crombie DM 9,80

# uni—texte

## Studienbücher

**G. Frühauf, Praktikum Elektrische Meßtechnik**
für Elektrotechniker (3. und 4. Semester)

**G. Grawert, Quantenmechanik I, II**
für Mathematiker, Physiker und Physiko-Chemiker (4. und 5. Semester)

**P. Guillery, Werkstoffkunde für Elektroingenieure**
für Elektrotechniker (4. Semester)

**R. Jötten / H. Zürneck, Einführung in die Elektrotechnik I**
für Elektrotechniker, Maschinenbauer und Wirtschaftsingenieure (1. bis 3. Semester)

**L. D. Landau / E. M. Lifschitz, Mechanik**
für Mathematiker und Physiker (2. und 3. Semester)

**W. Leonhard, Wechselströme und Netzwerke**
für Elektrotechniker (3. Semester)

**W. Leonhard, Einführung in die Regelungstechnik**
für Elektrotechniker, Physiker und Maschinenbauer (5. Semester)

**K. Mathiak / P. Stingl, Gruppentheorie**
für Chemiker, Physiko-Chemiker, Mineralogen (ab 5. Semester)

**K.-A. Reckling, Mechanik I, II**
für Studenten der Ingenieurwissenschaften (1. und 2. Semester)

**K. Torkar / H. Krischner, Rechenseminar in Physikalischer Chemie**
für Chemiker, Verfahrenstechniker und Physiker (ab 3. Semester)

### In Vorbereitung

**H. Glaser, Einführung in die Technische Wärmelehre**
für Maschinenbauer und Technische Physiker (3. Semester)

**K.-B. Gundlach, Einführung in die Infinitesimalrechnung**
für Mathematiker und Physiker (1. und 2. Semester)

**R. Jötten / H. Zürneck, Einführung in die Elektrotechnik II**
für Elektrotechniker, Maschinenbauer und Wirtschaftsingenieure (2. bis 4. Semester)

**R. Oswatitsch / E. Leiter, Strömungsmechanik**
für Maschinenbauer, Physiker und Elektrotechniker (3. Semester)

**K.-A. Reckling, Mechanik III und Aufgabensammlung**
für Studenten der Ingenieurwissenschaften (3. Semester)

**J. Ruge, Technologie der Werkstoffe**
für Maschinenbauer und Elektrotechniker (3. Semester)

GPSR Compliance

*The European Union's (EU) General Product Safety Regulation (GPSR) is a set of rules that requires consumer products to be safe and our obligations to ensure this.*

*If you have any concerns about our products, you can contact us on ProductSafety@springernature.com*

In case Publisher is established outside the EU, the EU authorized representative is:

Springer Nature Customer Service Center GmbH
Europaplatz 3
69115 Heidelberg, Germany

**Batch number: 10577878**

Printed by Printforce, the Netherlands